公共建筑节能设计标准宣贯辅导教材

本书编委会　编

中国建筑工业出版社

图书在版编目(CIP)数据

公共建筑节能设计标准宣贯辅导教材/本书编委会编.北京：中国建筑工业出版社，2005

ISBN 7-112-07441-X

Ⅰ.公… Ⅱ.本… Ⅲ.公共建筑—节能—建筑设计—标准—教材 Ⅳ.TU242-65

中国版本图书馆CIP数据核字(2005)第050843号

公共建筑节能设计标准宣贯辅导教材

本书编委会 编

*

中国建筑工业出版社出版、发行(北京西郊百万庄)

新 华 书 店 经 销

北京云浩印刷有限责任公司印刷

*

开本：787×1092毫米 1/16 印张：18 字数：438千字

2005年5月第一版 2006年3月第六次印刷

印数：37001—44000册 定价：**38.00**元

ISBN 7-112-07441-X

(13395)

版权所有 翻印必究

如有印装质量问题，可寄本社退换

(邮政编码 100037)

本社网址：http://www.china-abp.com.cn

网上书店：http://www.china-building.com.cn

《公共建筑节能设计标准》GB 50189—2005由建设部组织编制、审查、批准并与国家质量技术监督检验检疫总局联合发布，于2005年7月1日起正式实施。这是我国批准发布的第一部公共建筑节能设计的综合性国家标准。

本标准不仅政策性、技术性、经济性强，而且涉及面广、推行难度大。为配合标准的宣贯、实施和监督，建设部标准定额司组织标准的主要编制成员编写了此“宣贯辅导教材”。主要包含5部分内容：第一篇 编制概况；第二篇 《公共建筑节能设计标准》内容释义，逐条对标准内容进行了讲解，内容全面，是贯彻、理解、实施本标准的关键；第三篇 专题论述，就标准编制过程中的部分技术指标及参数的确定作了介绍；第四篇 相关法律、法规和政策；附录 相关产品技术介绍。

本书适合广大建筑工程设计、暖通工程及工程监理等相关专业技术人员参考使用。

* * *

责任编辑：孙玉珍 丁洪良

责任设计：崔兰萍

责任校对：刘 梅 孙 爽

编 委 会 名 单

主编： 郎四维

编委：（按姓氏笔画顺序排列）

龙惟定　冯　雅　寿炜炜　陆耀庆　林海燕

周　辉　涂逢祥　蔡路得　潘云钢

主审： 杨　榕　袁振隆

审核： 杨瑾峰　梁俊强

前　言

《公共建筑节能设计标准》由建设部组织编制、审查、批准，并与国家质量监督检验检疫总局于2005年4月4日联合发布，将于2005年7月1日起正式实施。这是我国批准发布的第一部公共建筑节能设计的综合性国家标准，也是我们建设领域认真贯彻落实党中央、国务院有关精神，大力发展节能省地型住宅和公共建筑，制定并强制推行更加严格的节能节水节材标准的一项重大举措。

目前，我国的房屋建筑正处于历史高峰期，除工业建筑外，我国城乡既有建筑总面积达400多亿 m^2，这些建筑在使用过程中，其采暖、空调、通风、炊事、照明、热水供应等方面要不断消耗大量的能源。建筑能耗已占全国总能耗近30％。据预测，到2020年，我国城乡还将新增建筑约300亿 m^2。随着经济的发展，建筑耗能必将对我国的能源消耗造成长期的、巨大的影响。党中央、国务院高瞻远瞩，从战略的高度明确指出：要大力发展节能省地型住宅和公共建筑，注重能源资源节约和合理利用，全面推广和普及节能技术，制定并强制推行更加严格的节能节水节材标准。建筑行业推行"节地、节能、节水、节材"的"四节"工作是落实科学发展观，缓解人口、资源、环境矛盾的重大举措，意义重大，经济社会效益显著。要从规划、标准、政策、科技等方面采取综合措施，部门协调，扎实推进，务求实效。

建筑节能是一项复杂的系统工程，涉及规划、设计、施工、使用维护和运行管理等方方面面，影响因素复杂，单独强调某一个方面，都很难综合实现建筑节能目标，只有通过建筑节能标准、规范的制定并严格贯彻执行，才能统筹考虑各种因素，在节能技术要求和具体措施上做到全面覆盖、科学合理和协调配套。正是基于这种认识，自20世纪80年代起，建设部就已经开始了建筑节能标准化工作，建设部先后批准发布了采暖地区、夏热冬冷地区、夏热冬暖地区居住建筑的节能设计标准，还发布了针对建筑节能检验、采暖通风与空调设计以及建筑照明的标准和规范，不断强化建筑节能的技术要求。

公共建筑体量大、类型多、结构复杂、涉及面广，而且能耗高、节能潜力大。因此，无论是公共建筑节能标准的制定，还是在公共建筑节能设计中贯彻执行《公共建筑节能设计标准》，都是一项政策性、技术性、经济性很强的综合性系统工程。从2002年开始，建设部组织中国建筑科学研究院等24个单位的多名专家，在广泛搜集国内外有关标准和科研成果、深入开展调查研究的基础上，结合我国公共建筑建设、使用和管理的实际，经过艰苦努力，编制完成了《公共建筑节能设计标准》，为我国进一步推进公共建筑节能奠定了坚实的技术基础，为我国建筑节能工作在民用建筑领域的全面铺开提供了技术保障。2005年4月21日，建设部印发了《关于认真做好〈公共建筑节能设计标准〉宣贯、实施及监督工作的通知》（建标函［2005］121号），对加强《公共建筑节能设计标准》的宣传、培训、实施以及监督等工作进行了全面部署，提出了明确的要求。

为配合《公共建筑节能设计标准》宣传、培训、实施以及监督工作的开展，全面系统地介绍该标准的编制情况和技术要点，帮助工程建设管理和技术人员准确理解和深入把握标准的有关内容，我们组织中国建筑科学研究院等标准编制单位的有关专家，编制完成了本《宣贯辅导教材》。

本《宣贯辅导教材》为建设部人事教育司、标准定额司开展《公共建筑节能设计标准》师资培训和各省、自治区、直辖市建设行政主管部门开展该标准培训工作的指定辅导材料，也可以作为工程建设管理和技术人员理解、掌握《公共建筑节能设计标准》的参考材料。

建设部标准定额司

二〇〇五年五月

目　录

第一篇　编制概况 …… 1

第二篇　《公共建筑节能设计标准》内容释义 …… 11

第1章　总则 …… 11

第2章　术语 …… 17

第3章　室内环境节能设计计算参数 …… 19

第4章　建筑与建筑热工设计 …… 26

4.1　一般规定 …… 26

4.2　围护结构热工设计 …… 29

4.3　围护结构热工性能的权衡判断 …… 43

第5章　采暖、通风和空气调节节能设计 …… 47

5.1　一般规定 …… 47

5.2　采暖 …… 48

5.3　通风与空气调节 …… 57

5.4　空气调节与采暖系统的冷热源 …… 87

5.5　监测与控制 …… 108

附录A　建筑外遮阳系数计算方法 …… 118

附录B　围护结构热工性能的权衡计算——软件说明 …… 122

第三篇　专题论述 …… 135

专题一　《公共建筑节能设计标准》中外窗及幕墙热工参数的确定 …… 135

专题二　关于空调水系统输送能效比(*ER*)的编制情况和实施要点 …… 151

专题三　风量耗功率(W_S)的编制情况介绍和实施要点 …… 154

专题四　管道绝热层厚度(附录C及条文5.3.29)编制情况介绍 …… 158

专题五　冷水机组名义工况制冷性能系数*COP*指标与美国ASHRAE标准指标的比较 …… 169

专题六　冷水机组综合部分负荷性能系数(*IPLV*)条文计算说明及分析 …… 173

专题七　冷水机组的变频技术节能分析 …… 191

专题八　美国建筑节能标准简介 …… 197

第四篇　相关法律、法规和政策 …… 205

中华人民共和国建筑法 …… 205

中华人民共和国节约能源法 …… 214

中华人民共和国可再生能源法 …… 219
建设工程质量管理条例 …… 224
建设工程勘察设计管理条例 …… 233
民用建筑节能管理规定 …… 238
实施工程建设强制性标准监督规定 …… 241
关于印发《建设部建筑节能试点示范工程(小区)管理办法》的通知 …… 244
关于实施《夏热冬冷地区居住建筑节能设计标准》的通知 …… 247
关于加强民用建筑工程项目建筑节能审查工作的通知 …… 249
关于新建居住建筑严格执行节能设计标准的通知 …… 251
关于认真做好《公共建筑节能设计标准》宣贯、实施及监督工作的通知 …… 254

附录　相关产品技术介绍 …… 256

第一篇　编　制　概　况

一、任务来源及编制过程

根据建设部2002年4月4日发函建标［2002］85号“关于印发《二〇〇一～二〇〇二年度工程建设国家标准制定、修订计划》的通知”，《公共建筑节能设计标准》列入了国家标准编制计划。主编单位为中国建筑科学研究院，中国建筑业协会建筑节能专业委员会。

建设部建筑工程标准技术归口单位——中国建筑科学研究院于2002年8月12日发文建院科函［2002］10号“关于商请参加《公共建筑节能设计标准》编制组的函”给有关单位，商请编制组单位及成员。《公共建筑节能设计标准》编制组成立暨第一次工作会议于2002年9月18～19日在北京召开。建设部标准定额司、建设部科技司、建设部建筑工程标准技术归口单位(中国建筑科学研究院)以及编制组成员出席了会议。此外，美国能源基金会中国可持续能源项目，美国LBNL，NRDC专家也参加了会议。会上，建设部标准定额司主管领导宣布了编制组成员，阐述了标准编制原则。工作会议讨论确定了编制大纲、工作计划进度及分工。

标准的参编单位为：中国建筑西北设计研究院，中国建筑西南设计研究院，同济大学，中国建筑设计研究院，上海建筑设计研究院有限公司，上海市建筑科学研究院，中南建筑设计院，中国有色工程设计研究总院，中国建筑东北设计研究院，北京市建筑设计研究院，广州市设计院，深圳市建筑科学研究院，重庆市建设技术发展中心，北京振利高新技术公司，北京金易格幕墙装饰工程有限责任公司，约克(无锡)空调冷冻科技有限公司，深圳市方大装饰工程有限公司，秦皇岛耀华玻璃股份有限公司，特灵空调器有限公司，开利空调销售服务(上海)有限公司，乐意涂料(上海)有限公司，北京兴立捷科技有限公司。

《公共建筑节能设计标准》第二次编制组工作会议，于2003年4月15～16日在重庆市召开。会议学习了温家宝总理的有关重要批示并讨论了政府机构能耗情况，要以政府部门建筑的节能改造为突破口。会议交流了应用DOE-2软件计算一个大型办公建筑能耗实例，上海商业及办公建筑节能设计标准的编制思路等。工作会议形成了以下主要决议：(1)全国按严寒、寒冷、夏热冬冷、夏热冬暖及温和地区建筑气候区考虑围护结构节能设计限值；(2)“基准”办公建筑的围护结构热工性能参数和暖通空调设备及系统原则上按20世纪80年代情况确定。

《公共建筑节能设计标准》第三次编制组工作会议，于2003年9月2～3日在秦皇岛市召开。会议的目标是确定政府机构办公建筑节能设计标准征求意见稿的框架、编制思路、主要内容。会上围绕着标准的围护结构热工设计，暖通空调节能设计，以及室内节能设计参数、节能目标三个主题进行了充分的讨论。

《公共建筑节能设计标准》第四次编制组工作会议，于2004年2月18～20日在深圳市召开，会议的目标是讨论、确定政府机构办公建筑节能设计标准征求意见稿。围绕着会前由电子邮件交流讨论的条文初稿，对标准的总则、围护结构热工设计，暖通空调节能设计，以及室内节能设计参数、节能目标等主题，逐条进行了充分的讨论，形成了决议。比如，这次定稿建筑类型为办公建筑节能设计标准；应用透明幕墙建筑仍应能符合节能标准规定的能耗；冷热源规定综合部分负荷值（*IPLV*）。同时也规定了分工完成的时间表。

《公共建筑节能设计标准》第五次编制组工作会议，于2004年5月19～21日在无锡市召开。建设部标准定额研究所领导报道了曾培炎副总理近期对建筑节能工作的批示，介绍建设部今年要重点检查全国建筑节能标准执行情况，要完善建筑节能标准体系工作；并对编制组提出要求，即：要科学合理确定标准水平，指标要达到平均先进水平，要适度超前，代表先进的生产力；同时要求抓紧编制工作，保证质量前提下，在年底前完成。在会议前，通过电子邮件已完成了用于办公建筑的节能设计标准征求意见稿的初稿。会议逐条讨论了：第1章、总则，第3章、室内环境节能设计计算参数，第4章、建筑与建筑热工设计，第5章、采暖、通风和空气调节节能设计。会议最终对标准稿的条文、条文说明得到了一致的认同，并分别由小组负责人在会后修改，通过电子邮件汇总到主编单位。

主编单位在2004年6月中旬完成《公共建筑节能设计标准(办公建筑部分)》(征求意见稿)，并和建设部司(局)便函——建标标函［2004］32号“关于征求对国家标准《公共建筑节能设计标准(办公建筑部分)》意见的通知”，发向全国80余单位，其中主要发到全国主要设计院以及建筑节能主管机构和有关高校。

《公共建筑节能设计标准》第六次编制组工作会议，于2004年7月19～21日在太仓市召开。编制组根据会前的电子邮件交流，会议主要议题：(1)逐条讨论返回的《公共建筑节能设计标准(办公建筑部分)》征求意见稿的意见；(2)确定玻璃幕墙热工限定值及权衡法的原则；(3)空调冷源的能效比规定值；(4)由办公建筑转向公共建筑时，典型模型建筑的确定；(5)下一步工作安排。

《公共建筑节能设计标准》第七次编制组工作会议，于2004年10月26～28日在昆明市召开。编制组根据会前的电子邮件交流，会议主要目标：讨论“公共建筑节能设计标准”(送审稿)内容；重点讨论：(1)玻璃幕墙热工限定值及权衡法的原则；(2)空调冷源的能效比规定值。

编制组成员于2004年11月中旬将分工负责的章节的修改稿发至主编单位，主编单位修改汇总后发给成员再次修改，于2004年11月下旬完成《公共建筑节能设计标准》(送审稿)和全部送审文件。

建设部标准定额司于2004年12月9～10日在上海组织召开、主持了《公共建筑节能设计标准》审查会，会议成立了由9位专家组成的审查委员会，审查委员会一致通过了《公共建筑节能设计标准》送审稿。

在《公共建筑节能设计标准》整个编制过程中，始终得到建设部标准定额司，标准定额研究所，建设部科技司以及建设部建筑工程标准技术归口单位、中国建筑科学研究院主管领导的具体指导与帮助。

二、标准的主要内容及特点

1. 目录

《公共建筑节能设计标准》(以下简称为《标准》)的目次为：第1章、总则；第2章、术语；第3章、室内环境节能设计计算参数；第4章、建筑与建筑热工设计；第5章、采暖、通风和空气调节节能设计；以及附录A建筑外遮阳系数计算方法；附录B围护结构热工性能的权衡计算，附录C建筑物内空气调节冷、热水管的经济绝热厚度。

2. 设计途径

《标准》应用两条途径(方法)来进行节能设计，一为规定性方法，如果建筑设计符合标准中对窗墙比等参数的规定，设计者可以方便地按所设计建筑的城市(或靠近城市)查取《标准》中的相关表格得到围护结构节能设计参数值，按此参数设计的建筑即符合节能设计标准规定；另一种为性能化方法，如果建筑设计不能满足上述对窗墙比等参数的规定，必须使用权衡判断法来判定围护结构的总体热工性能是否符合节能要求，权衡判断法就是先构想出一栋虚拟的建筑，称之为参照建筑，然后分别计算参照建筑和实际所设计的建筑的全年采暖和空气调节能耗，并依照这两个能耗的比较结果作出判断。每一栋实际所设计的建筑都对应一栋参照建筑。与实际所设计的建筑相比，参照建筑除了在所设计建筑不满足本标准的一些重要规定之处作了调整外，其他方面都一样。参照建筑在建筑围护结构的各个方面均完全符合本节能设计标准的规定。权衡判断法需要进行全年采暖和空调能耗计算，以确定该建筑的节能设计参数。

规定性方法操作容易、简便；性能化方法则给设计者更多、更灵活的余地。

(1) 规定性方法

如果所设计建筑的体形系数、窗墙比、天窗面积比在标准规定的范围内，可以应用规定性方法。标准条文中主要列出了“围护结构限值和遮阳系数限值”和“地面和地下室外墙热阻限值”6张表，其中严寒地区2张表，寒冷地区、夏热冬冷、夏热冬暖地区以及地面和地下室外墙热阻限值各1张表。设计者可以简单地查取围护结构各部分的传热系数和玻璃遮阳系数限值，所设计的建筑即能达标。

(2) 性能化方法

如果所设计建筑的体形系数、窗墙比、天窗面积比不在标准规定的范围内，那么必须使用权衡判断法来判定围护结构的总体热工性能是否符合节能要求。具体的做法：首先计算参照建筑在规定条件下的全年采暖和空气调节能耗，然后计算所设计建筑在相同条件下的全年采暖和空气调节能耗，如果所设计建筑的采暖和空气调节能耗小于或等于参照建筑的采暖和空气调节能耗，则判定围护结构的总体热工性能符合节能要求。参照建筑的形状、大小、朝向以及内部的空间划分和使用功能与所设计建筑完全一致。当所设计建筑的体形系数、窗墙面积比大于标准规定时，参照建筑的每面外墙都按某一比例缩小，使体形系数符合标准规定；参照建筑的每个窗户(或每个玻璃幕墙单元)都按某一比例缩小，使窗墙面积比符合标准的规定。在计算参照建筑和所设计建筑的全年采暖和空气调节能耗时，参照建筑的围护结构传热系数和玻璃遮阳系数限值由“围护结构限值和遮阳系数限值”表查取，参照建筑和所设计建筑的建筑内部运行时间表，采暖、空气调节系统类别，室内设定温度，照明功率密度，人员密度，电气设备功率等计算参数按照标准中约定的数据取用。设计者用改变所设计建筑的围护结构热工参数(比“围护结构限值和遮阳系数限值”

表中规定的更严）和采用能效比高于标准中规定值的采暖、空气调节设备，直至计算到所设计建筑的全年采暖和空气调节能耗值小于或等于参照建筑的全年采暖和空气调节能耗值为止。

为了方便设计人员进行节能设计计算，编制组开发了动态计算软件，它以美国 DOE-2 软件为核心，开发成界面十分友好的、使用方便的计算工具。同时，它还可以提供建筑节能管理机构等有关人员审查设计是否符合标准的计算工具。

3. 透明幕墙

（1）窗墙面积比的上限定为 0.7

近年来公共建筑的窗墙面积比有越来越大的趋势，本标准把窗墙面积比的上限定为 0.7 已经是充分考虑了这种趋势。某个立面即使是采用全玻璃幕墙，扣除掉各层楼板以及楼板下面梁的面积（楼板和梁与幕墙之间的间隙必须放置保温隔热材料），窗墙比一般不会超过 0.7。

但是，与非透明的外墙相比，当前所应用的大部分透明幕墙的热工性能是比较差的。因此，本标准不提倡在建筑立面上大规模地应用玻璃（或其他透明材料的）幕墙，如果希望建筑的立面有玻璃的质感，提倡使用非透明的玻璃幕墙，即玻璃的后面仍然是保温隔热材料和普通墙体。

（2）节能要求基本不降低

当所设计的建筑大面积使用透明幕墙时，要根据建筑所处的气候区和窗墙比选择玻璃（或其他透明材料），使幕墙的传热系数和玻璃（或其他透明材料）的遮阳系数符合本标准的规定。比如应用镀膜玻璃（包括 Low-E 玻璃）、热反射玻璃、中空玻璃、双层皮（Double skin）通风幕墙等产品；同时，用这些高性能玻璃组成幕墙的技术也比较成熟，如采用“断热桥”型材龙骨，中空玻璃间层中设百叶和格栅等遮阳措施，减少太阳辐射得热可以把玻璃幕墙的传热系数由普通单层玻璃的 6.0W/（m^2·K）以上降到 1.5W/（m^2·K）以下。

4. 空气调节采暖冷热源能效比

我国已颁布执行冷源（电驱动）的最低性能系数的产品国家标准，它们的性能系数必须达到规定的限值。2004 年 9 月 16 日，由国家标准化管理委员会、国家发展和改革委员会主办，中国标准化研究院承办，全国能源基础与管理标准化技术委员会、中国家用电器协会、中国制冷空调工业协会和全国冷冻设备标准化技术委员会协办的“空调能效国家标准新闻发布会”在北京召开。会议发布了国家标准《冷水机组能效限定值及能源效率等级》GB 19577—2004，《单元式空气调节机能效限定值及能源效率等级》GB 19576—2004 和《房间空气调节器能效限定值及能源效率等级》GB 12021.3—2004 三个产品的强制性国家能效标准。该三项标准将机组的能效比（性能系数）规定了 5 个等级。第 5 等级产品是未来淘汰的产品，第 3、4 等级代表我国的平均水平，第 2 等级代表节能型产品（按最小寿命周期成本确定），第 1 等级是企业努力的目标。为了确保节能建筑有较高性能系数的设备，本《标准》规定冷水机组、单元式空气调节机的性能系数平均确保第 4 级。对水冷离心式机组规定达到第 3 级，螺杆机、单元式空气调节机规定达到第 4 级，但对于活塞式/涡旋式则仍然规定最低的第 5 级。热驱动的冷热水机组由于当前还没有能源效率等级标准，仍然依据已颁布的产品标准执行。

因此，本《标准》规定的能效比总体要求高于市场最低值。

5. 综合部分负荷性能系数(*IPLV*)

综合部分负荷性能系数(*IPLV*)的概念起源于美国，1986 年开始应用，1988 年被美国空气调节制冷协会 ARI 采用，1992 年和 1998 年进行了两次修改，全美各主要冷水机组制造商通过 1998 版的 *IPLV*。

在考核冷水机组的满负荷性能系数的同时，也须考虑机组的部分负荷指标，只有这样才能更准确的评价机组的能效和建筑的耗能情况。一般情况下，满负荷运行情况在整台机组的运行寿命中只占 1%～5%。*IPLV* 是制冷机组在部分负荷下的性能表现，实质上就是衡量了机组性能与系统负荷动态特性的匹配，所以综合部分负荷性能系数更能反映单台冷水机组的真正使用效率。

本《标准》首次将综合部分负荷性能系数写入了节能设计标准中，我们参照了美国标准中的思路，但根据我国气候条件(对全国不同气候区 19 个城市的气象资料进行计算)，我国主要类型公共建筑的运行情况(获得不同负荷全年运行小时数)，以及我国主要空调设备企业产品的部分负荷性能系数值进行计算分析，提出不同类型冷水机组的推荐的综合部分负荷性能系数规定值。

6. 与国外相应标准的比较

以最新版本的美国 ASHRAE/IESNA Standard 90.1《建筑节能标准》进行比较，该标准适用于商业建筑和四层及以上居住建筑节能设计。

(1) 节能设计途径

均采用规定性方法和性能化方法。当采用性能化方法时，应用逐小时动态模拟软件进行计算。

(2) 围护结构热工参数限值

以规定性方法中我国哈尔滨、北京、上海、深圳的围护结构热工参数限值，与美国 ASHRAE 90.1—2001 中相应的围护结构热工参数限值进行比较(见表 1-1～表 1-4)。可以看出，美国节能标准中屋面传热系数和遮阳系数要求较高，其余规定值基本类同。

表 1-1　围护结构热工参数限值比较

哈 尔 滨		《公共建筑节能设计标准》表 4.2.2-1(严寒地区 A)		美国《ASHRAE 90.1—2001》表 B-21	
		传热系数 *K* W/(m² · K)	遮阳系数 *SC*（其他方向/北向）	传热系数 *K* W/(m² · K)（固定/开启）	遮阳系数 *SC*（其他方向/北向）
外墙(重质墙)		0.40～0.45		0.51	
屋面(无阁楼)		0.30～0.35		0.36	
窗墙比	≤20%	2.7～3.0	—	2.61/2.67	0.41/0.53
	20%～30%	2.5～2.8	—	2.61/2.67	0.41/0.53
	30%～40%	2.2～2.5	—	2.61/2.67	0.41/0.53
	40%～50%	1.7～2.0	—	1.99/2.21	0.37/0.53
	50%～70%	1.5～1.7	—		

表 1-2　围护结构热工参数限值比较

北　京		《公共建筑节能设计标准》表 4.2.2-3(寒冷地区)		美国《ASHRAE 90.1—2001》表 B-13	
		传热系数 K W/(m² · K)	遮阳系数 SC (其他方向/北向)	传热系数 K W/(m² · K) (固定/开启)	遮阳系数 SC (其他方向/北向)
外墙(重质墙)		0.50～0.60		0.86	
屋面(无阁楼)		0.45～0.55		0.36	
窗墙比	≤20%	3.0～3.5	—	3.24/3.80	0.45/0.56
	20%～30%	2.5～3.0	—	3.24/3.80	0.45/0.56
	30%～40%	2.3～2.7	0.70/—	3.24/3.80	0.45/0.56
	40%～50%	2.0～2.3	0.60/—	2.61/2.67	0.29/0.41
	50%～70%	1.8～2.0	0.50/—		

表 1-3　围护结构热工参数限值比较

上　海		《公共建筑节能设计标准》表 4.2.2-4(夏热冬冷地区)		美国《ASHRAE 90.1—2001》表 B-11	
		传热系数 K W/(m² · K)	遮阳系数 SC (其他方向/北向)	传热系数 K W/(m² · K) (固定/开启)	遮阳系数 SC (其他方向/北向)
外墙(重质墙)		1.00		0.86	
屋面(无阁楼)		0.70		0.36	
窗墙比	≤20%	4.7	—	3.24/3.80	0.45/0.56
	20%～30%	3.5	0.55/	3.24/3.80	0.45/0.56
	30%～40%	3.0	0.50/0.60	3.24/3.80	0.45/0.45
	40%～50%	2.8	0.45/0.55	2.61/2.67	0.31/0.37
	50%～70%	2.5	0.40/0.50		

表 1-4　围护结构热工参数限值比较

深　圳		《公共建筑节能设计标准》表 4.2.2-5(夏热冬暖地区)		美国《ASHRAE 90.1—2001》表 B-3	
		传热系数 K W/(m² · K)	遮阳系数 SC (其他方向/北向)	传热系数 K W/(m² · K) (固定/开启)	遮阳系数 SC (其他方向/北向)
外墙(重质墙)		1.50		3.29	
屋面(无阁楼)		0.90		0.36	
窗墙比	≤20%	6.5	—	6.93/7.21	0.29/0.70
	20%～30%	4.7	0.50/0.60	6.93/7.21	0.29/0.70
	30%～40%	3.5	0.45/0.55	6.93/7.21	0.29/0.70
	40%～50%	3.0	0.40/0.50	6.93/7.21	0.22/0.54
	50%～70%	3.0	0.35/0.45		

(3) 制冷机组最低能效比

仍然以美国 ASHRAE 90.1—2001 中相应的制冷机组最低能效比参数限值进行比较（见表 1-5），可以看出，我国规定的限值规定，比美国标准中来得低。

表 1-5 制冷机组最低能效比参数限值比较

《公共建筑节能设计标准》				ASHRAE 90.1—2001		
类型		额定制冷量(kW)	性能系数(W/W)	ASHRAE 90.1—2001 规定的最低 COP	负偏差、污垢系数修正后的 COP	相差(%)
水冷	活塞式	＜528	3.8	4.20	3.88	−0.8
		528～1163	4.0	4.20	3.88	4.4
		＞1163	4.2	4.20	3.88	9.6
	涡旋式	＜528	3.8	4.45	4.06	−6.4
		528～1163	4.0	4.90	4.47	−10.5
		＞1163	4.2	5.50	5.02	−16.3
	螺杆式	＜528	4.10	4.45	4.06	1.0
		528～1163	4.30	4.90	4.47	−3.8
		＞1163	4.60	5.50	5.02	−8.3
	离心式	＜528	4.40	5.00	4.56	−3.5
		528～1163	4.70	5.55	5.06	−7.2
		＞1163	5.10	6.10	5.56	−8.4
风冷或蒸发冷却	活塞式/涡旋式	≤50	2.40	2.80	2.55	−6.0
		＞50	2.60	2.80	2.55	1.8
	螺杆式	≤50	2.60	2.80	2.55	1.8
		＞50	2.80	2.80	2.55	9.6

从以上比较可以看出，我国标准在设计方法及规定指标上与国际先进节能标准的相同，但在具体指标上，尤其制冷机组的能效比方面，还有差距。

三、《标准》征求意见的处理情况

2004 年 6 月中旬完成《公共建筑节能设计标准（办公建筑部分）》（征求意见稿），并和建设部司（局）便函——建标标函［2004］32 号“关于征求对国家标准《公共建筑节能设计标准（办公建筑部分）》意见的通知”，发向全国 80 余单位，其中主要发到全国主要设计院以及建筑节能主管机构和有关高校。7 月下旬收到回信 30 余单位：其中来自设计院 21 件（占 65.6%），建筑研究院 5 件（15.6%），高校 5 件（15.6%），企业 1 件（占 3.2%）。

回信单位	设计院	建筑研究院	高校	企业
反馈信件数	21	5	5	1

总计反馈意见 256 条，其中 55 条属于讨论和理解性质的，编制组充分理解意见的内涵。属于条文意见共 201 条，采纳了 128 条，未采纳 73 条。

意见处理情况汇总表

章	采纳条数	未采纳条数
1	13	4
3	10	9
4	40	21
5	65	39
小　计	128	73

四、《标准》的审查意见和结论

根据建设部建标［2002］85号文的要求，由中国建筑科学研究院、中国建筑业协会建筑节能专业委员会为主编单位，会同全国21个单位完成了国家标准《公共建筑节能设计标准》送审稿。建设部标准定额司于2004年12月9～10日在上海组织召开、主持了《标准》审查会。会议成立了由9位专家组织的审查委员会。

会议听取了编制组对《标准》编制背景、编制工作过程、主要内容和特点的系统介绍，逐章逐条并有重点地对送审稿进行了深入细致的全面审查。通过讨论，对送审稿提出下列审查意见：

1. 编制组提交的《标准》(送审稿)条文及其条文说明、《标准》强制性条文、《送审报告》、《征求意见处理汇总》以及6篇相关的专题研究报告，资料齐全，内容完整，结构严谨，条理清晰，数据可信，符合标准审查的要求。

2. 会议认为，该标准的主要特点为：

(1) 编制组所提出的节能目标和室内节能设计计算参数合理，符合我国气候特点和室内热环境要求，适应我国经济及技术发展和人民生活水平提高的需要。

(2) 采用建筑热工计算的“规定性指标方法”和“性能化方法”两种途径进行建筑节能设计，既方便又灵活，有利于《标准》的实施。《标准》尽最大可能将大部分建筑设计纳入“规定性指标方法”范围，便于设计应用；又在某些规定性指标需要突破时，可采用性能化方法，以便在不增加能源消耗的前提下灵活调节，使节能建筑设计多样化。

(3)《标准》依据制冷机组能效限定值和能效等级国家标准，对选用制冷机组的能效提出了符合国情、较高的合理要求；并首次对制冷机组的“部分负荷性能系数”提出规定。对于推动制冷行业进步，提高我国制冷设备能效具有重要作用。

(4) 该《标准》是我国第一部公共建筑节能设计国家标准，总结了制定不同地区居住建筑节能设计标准的丰富经验，吸收了我国与发达国家相关建筑节能设计标准的最新成果，认真研究分析了我国公共建筑的现状和发展，作出了具有科学性、先进性和可操作性的规定，总体上达到了国际先进水平。《标准》的实施将使我国公共建筑空气调节和采暖能耗显著降低，以缓解能源状况，改善生态环境，促进节能技术发展，并产生显著的社会效益与经济效益。

3. 会议一致通过了《标准》送审稿，要求编制组根据审查会议的意见，对送审稿进行进一步修改和完善，尽快形成报批稿上报建设部审批、发布，并希望抓紧做好标准实施的政策、技术准备工作。会议要求按规定程序上报审批成果。

五、《标准》发布宣贯会

建设部于2005年4月26日在北京召开《公共建筑节能设计标准》发布宣贯会。该

《标准》由建设部组织编制、审查、批准并与国家质量技术监督检验检疫总局联合发布，于7月1日起正式实施。这是我国批准发布的第一部公共建筑节能设计的综合性国家标准。

建设部副部长黄卫在宣贯会上指出，“该《标准》的发布实施，标志着我国建筑节能工作在民用建筑领域全面铺开，是建筑行业大力发展节能省地型住宅和公共建筑，制定并强制推行更加严格的节能节材节水标准的一项重大举措，对缓解我国能源短缺与社会经济发展的矛盾必将发挥重要作用。”

建设部副部长黄卫还强调，各地建设主管部门要紧紧抓住《标准》发布这一有利时机，认真学习“建设部关于认真做好《标准》宣贯、实施及监督工作的通知”，切实加强领导，大力开展宣传活动，认真组织对《标准》的培训，切实抓好《标准》的实施监督。通过采取有力措施，把《标准》的执行落到实处。把建筑节能作为一项功在长远、利国利民的大事抓紧抓实抓好，把科学发展观真正落到实处，共同为加快建设节约型社会做出贡献。

会上由建设部办公厅主任朱中一宣读建设部公告(第319号)，宣布批准《公共建筑节能设计标准》为国家标准，编号为GB 50189—2005，自2005年7月1日起实施。同时还宣读“关于认真做好《公共建筑节能设计标准》宣贯、实施及监督工作的通知”（建标函[2005] 121号)，要求各省、自治区建设厅，直辖市建委，新疆生产建设兵团建设局，各有关单位认真做好《标准》的宣贯、实施及监督工作，确保该标准的贯彻执行。主要内容有：一、全面提高对贯彻执行《标准》重要性的认识；二、大力开展《标准》的宣传、培训工作；三、切实加强《标准》的实施与监督。

第二篇 《公共建筑节能设计标准》内容释义

第1章 总 则

1.0.1 为贯彻国家有关法律法规和方针政策，改善公共建筑的室内环境，提高能源利用效率，制定本标准。

1.0.2 本标准适用于新建、改建和扩建的公共建筑节能设计。

1.0.3 按本标准进行的建筑节能设计，在保证相同的室内环境参数条件下，与未采取节能措施前相比，全年采暖、通风、空气调节和照明的总能耗应减少50%。公共建筑的照明节能设计应符合国家现行标准《建筑照明设计标准》GB 50034—2004的有关规定。

1.0.4 公共建筑的节能设计，除应符合本标准的规定外，尚应符合国家现行有关标准的规定。

【释义】

1. 建筑节能是中国可持续发展的战略选择

20多年来，中国建筑迅速发展，全国城乡到处大量新建房屋，人民生活大有改善。近几年，全国每年竣工的房屋面积约20亿m^2，其中公共建筑3～4亿m^2，我国新建建筑规模已超过欧美各发达国家之和。在经济持续发展、人民生活不断提高的条件下，在今后相当长的一段时间内，还将保持如此巨大的建设规模。由于我国人口众多，经济发展迅速，既有建筑面积已达420亿m^2(其中城市建筑面积约140亿m^2)，并将继续快速增加。这些建筑在几十年至近百年的使用期间，在采暖、空调、通风、炊事、照明、热水供应等方面要不断消耗大量能源，建筑用能占全国能源总消费比例已超过27.5%。

与此同时，我们必须清醒地看到，尽管在建筑节能方面过去已经作出了很大的努力，至2004年，我国城乡建筑中只有3.2亿m^2的居住建筑可算作节能建筑，其余99%以上既有建筑仍属于高能耗建筑；一年新建成的节能建筑不到1亿m^2，也就是说，95%的新建建筑也属于高能耗建筑。与气候条件接近的发达国家相比，单位建筑面积采暖耗能为它们的3倍左右，而热舒适情况则远不如人。这就说明我国高能耗建筑十分普遍，能源浪费极端严重；而且我们正在以中国和世界历史上前所未有的规模，继续大量建造高能耗建筑。

随着城镇化的发展，人民生活水平的提高，建筑用能还在快速增加，其原因有：房屋建筑继续增加，人口每年增加约900万人，近几年每年每人平均新增房屋面积1.3～1.5m^2；城市化不断加快，平均每年有1500万以上的农村人口向城镇转移，而每个城市人口与农村人口用能量的比例为3.5∶1；人们对建筑热舒适性的要求越来越高，“非典”肆虐以后，普遍提高了通风要求，又要增加采暖和空调能耗；采暖区大大向南扩展，空调制冷范围从公共建筑扩展到居住建筑，从南方扩展到北方，并在许多村镇逐步发展，使用采暖和空调的时间也在延长；居民家用电器品种、数量增加，建筑照明条件也日益改善；农村过去主要使用秸杆、薪柴等生物质能源烧饭和取暖，现在已逐步改用煤、电、燃气等商品能源。由于上述诸多因素的综合影响，建筑已成为国民经济中能源消费增长最快的部门。建筑能耗占全国总能耗的比例，将快速上升到1/3以上。但如果抓紧建筑节能工作，其增长速度可以大大减缓。

近几年空调建筑有了很大的发展，特别是公共建筑多数都安装了空调，炎夏季节，城市电网高峰负荷约有1/3用于空调制冷，使许多地区用电高度紧张，拉闸限电频繁。2004年炎夏，多数电网负荷再创历史新高，全国电网差不多全面告急，24个省市不得不拉闸限电。随着人民生活水平的提高，各类建筑的继续增加，空调建筑的进一步普及，空调制冷负荷必然会继续增长。预计到2020年，全国制冷电力负荷高峰将达到约1.8亿kW，相当于10个三峡电站的满负荷出力。由此可见，单纯以建设电力设施来满足空调采暖需要，使许多发电和输配电设施在全年的大部分时间闲置，既大量消耗国家资金和能源资源，又增加环境污染，今后势必难以为继。但如果从需求侧降低空调能耗，把日益增加的建筑能耗减少一半，进而逐步达到发达国家的能耗水平，则可大大减少煤矿、电站等能源设施建设的规模，这才是“釜底抽薪”的根本大计。否则尽管继续加大煤矿、电站电网建设力度，电力紧张状况仍将难以缓解。

建筑的一个重要特点是使用期特别长，要使用好几十年以至上百年的时间，一旦建成，采暖空调用能就会这样长期消耗下去。如要进行改造，则要消耗多得多的资源。因此，今天规模巨大的高能耗公共建筑不仅在当前大量浪费能源，而且将使今后许许多多年继续大量浪费下去，为今后国家经济社会的发展制造困难。一方面国家能源紧缺，形势严峻，另一方面建筑用能数量巨大，浪费严重。显然，这种大量建造高能耗建筑的情况是不可能持续的，也是背离可持续发展战略、背离科学发展观的。本来，大规模建造房屋是为了使广大人民安居乐业，但大量建造高能耗建筑，又会过多地消耗能源，同时严重污染环境，以致使国家能源将无法支撑，环境受到破坏，后果不堪设想，却又与我们的初衷完全相悖。

每年白白浪费的建筑用能粗略估计高达上亿吨标准煤，问题何等严重。但现在有一些建筑开发商，却刻意追求铺张豪华甚至十分奢侈的装饰，在这方面大手大脚，不惜一掷千金，但对利国利民、而且为数不大的建筑节能投资却十分吝啬，对执行节能标准千方百计地设法逃避，继续在大量兴建高耗能建筑。这种舍本逐末的行为，不仅要受政府有关部门的监管和处罚，肯定早晚也会被社会所唾弃，为房地产市场所淘汰的。

许多发达国家从1973年世界性石油危机开始，就意识到建筑节能的极端重要性，下决心大力建造节能效率越来越高的建筑。在建筑物舒适性不断提高的同时，新建建筑单位面积能耗已减少到30年前的1/5～1/3，同时对既有建筑展开了大规模的高标准的节能改造。其结果是，这些发达国家尽管建筑总量继续增加，舒适性不断改善，而建筑总能耗却很少增长，甚至还有所减少，从而缓解了国家的能源需求，避免了能源危机的再度冲击，也为完成《京都议定书》二氧化碳减排义务做出贡献。

建筑节能是关系国家经济全局、影响长远建设、影响能源安全的重要问题。如果不引起重视，采取切实措施，照目前的势头再拖延10来年，全国每年将浪费好几亿吨标准煤的能源，势必造成难以承受的负担，以至不得不被迫花几万亿元的资金实施几百亿 m^2 建筑的节能改造，那时，我们将何以面对后人。

在严峻的能源形势下，必须按照以人为本，全面、协调、可持续的科学发展观，抓住当前大规模建造房屋的历史性的战略机遇，高度重视，迅速行动，按照建设节约型社会的要求，坚决把建筑节能工作搞上去，把建筑用能大量节省下来，以提高资源利用效率，改善生态环境，使人和自然更加和谐，为国家民族的长远发展创造良好的条件。

2. 节能建筑同时又是舒适建筑、健康建筑

党的十六大提出了全面建设小康社会的历史任务，要实现经济、社会、环境和人的协调发展，要大力提高人民的生活水平。

中国的气候环境多种多样，但总的特点是冬寒夏热。为了广大人民群众的生存、健康和生活舒适，建筑在寒冬必须采暖，炎夏又要空调制冷，这就要求建筑围护结构做好保温隔热，并配备适当的供热和制冷设施。然而，建筑围护结构保温隔热的做法不同，采用的供热和制冷设施不同，冬天和夏日不仅能源消耗可能相差若干倍，而且室内的舒适条件也是迥然不同的，这就是说，由此带来人们的生存与健康条件的差别是相当大的。

由此可以看出，要提高人民生活水平，建造公共建筑和居住建筑，扩大建筑面积当然是必要的；更重要的，还是建筑内在性能质量的提高，使人民拥有越来越良好的居住和工作场所，从而生活更加舒适，身体更加健康。祖国医学认为，“风寒暑湿燥火”会导致百病。冬天似冰窖、夏天像蒸笼的建筑，会使人疾病丛生，尤其对老人、产妇和儿童危害更烈。以人为本的要求指引我们，“非典”的传播又教训我们，建筑必须营造出健康宜人的环境，而推进建筑节能正是要普遍创造这种良好环境的基本条件。

我们所倡导的节能建筑既可以大大节省能源，实质上又是舒适建筑、健康建筑，低能耗建筑也就是高舒适度建筑，二者完全是一回事。许多已经住在节能房屋的居民都体会到，节能建筑冬暖夏凉，与非节能建筑相比，尽管同样都安有暖气和空调，但舒适程度两者却相差甚远。这是因为，节能建筑的外墙、门窗和屋面的保温隔热做得好得多，冬天其内表面温度较高，人体的辐射失热较少，不觉寒凉；夏天其内表面温度较低，辐射到人体的热量也较少，人体就不觉得炎热。再加上节能建筑室内蓄存的热量较多，又不易散失，热惰性较好，室温均匀稳定，也会令人十分舒适，而舒适的环境当然有利于身体健康。

冬天采暖燃烧化石燃料是许多地方大气的主要污染源，夏天空调耗能不仅造成污染，排出热量又增大城市热岛效应，都对环境有很大的危害。而推进建筑节能，会使能源使用量减少，污染减轻，热岛效应减小，从而改善室外环境，收到一举数得之功效。

由此可见，建筑节能是造福人民、造福社会的崇高事业，是建造舒适健康建筑的必由之路，对于代表人民群众根本利益的政府、对于有责任感的开发商、设计施工者和生产企业人员来说，建筑节能工作是自己义不容辞的光荣责任。

3. 公共建筑的范围、特点与能耗

中国房屋建筑划分为民用建筑和工业建筑。民用建筑又分为居住建筑和公共建筑，居住建筑主要是指住宅建筑。公共建筑则包含办公建筑(包括写字楼、政府部门办公楼等)，商业建筑(如商场、金融建筑等)，旅游建筑(如旅馆饭店、娱乐场所等)，科教文卫建筑(包括文化、教育、科研、医疗、卫生、体育建筑等)，通信建筑(如邮电、通信、广播用房)以及交通运输用房(如机场、车站建筑等)。在欧美国家，则一般将建筑分为居住建筑

(residential building)和商用建筑(commercial building)。我国的公共建筑，属于国外所说的商用建筑范围。在公共建筑中，尤以办公建筑、大中型商场以及高档旅馆饭店等几类建筑，在建筑的标准、功能及设置全年空调采暖系统等方面有许多共性，而且其采暖空调能耗特别高，采暖空调节能潜力也最大。

2003年北京市共有房屋建筑面积为47530.1万m^2，其中公共建筑面积为15968.2万m^2，占全市房屋建筑总面积的33.6%，即约为1/3。其中大型公共建筑约500幢，包括高档写字楼150家，大中型商场33家，三星级以上高级酒店230家，总建筑面积2070万m^2。2003年北京市公共建筑分类及其面积见下表。

类　型	建筑面积(万m^2)	所占百分比(%)
商业营业用房	1546.0	9.7
服务业用房	3140.5	19.7
办公用房　一般办公楼	3918.1	24.5
办公用房　高级写字楼	1127.1	7.1
教育用房	2179.1	13.6
医疗用房	220.0	1.4
科研用房	502.4	3.1
文化体育用房(包括礼堂、俱乐部、影剧院、体育馆和其他文体用房)	401.5	2.5
其他(包括幼儿园、托儿所、业务用房和宾馆)	2933.5	18.4
共计	15968.2	100

2003年上海市共有公共建筑7419万m^2，其中办公楼占30%，商店占18%，商办综合楼占17%，学校占17.2%，旅馆占5%，医院占4.7%，其他占8.1%。

在公共建筑(特别是大型商场、高档旅馆酒店、高档办公楼等)的全年能耗中，大约50%～60%消耗于空调制冷与采暖系统，20%～30%用于照明。而在空调采暖这部分能耗中，大约20%～50%由外围护结构传热所消耗(夏热冬暖地区大约20%，夏热冬冷地区大约35%，寒冷地区大约40%，严寒地区大约50%)，30%～40%为处理新风所消耗。从目前情况分析，这类建筑在围护结构、采暖空调系统，以及照明方面，有节约能源50%的潜力。

北京市普通公共建筑的用电能耗为40～60kWh/m^2，而普通居民住宅的用电能耗仅为10～20kWh/m^2，但供暖能耗则与住宅接近，为20～45kWh/m^2；按照一次能源折算，普通公共建筑用能中的30%～40%用于供暖，其余60%～70%用于照明、空调和办公设备。大型公共建筑中，商场的电耗为210～370kWh/m^2，写字楼和星级酒店的电耗为100～200kWh/m^2，北京市大型公共建筑的全年电耗平均为150kWh/m^2，为普通城市住宅单位面积用电量的10倍左右，有的大型公共建筑的全年电耗甚至高达350kWh/m^2。在大型公共建筑的电耗中，空调用电占30%～60%，照明用电占20%～40%，电梯、办公和其他设备用电占10%～30%。但供暖能耗仅为10～30kWh/m^2，低于普通住宅。北京市大型公共建筑面积虽然只占北京市民用建筑总面积的1/20，其耗电量却占到全市民用建筑总用电量的1/4，相当于全市居民生活用电量的1/2左右。当然，不同的大型公共建筑的用电量差别很大，扣除入住率的因素，相同星级的宾馆的用电量可相差达2倍，营业额相近的商场之间的用电量也可相差2倍以上。

对上海2家建筑面积为6.7～9.2万m^2的大型酒店调查结果，单位建筑面积能耗分别为3.12GJ/m^2和3.55GJ/m^2，其中空调能耗分别为1.64GJ/m^2和2.19GJ/m^2，空调能耗分别占总能耗的比例为52.5%和61.6%。

对大连4家建筑面积为4.4～12万m^2的大型酒店调查结果，单位建筑面积能耗最大为2.9GJ/m^2，其中空调能耗为1.42GJ/m^2，最小为1.6GJ/m^2，其中空调能耗为0.48GJ/m^2，空调能耗占总能耗的比例为30%～49%。

对深圳市15幢高层办公建筑抽样调查结果，写字楼的单位建筑面积能耗最小为45kWh/m^2，最大为150kWh/m^2，平均为96kWh/m^2，其中空调、照明、办公设备能耗大约各占30%。

对武汉市9幢大楼的全年能耗调查测试结果，全年建筑能耗为0.386～2.579GJ/m^2，其中空调能耗为0.137～0.858GJ/m^2，建筑能耗最大的与最小的相差达6.68倍，空调能耗最大的与最小的相差达4.41倍。商场、办公楼、酒店的空调能耗平均为0.495GJ/m^2，空调能耗占总能耗的比例为22.33%～79.41%。

由此可见，公共建筑的能耗特点有：情况复杂多样，能耗一般较居住建筑高得很多，用电量很大，不同的公共建筑能耗相差甚远，节能潜力巨大。

4. 编制和实施公共建筑节能设计标准是一项重要的紧迫的任务

我国已经编制了北方严寒和寒冷地区、中部夏热冬冷地区和南方夏热冬暖地区的居住建筑节能设计标准，并已先后发布实施。按照国家建筑节能工作从居住建筑向公共建筑发展的部署，编制出公共建筑节能设计标准，以改善公共建筑的热环境，提高暖通空调系统的能源利用效率，贯彻有关政策和法规，减轻国家能源负担，缓解日益增大的能源压力，实现国家节约能源和保护环境的战略方针。

本标准适用于新建、扩建和改建的公共建筑的建筑节能设计。各类公共建筑在进行建筑节能设计时，必须遵循本标准的各项规定。

各类公共建筑的节能设计，必须根据当地的具体气候条件，首先保证室内热环境质量，提高人民的生活水平；与此同时，还要提高采暖、通风、空调和照明系统的能源利用效率，实现国家的可持续发展战略和能源发展战略，完成本阶段节能50%的任务。今后，随着建筑节能工作的进展和节能技术的进步，还将编制新的公共建筑节能设计标准，标准的内容将更加完善，其中的节能要求也会进一步提高。

公共建筑能耗应该包括建筑围护结构以及采暖、通风、空调和照明用能源消耗。本标准所要求的50%的节能率也同样包含上述范围的节能成效。由于已发布《建筑照明设计标准》GB 50034—2004，建筑照明节能的具体指标及技术措施由该标准作出规定。

本标准提出的50%节能目标，是以20世纪80年代改革开放初期建造的公共建筑作为比较能耗的基础，称为“基准(Baseline)建筑”。“基准建筑”围护结构、暖通空调设备及系统、照明设备的参数，都按当时情况选取。在保持与目前标准约定的室内环境参数的条件下，计算“基准建筑”全年的暖通空调和照明能耗，将它作为100%。再将这“基准建筑”按本标准的规定进行参数调整，即围护结构、暖通空调、照明参数均按本标准规定设定，计算其全年的暖通空调和照明能耗，应该相当于50%。这就是节能50%的内涵。

“基准建筑”围护结构的构成、传热系数、遮阳系数，按照以往80年代传统做法，即外墙K值取1.28W/(m²·K)(哈尔滨)；1.70W/(m²·K)(北京)；2.00W/(m²·K)(上海)；2.35W/(m²·K)(广州)。屋顶K值取0.77W/(m²·K)(哈尔滨)；1.26W/(m²·K)(北京)；1.50W/(m²·K)(上海)；1.55W/(m²·K)(广州)。外窗K值取3.26W/(m²·K)(哈尔滨)；6.40W/(m²·K)(北京)；6.40W/(m²·K)(上海)；6.40W/(m²·K)(广州)，遮阳系数SC均取0.80。采暖热源设定燃煤锅炉，其效率为0.55；空调冷源设定为水冷机组，离心机能效比4.2，螺杆机能效比3.8；照明参数取25W/m²。

本标准所要求的节能50%的目标由改善围护结构热工性能，提高空调采暖设备和照明设备效率来分担。照明设备效率节能目标参数按《建筑照明设计标准》GB 50034—2004确定。本标准中对围护结构、暖通空调方面的规定值，就是在设定“基准建筑”全年采暖空调和照明的能耗为100%情况下，调整围护结构热工参数，以及采暖空调设备能效比等设计要素，直至按这些参数设计建筑的全年采暖空调和照明的能耗下降到50%时，定为标准规定值。

当然，这种全年采暖空调和照明的能耗计算，只可能按照典型模式运算，而实际情况是极为复杂的。因此，不应认为所有公共建筑都在这样模式下运行。

通过编制标准过程中的计算、分析，按本标准进行建筑设计，由于改善了围护结构热工性能，提高了空调采暖设备和照明设备效率，各地围护结构、空调采暖和照明分担节能率有一些差别。从北方至南方，围护结构分担节能率约25%～13%；空调采暖系统分担节能率约20%～16%；照明设备分担节能率约7%～18%。由此可见，执行本标准后，全国总体节能率达到了50%。

本标准对公共建筑的建筑、热工以及采暖、通风和空调设计中应该控制的、与能耗有关的指标和应采取的节能措施作出了规定。但公共建筑节能涉及的专业较多，相关专业均制定有相应的标准，并作出了节能规定。在进行公共建筑节能设计时，除应符合本标准外，尚应符合国家现行的有关强制性标准的规定。

我国以节能50%为目标的居住建筑节能标准相继发布。实践经验已经表明，居住建筑达到节能50%的目标每平方米建筑造价不过增加建造成本的5%～7%(以北京地区高层建筑为例，约相当于增加成本75～105元人民币)，一般可通过节能效益在5年左右收回。公共建筑的情况十分复杂，但大型公共建筑的造价要比居住建筑高得很多，其能耗及用能费用也会高出很多，因而其节能投资回收期可望控制在5～7年左右，节能的经济效益是良好的。

在国家能源形势严峻的情况下，各级政府加强了建筑节能管理工作，实施公共建筑节能标准将是其中一个十分重要的方面。深刻了解公共建筑节能标准的意义及其内容，有助于本标准的贯彻。而本标准在全国范围内的执行，必将大大改善公共建筑的热环境，为公共建筑节约大量能源和资金，为缓解国家能源紧张状况起到积极的作用。

第2章 术 语

2.0.1 透明幕墙 transparent curtain wall

可见光可直接透射入室内的幕墙。

【释义】

透明幕墙专指可见光可以直接透过它而进入室内的幕墙。除玻璃外透明幕墙的材料也可以是其他透明材料。在本标准中，设置在常规的墙体外侧的玻璃幕墙不作为透明幕墙处理。

2.0.2 可见光透射比 visible transmittance

透过透明材料的可见光光通量与投射在其表面上的可见光光通量之比。

2.0.3 综合部分负荷性能系数 integrated part load value(*IPLV*)

用一个单一数值表示的空气调节用冷水机组的部分负荷效率指标，它基于机组部分负荷时的性能系数值、按照机组在各种负荷下运行时间的加权因素，通过计算获得。

【释义】

空调系统运行时，除了通过运行台数组合来适应建筑冷量需求和节能外，在相当多的情况下，冷水机组处于部分负荷运行状态，为了控制机组部分负荷运行时的能耗，有必要对冷水机组的部分负荷时的性能系数作出一定的要求。参照国外的一些情况，本标准提出了用综合部分负荷性能系数*IPLV*来评价。它用一个单一数值表示的空气调节用冷水机组的部分负荷效率指标，基于机组部分负荷时的性能系数值、按照机组在各种负荷下运行时间的加权因素，通过计算获得。根据国家标准《蒸汽压缩循环冷水(热泵)机组工商业用和类似用途的冷水(热泵)机组》GB/T 18430.1—2001确定部分负荷下运行的测试工况；根据建筑类型、我国气候特征确定部分负荷下运行时间的加权值。

2.0.4 围护结构热工性能权衡判断 building envelope trade-off option

当建筑设计不能完全满足规定的围护结构热工设计要求时，计算并比较参照建筑和所设计建筑的全年采暖和空气调节能耗，判定围护结构的总体热工性能是否符合节能设计要求。

【释义】

围护结构热工性能权衡判断是一种性能化的设计方法。为了降低空气调节和采暖能耗，本标准对建筑物的体形系数、窗墙比以及围护结构的热工性能规定了许多刚性的指标。所设计的建筑有时不能同时满足所有这些规定的指标，在这种情况下，可以通过不断调整设计参数并计算能耗，最终达到所设计建筑全年的空气调节和采暖能耗不大于参照建筑的能耗的目的。这种过程在本标准中称之为权衡判断。

2.0.5 参照建筑 reference building

对围护结构热工性能进行权衡判断时，作为计算全年采暖和空气调节能耗用的假想建筑。

【释义】

参照建筑是进行围护结构热工性能权衡判断时，作为计算全年采暖和空调能耗用的假想建筑，参照建筑的形状、大小、朝向以及内部的空间划分和使用功能与所设计建筑完全一致，但围护结构热工参数和体形系数、窗墙比等重要参数应符合本标准的刚性规定。

第3章　室内环境节能设计计算参数

3.0.1　集中采暖系统室内计算温度宜符合表3.0.1-1的规定；空气调节系统室内计算参数宜符合表3.0.1-2的规定。

表3.0.1-1　集中采暖系统室内计算温度

建筑类型及房间名称	室内温度(℃)	建筑类型及房间名称	室内温度(℃)
1　办公楼：		6　体育：	
门厅、楼(电)梯	16	比赛厅(不含体操)、练习厅	16
办公室	20	休息厅	18
会议室、接待室、多功能厅	18	运动员、教练员更衣、休息	20
走道、洗手间、公共食堂	16	游泳馆	26
车库	5	7　商业：	
2　餐饮：		营业厅(百货、书籍)	18
餐厅、饮食、小吃、办公	18	鱼肉、蔬菜营业厅	14
洗碗间	16	副食(油、盐、杂货)、洗手间	16
制作间、洗手间、配餐	16	办公	20
厨房、热加工间	10	米面贮藏	5
干菜、饮料库	8	百货仓库	10
3　影剧院：		8　旅馆：	
门厅、走道	14	大厅、接待	16
观众厅、放映室、洗手间	16	客房、办公室	20
休息厅、吸烟室	18	餐厅、会议室	18
化妆	20	走道、楼(电)梯间	16
4　交通：		公共浴室	25
民航候机厅、办公室	20	公共洗手间	16
候车厅、售票厅	16	9　图书馆：	
公共洗手间	16	大厅	16
5　银行：		洗手间	16
营业大厅	18	办公室、阅览	20
走道、洗手间	16	报告厅、会议室	18
办公室	20	特藏、胶卷、书库	14
楼(电)梯	14		

表3.0.1-2　空气调节系统室内计算参数

参　数		冬　季	夏　季
温　度 (℃)	一般房间	20	25
	大堂、过厅	18	室内外温差≤10
风速 (v)(m/s)		0.10≤v≤0.20	0.15≤v≤0.30
相对湿度(%)		30～60	40～65

【释义】

制定本条文的目的，是为了给出一个既能满足室内热舒适环境需要，又符合节省能源原则的设计集中采暖和空调系统时室内计算参数的建议值。

之所以提出这个问题，是因为近年来在工程设计中，有一种倾向：建筑物的档次越高，室内计算温度在冬季就应该越高，在夏季就应该越低。似乎采暖与空调设计标准的高低，就是通过室内计算温度的高低来体现的。从而有些建筑出现了室内计算温度冬夏倒置的怪现象，如供暖时室内计算温度要求保持24℃，供冷时却要求保持22℃。还有一些非生产性建筑，居然要求室内温度全年保持在22℃(±1℃)。

室内计算温度的高低，与采暖和空调能耗的多少有密切关系，从建筑传热和新风负荷与作用温差之间的基本关系可以清楚地看出，采暖室内计算温度越高，空调室内计算温度越低，采暖和空调系统的热/冷负荷就越大，能耗就越多。

很多资料给出了室内计算温度与耗能量的关系，如《实用供热空调设计手册》："供暖时，每降低1℃，可节能约10%～15%；供冷时，每提高1℃，可节能约10%左右"。又如《空调设备与系统节能控制》："在加热工况下，室内温度每降低1℃可节能5%～10%；在冷却工况下，每升高1℃可节能10%～20%"。

日本井上宇市教授对室内计算温度改变的节能效果，在《空气调节手册》中提出了表3-1所示的研究结果。

表3-1 室内设计温度改变的节能效果

季节	夏季［kW/(m²·a)］			冬季［kW/(m²·a)］		
室内温度(℃)	24	26	28	22	20	18
新风负荷	23	17	12.2	32.6	21.7	13.5
其他	25.8	23	18.7	6.6	5.1	4.0
总计	48.8	40	30.9	39.2	26.8	17.5
节能率(%)	0	18	36.6	0	31.6	55

本标准编制过程中，通过计算得出的结果是：供暖工况下，室内计算温度每降低1℃，能耗减少5%～10%；供冷工况下，室内计算温度每升高1℃，能耗减少8%～10%。

从以上这些资料来看，尽管数据之间有一定出入，但有一点可以肯定，即总的趋向是一致的。

为了规范室内计算温度，避免出现不合理的冬夏倒置现象，本条文根据既能满足室内热舒适环境需要，又符合节省能源的原则，给出了设计集中采暖和空调系统时室内计算参数的建议值，藉以引起业主和设计人员注意，并正确引导选择适宜的室内计算参数，避免再度出现盲目采用过高的采暖室内计算温度和过低的空调夏季室内计算温度的现象。

本标准中所列出的参数，是根据《采暖通风与空气调节设计规范》GB 50019—2003、《室内空气质量标准》GB/T 18883—2002和《全国民用建筑工程设计技术措施》中的规定，结合实际应用情况选定的，是一种建议性意见，所以条文用词是"宜"。

标准中对直接通向室外的大堂、过厅等区域的夏季室内外空调计算温度差，作出了需保持小于或等于10℃的规定。这既是出于健康需要的考虑，同时，也是为了节省能源。室内外空气温度差过大，对健康不利，易导致感冒，诱发心脑血管病变。当然，适当减小这些区域与室外空气的温度差，也有利于节省能源。

3.0.2 公共建筑主要空间的设计新风量，应符合表3.0.2的规定。

表3.0.2 公共建筑主要空间的设计新风量

建筑类型与房间名称			新风量[m³/(h·p)]
旅游旅馆	客房	5星级	50
		4星级	40
		3星级	30
	餐厅、宴会厅、多功能厅	5星级	30
		4星级	25
		3星级	20
		2星级	15
	大堂、四季厅	4～5星级	10
	商业、服务	4～5星级	20
		2～3星级	10
	美容、理发、康乐设施		30
旅店	客房	一～三级	30
		四级	20
文化娱乐	影剧院、音乐厅、录像厅		20
	游艺厅、舞厅(包括卡拉OK歌厅)		30
	酒吧、茶座、咖啡厅		10
体育馆			20
商场(店)、书店			20
饭馆(餐厅)			20
办公			30
学校	教室	小学	11
		初中	14
		高中	17

【释义】

制定本条文的目的，是给工程设计提供一个确定新风量的依据。

“非典”以后，任意增大新风量的现象很多。为了规范新风量的取值，特汇集了国内现行有关规范和标准中的要求，给出了新风量的具体数据。

新风量的多少，是影响空调负荷的重要因素之一。新风量少了，会使室内卫生条件恶化，甚至成为“病态建筑”；新风量多了，会使空调负荷加大，造成能量浪费。

长期以来，普遍认为“人”是室内仅有的污染源。因此，新风量的确定一直沿用每人每小时所需最小新风量这个概念。

近年来人们发现建筑内还有其他污染源。因为，随着化学工业的飞速发展，越来越多的新型化学建材、装潢材料、家具……进入建筑物内，并在室内散发大量的污染物。因此，确定新风量的观念应该有所改变，即再也不能单一地只考虑人造成的污染，而必须同时考虑室内其他污染源带来的污染。也就是说，室内所需新风量，应该是稀释人员污染和建筑物污染两部分之和。

ASHRAE 62—1989 标准：《Ventilation for acceptable indoor air quality》中，在观点上也已由“污染物限值”的单纯客观评价转化至“可接受”的主观评价之上，并把室内可接受空气品质明确定义为：“空气中已知污染物的浓度低于规定的指标，在这种环境中，大于或等于80%的人员没有表示不满意”。根据这个观点，给出了如表3-2所示的最小新风量(根据ASHRAE 62—2001版，表2翻译)。

表3-2　ASHRAE 62—2001表2，2.1商业建筑用于通风的新风需求量

应用场合	最大人员密度(人/100m^2)	新风需要量
零售商店、销售店：		
地下室、过道	30	1.50[L/(s·m^2)]
楼上店铺	20	1.00[L/(s·m^2)]
储藏室	15	0.75[L/(s·m^2)]
试衣间		1.00[L/(s·m^2)]
有拱廊的商业街	20	1.00[L/(s·m^2)]
购物与接待	10	0.75[L/(s·m^2)]
仓库	5	0.25[L/(s·m^2)]
吸烟室	70	30[L/(s·人)]
特殊商店：		
理发	25	8[L/(s·人)]
美容	25	13[L/(s·人)]
减肥沙龙	20	8[L/(s·人)]
花店	8	8[L/(s·人)]
服装、家具		1.5[L/(s·m^2)]
五金、药品、布匹	8	8[L/(s·人)]
超市	8	8[L/(s·人)]
宠物商店		5.0[L/(s·m^2)]
体育与娱乐：		
观众区	150	8[L/(s·人)]
娱乐室	70	13[L/(s·人)]
滑冰场(滑冰区)		2.50[L/(s·m^2)]
游泳池(池边区)		2.50[L/(s·m^2)]
体操室	30	10[L/(s·人)]
舞厅、迪斯科	100	13[L/(s·人)]
保龄球道(设施区)	70	13[L/(s·人)]
剧场：		
票房	60	10[L/(s·人)]
门厅	150	10[L/(s·人)]
观众席	150	8[L/(s·人)]
舞台、演员室	70	8[L/(s·人)]
工厂：		
肉加工场	10	8[L/(s·人)]
教育：		
教室	50	8[L/(s·人)]
实验室、训练房	30	10[L/(s·人)]
音乐室	50	8[L/(s·人)]
图书馆	20	8[L/(s·人)]
锁门教室		2.50[L/(s·m^2)]
走廊		0.50[L/(s·m^2)]
报告厅	150	8[L/(s·人)]
吸烟室	70	30[L/(s·人)]

应用场合	最大人员密度(人/100m^2)	新风需要量
干洗店、洗衣房：		
洗衣店	10	13[L/(s·人)]
干洗衣店	30	15[L/(s·人)]
储藏、分拣	30	18[L/(s·人)]
自助洗衣店	20	8[L/(s·人)]
自助干洗衣店	20	8[L/(s·人)]
食品与饮料：		
食堂	70	10[L/(s·人)]
加啡店、快餐店	100	10[L/(s·人)]
酒吧、鸡尾酒店	100	15[L/(s·人)]
厨房(烹调间)	20	8[L/(s·人)]
汽车房、修理保养站：		
封闭式停车库		7.5[L/(s·m^2)]
汽车修理房		7.5[L/(s·m^2)]
旅馆、汽车旅馆、宿舍、旅游站：		
卧室		15[L/(s·室)]
起居间		15[L/(s·室)]
浴室		18[L/(s·室)]
门厅	30	8[L/(s·人)]
会议室	50	10[L/(s·人)]
集结室	120	8[L/(s·人)]
宿舍睡眠区	20	8[L/(s·人)]
赌场	120	15[L/(s·人)]
办公楼：		
办公室	7	10[L/(s·人)]
接待区	60	8[L/(s·人)]
商务中心	60	10[L/(s·人)]
会议室	50	10[L/(s·人)]
公共区域：		
走廊		0.25[L/(s·m^2)]
公共厕所、小便处		25[L/(s·人)]
锁门更衣室		2.5[L/(s·m^2)]
吸烟室	70	30[L/(s·人)]
电梯		5.0[L/(s·m^2)]
摄影室、照相馆	10	8[L/(s·人)]
冲印暗房	10	2.50[L/(s·m^2)]
药房	20	8[L/(s·人)]
银行金库	5	8[L/(s·人)]
打印、复印		2.50[L/(s·m^2)]
交通：		
候车室	100	8[L/(s·人)]
月台	100	8[L/(s·人)]
车辆	150	8[L/(s·人)]

20世纪90年代中期，ASHRAE 62—1989标准进行了修订，以办公建筑(采用低污染建筑和装潢材料)作为标准的出发点，将可以满足80%接受率的新风量($0.35\sim0.7L/s\cdot m^2$)，作为建筑物污染部分的通风量，详见表3-3。

表3-3 ASHRAE 62—1989标准修订前、后通风量的差异

建筑类型	修订标准的要求		人员情况(建议)		修订标准的总新风量要求			62—1989标准的新风量要求	
	人员部分 $[L/(s\cdot p)]$	建筑部分 $[L/(s\cdot m^2)]$	人员密度 $[p/(100m^2)]$	变化系数	通风系统效率	总新风量 $[L/(s\cdot p)]$	总新风量 $[L/(s\cdot m^2)]$	总新风量 $[L/(s\cdot p)]$	总新风量 $[L/(s\cdot m^2)]$
商店	3.5	0.85	15	0.75	1.0	11.1	1.2	—	1.25
教室	3.0	0.55	35	1	0.9	4.9	1.8	8	2.8
会议室	2.5	0.35	50	1	1.0	3.2	1.6	10	5.0
办公室	3.0	0.35	7	1	0.8	10.0	0.7	10	0.7

标准规定，所需新风量是稀释建筑物污染和人员污染两部分风量之和，因此，新风量L_o(L/s)可由下式计算确定：

$$L_o=R_pPD+R_bA \tag{3-1}$$

式中 R_p——每人所需最小新风量，L/s；

P——室内人员数；

D——变化系数；

R_b——单位建筑面积的最小新风量，$[L/(s\cdot m^2)]$；

A——空调面积，m^2。

如按传统的观念，即设计时只考虑总的室外新风量(不考虑两部分之和)，对于低污染建筑(建筑物内检出的污染负荷小于0.1Olf)来说，仍可采用修订前62—1989标准的数据。对于人员密度较大、逗留时间较短的场所，最小新风量可适当减少，但不能低于7.5L/s。

当由一个系统向多个房间送风时，因为各个房间所需的新风量不同，系统的新风比应按本标准的5.3.7条进行修正。

修订后的新标准特别强调：如每人的最小总新风量低于7.5L/s时，必须对回风量进行校核，并加强对回风的过滤作为补偿，过滤器对粒径3μm尘粒的过滤效率必须高于60%。

$$L_r=\frac{7.5PD-L_o}{\eta} \tag{3-2}$$

式中 L_r——修正后的回风量，L/s；

η——过滤器对尘粒径3μm尘粒的过滤效率。

对于高污染建筑，则可按P. O. Fanger的新舒适进行计算：

$$C_n=C_w+\frac{10L}{Q} \tag{3-3}$$

式中 C_n——在室内所感受的空气品质，以1.4decipol为可接受程度；

C_w——所感受的室外空气品质，城镇室外空气一般为0.1decipol；

L——新风量，L/s；

Q——室内及相应的通风空调系统污染源强度，Olf，见表 3-4。

表 3-4 办公楼的污染负荷估算

类型	污染源	Olf/m^2
室内人员	室内人员(0.1p/m^2)生物散发量	0.1
	20%吸烟附加负荷	0.1
	40%吸烟附加负荷	0.2
	60%吸烟附加负荷	0.3
建筑材料	现有大楼的平均值	0.4
空调系统	低污染建筑	0.1
办公大楼	现有大楼的平均值(吸烟)	0.7
总负荷	低污染建筑(无人吸烟)	0.2

欧洲标准组织(CEN)技术委员会提出的“建筑物通风：室内环境的设计规范(CEN 1996)”，将室内空气品质划分为 A、B 和 C 三个等级，相应的不满意率为 15%、20%和 30%，设计者可根据业主的要求进行选择。对办公室、会议室和一般教室等的新风量作出了表 3-5 的规定。

表 3-5 CEN 要求的最小新风量

等级	在下列条件下所需的新风量(L/s·p)			
	无吸烟	20%吸烟	40%吸烟	100%吸烟
A	10	20	30	30
B	7	14	21	21
C	4	8	12	12

显然，国际上的趋势是不再将室内空气品质问题，仅仅看成是否合格，而应看成满足人们要求的程度。为此，标准不仅应提供一个最小新风量，而且，应根据室内空气品质等级，提供相应的通风量。

由于我国近年颁布的规范和标准如《室内空气质量标准》GB/T 18883—2002、《采暖通风与空气调节设计规范》GB 50019—2003 等，都规定了不同用途房间所需的最小新风量。但都没有提及稀释建筑内(人员污染除外)其他污染源所需要的新风量问题。本条文对公共建筑主要房间设计新风量的规定值，引用了这些标准、规范中的数据。经比较后可以确认，这些数据大都高于欧洲规范 CEN 1996 规定的等级 B(无吸烟，不满意率为 20%)，略低于美国 ASHRAE 62—1989。因此，把“本标准中列出的新风量，作为低污染建筑所需的新风量是恰当的”。

另外，必须强调，二氧化碳在大气中并不是一种污染物，在人体的肺泡内，二氧化碳浓度一般为 4%(40000×10^{-6})，只有当其浓度在 5000×10^{-6} 以上时，才会对人体健康有影响。控制室内二氧化碳浓度，只是作为一种评价指标，是一种指示物。室内二氧化碳浓度高了，说明人体在呼出二氧化碳的同时，发生的生物散发物(如汗液的分解物和其他不良挥发性气味)也高了。而当室内二氧化碳浓度超过 1000×10^{-6} 时，室内会出现明显的不良气味，人们会有显著的不舒适感，从而使室内空气品质的可接受率下降。但是，绝不能

单一的把二氧化碳 1000×10^{-6} 浓度这一限值，作为室内空气品质的惟一评价指标。室内空气品质的评价，只有采用多种评价指标加权平均的综合评价指标，才是比较合理的。

对于人数众多、但停留时间不很长，而且变化较多的房间，如何合理地确定其所需新风量，一直是困扰大家的难题。这里转引美国 ASHRAE 62—2001《Ventilation for acceptable indoor air quality》规定，供设计参考。

该标准规定：对于出现最多人数的持续时间少于 3h 的房间，所需新风量可按室内的平均人数确定，该平均人数不应少于最多人数的 1/2。

例如，一个设计最多容纳人数为 100 人的会议室，开会时间不超过 3h，假设平均人数为 60 人，则该会议室的新风量可取：$30m^3/(h\cdot p)\times60p=1800m^3/h$，而不是按 $30m^3/(h\cdot p)\times100p=3000m^3/h$ 计算。另外假设平均人数为 40 人，则该会议室的新风量可取：$30m^3/(h\cdot p)\times50p=1500m^3/h$。

第4章　建筑与建筑热工设计

4.1　一　般　规　定

4.1.1　建筑总平面的布置和设计，宜利用冬季日照并避开冬季主导风向，利用夏季自然通风。建筑的主朝向宜选择本地区最佳朝向或接近最佳朝向。

【释义】

建筑的规划设计是建筑节能设计的重要内容之一。它是从分析建筑所在地区的气候条件出发，将建筑设计与建筑微气候，建筑技术和能源的有效利用相结合的一种建筑设计方法。分析建筑的总平面布置、建筑平、立、剖面形式、太阳辐射、自然通风等对建筑能耗的影响，也就是说在冬季最大限度地利用日照，多获得热量，避开主导风向减少建筑物和场地外表面热损失；夏季最大限度地减少得热并利用自然能来降温冷却，以达到节能的目的。因此，建筑的节能设计应考虑日照、主导风向、夏季的自然通风、朝向等因素。

建筑总平面布置和设计时，应争取不使大面积围护结构外表面朝向冬季主导风向，在迎风面尽量少开门窗或其他孔洞，减少作用在围护结构外表面的冷风渗透，处理好窗口和外墙的构造形式与保温措施，避免风、雨、雪的侵袭，降低能源的消耗。尤其是严寒和寒冷地区，建筑的规划设计更应有利于利用日照并避开冬季主导风向。

夏季强调建筑具有良好的自然通风主要有两个目的：一是为了改善建筑室内热环境，提高热舒适标准，体现以人为本的设计思想；二是为了提高空调设备的效率。因为良好的通风和热岛强度下降可以提高空调设备冷凝器的工作效率，有利于节省设备的运行能耗。通常设计时注重利用自然通风的布置形式，合理地确定房屋开口部分的面积与位置、门窗的装置与开启方法和通风的构造措施等，注重穿堂风的形成。

建筑的主朝向宜选择本地区最佳朝向或接近最佳朝向，尽量避免东西向日晒。朝向选择的原则是冬季能获得足够的日照并避开主导风向，夏季能利用自然通风并防止太阳辐射。然而建筑的朝向、方位以及建筑总平面设计应考虑多方面的因素，尤其是公共建筑受到社会历史文化、地形、城市规划、道路、环境等条件的制约，要想使建筑物的朝向对夏季防热、冬季保温都很理想是有困难的，因此，只能权衡各个因素之间的得失轻重，选择出这一地区建筑的最佳朝向和较好的朝向。通过多方面的因素分析、优化建筑的规划设计，尽量避免东西向日晒。

表4-1～表4-4是根据有关资料和总结我国各地节能设计的工程实践中得来的不同气候区部分城市所推荐的最佳、适宜和不宜的建筑朝向。

表 4-1　严寒地区部分城市建筑朝向

地　区	最佳朝向	适宜朝向	不宜朝向
哈尔滨	南偏东 15°～20°	南～南偏东 15° 南～南偏西 15°	西、西北、北
长　春	南偏西 10°～南偏东 15°	南偏东 15°～南偏东 45° 南偏西 10°～南偏西 45°	东北、西北、北
沈　阳	南～南偏东 20°	南偏东 20°～东 南～南偏西 45°	东北东～西北西
乌鲁木齐	南偏东 40°～南偏西 30°	南偏东 40°～东 南偏西 30°～西	西北、北
呼和浩特	南偏东 30°～南偏西 30°	南偏东 30°～东 南偏西 30°～西	北、西北
大　连	南偏西 15°～南偏东 10°	南偏西 15°～45° 南偏东 10°～45°	北、东北、西北
银　川	南偏西 10°～南偏东 25°	南偏西 10°～30° 南偏东 25°～45°	西、西北

表 4-2　寒冷地区部分城市建筑朝向

地　区	最佳朝向	适宜朝向	不宜朝向
北　京	南偏西 30°～南偏东 30°	南偏西 30°～45° 南偏东 30°～45°	北、西北
石家庄	南偏西 10°～南偏东 20°	南偏东 20°～45°	西、北
太　原	南偏西 10°～南偏东 20°	南偏东 20°～45°	西　北
济　南	南～南偏东 20°	南偏东 20°～45°	西、西北
郑　州	南～南偏东 10°	南偏东 10°～30°	西　北
西　安	南～南偏东 10°	南～南偏西 30°	西、西北
拉　萨	南偏西 15°～南偏东 15°	南偏西 15°～30° 南偏东 15°～30°	西、北

表 4-3　夏热冬冷地区部分城市建筑朝向

地　区	最佳朝向	适宜朝向	不宜朝向
上　海	南～南偏东 15°	南偏东 15°～南偏东 30° 南～南偏西 30°	北、西北
南　京	南～南偏东 15°	南偏东 15°～南偏东 30° 南～南偏西 15°	西、北
杭　州	南～南偏东 15°	南偏东 15°～30°	西、北
合　肥	南偏东 5°～15°	南偏东 15°～南偏东 35° 南～南偏西 15°	西

续表

地　区	最佳朝向	适宜朝向	不宜朝向
武　汉	南偏东10°～南偏西10°	南偏东10°～～南偏东35° 南偏西10°～南偏西30°	西、西北
长　沙	南～南偏东10°	南～南偏西10°	西、西北
南　昌	南～南偏东15°	南偏东15°～25° 南～南偏西10°	西、西北
重　庆	南偏东10°～～南偏西10°	南偏东10°～30° 南偏西10°～20°	西、东
成　都	南偏东10°～南偏西20°	南偏东10°～30° 南偏西20°～45°	西、东、北

表4-4　夏热冬暖地区部分城市建筑朝向

地　区	最佳朝向	适宜朝向	不宜朝向
厦　门	南～南偏东15°	南～南偏西10° 南偏东15°～30°	西南、西、西北
福　州	南～南偏东10°	南偏东10°～30°	西
广　州	南偏西5°～南偏东15°	南偏西5°～30° 南偏东15°～30°	西
南　宁	南～南偏东15°	南偏东15°～25° 南～偏西10°	东、西

4.1.2　严寒、寒冷地区建筑的体形系数应小于或等于0.40。当不能满足本条文的规定时，必须按本标准第4.3节的规定进行权衡判断。

【释义】

本条为强制性条文。

所谓体形系数是指建筑物与室外大气接触的外表面积和与其所包围的体积之比值，建筑的体形系数计算时，外表面积不包括地面的面积。

建筑体形的变化直接影响建筑采暖空调的能耗大小。提出体形系数要求的目的，是为了使特定体积的建筑物在冬季和夏季冷热作用下，从面积因素考虑，使建筑物的外围护部分接受的冷、热量最少，从而减少建筑冬季的热损失与夏季的冷损失。一般来说建筑单位面积对应的外表面积越小，外围护结构的热损失越小，因此，从降低建筑能耗的角度出发，应该将体形系数控制在一个较低的水平。但是，体形系数的确定还与建筑造型、平面布局，采光通风等条件相关。体形系数限值规定过小，将制约建筑师的创造性，可能使建筑造型呆板，平面布局困难，甚至损害建筑功能。因此，如何合理地确定建筑形状，必须考虑本地区气候条件，冬、夏季太阳辐射强度、风环境、围护结构构造形式等各方面的因素。应权衡利弊，兼顾不同类型的建筑造型，尽可能地减少房间的外围护面积，使体形不要太复杂，凹凸面不要过多，避免因体形复杂和凸凹太多形成外墙面积大而提高体形系数。以达到节能的目的。通常控制体形系数的大小可采用以下方法：

1. 减少建筑的面宽，加大建筑的进深，也就是说面宽与进深之比不宜过大，长宽比适宜；

2. 增加建筑的层数；

3. 建筑体形不宜变化过多，立面太复杂。

在我国不同气候区，气候差异很大。严寒和寒冷地区建筑能耗主要是冬季采暖能耗，建筑室内外温差相当大，外围护结构传热损失占主导地位。建筑体形对建筑采暖能耗的影响很大。建筑体形系数越大，单位建筑面积对应的外表面面积就越大，建筑物各部分围护结构传热系数和窗墙面积比不变条件下，传热损失就越大。在夏热冬冷和夏热冬暖地区，建筑体形系数对空调和采暖能耗也有一定的影响，但无论是冬季采暖还是夏季空调，建筑室内外温差要小于严寒和寒冷地区，这一地区体形系数大小引起的外围护结构传热损失影响小于严寒和寒冷地区。尤其是对部分内部发热量很大的商场类建筑，还有个夜间散热问题，本条文只对严寒和寒冷地区的建筑体形系数作出规定，而对夏热冬冷和夏热冬暖地区建筑的体形系数不作具体要求。

由于公共建筑的设计往往受到社会历史、文化、建筑技术和使用功能等多种因素的影响，公共建筑外形立面造型比较丰富。体形系数过小，将制约建筑师的创造性，造成建筑造型呆板，平面布局困难，甚至损害建筑功能。因此，有时难以满足本条文规定的要求，很可能突破条文的限制。为了体现公共建筑的社会历史、文化、建筑技术和使用功能等特点，同时又使所设计的建筑能够符合节能设计标准的要求，不拘泥于建筑节能规划设计中某条规定性指标，而是着眼于总体性能是否满足节能标准的要求，可采用权衡判断法。所以在设计过程中，如果所设计建筑的体形系数不能满足规定的要求，突破了 0.40 这个限值，则该建筑必须采用第 4.3 节的权衡判断法(Trade-off)来判 定其是否满足节能要求。采用权衡判断法时，参照建筑的体形系数必须符合本条文的规定。

4.2 围护结构热工设计

4.2.1 各城市的建筑气候分区应按表 4.2.1 确定。

表 4.2.1 主要城市所处气候分区

气候分区	代表性城市
严寒地区 A 区	海伦、博克图、伊春、呼玛、海拉尔、满洲里、齐齐哈尔、富锦、哈尔滨、牡丹江、克拉玛依、佳木斯、安达
严寒地区 B 区	长春、乌鲁木齐、延吉、通辽、通化、四平、呼和浩特、抚顺、大柴旦、沈阳、大同、本溪、阜新、哈密、鞍山、张家口、酒泉、伊宁、吐鲁番、西宁、银川、丹东
寒冷地区	兰州、太原、唐山、阿坝、喀什、北京、天津、大连、阳泉、平凉、石家庄、德州、晋城、天水、西安、拉萨、康定、济南、青岛、安阳、郑州、洛阳、宝鸡、徐州
夏热冬冷地区	南京、蚌埠、盐城、南通、合肥、安庆、九江、武汉、黄石、岳阳、汉中、安康、上海、杭州、宁波、宜昌、长沙、南昌、株洲、永州、赣州、韶关、桂林、重庆、达县、万州、涪陵、南充、宜宾、成都、贵阳、遵义、凯里、绵阳
夏热冬暖地区	福州、莆田、龙岩、梅州、兴宁、英德、河池、柳州、贺州、泉州、厦门、广州、深圳、湛江、汕头、海口、南宁、北海、梧州

4.2.2 根据建筑所处城市的建筑气候分区，围护结构的热工性能应分别符合表4.2.2-1、表4.2.2-2、表4.2.2-3、表4.2.2-4、表4.2.2-5以及表4.2.2-6的规定，其中外墙的传热系数为包括结构性热桥在内的平均值K_m。当建筑所处城市属于温和地区时，应判断该城市的气象条件与表4.2.1中的哪个城市最接近，围护结构的热工性能应符合那个城市所属气候分区的规定。当本条文的规定不能满足时，必须按本标准第4.3节的规定进行权衡判断。

表4.2.2-1 严寒地区A区围护结构传热系数限值

围护结构部位		体形系数≤0.3 传热系数K $W/(m^2 \cdot K)$	0.3<体形系数≤0.4 传热系数K $W/(m^2 \cdot K)$
屋面		≤0.35	≤0.30
外墙(包括非透明幕墙)		≤0.45	≤0.40
底面接触室外空气的架空或外挑楼板		≤0.45	≤0.40
非采暖房间与采暖房间的隔墙或楼板		≤0.6	≤0.6
单一朝向外窗(包括透明幕墙)	窗墙面积比≤0.2	≤3.0	≤2.7
	0.2<窗墙面积比≤0.3	≤2.8	≤2.5
	0.3<窗墙面积比≤0.4	≤2.5	≤2.2
	0.4<窗墙面积比≤0.5	≤2.0	≤1.7
	0.5<窗墙面积比≤0.7	≤1.7	≤1.5
屋顶透明部分		≤2.5	

表4.2.2-2 严寒地区B区围护结构传热系数限值

围护结构部位		体形系数≤0.3 传热系数K $W/(m^2 \cdot K)$	0.3<体形系数≤0.4 传热系数K $W/(m^2 \cdot K)$
屋面		≤0.45	≤0.35
外墙(包括非透明幕墙)		≤0.50	≤0.45
底面接触室外空气的架空或外挑楼板		≤0.50	≤0.45
非采暖房间与采暖房间的隔墙或楼板		≤0.8	≤0.8
单一朝向外窗(包括透明幕墙)	窗墙面积比≤0.2	≤3.2	≤2.8
	0.2<窗墙面积比≤0.3	≤2.9	≤2.5
	0.3<窗墙面积比≤0.4	≤2.6	≤2.2
	0.4<窗墙面积比≤0.5	≤2.1	≤1.8
	0.5<窗墙面积比≤0.7	≤1.8	≤1.6
屋顶透明部分		≤2.6	

表 4.2.2-3　寒冷地区围护结构传热系数和遮阳系数限值

围护结构部位		体形系数≤0.3 传热系数 *K*　$W/(m^2 \cdot K)$		0.3<体形系数≤0.4 传热系数 *K*　$W/(m^2 \cdot K)$	
屋面		≤0.55		≤0.45	
外墙(包括非透明幕墙)		≤0.60		≤0.50	
底面接触室外空气的架空或外挑楼板		≤0.60		≤0.50	
非采暖空调房间与采暖空调房间的隔墙或楼板		≤1.5		≤1.5	
外窗(包括透明幕墙)		传热系数 *K* $W/(m^2 \cdot K)$	遮阳系数 *SC* (东、南、西向/北向)	传热系数 *K* $W/(m^2 \cdot K)$	遮阳系数 *SC* (东、南、西向/北向)
单一朝向外窗(包括透明幕墙)	窗墙面积比≤0.2	≤3.5	—	≤3.0	—
	0.2<窗墙面积比≤0.3	≤3.0	—	≤2.5	—
	0.3<窗墙面积比≤0.4	≤2.7	≤0.70/—	≤2.3	≤0.70/—
	0.4<窗墙面积比≤0.5	≤2.3	≤0.60/—	≤2.0	≤0.60/—
	0.5<窗墙面积比≤0.7	≤2.0	≤0.50/—	≤1.8	≤0.50/—
屋顶透明部分		≤2.7	≤0.50	≤2.7	≤0.50

注：有外遮阳时，遮阳系数＝玻璃的遮阳系数×外遮阳的遮阳系数；无外遮阳时，遮阳系数＝玻璃的遮阳系数。

表 4.2.2-4　夏热冬冷地区围护结构传热系数和遮阳系数限值

围护结构部位		传热系数 *K*　$W/(m^2 \cdot K)$	
屋面		≤0.70	
外墙(包括非透明幕墙)		≤1.0	
底面接触室外空气的架空或外挑楼板		≤1.0	
外窗(包括透明幕墙)		传热系数 *K* $W/(m^2 \cdot K)$	遮阳系数 *SC* (东、南、西向/北向)
单一朝向外窗(包括透明幕墙)	窗墙面积比≤0.2	≤4.7	—
	0.2<窗墙面积比≤0.3	≤3.5	≤0.55/—
	0.3<窗墙面积比≤0.4	≤3.0	≤0.50/0.60
	0.4<窗墙面积比≤0.5	≤2.8	≤0.45/0.55
	0.5<窗墙面积比≤0.7	≤2.5	≤0.40/0.50
屋顶透明部分		≤3.0	≤0.40

注：有外遮阳时，遮阳系数＝玻璃的遮阳系数×外遮阳的遮阳系数；无外遮阳时，遮阳系数＝玻璃的遮阳系数。

表 4.2.2-5　夏热冬暖地区围护结构传热系数和遮阳系数限值

围护结构部位	传热系数 *K*　$W/(m^2 \cdot K)$	
屋面	≤0.90	
外墙(包括非透明幕墙)	≤1.5	
底面接触室外空气的架空或外挑楼板	≤1.5	
外窗(包括透明幕墙)	传热系数 *K* $W/(m^2 \cdot K)$	遮阳系数 *SC* (东、南、西向/北向)

续表

外窗(包括透明幕墙)		传热系数 K W/(m²·K)	遮阳系数 SC (东、南、西向/北向)
单一朝向外窗(包括透明幕墙)	窗墙面积比≤0.2	≤6.5	—
	0.2<窗墙面积比≤0.3	≤4.7	≤0.50/0.60
	0.3<窗墙面积比≤0.4	≤3.5	≤0.45/0.55
	0.4<窗墙面积比≤0.5	≤3.0	≤0.40/0.50
	0.5<窗墙面积比≤0.7	≤3.0	≤0.35/0.45
屋顶透明部分		≤3.5	≤0.35

注：有外遮阳时，遮阳系数=玻璃的遮阳系数×外遮阳的遮阳系数；无外遮阳时，遮阳系数=玻璃的遮阳系数。

表 4.2.2-6 不同气候区地面和地下室外墙热阻限值

气候分区	围护结构部位	热阻 R (m²·K)/W
严寒地区A区	地面：周边地面	≥2.0
	非周边地面	≥1.8
	采暖地下室外墙(与土壤接触的墙)	≥2.0
严寒地区B区	地面：周边地面	≥2.0
	非周边地面	≥1.8
	采暖地下室外墙(与土壤接触的墙)	≥1.8
寒冷地区	地面：周边地面 非周边地面	≥1.5
	采暖、空调地下室外墙(与土壤接触的墙)	≥1.5
夏热冬冷地区	地面	≥1.2
	地下室外墙(与土壤接触的墙)	≥1.2
夏热冬暖地区	地面	≥1.0
	地下室外墙(与土壤接触的墙)	≥1.0

注：周边地面系指距外墙内表面2m以内的地面；
地面热阻系指建筑基础持力层以上各层材料的热阻之和；
地下室外墙热阻系指土壤以内各层材料的热阻之和。

【释义】

4.2.2条为强制性条文。

由于我国幅员辽阔，各地气候差异很大。为了使建筑物适应各地不同的气候条件，满足节能要求，设计中应根据建筑物所处的建筑气候分区，确定建筑围护结构合理的热工性能参数。考虑到标准的可操作性和使用方便，本条文根据建筑所处的建筑气候分区(表4.2.1)编制出不同气候分区典型城市建筑围护结构热工性能规定性指标的限制值(表4.2.2-1～表4.2.2-6)。设计中可根据建筑所处的建筑气候分区和与最近的典型城市建筑围护结构热工指标进行设计。

编制本标准时，建筑围护结构的传热系数限值系按如下方法确定的：采用DOE-2程序，将“基准”建筑模型置于我国不同地区进行能耗分析，以现有的建筑能耗基数上再节约50%作为节能标准的目标，不断降低建筑围护结构的传热系数(同时也考虑采暖空调系统的效率提高和照明系统的节能)，直至能耗指标的降低达到上述目标为止，这时的传热系数就是建筑围护结构传热系数的限值。确定建筑围护结构传热系数的限值时也从工程实践的角度考虑了可行性、合理性。

1. 屋面的保温隔热

屋面在整个建筑围护结构面积中所占的比例虽然远低于外墙，但对顶层房间而言，却是比例最大的外围护结构，相当于五个面被室外气候所包围。无论是北方严寒、寒冷地区在冬季严酷的风雪侵蚀下，还是在我国南方夏热冬冷和夏热冬暖地区在夏季强烈的太阳辐射下，若屋面保温隔热性能太差，对顶层房间的室内热环境和建筑采暖空调能耗的影响是比较严重的，因此标准对屋面的热工性能要求也比较高。

屋面的保温隔热性能从设计和施工上比较容易达到标准规定的指标，但要注意在施工中和在正常使用中，确保保温隔热材料的干燥，避免保温隔热材料受潮，降低其热工性能。

为了提高屋面的保温隔热性能，设计应遵循以下原则：

(1) 应选用导热系数小、蓄热系数大的保温隔热材料，同时要注意不宜选用密度过大的材料，防止屋面荷载过大。

(2) 保温隔热材料品种多，选择时应根据建筑物的使用要求，屋面的结构形式，环境气候条件，防水处理方法和施工条件等因素，经技术经济比较后确定。

(3) 应根据节能建筑的热工要求确定保温隔热层厚度，同时还要注意材料层的排列，排列次序不同也影响屋面热工性能，提倡倒置式屋面。

(4) 屋面保温隔热材料不宜选用吸水率高的材料，以防止屋面湿作业时，保温隔热层大量吸水，降低热工性能。如果选用了吸水率较高的热绝缘材料，屋面上应设置排气孔，以排除保温隔热材料层内不易排除的水分。

2. 外墙的保温隔热

一般外墙体在建筑的外围护结构中占的比例最大，墙体传热造成热损失占整个建筑热损失的比例也很大，在北方严寒、寒冷地区冬季室内外温差可能达到30～60℃；夏热冬冷和夏热冬暖地区在夏季太阳强烈辐射下，外墙表面温度能达到60℃以上，因此墙体的保温隔热是外围护结构建筑节能的一个重要部分。

在确定外墙的传热系数时采用平均传热系数，即按面积加权法求得的传热系数，主要是必须考虑围护结构周边混凝土梁、柱、剪力墙等“热桥”的影响，以保证建筑在冬季采暖和夏季空调时，通过围护结构的传热量不超过标准的要求，不致于造成建筑耗热量或耗冷量的计算值偏小，使设计的建筑物达不到预期的节能效果。

北方严寒、寒冷地区主要考虑建筑的冬季防寒保温，建筑围护结构传热系数对建筑的采暖能耗影响很大。因此，在严寒、寒冷地区对围护结构传热系数的限值要求较高，考虑到严寒地区本身气候差异。又把在严寒地区分为A、B两个区。同时为了便于操作，以规定性指标作为节能设计的主要依据。

夏热冬冷地区既要满足冬季保温又要考虑夏季的隔热，不同于北方采暖建筑主要考虑单向的传热过程。上海、南京、武汉、重庆、成都等地节能居住建筑试点工程的实际测试数据和DOE-2程序能耗分析的结果都表明，在这一地区当改变围护结构传热系数时，随着K值的减少，能耗指标的降低并非按线性规律变化，对于公共建筑(办公楼、商场、宾馆等)当屋面K值降为0.8W/(m²·K)，外墙平均K值降为1.1W/(m²·K)时，再减小K值对降低建筑能耗已不明显，如图4-1所示。因此，本标准考虑到以上因素，认为屋面K值定为0.7W/(m²·K)，外墙K值为1.0W/(m²·K)，在目前情况下对整个地区都是比较适合的。

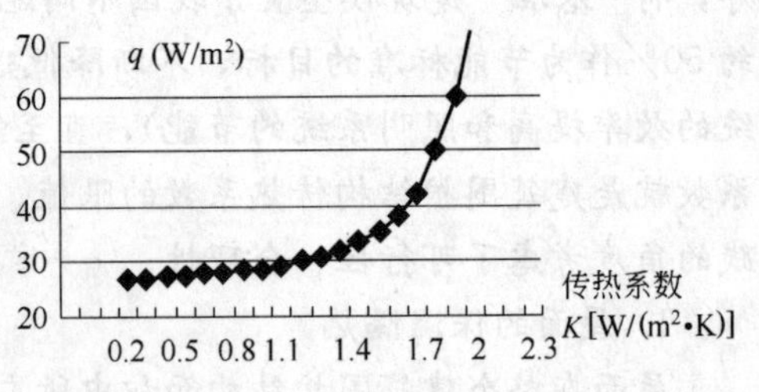

图4-1 外墙传热系数变化对能耗指标的影响

夏热冬暖地区主要考虑建筑的夏季隔热，太阳辐射对建筑能耗的影响很大。太阳辐射通过窗进入室内的热量是造成夏季室内过热的主要原因，同时还要考虑在自然通风条件下建筑热湿过程的双向传递，不能简单地采用降低墙体、屋面、窗户的传热系数，增加保温隔热材料厚度来达到节约能耗的目的，因此，在围护结构传热系数的限值要求上也就有所不同。

提高外墙的保温隔热性能，设计应注意外墙保温层必须能满足水密性、抗风压以及温湿度变化的耐候性要求，使墙体不致产生裂缝，并能抵抗外界可能产生的碰撞，还能与相邻部位(如门窗洞口、穿墙管道等)之间以及在边角处、面层装饰等方面，均得到适当的处理。

在北方严寒和寒冷地区，建筑的保温性能主要决定于外围护结构本身材料的热工特性及围护结构内、外表面与室内外空气的换热状况。围护结构热阻值越大，保温性能越好，通过围护结构向室外散失的热量越小，所以减小围护结构的传热系数作为提高外墙的保温性能的主要措施。而且应提倡外墙外保温技术。

夏热冬冷和夏热冬暖地区夏季太阳辐射强烈，要降低照到墙面的太阳辐射，减少墙表面对太阳辐射的吸收，提高墙体的隔热性能。如采用遮阳措施，墙面的垂直绿化、浅色饰面(浅色粉刷、浅色涂层)等均能提高墙体隔热性能。

对于非透明幕墙，如金属幕墙、石材幕墙等幕墙，没有透明玻璃幕墙所要求的自然采光、视觉通透等功能要求，从节能的角度考虑，应该作为实墙对待。此类幕墙采取保温隔热措施也较容易实现。

在表4.2.2中对底面接触室外空气的架空或外挑楼板，实际这部分已经起到外围护结构的作用，因此对它的建筑热工要求与外墙是相同的。如果非采暖房间与采暖房间的隔墙或楼板保温性能太差，房间隔墙或楼板两面温差会达到20～30℃，同样热损失会很大。在隔墙或楼板上采取一定的保温措施，所增加的造价并不大，所以本标准对非采暖房间与采暖房间的隔墙或楼板保温性能也提出了要求。

在表4.2.2-6中对地面和地下室外墙的热阻R作出了规定。

在北方严寒和寒冷地区，如果建筑物地下室外墙的热阻过小，墙的传热量会很大，内表面尤其是墙角部位容易结露。同样，如果与土壤接触的地面热阻过小，地面的传热量也会很大，地表面也容易结露或产生冻脚现象。因此，从节能和卫生的角度出发，要求这些部位必须达到防止结露或产生冻脚的热阻值。

在夏热冬冷、夏热冬暖地区，由于空气湿度大，墙面和地面容易返潮。在地面和地下室外墙做保温层增加地面和地下室外墙的热阻，可采用蓄热系数较小的材料，提高这些部位内表面温度，可减少地表面和地下室外墙内表面温度与室内空气温度间的温差，有利于控制和防止地面和墙面的返潮。因此对地面和地下室外墙的热阻作出了规定。

对于公共建筑，往往受到社会历史、文化、建筑技术和使用功能等多种因素的影响，建筑的外围护结构材料比较丰富、建筑功能及构造形式是多样化的，如机械地限制每个部位外围护结构的热工性能，将给建筑创作，丰富建筑特色带来不利的影响。因此，对建筑某部分围护结构的热工指标有时难以满足本条文规定的要求，很可能突破条文的限制。为了体现公共建筑的社会历史、文化、建筑技术和使用功能等特点，同时又使所设计的建筑能够符合节能设计标准的要求，不拘泥于建筑围护结构的热工设计中某条规定性指标，而是着眼于总体性能是否满足节能标准的要求，因此采用权衡判断法。所以在设计过程中，如果所设计的建筑某部分围护结构的热工指标不能满足规定的要求，突破了本条文表4.2.2-1～表4.2.2-6中规定的限值，则该建筑必须采用第4.3节的权衡判断法(Trade-off)来判断其是否满足节能要求。采用权衡判断法时，参照建筑围护结构的传热系数、热阻等必须符合本条文的规定。

4.2.3 外墙与屋面的热桥部位的内表面温度不应低于室内空气露点温度。

【释义】

由于围护结构中窗过梁、圈梁、钢筋混凝土抗震柱、钢筋混凝土剪力墙、梁、柱、墙体和屋面及地面相接处等部位的传热系数远大于主体部位的传热系数，形成热流密集通道，即为热桥。对这些热工性能薄弱的环节，必须采取相应的保温隔热措施，才能保证围护结构正常的热工状况和满足建筑室内人体卫生保健方面的基本要求。

本条规定的目的主要是防止冬季采暖期间热桥内外表面温差小，内表面温度容易低于室内空气露点温度，造成围护结构热桥部位内表面结露，使围护结构内表面材料受潮、长霉，影响室内环境。因此，应采取保温措施，减少围护结构热桥部位的传热损失。同时也避免夏季空调期间这些部位传热过大增加空调能耗。

为了防止围护结构表面结露，设计应遵循以下原则：

1. 对围护结构中窗过梁、圈梁、钢筋混凝土抗震柱、钢筋混凝土剪力墙、梁、柱等热桥部位，应采用外保温措施。加强保温层厚度，减少热损失，能有效地控制热桥内表面温度不低于室内空气露点温度。

2. 应注意墙体和屋面及地面相接处阴角部位的结露(见图4-2)，由于阴角部位形成二维或三维热流，热量损失大，造成表面温度低而产生结露的情况，应加强这些部位的保温层厚度。

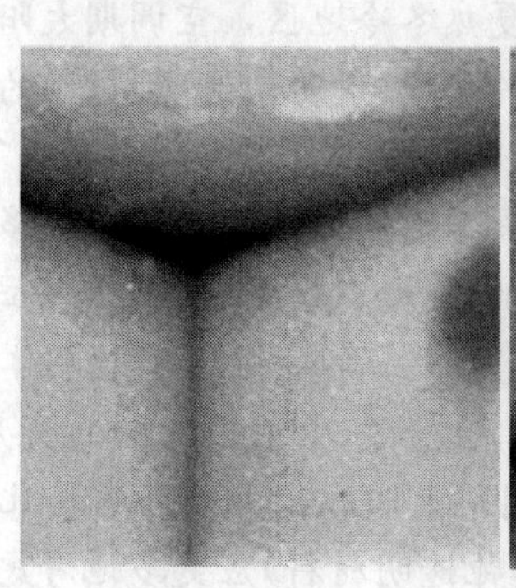
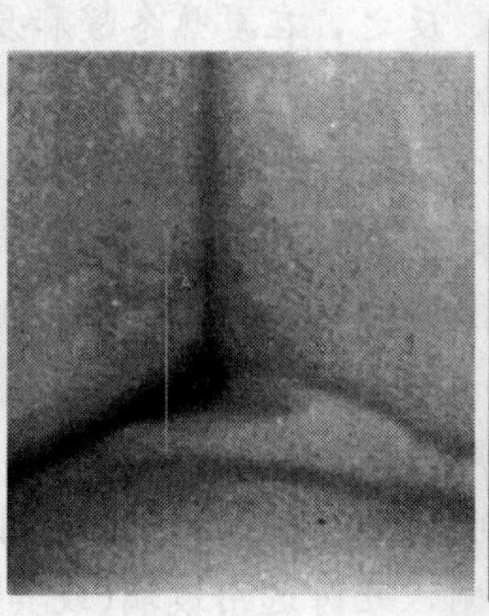

图4-2 墙体和屋面及地面相接处部位的结露

3. 防止室外冷风渗透，如窗过梁、门洞口等热桥部位造成表面温度低而产生结露。

4. 夏热冬冷地区冬季气候阴冷潮湿，室内空气相对湿度大，适当控制室内空气相对湿度也是防止围护结构热桥表面结露的措施之一。

5. 公共建筑采用间隙式采暖时，防止夜间房间温度下降所造成的结露现象。

4.2.4 建筑每个朝向的窗(包括透明幕墙)墙面积比均不应大于0.70。当窗(包括透明幕墙)墙面积比小于0.40时，玻璃(或其他透明材料)的可见光透射比不应小于0.4。当不能满足本条文的规定时，必须按本标准第4.3节的规定进行权衡判断。

【释义】

本条为强制性条文。

关于本条文的详细解释和设计指南材料可参考第三篇专题论述。

在建筑外窗(包括透明幕墙)、墙体、屋面三大围护部件中，窗(包括透明幕墙)的热工性能最差，是影响室内热环境质量和建筑能耗最主要的因素之一。就我国目前典型的公共建筑围护部件而言，窗(包括透明幕墙)的能耗约为墙体的3倍、屋面的4倍，约占建筑围护结构总能耗的40%～50%。因此，加强窗(包括透明幕墙)的保温隔热性能，减少窗(包括透明幕墙)的热量损失，是改善室内热环境质量和提高建筑节能水平的非常重要的环节。所以本标准对窗(包括透明幕墙)墙面积比有明确的规定。

窗墙面积比的确定要综合考虑多方面的因素，其中最主要的是不同地区冬、夏季日照情况(日照时间长短、太阳总辐射强度、阳光入射角大小)、季风影响、室外空气温度、室内采光设计标准以及外窗开窗面积与建筑能耗等因素。一般普通窗户(包括阳台门的透明部分)的保温隔热性能比外墙差很多，窗墙面积比越大，采暖和空调能耗也越大。因此，从降低建筑能耗的角度出发，必须限制窗墙面积比。

本标准中窗墙面积比是按各个朝向进行计算的，各个朝向窗墙面积比是指不同朝向外墙面上的窗、阳台门及幕墙的透明部分的总面积与所在朝向建筑的外墙面的总面积(包括该朝向上的窗、阳台门及幕墙的透明部分的总面积)之比。本标准允许采用“面积加权”的原则，使某朝向整个玻璃(或其他透明材料)幕墙的热工性能达到第4.2.2条的几张表中的要求。例如某宾馆大厅的玻璃幕墙没有达到要求，可通过提高该朝向墙面上其他玻璃(或其他透明材料)热工性能的方法，使该朝向整个玻璃(或其他透明材料)幕墙达标。

在严寒和寒冷地区，采暖期室内外温差传热的热量损失占主要地位。因此，对窗和幕墙的传热系数的要求高于南方地区。反之，在夏热冬暖和夏热冬冷地区，空调期太阳辐射得热所引起的负荷可能成了主要矛盾，因此，对窗和幕墙的玻璃(或其他透明材料)的遮阳系数提出了要求。

与非透明的外墙相比，在可接受的造价范围内，透明幕墙的热工性能相差得较多。因此，不宜提倡在建筑立面上大面积应用玻璃(或其他透明材料的)幕墙。如果希望建筑的立面有玻璃的质感，提倡使用非透明的玻璃幕墙，即玻璃的后面仍然是保温隔热材料和普通墙体。

在第4.2.2条的几张表中对严寒地区的窗户(或透明幕墙)和寒冷地区北向的窗户(或透明幕墙)，未提出遮阳系数的限制值，以利于冬季充分利用太阳辐射热。对窗墙比比较小的情况，也未提出遮阳系数的限制，此时选用玻璃(或其他透明材料)应更多地考虑室内的采光效果。

第4.2.2条的几张表对幕墙的热工性能的要求是按窗墙面积比的增加而逐步提高的，当窗墙面积比比较大时，对幕墙的热工性能的要求比目前实际应用的幕墙要高，这当然会造成幕墙造价有所增加，但这是既要建筑物具有通透感又要保证节约采暖空调系统消耗的能源所必须付出的代价。

近年来公共建筑的窗墙面积比有越来越大的趋势，这是由于人们希望公共建筑更加通透明亮，建筑立面更加美观，建筑形态更为丰富。因此，对公共建筑的窗墙面积比设计中很可能不能满足本条文规定的要求，突破条文的限制。因此，该建筑必须采用第4.3节的权衡判断(Trade-off)来判定其是否满足节能要求。采用权衡判断法时，参照建筑的窗墙面积比、窗的传热系数等必须遵守本条规定。

4.2.5 夏热冬暖地区、夏热冬冷地区的建筑以及寒冷地区中制冷负荷大的建筑，外窗(包括透明幕墙)宜设置外部遮阳，外部遮阳的遮阳系数按本标准附录A确定。

【释义】

关于本条文的详细说明和设计指南材料可参考第三篇专题介绍。

夏热冬暖和夏热冬冷地区(以及寒冷地区空调负荷大的地区)建筑外窗对室内热环境和空调负荷影响很大，通过外窗进入室内的太阳辐射热几乎不经过时间延迟就会对房间产生热效应。特别是在夏季，太阳辐射如果未受任何控制地射入房间，将导致室内环境过热和空调能耗的增加。在建筑的空调能耗中，某些公共建筑内热源、围护结构的温差传热、新风热湿负荷三项所占的比例之和还不如太阳辐射得热负荷一项高，因此，采取有效的遮阳措施降低外窗太阳辐射形成的空调负荷，是实现居住建筑节能的有效方法。由于一般公共建筑的窗墙面积比较大，因而太阳辐射对建筑能耗的影响很大。为了节约能源，应对窗口和透明幕墙采取外遮阳措施。因此，在第4.2.2条的几张表中对外窗和透明幕墙的遮阳系数作出了明确的规定。当窗和透明幕墙设有外部遮阳时，表中的遮阳系数应该是外部遮阳系数和玻璃(或其他透明材料)遮阳系数的乘积。

以夏热冬冷地区六层砖混结构试验建筑为例，南向4层一房间大小为6.1m(进深)×3.9m(宽)×2.8m(高)，采用1.5m×1.8m单框铝合金窗在夏季连续空调时，计算不同负荷逐时变化曲线，可以看出通过实体墙的传热量仅占整个墙面传热量的30%，通过窗的传热量所占比例最大，而且在通过窗的传热中，主要是太阳辐射得热，温差传热部分并不大，如图4-3、图4-4所示。因此，应该把窗的遮阳作为夏季节能措施一个重点来考虑。

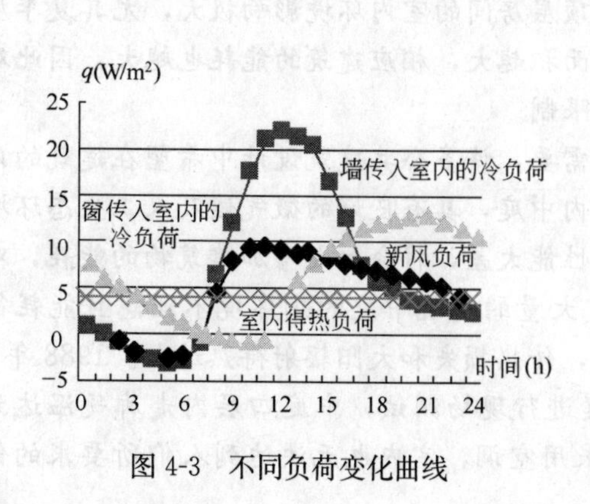

图4-3 不同负荷变化曲线

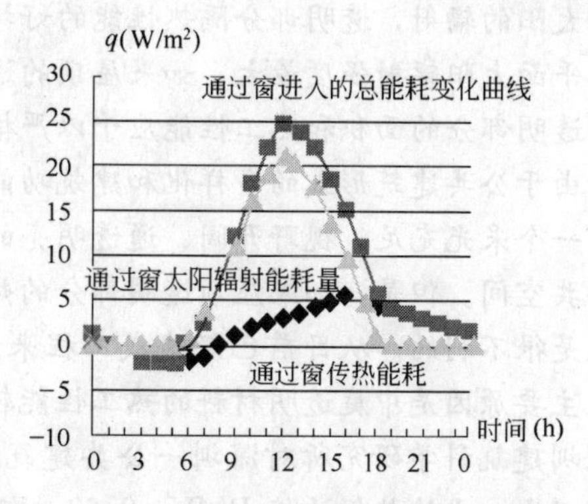

图4-4 窗的能耗指标变化曲线

由于我国幅员辽阔，南北方如广州、武汉、北京等地区，东西部如上海、重庆、西安、兰州、乌鲁木齐等地气候条件各不相同，因此对外窗和透明幕墙遮阳系数的要求也有所不同。

夏季，南方水平面太阳辐射强度可高达 1000W/m^2 以上，在这种强烈的太阳辐射条件下，阳光直射到室内，将严重地影响建筑室内热环境，增加建筑空调能耗。因此，减少窗的辐射传热是建筑节能中降低窗口得热的主要途径。应采取适当遮阳措施，防止直射阳光的不利影响。而且夏季不同朝向墙面辐射日变化很复杂，不同朝向墙面日辐射强度和峰值出现的时间不同，因此，不同的遮阳方式直接影响到建筑能耗的大小。

在严寒地区，阳光充分进入室内，有利于降低冬季采暖能耗。这一地区采暖能耗在全年建筑总能耗中占主导地位，如果遮阳设施阻挡了冬季阳光进入室内，对自然能源的利用和节能是不利的。因此，遮阳措施一般不适用于北方严寒地区。

在夏热冬冷地区，窗和透明幕墙的太阳辐射得热，夏季增大了空调负荷，冬季则减小了采暖负荷，应根据负荷分析确定采取何种形式的遮阳。一般而言，外卷帘或外百叶式的活动遮阳实际效果比较好。

在设计遮阳时应根据地区的气候特点和房间的使用要求以及窗口所在朝向有关，而且遮阳设施遮挡太阳辐射热量的效果除取决于遮阳形式外，还与遮阳设施的构造处理、安装位置、材料与颜色等因素有关。可以把遮阳做成永久性或临时性的遮阳装置。永久性的即是在窗口设置各种形式的遮阳板；临时性的即是在窗口设置轻便的窗帘、各种金属或塑料百叶等等。在永久性遮阳设施中，按其构件能否活动或拆卸，又可分为固定式或活动式两种。活动式的遮阳可视一年中季节的变化，一天中时间的变化和天空的阴暗情况，任意调节遮阳板的角度；在寒冷季节，为了避免遮挡阳光，争取日照，这种遮阳设施灵活性大，还可以拆除。遮阳措施也可以采用各种热反射玻璃和镀膜玻璃、阳光控制膜、低发射率膜玻璃等，因此近年来在国内外建筑中普遍采用。

4.2.6 屋顶透明部分的面积不应大于屋顶总面积的 20%，当不能满足本条文的规定时，必须按本标准第 4.3 节的规定进行权衡判断。

【释义】

本条为强制性条文。

屋顶透明部分所占的面积虽然远低于实体屋面，但对建筑顶层而言，透明部分将直接受到太阳的辐射，透明部分隔热性能的好坏对顶层房间的室内环境影响极大，尤其夏季屋顶水平面太阳辐射强度最大，如果屋顶的透明面积越大，相应建筑的能耗也越大，因此对屋顶透明部分的面积和热工性能应予以严格的限制。

由于公共建筑形式的多样化和建筑功能的需要，许多公共建筑设计中希望在建筑的内区有一个采光充足、视野开阔、通透明亮的室内中庭，具有良好的微气候及人工生态环境的公共空间。但是，如果屋顶透明部分的热工性能太差，将会大大增加建筑物的能耗，对节能是很不利的。从目前已经建成工程来看，大量的建筑中庭的热环境不理想且能耗很大，主要原因是中庭透明材料的热工性能较差，传热损失和太阳辐射得热过大。1988 年 8 月深圳建筑科学研究所对深圳一公共建筑中庭进行现场测试，中庭四层内走廊气温达到 40℃以上，平均热舒适值 $PMV \geqslant 2.63$，即使采用空调，室内也无法达到人们所要求的舒适温度。

为了满足公共建筑的内区有一个视野开阔、通透明亮的室内中庭，同时又要达到节能的要求，所以本条文必须规定屋顶通透部分的面积、传热系数 K 和遮阳系数 SC 的限制指标。

考虑到公共建筑的特殊功能，对于那些需要视觉、采光效果而加大屋顶透明面积的建筑，如果所设计的建筑满足不了规定性指标的要求，突破了限值，则该建筑必须采用第4.3节的权衡判断法来判定是否满足节能要求。采用权衡判断法时，参照建筑的屋顶透明部分面积和热工性能必须符合本条的规定。

4.2.7 建筑中庭夏季应利用通风降温，必要时设置机械排风装置。

【释义】

由于中庭透明部分的热工性能太差，在炎热的夏季，太阳辐射将会使中庭内温度过高，大大增加建筑物的空调能耗。自然通风是改善建筑热环境，节约空调能耗最为简单、经济，具有良好效果的技术措施。采用自然通风能提供新鲜、清洁的自然空气（新风），降低中庭内过高的空气温度，减少中庭空调的负荷，从而节约能源。而且中庭通风改善了中庭内热环境条件，有利于人们的生理和心理健康，满足了人和大自然交往的心理要求，提高建筑中庭的舒适度，所以中庭通风应充分考虑自然通风，必要时设置机械排风。

建筑中庭自然通风最基本的原理是利用风压和热压。其中人们所常说的"穿堂风"就是利用风压在建筑内部产生空气流动。当风吹向建筑物正面时，因受到建筑物表面的阻挡而在迎风面上产生正压区，气流再偏转绕过建筑物各侧面及背面，在这些面上产生负压区。自然通风的风压就是建筑迎风面和背风面的压力差，而这个压力差与建筑形式，建筑与风的夹角以及周围建筑布局等因素相关。当风垂直吹向建筑正面时，迎风面中心处正压最大，在屋角及屋脊处负压最大。在迎风面上的负压为自由风速动压力的50%～80%，而在背风面上，负压为自由风速动压力的30%～40%。

由于自然风的不稳定性，或由于周围高大建筑或植被的影响，许多情况下在建筑周围形不成足够的风压，这时就需要利用热压原理来加强自然通风。它是利用建筑中庭空间高大，内部的热压，即平常所讲的"烟囱效应"热空气上升，从建筑上部风口排出，室外新鲜的冷空气从建筑底部被吸入，热压作用与进排风口高差 H 的关系可以写成 $\Delta P_{\mathrm{stack}}=\rho g H\beta\Delta t$（$\rho$ 为空气密度，β 为空气膨胀系数），也就是说，室内外空气温度差越大，进排风口高度差越大，则热压作用越强。

热压作用下的自然通风量 N 可用下式计算：

$$N=0.171\left[\frac{A_1A_2}{(A_1^2+A_2^2)^{0.5}}\right]\left[H(t_{\mathrm{N}}-t_{\mathrm{W}})\right]^{0.5}$$

式中 A_1、A_2——分别为进、排风口面积，m^2；

t_{N}、t_{W}——分别为室内外温度，℃。

利用风压和热压来进行自然通风往往是互为补充，密不可分的。但是，热压和风压综合作用下的自然通风非常复杂，风压和热压什么时候相互加强，什么时候相互削弱还不能完全预知，因此一般来说，建筑进深小的部位多利用风压来直接通风，而进深较大的部位多利用热压来达到通风的效果。风的垂直分布特性使得高层建筑比较容易实现自然通风。但对于高层建筑来说，焦点问题往往会转变为建筑内部(如中庭、内天井)及周围区域的风速是否会过大或造成紊流，新建高层建筑对于周围风环境特别是步行区域有什么影响。在公共建筑中利用风压和热压来进行自然通风的实例是非常多的，它利用中庭的高大空间，外围护结构为双层通风玻璃幕墙，在内部的热压和外表面太阳辐射作用下，即平常所讲的“烟囱效应”热空气上升，形成良好的自然通风。

对于一些大型体育馆、展览馆、商业设施等，由于通风路径(或管道)较长，流动阻力较大，单纯依靠自然的风压、热压往往不足以实现自然通风。而对于空气和噪声污染比较严重的大城市，直接自然通风会将室外污浊的空气和噪声带入室内，不利于人体健康，在以上情况下，常常采用一种机械辅助式自然通风系统。该系统有一套完整的空气循环通道，辅以符合生态思想的空气处理手段(土壤预冷、预热、深井水换热等)，并借助一定的机械方式来加速室内通风。

近年来所采用双层(或三层)透明幕墙围护结构是当今生态建筑中所普遍采用的一项先进技术，被誉为“双层皮通风透明幕墙”，它主要针对以往玻璃幕墙能耗高，室内空气质量差等问题利用双层(或三层)玻璃作为围护结构，玻璃之间留有一定宽度的通风道并配有可调节的百叶。在冬季，双层玻璃之间形成一个阳光温室，增加了建筑内表面的温度，有利于节约采暖。在夏季，利用烟囱效应对通风道进行通风，使玻璃之间的热空气不断地被排走，达到降温的目的。对于高层建筑来说，直接开窗通风容易造成紊流，不易控制，而双层围护结构能够很好地解决这一问题。此外，双层围护结构在玻璃材料的特性(如低辐射)，除尘、降噪等方面都大大优于直接开窗通风。

被动式太阳能技术与建筑通风是密不可分的，它的原理类似于机械辅助式自然通风。利用机械装置将位于屋顶太阳能集热器中的热空气吸到房间的地板处，并通过地板上的气孔进入室内，实现利用太阳能采暖的目的，此后利用热压原理实现气体在房间内的循环。而在夏季的夜晚，则利用天空辐射使太阳能集热器迅速冷却(可比空气干球温度低10～15℃)，并将集热器中的冷空气吸入室内，达到夜间通风降温的目的。

由于建筑朝向、形式等条件的不同，建筑通风的设计参数及结果会大相径庭；周边建筑、植被甚至还会彻底改变风速、风向；建筑的女儿墙、挑檐、屋顶坡度等也会在很大程度上影响建筑围护结构表面的气流。因此在处理建筑中庭通风时不能陷入教条，必须具体问题具体分析，并且要与建筑设计同步进行(而不是等到建筑设计完成之后再做通风设计)。我国目前在这方面的设计研究还比较落后，大部分建筑师尚缺乏相关意识，各工种之间的合作也有待改进，但随着我国建筑节能的迅速发展，随着可持续发展的设计理念得到越来越多的重视，建筑自然通风及相关技术必将成为建筑师关注的焦点。

因此，对于建筑中庭空间高大，一般应考虑在中庭上部的侧面开一些窗口或其他形式的通风口，充分利用自然通风，达到降低中庭温度的目的。必要时，应考虑在中庭上部的侧面设置排风机加强通风，改善中庭热环境。尤其在室外空气的焓值小于建筑室内空气的焓值时，自然通风或机械排风能有效地带走中庭内的散热量和散湿量，改善室内热环境，节约建筑能耗。

4.2.8 外窗的可开启面积不应小于窗面积的30%；透明幕墙应具有可开启部分或设有通风换气装置。

【释义】

公共建筑一般室内人员密度比较大，建筑室内空气流动，特别是自然、新鲜空气的流动，是保证建筑室内空气质量符合国家有关标准的关键。无论在北方地区还是在南方地区，在春、秋季节和冬、夏季的某些时段普遍有开窗加强房间通风的习惯，这也是节能和提高室内热舒适性的重要手段。外窗的可开启面积过小会严重影响建筑室内的自然通风效果，本条规定是为了使室内人员在较好的室外气象条件下，可以通过开启外窗通风来获得热舒适性和良好的室内空气品质。

近年来，建筑室内空气品质问题已经越来越引起人们的关注，建筑材料、建筑装饰材料及胶粘剂都会散发出各种污染物如挥发性有机化合物(VOC)，对人体健康造成很大的威胁。VOC中对室内空气污染影响最大的是甲醛。它们能够对人体的呼吸系统、心血管系统及神经系统产生较大的影响，甚至有些还会致癌，VOC还是造成病态建筑综合症(Sick Building Syndrome)的主要原因。当然，最根本的解决办法是采用绿色建材，加强然通风和有组织的进行机械通风，大大降低污染物的浓度，使之符合卫生标准。

作为公共建筑人们能够理解为了追求外窗的视觉效果和建筑立面的设计风格，外窗(包括透明幕墙)的可开启率有逐渐下降的趋势，有的甚至使外窗和透明幕墙完全封闭，但会导致室内通风不足，不利于室内空气流通和散热，也不利于节能。例如在我国南方地区通过实测调查与计算机模拟：当室外干球温度不高于28℃，相对湿度80%以下，室外风速在1.5m/s左右时，如果外窗的可开启面积不小于所在房间地面面积的8%，室内大部分区域基本能达到热舒适性水平；而当室内通风不畅或关闭外窗，室内干球温度26℃，相对湿度80%左右时，室内人员仍然感到有些闷热。人们曾对夏热冬暖地区典型城市的气象数据进行分析，从5月到10月，室外平均温度不高于28℃的天数占每月总天数，有的地区高达60%～70%，最热月也能达到10%左右，对应时间段的室外风速大多能达到1.5m/s左右。而且在这一地区夏季开窗加强房间通风，一是改善了室内空气质量，二是可在两个连晴高温期间的阴雨降温过程或降雨后连晴高温开始升温过程，夜间气候凉爽宜人，开窗房间通风能带走室内热量，

做好自然通风气流组织设计，保证一定的外窗可开启面积，可以减少房间空调设备的运行时间，节约能源，提高室内空气质量和舒适性。为了保证室内有良好的自然通风，明确规定外窗的可开启面积不应小于窗面积的30%。考虑到透明幕墙的安全性以及构造施工的复杂性，对透明幕墙只要求具有可开启部分。

4.2.9 严寒地区建筑的外门应设门斗，寒冷地区建筑的外门宜设门斗或应采取其他减少冷风渗透的措施。其他地区建筑外门也应采取保温隔热节能措施。

【释义】

公共建筑的性质决定了它的外门开启频繁。在严寒和寒冷地区的冬季，外门的频繁开启造成室外冷空气大量进入室内，导致采暖能耗增加。设置门斗可以避免冷风直接进入室内，在节能的同时，也提高门厅的热舒适性。除了严寒和寒冷地区之外，其他气候区也存

在着相类似的现象，因此也应该采取各种可行的节能措施。

4.2.10 外窗的气密性不应低于《建筑外窗气密性能分级及其检测方法》GB 7107 规定的4级。

【释义】

公共建筑一般室内热环境条件比较好，为了保证建筑的节能，要求外窗具有良好的气密性能，以抵御夏季和冬季室外空气过多地向室内渗漏，因此对外窗的气密性能要有较高的要求。本条文对外窗的气密性要求，相当于《建筑外窗气密性能分级及其检测方法》GB 7107—2002 中规定的4级。

根据该条文要求外窗气密性要达到4级以上，根据检测机构对不同外窗检测结果统计(表 4-5)，从开启方式来看，各种材料平开窗大部分能达到4级以上，而推拉窗由于本身结构的劣势，有一半左右达不到4级，因此如要求4级以上的外窗，选用平开窗时，气密性较有保证。而推拉窗则应对制作工艺和相关配件有更高要求；从选用主型材来看，PVC 塑料窗相对而言，气密性较好。彩色涂层钢板窗气密性也较好，但该窗热工性能较差。作为高质量的 VELUX-系列木窗，热工性能和气密性能都比较容易满足标准的要求(表 4-6)。

表 4-5 建筑外窗气密性能分级表

分 级	1	2	3	4	5
单位缝长分级指标值 q_1 [$m^3/(m \cdot h)$]	$6.0 \geqslant q_1 > 4.0$	$4.0 \geqslant q_1 > 2.5$	$2.5 \geqslant q_1 > 1.5$	$1.5 \geqslant q_1 > 0.5$	$q_1 \leqslant 0.5$
单位面积分级指标值 q_2 [$m^3/(m^2 \cdot h)$]	$18 \geqslant q_2 > 12$	$12 \geqslant q_2 > 7.5$	$7.5 \geqslant q_2 > 4.5$	$4.5 \geqslant q_2 > 1.5$	$q_2 \leqslant 1.5$

表 4-6 常见外窗气密性能检测结果(参考资料)

门窗级别 / 门窗类型	≤3 级	≥4 级
868 铝合金推拉窗	59%	41%
80 系列铝合金推拉窗	33%	67%
90 系列铝合金推拉窗	41%	59%
38 系列铝合金平开窗	11%	89%
60 系列 PVC 塑料平开窗	0%	100%
VELUX-系列木窗	0%	100%
80 系列 PVC 塑料推拉窗	40%	60%
70 系列彩色涂层钢板窗	20%	80%
45 系列彩色涂层钢板窗	0%	100%

提高窗的气密性可采取以下措施：

1. 通过提高窗用型材的规格尺寸、准确度、尺寸稳定性和组装的精确度以增加开启缝隙部位的搭接量，减少开启缝的宽度达到减少空气渗透的目的。

2. 改进密封方法。对于框与扇和扇与玻璃之间的间隙处理，目前国内均采用双级密封的方法，而国外在框—扇之间却已普遍采用三级密封的做法。通过这一措施，使窗的空气泄漏量降到 $1m^3/(m \cdot h)$以下，而国内同类窗的空气渗透量却为 $1.6m^3/(m \cdot h)$左右，故应逐步推广采用三级密封方式。

3. 应注意各种密封材料和密封方法的互相配合。近年来的许多研究表明，在封闭效果上，密封料要优于密封件。这与密封料和玻璃、窗框等材料之间处于粘合状态有关。但是，框扇材料和玻璃等在干湿温变作用下所发生的变形，会影响到这种静力状态的保持，从而导致密封失效。密封件虽对变形的适应能力较强，且使用方便，但其密封作用却不完全可靠。因此，只简单的以密封料嵌注于窗缝，或仅仅使用密封条的方法都是不妥的。建议采用如下密封方法：

(1) 在玻璃下安设密封的衬垫材料；

(2) 在玻璃两侧以密封条加以密封(可兼具固定作用)；

(3) 在密封条上方再加注密封料。

4.2.11 透明幕墙的气密性不应低于《建筑幕墙物理性能分级》GB/T 15225 规定的3级。

【释义】

目前国内的幕墙工程，主要考虑幕墙围护结构的结构安全性、日光照射的光环境、隔绝噪声、防止雨水渗透以及防火安全等方面的问题，较少考虑幕墙围护结构的保温隔热、冷凝等热工节能问题。为了节约能源，必须对幕墙的热工性能有明确的规定。这些规定已经体现在条文4.2.3中。

提高幕墙的气密性，应特别重视幕墙材料性能质量和施工质量，施工安装工作大部分可在室内进行，可采用最后的耐候胶施工由室外吊篮进行。采用全三维的调节，既保证了安装精度，又减少了现场焊接工作；另外耐候密封胶质量对幕墙水密性和气密性的影响也是一个重要的因素，目前如采用硅酮密封胶等。外部耐候密封胶和三元乙丙胶条施工法，有利于提高幕墙的气密性和水密性。

由于透明幕墙的气密性能对建筑能耗也有较大的影响，为了达到节能目标，本条文对透明幕墙的气密性也作了较为严格的规定。

4.3 围护结构热工性能的权衡判断

4.3.1 首先计算参照建筑在规定条件下的全年采暖和空气调节能耗，然后计算所设计建筑在相同条件下的全年采暖和空气调节能耗，当所设计建筑的采暖和空气调节能耗不大于参照建筑的采暖和空气调节能耗时，判定围护结构的总体热工性能符合节能要求。当所设计建筑的采暖和空气调节能耗大于参照建筑的采暖和空气调节能耗时，应调整设计参数重新计算，直至所设计建筑的采暖和空气调节能耗不大于参照建筑的采暖和空气调节能耗。

【释义】

“公共建筑”是一个宽泛的概念，它包含了办公建筑(包括写字楼、政府部门办公楼等)，商业建筑(如商场、金融建筑等)，旅游建筑(如旅馆饭店、娱乐场所等)，科教文卫建筑(包括文化、教育、科研、医疗、卫生、体育建筑等)等等不同种类的建筑，因此公共建筑的设计往往非常注重建筑造型和突出使用功能，要求公共建筑一定要符合本标准第4章全部的条款是不现实的。例如，当前大量玻璃幕墙建筑的“窗墙比”和对应的玻璃热工性能很可能突破第4.2.2条的限制。但是，节约能源这个原则对任何建筑都是适用的，片面地追求美观和豪华，不考虑建筑在数十年的使用过程中采暖、空调和照明的能源消耗是不正确的。

为了尊重建筑师的创造性工作，保持建筑外观和造型的多样性，同时又使所设计的建筑能够符合节能设计标准的要求，引入建筑围护结构的总体热工性能是否达到要求的权衡判断。

权衡判断不拘泥于建筑围护结构各个局部的热工性能，而是着眼于总体热工性能是否满足节能标准的要求。通俗地说，如果某部分围护结构的热工性能不够好，就需要提高另一部分围护结构的热工性能来弥补，使围护结构的总体性能保持良好。

围护结构热工性能的优与劣，直接反映在建筑在规定条件下全年的采暖和空气调节能耗的多少上。因此，围护结构热工性能的权衡判断也落实在比较参照建筑和所设计建筑的采暖和空调能耗上。

所谓参照建筑就是一栋与所设计的建筑基本一致的虚拟建筑，但是它的围护结构完全满足第4章条款的要求。

权衡判断的整个过程如下：首先计算参照建筑在规定条件下的全年采暖和空气调节能耗，将这个能耗设定为要控制的目标。接着计算所设计的建筑在同样条件下的全年采暖和空气调节能耗，将这个能耗值与控制目标相比较，如果这个能耗值大于控制目标则必须调整设计参数，重新计算所设计建筑的全年采暖和空气调节能耗，直至计算出的能耗值小于控制目标。

整个过程比较复杂繁琐，但是很难找到一种简单的方法，使得建筑设计不受约束，而设计出来的建筑又是一定节能的。

在本标准的编制过程中，为了避免复杂的计算，已经将第4章的强制性条款规定的热工性能参数范围放得很宽，只要在设计过程中对节能问题有足够的重视，绝大部分建筑是不需要经过权衡判断这一过程的。

4.3.2 参照建筑的形状、大小、朝向、内部的空间划分和使用功能应与所设计建筑完全一致。在严寒和寒冷地区，当所设计建筑的体形系数大于本标准第4.1.2条的规定时，参照建筑的每面外墙均应按比例缩小，使参照建筑的体形系数符合本标准第4.1.2条的规定。当所设计建筑的窗墙面积比大于本标准第4.2.4条的规定时，参照建筑的每个窗户(透明幕墙)均应按比例缩小，使参照建筑的窗墙面积比符合本标准第4.2.4条的规定。当所设计建筑的屋顶透明部分的面积大于本标准第4.2.6条的规定时，参照建筑的屋顶透明部分的面积应按比例缩小，使参照建筑的屋顶透明部分的面积符合本标准第4.2.6条的规定。

【释义】

权衡判断是一种性能化的设计方法，具体做法就是先构想出一栋虚拟的建筑，称之为参照建筑，然后分别计算参照建筑和实际设计的建筑的全年采暖和空调能耗，并依照这两个能耗的比较结果作出判断。当实际设计的建筑的能耗大于参照建筑的能耗时，调整部分设计参数(例如提高窗户的保温隔热性能，缩小窗户面积等等)，重新计算所设计建筑的能耗，直至设计建筑的能耗不大于参照建筑的能耗为止。

计算得到的参照建筑在规定条件下的全年采暖和空气调节能耗是设计的控制目标。最简单的确定建筑能耗控制目标的方法是直接规定单位建筑面积的能耗值，但由于公共建筑的复杂性，确定一个统一的单位建筑面积的能耗值是不合理的。由于建筑类型和功能的不同，某些建筑就是要比另外一些建筑多耗能，必须尊重这个事实。

引入“参照建筑”这个概念，就是充分照顾了建筑的个性，建筑师每设计一栋建筑，本标准都提供了一个能耗控制目标值，只是这个目标值是要经过复杂的计算才能得到的。

既然一栋参照建筑为与它对应的那一栋实际设计的建筑设定了能耗目标控制值，为了照顾到每栋建筑的个性，参照建筑就应该尽可能地与实际设计的建筑相一致。

本条文规定与实际设计的建筑相比，参照建筑除了在实际设计建筑不满足本标准的一些重要规定之处作了调整外，其他如形状、朝向、内部空间划分和使用功能方面都相同。

参照建筑围护结构的各组成部分的传热系数、热阻等很容易设定成满足第 4.2 节各条款的规定。

建筑的体形系数和外立面的窗墙面积比对采暖和空调能耗影响很大，如果参照建筑在这两个方面没有限制，则谈不上降低采暖和空调能耗了，因此参照建筑的体形系数和窗墙面积比必须分别符合第 4.1.2 条和第 4.2.4 条的规定。

在严寒和寒冷地区，当所设计建筑的体形系数大于第 4.1.2 条的规定时，必须调整参照建筑的体形系数。实际上，如果要真正地调整体形系数，就必须改变所设计建筑物的尺寸或形状，而这样做是行不通的。因此，本条规定并不真正去调整所设计建筑的体形系数，而是缩小参照建筑每面外墙尺寸，使得参照建筑的形状仍然与所设计建筑保持一致，但外墙面面积减小了。这只是一种计算措施，如果画在图上，就是参照建筑每个房间的外墙都是“漏空”的。采取这种措施的实际意义是，所设计建筑外墙面的面积比参照建筑大，但通过两者的热损失是一样的，也就是说对外墙的要求更高了。

在严寒和寒冷地区，当所设计建筑的体形系数小于第 4.1.2 条的规定时，参照建筑不做体形系数的调整。

窗(包括透明幕墙)墙面积比的大小对建筑采暖和空调能耗影响最大，必须严格控制。当所设计建筑的窗墙面积比大于第 4.2.4 条的规定时，采取处理过大的体形系数相类似的措施，按比例缩小参照建筑每个窗户(透明幕墙)的尺寸，使参照建筑的窗墙面积比符合本标准第 4.2.4 条的规定。

当所设计建筑的窗墙面积比小于第 4.2.4 条的规定时，参照建筑也不做窗墙面积比的调整。

4.3.3 参照建筑外围护结构的热工性能参数取值应完全符合本标准第 4.2.2 条的

规定。

【释义】

参照建筑围护结构的各组成部分的传热系数、热阻等必须而且也很容易设定成满足第4.2节各条款的规定。

4.3.4 所设计建筑和参照建筑全年采暖和空气调节能耗的计算必须按照本标准附录B的规定进行。

【释义】

权衡判断的核心是对参照建筑和实际所设计的建筑的采暖和空调能耗进行比较并作出判断。用动态方法计算建筑的采暖和空调能耗是一个非常复杂的过程，很多细节都会影响能耗的计算结果。因此，为了保证计算的准确性，必须作出许多具体的规定。这些规定非常繁琐，因此均列入附录中。

需要指出的是，实施权衡判断时，计算出的并非是实际的采暖和空调能耗，而是某种“标准”工况下的能耗。本标准在规定这种“标准”工况时尽量使它接近实际工况，但是公共建筑的种类很多，即使是同一类建筑，实际的使用情况也会有很大的不同，附录中的规定也许对某些建筑偏离比较远，但它是考虑了一种反映大多数建筑的平均情况，更重要的是，它将参照建筑和设计建筑放在相同的条件下去进行能耗比较。

第5章　采暖、通风和空气调节节能设计

5.1　一　般　规　定

5.1.1　施工图设计阶段，必须进行热负荷和逐项逐时的冷负荷计算。

【释义】

本条为强制性条文。

制定本条文的目的，是为了强调必须正确计算确定采暖和空调冷/热负荷的重要性和必要性。

目前，有些设计人员，在施工图设计阶段，往往不加区别地将设计手册和技术措施中提供给方案设计和初步设计时估算冷热负荷用的单位建筑面积冷/热负荷指标，直接用来作为确定施工图设计阶段采暖与空调冷/热负荷的依据。

设计负荷是采暖与空调工程设计中最重要的基础数据，它是确定采暖与空调冷、热源容量、空气处理设备能力、输送管道尺寸……等的依据。负荷估算偏大，必然导致装机容量偏大、水泵配置偏大、末端设备偏大、管道直径偏大的“四大”现象。结果是工程的初投资增高，运行费用和能源消耗量增大。

方案设计和初步设计阶段，由于建筑设计还达不到给出详细构造、门窗尺寸等深度，不能满足采暖与空调负荷计算的需要，所以，只能凭借经验进行估计。为了使估算更加接近实际，遂推出了“设计指标”这个概念。

“设计指标”，一般都是根据大量同类工程的单位建筑面积冷/热负荷的统计值，通过统计回归求得的，具有一定的代表性。但是，在统计过程中，普遍发现由于各个工程的实际情况千差万别，所以计算得出的负荷指标有较大差异，数值分布比较离散，回归结果很难获得十分理想的相关系数。因此，不得不采取分上、下限用两条曲线来进行回归。必须承认，“指标”只是一种粗略的统计值，在方案设计和初步设计阶段，采用指标进行估算，也是不得已而为之。

施工图设计阶段，已具备了进行详细负荷计算的充分条件。这时，再按指标去确定负荷，显然是不恰当的。为此，《采暖通风与空气调节设计规范》GB 50019—2003 中的6.2.1条，已经对空调负荷必须逐项逐时进行计算作出了规定，并列为强制性条文，本标准重复列出，是为了强调其重要性，要求设计人员必须这么做。

5.1.2　严寒地区的公共建筑，不宜采用空气调节系统进行冬季采暖，冬季宜设热水集中采暖系统。对于寒冷地区，应根据建筑等级、采暖期天数、能源消耗量和运行费用等因素，经技术经济综合分析比较后确定是否另设置热水集中采暖系统。

【释义】

制定本条文的目的，是要求位于严寒地区的公共建筑，冬季应设热水集中采暖系统，利用散热器或其他供暖设备进行供暖。也就是说，在严寒地区，空调系统宜采用单冷型。

计算和调研一致证实，由于严寒地区的室内外采暖计算温度差大，采暖期长，采用热水集中采暖系统供暖，比采用空调系统的风机盘管或热风供暖更经济、更节能。特别在有些建筑层高较高的房间，如大堂、中庭等，由于受浮力的影响，传统的全空气空调系统，在采用顶送或上侧送气流组织方式时，供暖效果都不好。采用热水集中采暖系统时，由于受浮力的影响相对较小，因此，供暖效果比热风供暖时好。

另设热水集中采暖系统，会增加一定的初投资。但是，采用热水集中采暖系统时，可以采用较高的热媒温度和较大的供回水温度差，使热水的循环量减少60％左右；同时，热水循环水泵的耗电量也相应减少；而且，末端不再需要消耗电能。以长春为例，经综合计算，所增加投资的回收期约为5年。毫无疑问，这是得大于失。正因为如此，西欧和北欧的公共建筑，大都采用热水集中采暖系统，这是值得我们借鉴的。

对于寒冷地区，由于室内外采暖计算温度差相对较小，采暖期不长，设置热水集中采暖系统，虽然能起到节省能源的目的，但在经济上还必须结合具体工程进行分析和比较，因此，没有明确规定应设热水集中采暖系统。

5.2 采　暖

5.2.1　集中采暖系统应采用热水作为热媒。

【释义】

制定本条文的主要目的，是为了贯彻第四号国家节能指令。

第四号国家节能指令明确规定："新建采暖系统应采用热水采暖"。所以，本标准明确规定，在设计集中采暖系统时，应优先采用热水作为采暖系统的热媒。

以热水为热媒的最大优点，是可以根据室外气象条件的变化，改变温度和循环水量，做到质与量同时进行调控，从而达到最大限度的节能。

5.2.2　设计集中采暖系统时，管路宜按南、北向分环供热原则进行布置并分别设置室温调控装置。

【释义】

制定本条文的主要目的，是为了在有效地克服采暖建筑中普遍存在的温度不平衡问题的同时，取得显著的节能效益。

长期以来，采暖系统始终存在一个各朝向房间冷、暖不均衡问题。在同一幢建筑物里，经常会出现一部分房间过热，一部分房间欠热，个别房间过冷的现象。在采暖季节里，我们常常可以看到，有些热用户为了解决室内过热现象，只好把窗户开启一部分，把热量白白放入大气。

产生这种现象的主要原因，是由于各朝向房间得到的太阳辐射热量不等的缘故。正因为如此，提出了朝向修正的方法，试图根据各向得到太阳热的多少来调整各向的采暖耗热量。不可否认，这是一种有效的途径，实践也已充分证明取得了一定效果。

问题是由于室外气象条件如空气温度、天气的晴阴、雨雪等变化，完全是随机的，没有什么规律可循；而且，不同地区的太阳的辐射照度和日照率的差异很大；即使同一地区，不同构造形式和材料做窗户，得到的太阳辐射得热也是不相同的。因此，固定的朝向修正方法，不可能完全适应这些变化，当然，也不可能彻底解决这个问题。

其实，早就有人指出："解决以上温度失调现象的一种较好的方法，是在室内供暖系统中采取分环路措施，根据不同朝向分环路，并各自设置自动制调节阀。……"。

工程实践和实测充分证明，分环控制不仅可以很好地克服过冷/过热现象，消除各朝向房间之间温度的差异。而且，可取得显著的节能效果。因此，本标准推荐采用。

南北分环的具体实施方法是：

1. 将南向房间和北向房间彻底分开，分别配置供水总管和回水总管，构成互相独立的两个供暖系统。

2. 在各向系统的入口总供水管上，设置电动二通或三通调节阀，并配置温度调节器。

3. 分别在各朝向选择 2～3 间房间，作为标准间(控制对象)。

4. 在作为控制对象的房间里，设置温度传感器，监测室内温度，同时将测出的温度输送至计算器。计算器先对接收到的室内温度进行计算，求出其平均值，然后输送至温度调节器。

5. 温度调节器将计算器发来的信号-温度平均值与室温设定值进行比较，并根据比较结果向调节阀发出动作指令，让调节阀的开度增大/缩小，以增加/减少热媒的流量(量调节时)；或改变供水温度(质调节时)。

设计南北分环采暖系统时，应注意以下事项：

(1) 标准间宜选择 2～3 间，以便取其室温的平均值作为温度调节信号。

(2) 顶层、底层和有两面和两面以上外墙的房间，不应作为标准间。

(3) 室内热扰量大的房间，不应作为标准间。

(4) 为了节省输送能耗，系统宜采用变流量调节。

(5) 采用变流量系统时，应限定最小流量，并校核该状态下的水力和热力工况，防止失调。

5.2.3 集中采暖系统在保证能分室(区)进行室温调节的前提下，可采用下列任一制式；系统的划分和布置应能实现分区热量计量。

1 上/下分式垂直双管；

2 下分式水平双管；

3 上分式垂直单双管；

4 上分式全带跨越管的垂直单管；

5 下分式全带跨越管的水平单管。

【释义】

制定本条文的目的有二个：一是强调要求能进行分室(区)温度调节；二是要求系统能实现热量计量。

条文的核心是"保证能分室(区)进行室温调节"。因为，能进行分室(区)进行室内温度调节，是实现采暖节能的基础。离开了室内温度的调节，采暖节能也就无从谈起。

选择采暖系统制式的主要原则有四项：

一是散热器有较高的散热效率；

二是保证各个房间(楼梯间除外)的室内温度能进行独立调节；

三是管路系统简单、管材消耗量少，便于实行分区热量计量收费；

四是初投资省。

满足以上四项原则的采暖制式，应该承认都是符合节能要求的采暖系统。

分室调节室温的方法很多，如：当房间不大，室内仅有1组或2组散热器时，可以直接在每组散热器的进水管上装置直接作用的自动温控阀，或装置散热器手动调节阀；当房间较大时，可以以房间为单元，组成水平单管系统。同时，在房间内设置温度传感器，入口供水总管或回水总管上设置自动调节阀，并配置温度调节器；根据室内温度的变化、通过温度调节器自动调整调节阀的开度，使室内温度波动在设定的范围之内。

量化管理是节约能源的重要手段，按照用热量的多少来计收采暖费用，既公平合理，更有利于提高用户的节能意识。

作出本条规定的意图是为了引起设计人员注意，在系统设计时，应充分考虑和妥善处理热量计量问题。

由于公共建筑不同于居住建筑，所以，不能直接照搬住宅中"一户一表"那种热计量模式。它必须提前在系统设计和管路布置时，结合实际情况进行热量计量方式和方法的通盘考虑。

5.2.4 散热器宜明装，散热器的外表面应刷非金属性涂料。

【释义】

制定本条文的目的，是为了引起设计人员的重视，提醒他们在设计选择散热器时，不仅应认真地进行比较，还应注意散热器的表面处理和安装方式等事项。之所以要求这么做，目的是为了节省能源。

在目前的工程设计中，对散热器的选择普遍不够重视，很少作全面而详细的分析和比较，因此，要明确指出的是：散热器的选择不仅关系到投资的多少，而且与节能有密切的关系。

选择散热器的类型，评价散热器的优劣，必须全面了解、考核和比较以下几个方面：

1. 热工性能：散热器的传热系数，或单位面积散热量，是评价散热器热工性能优劣的主要指标。传热系数越大，说明散热能力愈大；散热量大，则说明其热工性能好，热效率高，也意味着使用能耗的节省。

2. 经济性和节能性：散热器的经济性和节能性，可以用金属热强度来衡量；金属热强度是指散热器内热媒平均温度与室内空气温度差为1℃时，每1kg重的散热器所散出的热量。即

$$q=\frac{k}{W}$$

式中 q——散热器的金属热强度，W/(kg·℃)；

k——散热器的传热系数，W/(m^2·℃)；

W——散热器每 $1m^2$ 散热面积的重量，kg/m^2。

q 值愈大，说明散热器散出同样热量所消耗的金属数量愈少。由于材料消耗减少，不仅生产成本降低，生产能耗也减少；也就是说，它的经济性和节能性愈好。这是考核和评价同一材质散热器经济性和节能性的主要指标。对于不同材质的散热器，由于缺乏可比性，应着重比较其单位散热量的成本。

3. 构造特性：要求组装简便，结构紧凑，占地面积少，承压能力高等。

4. 外观：造型美观，外表光滑，易于清洁。

人们早已发现，散热器表面涂料对散热器的辐射换热有影响，当然也就必然对散热器的散热量有影响。但是，这个问题在实际的工程实践中，没有受到应有的重视，散热器表面涂刷金属涂料如银粉漆的现象，至今仍很普遍。

早在 1946 年，美国 J. R. 艾伦等著的《供暖与空调》一书中，通过实验已得出了下列结果，见表 5-1：

表 5-1 涂料对散热量的影响

序　号	表面涂料	相对散热量(%)
1	裸体散热器	100
2	铝粉涂料	93.7
3	铜粉涂料	92.6
4	浅棕色涂料	104.8
5	浅米黄色涂料	104.0
6	白色光泽涂料	102.2

同时还指出：如有一层以上涂料层时，最后的涂层是决定其结果(相对散热量)的涂层。

国际标准 ISO 3147—3150(1975) 第 4.1(J) 条对散热器要求："全部外表应涂以均匀的油漆，不应采用含金属颜料的油漆。(注：J 要求不适用于对流器)"。

英国标准 BS 3528—1977 第 8.1(5) 条对散热器要求："全部外表应涂以均匀的油漆，不应采用含金属颜料的油漆。对流器无此要求。"

德国标准 DIN 4704—1977 也有类似要求。

我国清华大学散热器检测室，经多年反复实验研究，得出了下表所示的结果，见表 5-2。

表 5-2 铸铁四柱 760 型散热器各种表面状况的实验结果

编　号	表面涂料	散热量(W)	传热系数(W/m²·℃)	相对散热量(%)	备　注
8401-B_4	银粉漆两道	1200	7.9	100	
8401-A	自然金属表面(未涂漆)	1305	8.5	109	
8401-C_2	米黄漆一道	1390	9.1	116	
8401-D	乳白漆一道	1373	9.0	114	
8401-E	深棕漆一道	1394	9.1	114	Δt=64.5℃
8401-F	浅蓝漆一道	1398	9.2	117	
8401-G	浅绿漆一道	1357	8.8	113	

若将柱型铸铁散热器的表面涂料由传统的银粉漆改为非金属涂料，就可提高散热能力13%～16%，这是一种简单易行的节能措施，无疑应予以大力推广，因此，标准在用词时采用了“应”字，即要求在正常情况下均应这样做。

目前在建筑装修中，存在不少误区，如把散热器全包起来，仅留很少一点点通道，就是一个非常典型的实例。

散热器暗装时，由于空气的自然对流受限，热辐射被遮挡，所以，散热效率大都比明装时低。同时，散热器暗装时，它周围的空气温度，远远高于明装时的温度，这将导致局部围护结构的温差传热量增大。而且，散热器暗装时，不仅要增加建造费用，还必须占用一部分建筑面积。显然，这样做是很不明智的，应该尽量避免。

必须指出，有些建筑如幼儿园、托儿所，为了防止幼儿烫伤，采用暗装还是必要的。但是，必须注意以下三点：一是在暗装时，必须选择散热损失小的暗装构造形式；二是对散热器后部的外墙增加保温措施；三是要注意散热器罩内的空气温度并不代表室内采暖计算温度，所以，这时应该选择采用带外置式温度传感器的温控阀，以确保温控阀能根据设定的室内温度正常地进行工作。

5.2.5 散热器的散热面积，应根据热负荷计算确定。确定散热器所需散热量时，应扣除室内明装管道的散热量。

【释义】

制定本条文的目的，是为了强调不要盲目增多散热器的数量。

有些设计人员，总担心室内的供暖达不到预期的效果，所以，千方百计的增加散热器的数量，如该扣除的得热量不扣，该舍的不舍，不该进位的却进……，并认为只有散热器的散热量大于房间热负荷时才安全、保险。

实际结果往往适得其反。在采用上分式(上供下回)单管系统时，上层散热器越多，水温降必然越大，而进入下层散热器的水温就越低。由于水温低于计算值，其散热量当然就小于计算值。这正是造成上热下冷的根本原因。而且，这几乎是恶性循环，上层富裕越多，下层过冷就越厉害。

室内的明装采暖管道，是一个稳定的热源，只要进行采暖，它就不断地向室内散热。因此，应该计算这部分热量是理所当然的事。但是，在实际设计计算中，很多人不愿去计算这部分热量。究其原因，一是怕麻烦；二是认为量不大。

那么，这个量到底有多大呢？这里，我们列出了室内明装管道的理论散热量值，见表5-3。

表5-3 室内明装管道的散热量表(W/m)

室内温度(℃)	不同管径钢管的单位长度散热量(W/m)					
	15	20	25	32	40	50
	热媒为70℃热水					
5	60	76	95	121	120	149
8	58	72	91	115	114	142
10	53	67	84	107	106	131

续表

室内温度(℃)	不同管径钢管的单位长度散热量(W/m)					
	15	20	25	32	40	50
热媒为70℃热水						
12	51	65	81	104	102	127
14	50	63	79	100	99	122
16	48	60	76	97	95	119
18	47	58	73	93	92	114
20	43	53	67	85	84	104
23	40	50	63	80	78	98
25	38	49	60	77	76	93
热媒为95℃热水						
5	87	110	137	174	181	226
8	84	106	133	169	176	219
10	83	104	130	164	172	214
12	80	101	127	160	167	208
14	78	99	123	157	164	204
16	77	97	121	154	152	191
18	74	94	117	149	149	185
20	72	92	115	145	145	180
23	70	88	110	140	140	174
25	65	83	102	130	130	160

注：表列值适用于沿地面敷设的水平管和连接散热器的支管；对于立管，应乘以0.75修正系数。

为了说明数量的多少，今举例演算如下：

3.6m(开间)×6.0m(进深)办公建筑，取室内温度 t_n=20℃，层高3.3m，采用垂直双管系统时，则其明装管道的散热量分别为：

供水立管(DN=20mm，长度3.0m)：　$q=3\times92\times0.75=207$W

回水立管(DN=20mm，长度3.0m)：　$q=3\times53\times0.75=119$W

连接散热器的供水支管(DN=15mm，长度1.4m)：　$q=1.4\times72=101$W

连接散热器的回水支管(DN=15mm，长度1.4m)：　$q=1.4\times43=60$W

总散热量为 $Q=207+119+101+60=487$W，折合单位建筑面积为：

$$q_i=\frac{487}{3.6\times6.0}=22.5\text{W/m}^2$$

办公建筑的采暖热指标，一般不会超过80W/m²，则明装管道的散热量占采暖负荷的比例约为：

$$R=\left(1-\frac{80-22.5}{80}\right)\times100\%=28\%$$

不可否认，这是个不小的数量。

即使只考虑60%，房间得热也有487×0.6=292W，约相当于2片4柱760散热器的散热量；显然，这是个不容忽略的因素。为此，本标准加以明确规定，应计算明装管道的散热量。

5.2.6 公共建筑内的高大空间，宜采用辐射供暖方式。

【释义】

制定本条文的目的，是立足于节省能量，引导设计采用正确的采暖方式。

在大堂、展厅、候车等空间高大的公共建筑内，采用传统的对流采暖方式采暖时，普遍存在着室内上部空间的温度太高，下部人员活动区的温度又太低——远远低于室内采暖计算温度的现象。而且，这种现象随着室内高度的增加而加剧。

长期以来，人们忽视了一个评价采暖效率高低的重要指标——“供暖效果”(Heating Effect)。早在20世纪50年代，美国威廉斯H. 开利等在《Modem air conditioning heating and ventilation》中就提出了用“供暖效果”评价采暖效率的观点。所谓“供暖效果”是指采用不同散热器对房间使用区(Occupied Zone)进行供暖时所产生的结果。这个参数与节能有密切的关系。作为一种指标，供暖效果的定义是：散热器在使用区内的有效散热量与总输入热量的关系，在总输入热量中，进入使用区内的散热量占的份额愈多，供暖效果就愈好，采暖效率就愈高。

通常，仅要求使用区内离地1.8m(使用区的高度)范围内的温度保持均匀适宜，使用区以外的空间，就没有必要去保持。因此，应考虑以下两个问题：

第一，室内空气温度的竖向分布(温度梯度)：温度梯度愈大，说明散至非使用区的热量愈多，相应的有效散热量就愈少，供暖效果也愈差。

对于传统的对流采暖方式，采用不同类型的散热器和安装位置时，其供暖效果也是不相同的。很明显，如将散热器装在离地面很高的位置时，室内的供暖效果肯定不会好；而采用长的、矮的散热器时，可以比采用短的、高的散热器时保持较小的温度梯度，所以供暖效果一定比后者好。

第二，对流和辐射比例的影响：主要依靠对流方式散热时，易造成室内上部过热而下部温度偏低的现象。当散热器主要依靠辐射方式散热时，由于热辐射的直接作用，可以提高室内物体和围护结构内表面的温度，保证室内下部区域受热良好；而且，人体可直接受到辐射热的作用，从而增加舒适感。

在对流采暖系统中，散热设备先将周围环境的空气加热，再依靠冷、热空气的密度差进行对流，从而使整个环境加热到一定的温度。由于冷、热空气的密度不同，热空气总是积聚在上部，而冷空气则积聚在下部，从而形成了较大的温度梯度。根据对层高14m房间的实测，对流采暖时，室内的温度梯度$\Delta t=9$℃(0.5～1.0℃/m)，改为辐射采暖后，$\Delta t=2.5$℃。

由于对流采暖时，必须加热室内整个空间，而且，随着室内温度梯度的增大，采暖负荷也成比例增加，“供暖效果”则越差。

辐射采暖，是以电磁波的形式传递能量，辐射出大量的红外线，使围护结构和所有室内设备的表面温度比对流采暖时高，因此，人体的辐射散热量减少；同时，由于有温度和辐射照度的双重作用，比较符合人体散热的要求，所以，舒适感特别好；“供暖效果”

也好。

辐射采暖时，由于热射线直接照射至人体，几乎不加热环境中的空气。因此，不仅室内空气的温度梯度很小，而且，室内采暖计算温度还可以比对流采暖时降低2～3℃。这样，就可以使温差传热导致的热损耗大幅度减少。

实测证明，辐射采暖方式可以比传统的对流采暖方式节省能量。为此，本标准予以推荐采用。

5.2.7 集中采暖系统供水或回水管的分支管路上，应根据水力平衡要求设置水力平衡装置。必要时，在每个供暖系统的入口处，应设置热量计量装置。

【释义】

制定本条文的目的，在于强调水力平衡的重要性和装置水力平衡设备的必要性。同时，为了实现量化管理，所以，对热量计量也作出了明确规定。

管路系统的水力平衡，是管网设计的一个重要环节。水力平衡不好，就会造成水力失调，其结果如系统中上边过热，下边欠热或不热；或离热源近的过热，离热源远的欠热甚至不热。这不仅影响使用，而且还会浪费能量，因此，设计中必须重视。

水力平衡有静态与动态的区别：

静态水力失调是由于实际管网系统的特性阻力系数与设计管网系统的特性阻力系数不一致而导致的；其结果是各用户的实际流量偏离设计流量。静态水力失调是稳态的，是系统本身所固有的。

动态水力失调是由于系统运行过程中，用户端阀门开度发生改变而引起的；因为，随着流量的变化，管网系统的压力分布必然产生波动，其结果是使其他用户端的流量也发生改变，并偏离设计值。动态水力失调是变化的，它不是系统本身所固有的，是在系统运行过程中产生的。

静态水力失调，可以通过在管网系统中设置静态水力平衡装置，并在系统初调时将系统的管道特性阻力系数调节至与设计值相一致来克服。在实际管道特性阻力系数与设计值保持一致的前提下，当系统总流量达到设计流量时，各末端设备的流量必然也同时达到设计流量，从而可以实现静态的水力平衡。

动态水力失调，可以通过在管道系统中设置动态平衡装置来克服；当其他用户阀门开度发生变化时，通过动态水力平衡装置的作用，可以使自身的流量并不随之发生变化，因此，末端设备的流量不互相干扰。

实现静态水力平衡的判断依据是：当系统中的所有动态水力平衡设备，均处于设计参数状态(设计流量或压差)，末端设备的温控阀均处于全开位置(这时系统是完全定流量系统，各处流量均不变)，系统所有末端设备的流量均达到设计值。

由此可见，实现静态水力平衡的目的是保证末端设备同时达到设计流量，即设备所需的最大流量。避免了一般水力失调系统一部分设备还没有达到设计流量，而另一部分已远远高于设计流量的状况。因此它解决的是静态平衡和系统能力问题，即保证系统能均衡地输送足够的水量到各个末端设备。

由于采暖系统在运行过程中，大部分时间都处于部分负荷工况下工作。因此，管道里的流量都低于设计值。也就是说，实际上在大部分时间里，末端设备并不需要向用户提供这么多的流量。因此，热媒系统应该采用变流量调节，即在运行过程中，各分支环路的流量应随着负荷的变化而改变。所以，系统不但要实现静态水力平衡，还要实现动态水力平衡。

对于变流量系统，实现动态水力平衡的判断依据是：在系统运行各个末端设备的流量达到系统瞬时要求值(这个流量是由末端设备的实际瞬时负荷所决定的)的同时，各个末端设备的流量变化只受设备负荷变化的影响，而不受管网系统压力波动的影响，即系统中各个末端设备的流量变化不互相干扰。

很明显，要实现上述的全面水力平衡，不配置必要的水力平衡设备是无法实现的；为此，本条文明确规定，要配置水力平衡设备。

5.2.8 集中热水采暖系统热水循环水泵的耗电输热比(EHR)，应符合下式要求：

$$EHR=N/Q\eta \tag{5.2.8-1}$$

$$EHR\leqslant 0.0056(14+\alpha\Sigma L)/\Delta t \tag{5.2.8-2}$$

式中 N——水泵在设计工况点的轴功率(kW)；

Q——建筑供热负荷(kW)；

η——考虑电机和传动部分的效率(%)；

当采用直联方式时，$\eta=0.85$；

当采用联轴器连接方式时，$\eta=0.83$；

Δt——设计供回水温度差(℃)。系统中管道全部采用钢管连接时，取$\Delta t=25$℃；系统中管道有部分采用塑料管材连接时，取$\Delta t=20$℃；

ΣL——室外主干线(包括供回水管)总长度(m)；

当$\Sigma L\leqslant 500$m时，$\alpha=0.0115$；

当$500<\Sigma L<1000$m时，$\alpha=0.0092$；

当$\Sigma L\geqslant 1000$m时，$\alpha=0.0069$。

【释义】

本条的来源为《民用建筑节能设计标准》JGJ 26—95。但根据实际情况作了如下改动：

1. 从实际情况来看，水泵功率采用在设计工况点的轴功率对公式的使用更为方便、合理，因此，将《民用建筑节能设计标准》JGJ 26—95 中“水泵铭牌轴功率”修改为“水泵在设计工况点的轴功率”。

2.《民用建筑节能设计标准》JGJ 26—95 中采用的是典型设计日的平均值指标。考虑到设计时确定供热水泵的全日运行小时数和供热负荷逐时计算存在较大的难度，因此在这里采用了设计状态下的指标。

3. 规定了设计供回水温度差Δt的取值要求，防止在设计过程中由于Δt区值偏小而影响节能效果。通常采暖系统宜采用95/70℃的热水；由于目前常用的几种采暖用塑料管对水温的要求通常不能高于80℃，因此对于系统中采用了塑料管时，系统的供/回水温度一般为80/60℃。考虑到地板辐射采暖系统的Δt不宜大于10℃，且地板辐射采暖系统在公共建筑中采用的不是很普遍，因此本条不针对地板辐射采暖系统。

5.3 通风与空气调节

5.3.1 使用时间、温度、湿度等要求条件不同的空气调节区，不应划分在同一个空气调节风系统中。

【释义】

本条文提出了空调风系统划分的一个原则规定。

本条应用过程中，应注意的主要是时间和设计参数问题。在公共建筑中，通常会存在大量不同使用功能的房间。这些房间在使用时间和对室内设计参数的要求是不尽相同的。

例如：如果把商场和餐厅放在同一空调风系统中，餐厅和商场都会存在单独使用的时段，全部同时送风的话，存在温控效果不佳、能源浪费的现象；如果单独为其中一个房间送风，则必须采用变风量系统，即使如此，这种情况下通常也存在调节困难，甚至无法正常使用；同时，由于变速，风机也将工作在非高效工作区，增大了能耗。

又例如：对于主体使用性质为办公的公共建筑，其内部除了办公室之外，可能还存在的房间有：餐厅(包括职工餐厅)、大型会议室、计算机信息中心等等。餐厅的使用时间在相当多的情况下都与办公室的使用时间不一致，其温湿度、新风量等设计参数也与办公室有明显的区别。如果将餐厅与办公室合为一个空调系统，假定采用定风量系统的话，由于空调风系统的送风温度通常是相同的，那么空调机组的送风量通常应根据这两个房间的最大送风量之和来确定(或者更精确地说：是根据两者逐时计算后得到的最大时刻值之和来确定)；由于它们在同时使用的时间交叉不多，必然导致的结果是：单独为某个房间使用时机组风量过大，浪费输送能耗。即使它们在某时刻同时使用，也会由于房间参数要求的不同而无法同时满足各自的参数要求，必须要增加末端空气加热器、加湿器等设备以及相应的控制系统，不但投资增加，而且重要的是会产生冷、热量的抵消损失，造成能量的极大浪费。

采用变风量系统尽管从理论上来说可以解决上述两种情况下产生的分区温度失控问题，减小空调机组的装机容量，但湿度问题仍然无法得到有效的解决。同时，对于不同的末端控制来说也会存在较大的困难并且由于变风量机组及末端要求运行时的最小风量限制问题而导致某个房间在不需要空调时仍然需要送一定量的空调风，浪费能源。在某些情况下(如过渡季)，也可能两个房间会出现对供热和供冷的需求完全不一致的情况(如办公室需要供热而餐厅此时需要供冷)。从另一个角度来说，餐厅的气味会扩散到办公室中，这是空调设计不应该出现的情况。

同样，对于办公建筑中的大型会议室，通常其使用具有相对的独立性且使用时间带有随机性，如果与办公室合为一个风系统，造成的情况是：办公室使用时，需要同时为会议室进行空调，浪费能源。当然，对于一些在某个公司独立的办公区域内，可能也设置有面积较小的配套性会议室(或者由于二次装修分隔产生的会议室)，这些会议室的使用频率较高，可能经常在上班时间使用。如果受到建筑平面布局、机房设置、投资等因素的限制，这些房间也可以与其同时使用的办公室合为一个系统。但这样的会议室应该限定是小型的配套会议室而不是大型会议室。

对于计算机信息中心等房间，其室内设计和运行控制参数应该是由机房工艺所决定的，普通办公室的舒适性空调通常无法满足机房的相关要求，这部分一般应采用机房专用空调设备来解决。

对于酒店、商业等公共建筑，情况与上述是相同的。

在《采暖通风与空气调节设计规范》GB 50019—2003（以下简称《暖通规范》）中第6.3.2条也有类似的规定，如下：

“6.3.2　属于下列情况之一的空气调节区，宜分别或独立设置空气调节风系统：

1　使用时间不同的空气调节区；

2　温湿度基数和允许波动范围不同的空气调节区；

3　对空气的洁净度要求不同的空气调节区；

4　有消声要求和产生噪声的空气调节区；

5　空气中含有易燃易爆物质的空气调节区；

6　在同一时间内需要分别进行供热和供冷的空气调节区。”

将《暖通规范》的上述条文与本标准5.3.1条的内容进行比较，也可以看到：本标准主要从节能角度反映了其中的部分内容，对于其他有关使用的问题，由于与节能的关系不大，在本标准中没有重复提出。

实际设计过程中，由于受到各种条件的限制，对空调设计人员来说也可能存在一定的困难。本条并非绝对的限制(非强制性条文)。因此在本条的条文解释中特别提出的“明显地不同时使用”的提示，要求设计人员应对具体情况进行合理的分析后来确定。

总体来看，设计人员应根据各个空调区的使用特性和要求进行合理划分空调风系统，是空调风系统设计的一个基本要求，也是绝大多数设计人员可以理解和在设计中能够考虑到的。但在实际工程设计中，一些设计人员有时忽视了不同空调区在使用时间等要求上的区别，在工程设计中出现把使用要求不同(比如明显地不同时使用)的空调区划分在同一空调风系统中的情况，不仅给运行与调节造成困难，同时也增大了能耗。因此本标准在此进一步从节能角度强调了其重要性。

5.3.2　房间面积或空间较大、人员较多或有必要集中进行温、湿度控制的空气调节区，其空气调节风系统宜采用全空气空气调节系统，不宜采用风机盘管系统。

【释义】

本条文要求在有条件的大空间的空调区采用方便节能的全空气空调系统。

对于面积或空间较大、人员较多的房间，相对于风机盘管加新风系统而言，全空气系统存在一些明显的优点：

1. 尽管从输送能耗来看，全空气系统输送相同冷、热量到同一地点的能耗通常会大于气—水系统(如风机盘管系统)，但就一个单独的大房间来说，此输送能耗差值是有限的。但是，众所周知，在有条件的情况下，全空气系统可以通过在过渡季节最大限度地使用室外较低参数的新风对室内进行冷却(关于过渡季节新风比控制问题和具体做法，在5.3.6条中还会单独提到)而获得节能的效果。相对来说，由于过渡季节的时间较长，减少了全年运行冷水机组的时间，其节能将是非常显著的，这是本条编写过程中的一个主要思路。对于风机盘管来说，通常是无法较好地做到此点的。

2. 全空气系统便于集中控制。由于只有少数的控制参数(温度、湿度)，对于系统控制来说，实现起来非常容易且可靠性较高。自动控制的合理性也是节能设计应该关注的重点内容之一。

3. 一个好的系统，运行管理也是非常重要的。运行管理的合理、到位，也会在保证系统满足使用功能的前提下对系统运行节能起到很大的促进作用。方便是运行管理的前提，尽可能地为管理人员提供方便，对于减少不合理的管理环节是有利的。与风机盘管系统相比，全空气系统运行管理的方便性主要体现在：(1)开、关机运行可以一次完成(在机房进行或者由中央集中管理系统来完成都是较容易进行的，尤其是后者更对运行管理人员有利)。而通常来说，风机盘管由于数量较多，且多采用分散控制的方式(某个房间所有风机盘管集中控制的方式尽管可以采用，但这样失去了设置风机盘管的意义——风机盘管更适合于区域温度的控制)，需要多个开、关机环节。(2)维修方便。不论是设备还是附件，一旦有问题可以及时发现和维修，且维修大多数情况下是在机房内进行的，尤其是对于过滤器的清洗和更换(风机盘管由于数量原因，个别出现问题不一定能及时发现，且维修大都在使用空调的空间进行，对该房间的正常使用产生一定影响。反过来说，有可能因为要避免对房间使用的影响而导致维修不及时)。设备保持正常工作状态是保持其高效率运行的基本要求。例如：过滤器阻力过大，将严重影响空调设备的运行参数，使其输送效率下降，甚至导致供冷能力的下降而对空调品质降低。

4. 采用全空气空调系统还带来的一个附加优点是可以提高室内空气质量。这是因为全空气空调系统过滤净化设备集中，风机压头高，可以采用比风机盘管过滤器效果更好的粗效，甚至中效空气过滤器，空气净化的效果可比风机盘管提高许多；同时，当提高新风量比例时，新风量的增加可以改善室内空气质量。

尽管由于全空气系统的风管截面尺寸较大，通常需要的管道空间会高于风机盘管系统，但是大空间房间正好在这些方面具有一定的适应性。设计中只要通过合理的专业配合，通常能够做到。因此，本条文也是从另一个方面提出了要求——建筑师或者开发商需要对此有一定的认识。

当然，全空气空调系统在区域温度控制方面不如风机盘管那样方便，尤其是当其用于多个空调区(房间)时，此缺点比较明显。但本条主要针对的不是多空调区域(或房间)。从实际工程来看，条文中提到的这些房间之所以设置为大空间是因为使用功能的需求，就目前的舒适性空调来说，在大空间中，对人员活动区域分区维持不同参数的做法一般来说是没有道理的——因为实际人员的活动区位置是随机的。例如：在商场、影剧院、营业式餐厅、展厅、候机(车)楼、多功能厅、体育馆等建筑中，其主体功能房间空间较大、人员较多，通常也不需要再去分区控制各区域温度，因此这些房间适合于采用集中的参数控制系统并进行集中的运行管理。

考虑到存在一些设计时暂时不进行房间分隔而由用户进驻后再进行房间分隔的办公室等的情况(这种情况目前较为常见)，本条文采用了“不宜”的语气。

最近几年来，“独立新风系统”加上末端设备的方式开始出现，例如：干工况风机盘管加“独立新风系统”，地板辐射、辐射吊顶以及顶板辐射方式加“独立新风系统”等等。这些系统的初始目的都是以人员的舒适性为前提的，其中的一些系统也在一定程度上体现出了节能的特点。但是，由于这些系统刚开始进行研究和使用，其能耗特点和节能情况都尚处于研究之中，本标准编制过程中大家认为这方面的数据还不够充分。本着标准的编制原则要求，这方面的内容暂时没有考虑。因此，本条也不针对这类系统。

5.3.3 设计全空气空气调节系统并当功能上无特殊要求时，应采用单风管送风方式。

【释义】

从节能角度来看，本条文目的是要求在空调设计中，应避免不必要的冷、热量的混合损失。双风管混合型系统如图 5-1 所示。

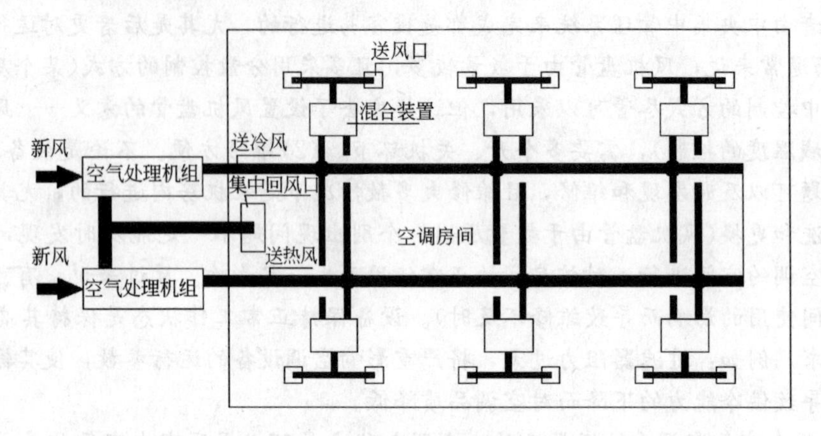

图 5-1 双风管混合系统

图 5-1 所示系统的一个明显特点是：在同一空调系统内(通常有两台或两台以上的空调机组)分别设置有冷风(温度低于室温)管和热风(温度高于室温)管，同时设置有区域末端混合装置。其运行方式是：根据区域参数控制的要求，通过对送进末端的冷风量和热风量进行比例调节，由末端向控制区域提供满足其负荷变化情况的送风温度(与四管制水系统有类似之处)。很显然，这种方式的优点是：由于冷、热风都送到了空调区，因此同一系统内不同的区域可以很方便地控制区域温度而送风量不会发生较大的变化。但是，其明显的缺点是：混合箱中存在较为严重的冷、热互相抵消的现象。例如：当房间冷(热)负荷为零时，末端混合箱将自动将送风温度调节到与房间温度相同，也就是说，这时的冷(热)风送风对冷却或加热房间没有任何"效益"！不但输送能量被白白地浪费了，更重要的是冷却或加热送风的耗能也没有起到"作用"。

与双风管送风方式相比，单风管送风方式不仅占用建筑空间少、初投资省，而且不会像双风管方式那样因为有冷、热风混合过程而造成能量损失。全空气双风管空调系统主要用于单个空调房间温湿度控制要求或气流组织要求较高的场所。而在公共建筑中，绝大多数空调系统都是属于舒适性空调，空气的温湿度的允许范围是比较大的，通常都可以采用单风管送风方式满足使用要求。因此当功能上无特殊要求时，应采用单风管送风方式。

考虑到公共建筑内房间使用功能的复杂性和多样性，为了防止个别"特殊要求的房间"(比如某个民用建筑中如果存在某种工艺对气流组织要求稳定的房间的特殊情况)不适用本条文，所以对本条加以条件上的限制——"并当功能上无特殊要求时"。

5.3.4 下列全空气空气调节系统宜采用变风量空气调节系统：

1 同一个空气调节风系统中，各空调区的冷、热负荷差异和变化大、低负荷运行时间较长，且需要分别控制各空调区温度；

2　建筑内区全年需要送冷风。

【释义】

关于变风量系统，已经有相当多的文献对此进行过专门的论述。首先要明确的是：变风量系统是全空气系统的一种形式，因此它具备了全空气系统的一些特点。与定风量系统相比，变风量系统突出的使用优点是同一空调风系统内可以进行不同空调区域的温度控制；与风机盘管系统相比较，变风量系统在对房间的改造适应性、室内空气环境质量等方面有明显的特点。因此可以说：从使用上看，变风量系统综合了全空气定风量系统和风机盘管加新风系统这两者的优点。从节能角度看：变风量系统的节能主要体现在三个方面：

1. 运行节能

运行节能是以全年为基础来评价的。以夏季供冷（冬季供热时同理）为例，从空调系统的原理中我们可以看到：消除房间显热余热的热平衡公式为：

$$Q=L\cdot\rho\cdot C_p\cdot(t_s-t_n) \tag{5-1}$$

式中　Q——房间显热余热，W；

L——送风量，m^3/h；

ρ——空气密度，kg/m^3；

C_p——空气定压比热，$J/(kg\cdot K)$；

t_s——送风温度，℃；

t_n——室内温度，℃。

我们知道：房间的空调负荷是随着时间在不断变化的，对于全年来说，房间的空调负荷只有极少数时间处于设计负荷的状态，绝大部分时间处于低负荷的状态。根据式(5-1)，满足某房间空调负荷变化、维持房间温度恒定的方式有两种：

(1) 采用变送风温度、定送风量方式

这种方式应用时，通常采用的手段是：调节冷介质流量（对于直接膨胀式空调系统调节冷媒流量，对于建筑内设置有集中冷源的空调系统调节冷水流量）。当需冷量降低时，室内温度控制器的作用使得冷介质流量减少，送风温度也因此发生相应的变化，送风温差将减少。对于空调风系统本身来说，这种方式对其输送能耗没有影响——原因是输送管网的特性没有任何改变，这就是普通定风量全空气系统采用室温控制时的典型情况。

(2) 采用定送风温差、变送风量的方式

用这一方式，同样可以在满足室内负荷变化的前提下保持所需求的室温。负荷减小时，改变维持送风温度和送风温差不变，减小送风量。很显然，由于送风量下降，风机的输送能耗需求可以减少。如果我们采用一定的方式使风机的耗电量随着需求而下降的话，我们就可以节约一部分不需要的输送能耗。对于全年来看，这一能耗数值是相当可观的，这也就是变风量系统运行节能的一个主要机理。根据有关资料来看，与定风量系统相比，在不考虑由于风量变化引起的风机效率降低的条件下（理想条件），变风量系统的全年能耗只相当于定风量系统的35%～40%。即使考虑风机效率降低、最小送风量限制等因素，就风机输送能耗而言，其全年能耗也大约只有定风量系统的50%～60%。因此可以认为这是一个运行节能非常有效的系统形式。

也许有人会问：在第一种方式中，由于水流量的下降，可以使集中的冷、热源系统节省能源；而第二种方式只是要求风量降低，对水量好像没有控制，不符合采用变水量系统来节能的目的，也就是说这时强调了变风量却变成了定水量。在这里要明确的一点是：变风量系统的采用，与集中冷、热源是否采用变水量系统没有关系。原因是：尽管没有像定风量系统那样，直接用负荷变化去改变水量，但是，由于此时二通电动水阀受到出风温度的控制，风量降低后，如果二通阀不关小，必然导致送风温度无法稳定(夏季送风温度降低，冬季送风温度提高)；因此此时二通电动水阀必将自动关小以减少水流量。换句话说，在这种情况下，二通阀实际控制的仍然是冷(热)量。这样对水系统来说，它与定风量系统是相同的——水系统同样是一个变水量系统并且对于水系统的耗冷、耗热量来说是完全相同的。

2. 设计状态的节能

这一点是与定风量系统相比较来说的。

当一个风系统带有多个空调房间(或多个空调区域)时，采用定风量系统和变风量系统对于空调机组的设计风量和电机安装容量是有所区别的。这里以表5-4为例来分析。

表5-4　某空调系统内各办公室典型设计日送风量需求表(m^3/h)

房间＼时刻	8：00	9：00	10：00	11：00	12：00	13：00	14：00	15：00	16：00	17：00
1号办公室	3500	**4500**	4000	3500	3000	2500	2000	1500	1000	500
2号办公室	2000	2500	3000	3500	4000	4500	**5000**	4500	4000	3500
3号办公室	3000	3500	4000	4500	5000	5500	6000	6500	**7000**	6500
4号办公室	1000	1500	2000	2500	3000	**3500**	3000	2500	2000	1500
风量合计	9500	12000	13000	14000	15000	**16000**	**16000**	15000	14000	12000

如果采用定风量系统，为了保证各房间的最大送风量需求，空调机组的设计送风量应按照各房间最大送风量之和来计算。根据上表的数据，则总送风量应为：20000m^3/h。

如果采用变风量系统，由于它具有将风量自动输送到需要的区域的特点，因此空调机组的设计送风量应按照各办公室逐时风量之和后的最大时刻值，即：16000m^3/h。由此可以看出：在设计状态下，空调机组的风机风量就有所降低，带来的是对风机轴功率要求的下降。

3. 防止区域温度的过高或过低

由于它可以控制同一风系统内不同房间的温度(暂时不使用的房间甚至可以短时间停止送风)，因此避免了定风量系统因无法进行区域控制时的过冷或过热现象造成的能源浪费。

上述比较和结论也就是本条第1款制定时的一个理论依据。

对于本条第2款，主要出发点是：对于有大量内区的建筑来说，存在冬季(或室外气温较低的过渡季)时，外区需要供热而内区需要在同时进行供冷的情况，这时可以有多种解决方式，比如采用冬季运行冷水机组、采用冬季冷却塔供冷以及直接利用室外温度较低的空气向房间送风等等。在这些方式中，直接利用室外低温空气送风(或者调节新风比)的方式，减少了中间的热交换，显然是充分利用天然冷却的最佳方式之一。从空调系统的特点来看，全空气系统最容易满足此项要求(这一点在5.3.2条已经提到)，由于考虑到办公房间的不同分隔和区域温度控制要求，因此建议采用变风量系统。

对于变新风比运行时的空调机房位置以及相关风量设计，与定风量系统有类似之处，在5.3.6条的说明中提出了一些简单的建议，供读者参考。

5.3.5 设计变风量全空气空气调节系统时，宜采用变频自动调节风机转速的方式，并应在设计文件中标明每个变风量末端装置的最小送风量。

【释义】

本条文的目的是要求设计人员在选择改变空调系统风量的方法时，应优先采用节能效果最好的方法。

变风量系统中，空调机组内送风机动态风量的调节，理论上可以有以下几种方法：(1)利用风机曲线的自适应方式；(2)调节风机出口(或送风总管上)的对开式风阀；(3)风机入口电动导流叶片调节法；(4)多台风机并联运行时的运行台数调节法；(5)风机转速调节法。

1. 用风机曲线的自适应方式

该方法的原理是：风量发生变化时，由于各个末端变风量装置关小过程中管路阻力系数增大，风机的工作点会沿着风机在额定转速时的曲线向上升，最后达到自动适应系统的要求。调节结束时，风机的风量低于设计风量但风压高于设计风压。

这种方式对于VAV系统来说显然是不合理的。它存在几个主要问题：①随着主风道风压上升，VAV末端的进口风压会不断加大，对其工作性能将带来负面影响；过大时还将明显提高末端的噪声并产生振动等不利情况。②风机小风量、高风压运行时，同样可能出现与末端设备相同的噪声、振动等不利情况，且高风压低风量将会使得送风的温升加大，对于夏季的冷量是明显的浪费。③由于风机选择时通常按照最高效率区选择，这时风机将远离高效区，明显不利于节能。

2. 调节风机出口(或送风总管上)的对开式风阀

此方式与1相比，除了将末端的增加风压由出口风阀来负担(同样会发生与末端风阀可能出现的噪声和振动等类似情况)外，其他的情况与1基本类似，显然也不是一种合理的运行调节方式。

3. 风机入口电动导流叶片调节法

此方法的基本依据是：随着导流叶片的开度变小，其预旋作用使进入风机(尤其是离心风机)叶片时的气流方向发生改变，风机进口处的速度三角形发生变化，因此在一定程度上改变了风机的性能曲线(同时管路性能曲线也有所改变)。与1、2两种方式相比，同样的风量情况下的风机性能有所提高。

但是，对实际产品的实测效果表明：该方法对风机性能曲线的改善是非常有限的。分析起来主要原因是由于民用建筑中的风机风量都比较小，因此风机入口导叶风阀的直径与风阀中心至风机叶轮的距离的比值不大，这样风阀所起到的预旋作用在风机吸入口段产生了流场的“均匀化”从而降低了对预旋效果的利用。从产品的角度来看，入口电动导流叶片在制造等方面也存在一些问题导致叶片的调节灵敏度和可靠性不够。因此本《标准》也不推荐这种风量调节方式。

4. 多台风机并联运行时的运行台数调节法

目前国内有这样一些也称为“变风量空调器”的产品，其工作原理主要是利用不同的风机运行台数来适应风量变化的需求。但是，从原理分析来说，实际上这类设备只能做到有级调节(据了解目前的产品中最多的为三台风机，因此只能是三级调节)，显然这与变风量(VAV)系统实时的风量供需控制的要求是不一致的。严格来说，采用这种调节方式的系统并不是真正意义上的变风量系统。

5. 风机转速调节法

该方法的一个基本原理和节能机理是：从理论上来说，风机的能耗与转速的3次方成正比。同时，从现有实际风机产品的特性曲线来看，不同风量下的风机高效率区的变化基本上是由设计工况点指向坐标的原点(或者与管路的性能曲线接近)，因此可以看出，风机转速的调节是最有利于风机节能的方式。

当风机运行风量由设计风量 L_A 减小至 L_B 时，上述各种调节方式及其工况点的变化情况(第4点除外)如图5-2所示。

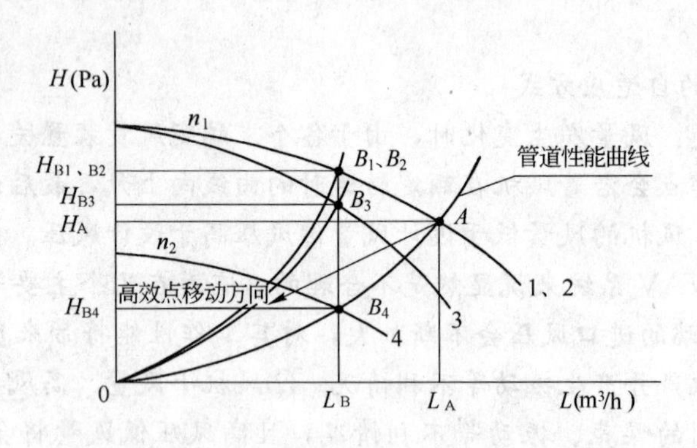

图5-2　5种调节方式及其工况点的变化情况

1、2——设计状态下的风机选择曲线(对应上述第1、第2条)，对应设计转速 n_1；

3——入口电动导流叶片调节过程中，风机的性能曲线；

4——转速调节调节过程中，风机的性能曲线，对应转速 n_2；

A——设计状态时的风机运行工况点；

B_1、B_2——风机曲线的自适应方式和风机出口风阀调节时的终工况点；

B_3——风机入口电动导流叶片调节时的终工况点；

B_4——风机转速调节时的终工况点。

从上图可以看出：风机转速调节后，风机风压参数最小，不必采用加大风阀阻力来消耗多余的风压。注意：由于变风量系统控制方法的不同，实际风机的运行终工况点不一定与图5-2中的 B_4 点完全相同，需要设计人根据实际控制方式来确定。但有一点可以肯定的是：在变风量空调系统中，就现有的几种控制方式而言，图5-2中的 H_{B4} 必然小于设计状态下的风机风压 H_A，因此这是最节能的运行方法。

风机转速调节也有多种方式：

(1) 改变电机的级数方式

采用改变电机的级数进行变速，只能进行多级变速，不能实现无级变速，使用时节能效果有限。并且在大多数情况下，对具有一定容量的风机，实现级数自动控制是比较困难的。

(2) 改变电机的供电电压方式

改变电机的供电电压进行变速的方法，理论上具有较好的调节性能，但只适用于特殊电机，对于空调系统来说，存在适用性差的缺点，难于推广。

(3) 机械变速装置方式

通过联轴器、皮带轮等机械方法来改变风机的转速，尽管电机转速没有下降，但由于电机负载降低，同样可以达到节能的目的。但是，这些机械方法变速都存在相对较大的能量传递损失和一定的机械零件的磨损，影响了系统的效率，降低了装置的寿命。

(4) 电机变频调速方式

尽管在变频调速过程中存在风机的效率损失(因而风机的实际能耗并不遵守3次方规律)和变频调节器的损失，但总的来说，在全年空调运行的大多数情况下仍然是节能的。由于技术的进步，变频调节器的投资不断下降(据了解，目前市场上的产品平均价格已经低于人民币1000元/kW)，因此只要设计和运行合理，这部分投资将会很快得到回收。以一个全年运行时间为1800h、电机容量5kW的风机为例：定速运行时的全年电耗为9000kWh；采用变风量控制方式时，根据前面提到的能耗为定风量风机的50%～60%来计算，则全年电耗为4500～5400kWh。如果按照0.8元/(kWh)的电费标准，不到两年，节约的电力费用即可收回变频器的静态投资，经济效益是非常可观的，所以推荐使用。

值得注意的是：本条文提到的风机是指空调系统的送风机(也可能包括回风机)而不是变风量末端装置内设置的风机。由于末端装置数量会很多，若对末端装置中的风机采用变频方式控制转速，大量的变频器会对电网造成严重的电磁污染，应采取可靠的防污染的技术措施。

设计变风量系统时，尽管从节能上来看将送风量尽可能减少是有利的。但变风量空调系统在运行过程中，随着送风量的变化，送至空调区的新风量也相应改变。因此设计时应考虑到系统最小送风量的要求，因为：(1)由于卫生要求的原因，必须满足最小新风量的要求(即使房间处于低负荷时甚至没有空调负荷时也是如此，因为负荷的高低并不一定反映室内人员的多少)；(2)离心式风机在风量过低时会引起喘振，或者转速过低时会引起减振系统的共振；(3)部分房间对气流组织的要求。由于在变风量系统调试时必须应用上述最小风量的要求值，因此，在设计时设计人员应明确每个系统和每个末端装置的最小风量要求(不同的系统形式可能会是不一样的)，这样安装完成后的系统和末端的初调试才能正常进行。故本条提出了“应在设计文件中标明每个变风量末端装置必需的最小送风量”的要求。

5.3.6 设计定风量全空气空气调节系统时，宜采取实现全新风运行或可调新风比的措施，同时设计相应的排风系统。新风量的控制与工况的转换，宜采用新风和回风的焓值控制方法。

【释义】

本条文的目的是强调空调设计中应考虑到全年运行的情况，尽可能地利用室外空气的自然能，减少人工冷、热源的耗量。

1. 对本条的理解

(1) 设计工况是满足室外气象条件和室内设计条件下的最大要求，由于空调系统是全年运行的(或者说是在某个季节都运行的)，因此从节能上我们必须考虑到全年运行工况而不仅仅是设计工况。在建筑需要供冷的时间里，如果能够直接利用室外较低温度的新风来供冷，可以因此而减少人工冷源的冷量消耗。在冬季过渡季(水系统开始供热水)时，如果采用最小新风比导致混合风温度高于要求的送风温度，为了满足室内要求而将供热水改为供冷水显然是不经济的，这样会加长供冷运行的时间；因此，这时应采用调节新风比来满足送风温度的要求，同时这也减少甚至消除了对空气的加热量。上述两种方式对于节能及环保都具有重大的意义，尤其前者是目前大多数空调设计人员所能够认识到的，它们同时带来的一个优点是由于新风量的增加使室内空气品质得到提高。

(2) 本条提到了“过渡季”的概念。关于这一概念，目前存在一些含混不清的理解，有些人将“过渡季”理解为“一年中自然的春、秋季节”。实际上，空调专业所提到的“过渡季”正如条文说明中明确的“指的是与室内、外空气参数相关的一个空调工况分区范围，其确定的依据是通过室内、外空气参数的比较而定的”。因此就全国来说，一些城市在炎热夏天的早晚也可能出现“过渡季”工况，而即使是在春、秋季节，也有可能在中午出现空调夏季工况。

2. 本条实施的关键因素

(1) 应设有与全新风运行相对应的机械排风系统，防止全新风运行时，因房间正压过大无法按要求的风量送风。为了保证并应确保室内必须保持的正压值，通常排风量的变化应与新风进风量的变化同步。

(2) 空调机组新风管的设计要考虑到全新风时的风量要求。目前一些工程尽管设计中提出了过渡季节采用全新风送风，但由于新风管设计过小(按照最小新风量来设计)，实际上无法做到。

(3) 如果在设计时考虑变新风比的运行模式，空调机房宜尽量设置在靠近外墙的位置，以方便新风、排风管道的布置。同时，由于这里强调的是实时的参数比较和节能控制，为了保证可靠、充分地利用新风，空调系统的自动控制装置是必不可少的。

(4) 几种不同系统的特点比较：

1) 双风机空调系统(定风量送风机＋定风量回风机)——如图 5-3 所示。

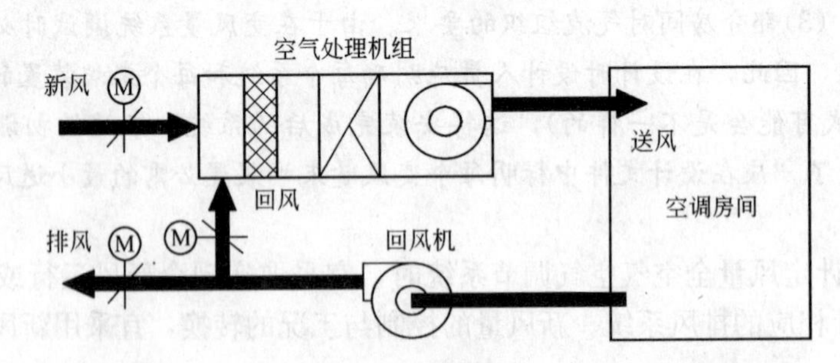

图 5-3　双风机空调系统(定风量送风＋定风量回风机)

该系统的特点是：送、回风机定速运行，通过调节新风、回风和排风阀来改变新风的大小。在夏季过渡季(即室内需要供冷、同时室外空气的焓值低于室内空气焓值)时采用全新风可以减少冷源的冷量消耗，在冬季过渡季(水系统已经供热水、室外温度低于室内温度)时，通过调节新风比来最大可能的减少供热需求并满足室内设计参数。这是一个最典型的双风机系统采用焓值控制的形式，建议设计时尽可能采用。需要注意的是此方式通常要占用较多的空调机房面积。

2）双风机空调系统（定风量送风机＋变速排风机）——如图5-4所示。

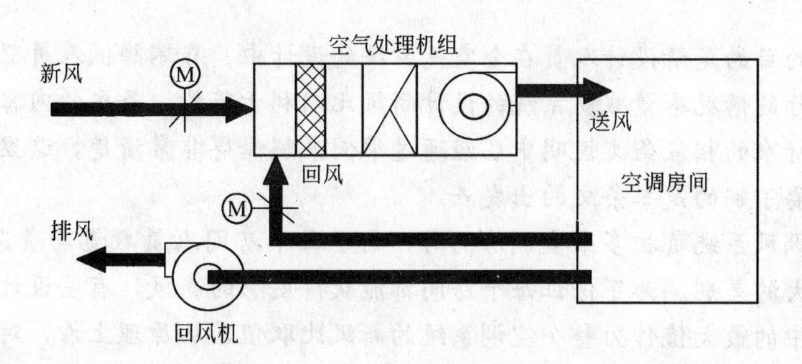

图5-4　双风机空调系统（定风量送风机＋变速排风机）

该系统可实现的功能与1)是完全相同的，只是采用的手段不同而已。在夏季过渡季，排风机改速运行，新风阀全开，回风阀全关，实现全新风运行；在冬季过渡季，调节新风阀与回风阀的开度和排风机的转速可实现对新风比的控制。与1)相比，由于排风机可以不放在空调机房内，因此系统设计更为灵活。

3）双风机空调系统（定风量送风机＋定风量排风机）——系统形式与图5-4相同。

该系统与1)、2)实现的功能是不完全相同的，主要体现在冬季过渡季工况之中。在冬季过渡季时，由于排风量不能连续调节（风机定速），因此当采用最小新风比导致房间温度过高时，不得不采用全新风方式，但这时有可能将导致室温过低，因此需要用热水对全新风进行加热而不是像1)、2)方式那样可通过调节新风比（在某些时段不用加热也能）满足要求。因此与前两种方式相比，它将多消耗一部分加热量。从原理上来看，此系统可以称为"双新风比系统"而不是前两种那样——"连续可变新风比系统"。尽管如此，与全年都完全按最小新风比运行的系统相比，仍然具有相当可观的节能效益（节省夏季过渡季的部分冷量——由于夏季空调制冷是一个"能耗大户"，因此这对于许多建筑来说也是值得关注的）。

5.3.7　当一个空气调节风系统负担多个使用空间时，系统的新风量应按下列公式计算确定：

$$Y=X/(1+X-Z) \tag{5.3.7-1}$$

$$Y=V_{ot}/V_{st} \tag{5.3.7-2}$$

$$X=V_{on}/V_{st} \tag{5.3.7-3}$$

$$Z=V_{oc}/V_{sc} \tag{5.3.7-4}$$

式中　Y——修正后的系统新风量在送风量中的比例；

V_{ot}——修正后的总新风量（m³/h）；

V_{st}——总送风量，即系统中所有房间送风量之和（m³/h）；

X——未修正的系统新风量在送风量中的比例；

V_{on}——系统中所有房间的新风量之和（m³/h）；

Z——需求最大的房间的新风比；

V_{oc}——需求最大的房间的新风量(m^3/h)；

V_{sc}——需求最大的房间的送风量(m^3/h)。

【释义】

制定本条的目的是请设计人员在全空气系统的设计中，在不降低人员卫生条件的前提下，应根据实际的情况尽量减少系统的设计新风比以利于节能。条文的内容、具体实施和计算方法在本标准的相应条文说明中已经通过举例来解释得非常清楚，这里不再做更多的解释。读者需要了解的是本条文的出发点。

在一个空调风系统负担多个空调房间时，由于每个房间人员数量与负荷条件的不同，新风比会有很大的差别。为了保证每个房间都能获得足够的新风，有些设计人员会将各个房间新风比值中的最大值作为整个空调系统的新风比取值，从原理上看，对于系统内其他新风比要求小的房间，这样的做法会导致其新风量过大，因而造成能源浪费。

本条文系参考美国采暖制冷空调工程师学会标准 ASHRAE 62—2001 "Ventilation for Acceptable Indoor Air Quality" 中第 6.3.1.1 条的内容制定的。如果采用上述计算公式计算，将使得各房间在满足要求的新风量的前提下，系统的新风比最小，因此可以节约空调风系统的能耗。

新风量越小节能效果越好是显而易见的。按本条文设计时，一些读者可能存在这样的疑问：如此设计，最大新风比的房间是否存在不满足新风量要求的状况？这里要注意本条文强调的是"在同一个空调风系统中"的条件。我们可以这样来分析问题：

本条文隐含的条件是：每人实际使用的新风量就是相关规范规定的最小新风量，如果某个房间在送风过程中新风量有多余(人员少、新风量过大)，则多余的新风必将通过回风重新回到系统之中，再通过空调机重新送至所有房间。经过一定时间和一定量的系统风循环之后，新风量将重新趋于均匀，由此可使原来新风量不足的房间得到更多的新风。因此如果按照本条的要求来计算，在考虑上述因素的前提下，各房间人均新风量可以满足要求。

关于新风"年龄"问题，这也是目前一些同行人员正在研究的热门话题。显然，这样设计的系统，部分新风是经过一次甚至多次循环后才"被利用"，因此某些房间的新风"年龄"会"长"一些。如果设计中要考虑新风"年龄"问题，就需要针对系统的实际情况进行更为详细的计算。

5.3.8 在人员密度相对较大且变化较大的房间，宜采用新风需求控制。即根据室内 CO_2 浓度检测值增加或减少新风量，使 CO_2 浓度始终维持在卫生标准规定的限值内。

【释义】

本条文制定的目的是要求空调系统运行过程中，在满足空调房间使用人员卫生条件的前提下，尽可能地减少空调系统的新风补入量，降低新风能耗。

本条应用时要注意的是：本条并不是对新风量设计标准的变动，设计时的新风量仍然是按照最大人员数量来考虑的。本条重点强调的是运行过程中对新风量的实时控制——当人员数量较少时，可以减少运行时的新风量，对于节能是有利的。尤其是在人员密度相对较大且变化较大的房间，设计工况下的新风量非常大，但遇到使用人数相当少的时候，这时的新风量会超出需求量的数倍，处理新风用的冷、热量很大，造成浪费。因此设计人员在设计中要考虑到这一因素，否则实际运行时没有合理的措施来支持本条的实现。

这里推荐的是采用室内 CO_2 浓度控制的方法。由于人员活动、室内装修材料等原因，都会造成室内污染物的上升。从目前来看，人们发现室内空气的污染物的种类是比较多的，尽管二氧化碳本身并不是污染物，但通常情况下，当室内其他污染物浓度上升时，二氧化碳浓度同样也上升，因此它具有一定的代表性，将其作为室内空气品质的一个指标值编制组认为是相对合理的。ASHRAE 62—2001 标准的第 6.2.1 条中阐述了“如果通风能够使室内二氧化碳浓度高出室外的二氧化碳浓度在 $7\times10^{-4}m^3/m^3$ 以内，人体生物散发方面的舒适性(气味)标准是可以满足的。”考虑到我国室内空气品质标准中没有采纳“室外 CO_2 浓度＋$7\times10^{-4}m^3/m^3$＝室内允许浓度”的定义方法，因此参照 ASHRAE 62—2001 的条文作了调整。目前我国有些建筑物中已采用了新风需求控制(如上海浦东国际机场候机大厅)。需要注意的是：如果只变新风量、不变排风量，有可能造成部分时间室内负压，造成室外空气的渗入。这时不但影响室内空气的温、湿度环境，反而还会增加能耗，因此排风量也应适应新风量的变化以保持房间的正压。

5.3.9 当采用人工冷、热源对空气调节系统进行预热或预冷运行时，新风系统应能关闭；当采用室外空气进行预冷时，应尽量利用新风系统。

【释义】

尽管本条是针对两种不同情况来制定的，但它们又是相互有联系的。

绝大多数公共建筑或者其内部的大部分房间(比如大型会议厅、报告厅甚至办公建筑等)是非 24h 连续使用的，当它重新使用时，由于房间墙体、楼板、家具等物体的蓄热特性，需要预先开启空调系统进行预冷或预热运行，以保证使用时能够达到正常的室内参数。如果采用人工冷、热源来进行预冷或预热，关闭新风后(即循环系统)不但能够更快地达到要求的室内参数，而且也能够减少由于并不需要的新风处理所消耗的能量。由于房间几乎没有人员，这种做法也不会产生卫生方面的问题。

第二条的预冷是针对空调区域或空调房间而言的。当室外参数较低且空调房间不使用(如夜间)时，如果能充分利用较低的室外参数对建筑进行预冷，显然能够减少(甚至完全不用)使用人工冷源进行预冷的能耗，是节省能耗的一项有效方法，应该推广应用。为此，设计时应在新风口的取风面积、新风管道的截面积、排风系统和自动控制系统等方面积极创造条件。应该注意的是：这里提到的室外参数不仅仅指的是室外温度，也要考虑到室外空气的湿度问题。如果室外空气的含湿量很高，尽管采用它可以使室内温度下降，但由此带来的室内湿度过大会引起人员的不舒适，反过来又会因此采用较多的人工冷源来除湿。因此采用对室外空气参数和室内设计参数的实时比较后，通过自动控制系统来实现这一做法是较为合理的。

5.3.10 建筑物空气调节内、外区应根据室内进深、分隔、朝向、楼层以及围护结构特点等因素划分。内、外区宜分别设置空气调节系统并注意防止冬季室内冷热风的混合损失。

【释义】

本条提出了对建筑内、外区划分的要求。

建筑物外区和内区的负荷特性是不同的。外区由于与室外空气相邻，围护结构的负荷随季节改变有较大的变化；内区则由于远离围护结构，室外气候条件的变化，对它几乎没有影响，而由于室内内部负荷的原因通常常年需要供冷。因此，要明确的一点是：内、外区是某些空调建筑的固有特性，与空调风系统的方式并不存在必然的联系，只是不同空调系统方式对内、外区的解决方法不同而已。

体量较大的公共建筑物，如大型商场、写字楼等，往往空调区的进深也较大，存在空调内、外区之分。关于空调内、外区的划分，目前有多种不同的方式，从原则上看，并没有一个固定的标准。如何划分内、外区，与房间的进深、分隔、朝向、维护结构热工性能以及房间内部负荷特点等许多因素有关，这里提出一些建议供读者参考：

1. 采用负荷平衡法划分内、外区

负荷平衡法的基本原则是：在冬季室内设计状态下，如果室内空调冷负荷CL(W)已经大于通过围护结构散向室外的热量Q_r(即通常计算的冬季热负荷，单位：W)，那么，根据热平衡原理，在设计状态下，该房间需要在冬季进行供冷，供冷量为$Q_l=CL-Q_r$(W)。当房间面积为A(m^2)时，室内空调冷负荷指标为$c_l=CL/A$(W/m^2)，外区面积为：$A_w=Q_r/c_l$(m^2)，由此可以确定内、外区的分界线。

上述方法适用于进深和室内冷负荷比较大、垂直于进深方向不再进行二次分隔的房间，典型的例如商场等使用功能。对于商场来说，同时还要考虑楼层问题，从实际情况来看，由于热空气上浮因素的影响，在冬季一层商场的分区线比其他楼上层更靠内一些，此情况越往上层越明显。

房间开窗的大小、房间朝向等因素也对划分有一定影响。有些南向房间采用大面积的中空玻璃，冬季由于大量的太阳辐射得热，有的可以不用启动采暖设备而获得满意的环境温度，有时甚至会需要降温；但这时北向房间却需要运行采暖设备。在这种情况下，设计中将南北空调系统或南北空调二管制的供水管路分开设置，并能分别供冷与供热，会取得很好的节能效果。

同样，对于不同的围护结构也会产生负荷特性的差异。例如，房间外围护结构全部采用热惰性大、热阻也大的墙体材料时，该房间可以视同内区房间。

冬季内、外区对空调的需求存在很大的差异，因此宜分别设计和配置空调系统。这样，不仅可以方便运行管理，而且还可以方便地根据不同的负荷情况分别进行空气处理，获得最佳的空调效果，避免了冬季空气处理时的冷热量的抵消损失，节省能源的消耗，减少运行费用。同时也为内区充分利用室外空气的冷量进行免费空调提供了方便。

2. 考虑房间分隔因素

这一方法更多地适用于办公室。对于办公建筑来说，办公室内、外区的划分标准与许多因素有关，其中房间分隔是一个重要的因素，设计中需要灵活处理。如果在垂直于进深方向有明确的分隔，则分隔处一般为内、外区的分界线。对于出租、出售的办公室，大多数这类办公建筑在用户使用之前都有可能进行新的房间分隔以满足内部办公使用的个性化要求。从目前的情况以及根据国外有关资料介绍，比较多的办公建筑在分隔时，隔墙与外围护结构的距离大约为3～5m的范围，说明这样的分隔对于大部分办公室的使用是较为合理的。为了设计尽可能满足不同的使用需求，也可以将上述3～5m的范围作为过渡区，在空调负荷计算时，内、外区都计算此部分负荷，这样只要分隔线在3～5m之间变动，都是能够满足要求的。这样的做法可能会使设计状态下的末端空调冷负荷值略微偏大(3～5m范围的内部冷负荷重复计算的原因)，但对于房间的灵活分隔会带来较大的好处，同时整个建筑的运行能耗也不会有明显的增加。

内、外区由于冬季的负荷性质不同，如果采用同一个风系统，必须要求在送风末端有附加的措施来保持对送风温度的不同要求。通常是系统送风温度按照内区要求来设计，在外区末端设置再热设备对送风加热满足外区供热的要求。显然，这样的做法在冬季和某些过渡季节存在冷、热量的抵消而耗能，因此本条建议内、外区空调风系统分别设置。但考虑到在VAV系统设计中，内、外区合一风系统，外区采用末端再热的方式也是目前比较流行、使用灵活性较高(相当于四管制系统)、设计相对简单、对一些高标准办公建筑有一定适用性的做法，因此本条文采用推荐的语气。

总之，本条文主要是要求设计人员在设计时，必须注意各种房间的负荷特性，防止由于设计不当造成不必要的冷、热量混合损失。

5.3.11 对有较大内区且常年有稳定的大量余热的办公、商业等建筑，宜采用水环热泵空气调节系统。

【释义】

本条文提出了水环热泵空调系统的应用条件，其目的是希望设计人员对于有较大内区且常年有稳定的大量余热的办公、商业建筑的空调设计中，要考虑这部分热量的利用，减少冬季的能源消耗。

在办公建筑中，由于人员、照明、办公设备等均会散发热量，在满负荷状态时通常会在30～60W/m²。在商业建筑中，由于人员、照明等因素，通常会在40～150W/m²；其中有些使用房间，如灯具、黄金首饰销售部等，发热量更大。

水环热泵系统由水环热泵空调机组、循环水系统、冷却塔以及可能需要的辅助热源组成。水环热泵空调机组顾名思义有两个特点：首先，它是一个热泵型空调机组，因此能够实现一机多能——夏季供冷、冬季供热；其次，其直接的热源、热汇是水而不是常见的空气源热泵系统机组那样从空气中得到冷、热量。水环热泵中的“水环”含义即是：构成一个循环水系统，如图5-5所示。

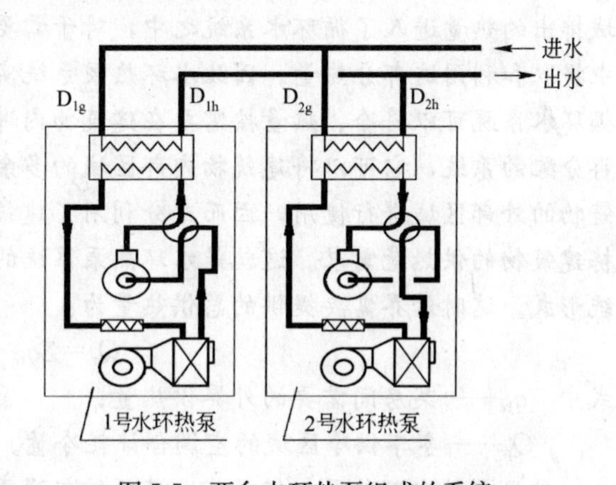

图5-5 两台水环热泵组成的系统

在一个全年空调的建筑中，夏季所有房间通常都需要供冷，建筑的热量需要通过冷却塔排到室外，因此冷却塔是水环热泵系统中不可缺少的设备之一。系统在夏季的主要能源为电能：其电气安装容量为：

$$N=Q_1/COP_s+N_t+N_p \quad (5\text{-}2)$$

式中 Q_1——建筑夏季耗冷量(kW)；

COP_s——水环热泵系统夏季制冷系数的平均值；

N_t——冷却塔电耗(kW)；

N_p——循环水泵电耗(kW)。

在冬季，考虑到建筑存在内部发热，不论采用何种空调系统，在建筑供热容量的确定时，都应该考虑到此部分热量(当系统设置有较完善的自动控制设施时，这部分热量也会自动被利用)。那么，水环热泵系统的节能体现在何处呢？下面我们以两台水环热泵机组所组成的系统(如图 5-5)来分析。

如果冬季所有的水环热泵空调机组都是在供热模式下运行，很显然，对于某个房间来说，其所需要的外部供热量 q_r 为：

$$q_r = q_i - n_i - q_{ni} \tag{5-3}$$

式中 q_i——某房间冬季围护结构以及新风的计算供热量之和(kW)；

n_i——某房间水环热泵供热工况时的耗电量(kW)；

q_{ni}——某房间冬季内部发热量(kW)。

可以看出：上式也适用于常规空调系统(如风机盘管系统)，除了 n_i 存在较为明显的区别外(风机盘管用电量比热泵小得多)，原理上并无多大区别。在 q_r 上存在的量的区别主要是：如果此时采用水环热泵系统，则要求用较多的电量去承担部分外界供热量。考虑到供热能源的来源，显然，用电能作为热源本身的经济性是不太合理的，也是本标准不推荐的。

但是，如果某个建筑内在冬季存在部分区域需要供冷而另外部分区域同时需要供热时，那么情况就完全不同了。采用常规的空调系统时，我们解决冬季供冷的方式通常有：运行冷水机组制冷、采用室外新风天然冷却等，这些方式的一个显著特点是将供冷区域的热量排到了建筑外。对于需要供热的区域来说，每个区域的供热量则应按照式(5-3)来计算，因此建筑物需要的外界总供热量 $Q_r = \Sigma q_{ri}$。如果采用水环热泵系统，很显然，供冷区域排出的热量进入了循环水系统之中，对于需要供热的机组来说，正好可以从循环水系统中提取和利用这部分热量。因此水环热泵系统实际上是一个通过利用各个热泵机组的共用循环水系统可以将冷、热量按需要在建筑物内部不同性质的区域(供冷、供热)进行转移和再分配的系统，它可以将建筑物内部区域的多余热量通过共用循环水系统方便地转移到建筑物的外部区域进行使用，因而充分利用了建筑内部的热量(而不是将其排出)，减少了整栋建筑物的供热量需求。这就是水环热泵系统的节能机理。很明显，这也是一种节能的系统形式。这时外界需要提供的总供热量为：

$$Q_r = \Sigma q_{ri} - Q_p \tag{5-4}$$

式中 q_{ri}——某房间需要的外界供热量；

Q_p——冬季供冷区域的空调合计耗冷量。

就目前的水环热泵机组而言，其压缩机通常采用活塞式(个别采用涡旋式)且容量相对来说比较小，与集中空调系统的冷水机组(通常为离心式、螺杆式等等)相比，COP_s 是比较小的，这一特点说明：在夏季设计状态下，水环热泵系统的效率通常低于(电气安装容量通常会高于)集中空调水系统。正是因为这一原因，在采用它时应该考虑的是：该建筑是否真正具备使系统充分发挥节能特点的条件——是否有大量、稳定的冬季内部热源(余热)且同时需要不同性质的分区(供冷、供热)温度控制？如何评价“大量、稳定”？需要进行详细的计算和经济技术分析——从采用的系统和设备、系统能耗、夏季耗冷量需求、冬季耗热量、内部热源及辅助热源的容量以及投资和运行费用的综合比较来确定。

5.3.12 设计风机盘管系统加新风系统时，新风宜直接送入各空气调节区，不宜经过风机盘管机组后再送出。

【释义】

本条文的目的是要提高新风的利用效率，以最少的新风耗能，达到人员要求的卫生条件。

本条应用时要注意的一点是：这里提到的新风，指的是经过了空调机进行热、湿处理的新风，直接从室外(或者经过热回收装置)引入的新风不在本条规定的范围之内。

直接送入空调区应该是空调设计的一个基本原则。如果新风送入风机盘管，可能出现的问题是：

1. 机盘管运行与不运行(或者在不同转速下运行)时的新风量会发生较大的变化，由于新风量的需求与室温控制并没有严格的对应关系，因此有可能造成新风量不足。

2. 夏季经过处理后的新风温度已经较低，送入风机盘管回风后，由于传热温差的减小，降低了风机盘管的制冷能力。冬季也是同样道理。尤其是新风量占风机盘管风量的较大比例时扎中现象更为明显。

3. 这种方式导致房间换气次数的下降(与新风直接送入房间的做法相比)。

因此采用新风量直接送入各空调区域，可保证各个空调区得到所需要的新风风量，符合以最少的新风耗能，达到人员要求的卫生条件的原则。

在设计中布置新风风口时，应尽可能地均匀布置，并应远离排风口，避免新、排风短路。

5.3.13 建筑顶层、或者吊顶上部存在较大发热量、或者吊顶空间较高时，不宜直接从吊顶内回风。

【释义】

空调设计时，应在满足适用要求的前提下，尽量减少不必要的空调空间。对于建筑顶层来说，由于屋顶顶面直接暴露在室外，同时夏季也会因太阳辐射的影响导致屋面温度较高，使得顶层吊顶内的空气温度易受气候的影响，通过屋顶的传热量也较大。如果采用吊顶回风，吊顶空间的温度也将接近空调房间的室内温度，实际上相当于将屋面传热的绝大部分负荷纳入了空调机组的冷、热量要求之中；如果不直接从吊顶回风而采用绝热后的回风管，显然吊顶空间相当于一个温度过渡层或者非空调夹层，对于空调机组来说，尽管仍然有部分屋面传热通过吊顶板以温差传热的方式传向室内，但由于夹层的原因，此传热量已经比吊顶直接回风时的得热量小得多，由此减少了空调机组的容量和运行冷(热)量。当然通过吊顶空间向吊顶内设置的送、回风管也会存在传热，但相比之下是极少量的。

本条文采用“不宜”的语气，也是考虑到目前设计中存在的吊顶空间高度通常比较小、设置专门回风管道有时会受到限制的实际情况，但从节能的角度来说，应该认识到这不是一种完全合理的方式。对于非顶层但吊顶空间高度较大(超过 1m 时)的情况，主要是考虑到此时立面上吊顶空间范围内的外围护结构也会像屋面一样有较大的传热；同时，相对来说，这种情况下是有条件设置专门的回风管道的，因此也提出了同样的要求。吊顶内存在较大的发热量时不宜采用直接吊顶回风也是同样道理，比较好的节能方式是：通过适当的排风将此部分热量排出。

因此，当房间空调采用风机盘管时，宜采用接回风箱的方式；当房间空调采用全空气空调时，宜采用设置吊顶回风管的方式。

5.3.14 建筑物内设有集中排风系统且符合下列条件之一时，宜设置排风热回收装置。排风热回收装置(全热和显热)的额定热回收效率不应低于60%。

1 送风量大于或等于3000m³/h的直流式空气调节系统，且新风与排风的温度差大于或等于8℃；

2 设计新风量大于或等于4000m³/h的空气调节系统，且新风与排风的温度差大于或等于8℃；

3 设有独立新风和排风的系统。

【释义】

本条提出了设置排风热回收的条件和要求。

热回收是节能的一个重要途径，以下以显热回收装置为例来计算说明。

显热回收设备单位风量(m³/h)时的回收能量为：

$$\Delta Q=\rho\times C_p\times\Delta t\times\eta/3.6\quad(W)\tag{5-5}$$

式中 ρ——空气密度，取1.2kg/m³；

C_p——空气定压比热，取1.01kJ/(kg·℃)；

Δt——排风与室外空气的温差(℃)；

η——热交换效率，根据本《标准》第5.3.14条，取0.6。

由于增加热回收设备，排风和新风系统的阻力都将有所增加，风机的风压要求加大。因此排风和新风系统增加的风机单位风量的能耗合计为：

$$\Delta N=2P/(3600\eta_t)\tag{5-6}$$

式中 P——热回收设备的空气阻力(Pa)，根据现有的资料来看，合理设计时，热回收设备的风阻力大约为150Pa；

η_t——风机总效率(%)，根据本《标准》第5.3.27条，取η_t=52%。

则显热回收装置的能效比(回收能量与多耗的电能之比)为：

$$COP_h=\Delta Q/\Delta N\tag{5-7}$$

以下按冬季和夏季的情况分别计算。计算时，以一次能源为比较标准(冬季采用矿物能供热时，其电能转换系数按30%考虑，夏季采用电为能源的集中空调系统的综合供冷系数COP_s按3.0考虑)，同时假定：夏季Δt=8℃，冬季Δt=12℃。比较结果见表5-5。

表5-5 按冬季和夏季情况分别计算的结果比较

季　节	冬季(Δt=12℃)		夏季(Δt=8℃)
	矿物能供热	电热供热	
COP_h计算式	$\rho\times C_p\times\Delta t\times0.6/3.6\times3600\eta_t\times0.3/(2P)$	$\rho\times C_p\times\Delta t\times0.6/3.6\times3600\eta_t/(2P)$	$\rho\times C_p\times\Delta t\times0.6/3.6\times3600\eta_t/(3\times2P)$
COP_h计算结果	4.54	15.13	1.68

从表5-5可以看出：空调区域(或房间)排风中所含的能量十分可观，加以回收利用可以取得很好的节能效益和环境效益，尤其是冬季采用电为热源时，效益更为明显。如果采用全热交换，则夏季会得到更多的效益。长期以来，业内人士往往单纯地从经济效益方面来权衡热回收装置的设置与否，若热回收装置投资的回收期稍长一些，就认为不值得采用。时至今日，世人考虑问题的出发点已提高到了保护全球环境这个高度，而节省能耗就意味着保护环境，这是人类面临的头等大事。在考虑其经济效益的同时，更重要的是必须考虑节能效益和环境效益。本条文的目的是要求设计在技术经济分析合理时应优先考虑采用排风能量的热回收。

条文中列出的3种情况，都非常有利于设置排风热回收。第1、2种情况是考虑到能够回收的冷、热量较大，对于缩短投资回收期非常有利；第1、3种情况中的新风，排风管道往往是采用专门独立的管道输送，非常有利于设置集中的热回收装置。这3种情况都非常适合采用排风的热回收装置。

以下解释本条中几个参数的确定来源以及提出一些热回收装置设置时的注意事项。

1. 关于参数的确定

(1) 关于热回收效率

热回收的目的是为了节能。如前所述，在此过程中，投入也是较大的(包括设计的复杂性、初投资、运行管理等等)，因此必须对热回收装置的效率作出规定，才能保证合理的投资回收周期，防止得不偿失，并真正起到节能运行的目的。我国在热回收设备的制造、生产方面已经具备一定的能力，根据国内对一些热回收装置的实测，质量较好的热回收装置的效率普遍在60%以上。同时，国外先进设备也将不断进入这一领域，作为一个标准，在起点上应有一定的先进性而不是保护落后，编制组认为这样也才能进一步促进这一行业的发展。

(2) 关于8℃温差的确定

本条的出发点是：考虑到节能已经成为关系到建筑空调能否可持续发展的头等大事，因此本意是希望尽可能采用热回收设备。从发达国家对热回收设备的应用来看，即使在新风与排风温度相差不大的环境中使用，都取得了明显的节能效果。比如在德国，夏季室外温度通常不超过30℃，但热回收设备成为大多数空调机组的标准配置来提供。

从我国的情况来看，按照《采暖通风与空气调节设计规范》GB 50019—2003，民用建筑室内夏季设计温度规定为22～28℃，一般情况下采用24～26℃的情况比较多。在我国，炎热地区、夏热冬暖地区、夏热冬冷地区和部分寒冷地区的室外夏季空调计算温度大都在32～34℃，比通常采用的室内设计温度24～26℃高6～10℃，因此我们认为与德国等发达国家相比，这些地区夏季采用热回收应该能够取得更好的节能效益。在冬季，国内除海口等个别城市外几乎全国所有的地区冬季室外空调设计温度都低于6～8℃；如果需要冬季保持室温16～24℃，显然采用热回收都可以取得很好的经济效益，也是可行的。

(3) 新风量的大小

在实际设计过程中，还存在一个量的问题。如果热回收的总量有限，虽然表5-5中COP_h值较高，为此进行的投入——如需要加大机房面积、设备(包括热回收设备、送、回风机以及相连接的管道等)有时会成为问题的决定性因素。编制组在编写过程中，征求了许多关于这方面的使用意见和相关的经验数据，认为对于直流系统采用≥3000m^3/h的数值在目前是较为经济合理的。对于带有回风的全空气系统，考虑到新风热回收装置的设置在设计上比直流系统来说困难较大一些，因此在数值上有所放宽（设计新风量≥4000m³/h）。

2. 设计中的一些注意事项

(1) 经济性及灵活应用

正如条文说明所示，上述计算只是根据冬、夏季设计状态来进行的。作为全年使用的热回收设备，除了考虑设计状态下新风与排风的温度差之外，更要关注的是过渡季节的使用效果和能量回收情况。过渡季使用空调的时间占全年空调总时间的比例也是影响排风热回收装置设置与否的重要因素之一。一个明显的情况是：由于传热温差的降低，过渡季节的节能效益(COP_h)肯定低于冬、夏季设计状态时的值，并且在某些过渡季(如本文前面提到的可以充分利用室外较低的气温进行直接供冷的夏季过渡季的某些时间内)情况下，采用热回收反而可能适得其反，不但无法回收能量反而加大系统的空气处理能耗，这是在设计和运行管理过程中应该力求避免的。就定性的分析上来看，过渡季越长，全年节能的平均效果越差。从另一个方面来看，本条中的一些数据并不是一成不变的规定，需要设计者根据项目的实际情况、项目所在地的气象情况等等进行合理的经济技术分析后确定。

(2) 风量的差异性

新风和排风风量不宜相差太悬殊，否则投资大，回收能量少，回收期长，技术经济分析不合理。

(3) 风机与热回收装置的相对位置

采用转轮式全热换热器时，为防止污浊的排风空气对新风的影响，通常将新风风机设置在换热装置前端，保持换热装置中新风通道处于正压状态；排风风机放置在换热装置后部，保持换热装置中排风风通道处于负压状态。

当排风中含有明显影响人体健康的有害物质时，为了保证排风不影响新风品质，应采用间接式热回收装置。例如可以采用带乙二醇溶液(防冻要求时采用)管道和循环泵进行热量传递的盘管式换热器。当然，此时的热回收效率不是很高，应进行技术经济分析后采用。

(4) 风口的设置

应密切注意新风取风口与排风口的设置位置，防止排风被新风取风口吸入的情况发生。

(5) 旁通风管的设置

热回收装置的新风通道两端宜设置旁通阀，过渡季不采用热回收时，可打开旁通，减少风机的动力损失。换热装置的排风通道亦如此。

5.3.15 有人员长期停留且不设置集中新风、排风系统的空气调节区(房间)，宜在各空气调节区(房间)分别安装带热回收功能的双向换气装置。

【释义】

本条实际上是5.3.14条的延续，主要针对的是一些不设集中新风和排风系统的空调房间或空调建筑(例如：一些设置分体式空调系统的房间或建筑)来规定的。

对于旧房改造或分布非常分散的空调房间，往往无法设置集中处理的新风系统。同时这些场合通常会采用风源热泵多联式或一拖一分体空调设备，这是因为这种空调设备安装方便、使用灵活，对建筑内部空间要求低，而且消耗的电能也便于独立计量，不会产生付费上的矛盾。但这种空调系统带来的一个问题是新风的补充较为困难，如果人员短时间使用，可以通过关闭空调、开窗换气等方法进行；但如果是人员长期停留(一般是指连续使用超过 3h)使用，或没有条件进行开窗换气时，从卫生角度考虑必须设置新风系统。采用带热回收功能的新风与排风的双向换气装置既能满足人员对新风量的卫生要求，又能大量减少在新风处理上的能源消耗，通常可以从排出空气中回收 55%以上的热量和冷量，可以有较大的节能效果，因此应该提倡。

这一类换气装置通常是将换热器、新风机和排风机组合在一起的。有的可以直接安装在外墙上，由于风量不大，只适用于不大的单间房间，且价格较贵，对建筑立面的设计带来了困难，所以用得不多；但独立性很强，适用于单独的房间。另一种需要再接风管，设计时同样需要注意取排风口的位置布置问题，同时也要注意该装置送排风的机外余压与风道的阻力要求，不够时，应采取措施。

5.3.16 选配空气过滤器时，应符合下列要求：

1 粗效过滤器的初阻力小于或等于 50Pa(粒径大于或等于 5.0μm，效率：80%>E≥20%)；终阻力小于或等于 100Pa；

2 中效过滤器的初阻力小于或等于 80Pa(粒径大于或等于 1.0μm，效率：70%>E≥20%)；终阻力小于或等于 160Pa；

3 全空气空气调节系统的过滤器，应能满足全新风运行的需要。

【释义】

本条的主要目的是要对过滤器的阻力有所控制，以保证节能的要求。

空气过滤器阻力过大，会消耗风机的动力，造成输送动力的加大，因此本条文对公共建筑中常用的粗、中效空气过滤器的阻力参数作出要求。粗、中效空气过滤器的参数是引自国家标准《空气过滤器》GB/T 14295—1993。

在一些设计中，全空气系统的新风管上单独设置了空气过滤器。由于全空气空调系统要考虑到空调过渡季全新风运行的节能要求，因此在这里特别提醒新风管上的过滤器设置时不能只考虑最小新风量的情况。

为确保空气过滤器的阻力不大于要求的值，在选配时应采用符合上述国家标准的产品，并应根据产品技术参数，保证过滤风速在规定值以内，防止有些产品因降低造价而随便提高过滤风速的情况发生。

5.3.17 空气调节风系统不应设计土建风道作为空气调节系统的送风道和已经过冷、热处理后的新风送风道。不得已而使用土建风道时，必须采取可靠的防漏风和绝热措施。

【释义】

本条对空调设计中采用土建式风道作出了较为严格的限制。

编制时的两个基本考虑是：(1)从实际了解到的现有工程情况来看，许多采用土建风道土建风道(指用砖、混凝土、石膏板等材料构成的风道)的空调工程的漏风情况严重，给工程带来了相当多的隐患；而且由于大部分是隐蔽工程无法检查，导致系统调试不能正常进行，处理过的空气无法送到设计要求的地点，造成能量严重浪费。(2)由于没有很好地对土建风道进行保温，混凝土等墙体的蓄热量大，会吸收大量的送风能量，导致热损失大而浪费能量。尤其是对于非连续使用的场所更会严重影响空调效果。一些工程甚至因为漏风或热损失加大后无法满足运行要求而不得不增加或者更换更大的空调设备，对投资和能量都是极大的浪费。

考虑到在工程设计中，由于建筑形式的变化越来越丰富，功能要求也越来越多，因受条件限制或为了结合建筑的需求，从综合的建筑整体设计考虑或者为了某些特定功能的实现，存在一些用砖、混凝土、石膏板等材料构成的土建风道、回风竖井的情况。此外，在一些下送风方式(如剧场等)的设计中，为了管道的连接及与室内设计配合，有时也需要采用一些局部的土建式封闭空腔作为送风静压箱。因此对这类土建风道或送风静压箱提出严格的防漏风和绝热要求。

设计绝热层时除了选择绝热层表面具有防吹散功能外，绝热材料的端部也应具有防吹散措施，并采用稳妥的固定方法。

5.3.18 空气调节冷、热水系统的设计应符合下列规定：

1 应采用闭式循环水系统；

2 只要求按季节进行供冷和供热转换的空气调节系统，应采用两管制水系统；

3 当建筑物内有些空气调节区需全年供冷水，有些空气调节区则冷、热水定期交替供应时，宜采用分区两管制水系统；

4 全年运行过程中，供冷和供热工况频繁交替转换或需同时使用的空气调节系统，宜采用四管制水系统；

5 系统较小或各环路负荷特性或压力损失相差不大时，宜采用一次泵系统；在经过包括设备的适应性、控制系统方案等技术论证后，在确保系统运行安全可靠且具有较大的节能潜力和经济性的前提下，一次泵可采用变速调节方式；

6 系统较大、阻力较高、各环路负荷特性或压力损失相差悬殊时，应采用二次泵系统；二次泵宜根据流量需求的变化采用变速变流量调节方式；

7 冷水机组的冷水供、回水设计温差不应小于5℃。在技术可靠、经济合理的前提下宜尽量加大冷水供、回水温差；

8 空气调节水系统的定压和膨胀，宜采用高位膨胀水箱方式。

【释义】

本条文是空调冷、热水系统设计的一些基本原则。在满足使用要求的前提下，应选择投资少、运行能耗少、维护管理方便的空调水系统。

闭式循环系统不仅初投资比开式系统少，输送能耗也低，所以推荐采用。

在季节变化时只是要求相应作供冷/采暖空调工况转换的空调系统，采用两管制水系统，工程实践已充分证明完全可以满足使用要求，因此予以推荐。

规模(进深)大的建筑，由于存在负荷特性不同的外区和内区，往往存在需要同时分别供冷和供暖的情况，常规的两管制显然无法同时满足以上要求。这时，若采用分区两管制系统(分区两管制水系统，是一种根据建筑物的负荷特性，在冷热源机房内预先将空调水系统分为专供冷水和冷热合用的两个两管制系统的空调水系统制式)，就可以在同一时刻分别对不同区域进行供冷和供热，这种系统的初投资比四管制低，管道占用空间也少，因此推荐采用。

采用一次泵方式时，管路比较简单，初投资也低，因此推荐采用。过去，一次泵与冷水机组之间都采用定流量循环，节能效果不大。近年来，随着制冷机的改进和控制技术的发展，通过冷水机组的水量已经允许在较大幅度范围内变化，从而为一次泵变流量运行创造了条件。为了节省更多的能量，也可采用一次泵变流量调节方式。但为了确保系统及设备的运行安全可靠，必须针对设计的系统进行充分的论证，尤其要注意的是设备(冷水机组)的变水量运行要求和所采用的控制方案及相关参数的控制策略。

当系统较大、阻力较高，且各环路负荷特性相差较大，或压力损失相差悬殊(差额大于 50kPa)时，如果采用一次泵方式，水泵流量和扬程要根据主机流量和最不利环路的水阻力进行选择，配置功率都比较大；部分负荷运行时，无论流量和水流阻力有多小，水泵(一台或多台)也要满负荷配合运行，管路上多余流量与压头只能采用旁通和加大阀门阻力予以消耗，因此输送能量的利用率较低，能耗较高。若采用二次泵方式，二次水泵的流量与扬程可以根据不同负荷特性的环路分别配置，对于阻力较小的环路来说可以降低二次泵的设置扬程(举例来说：在空调冷、热水泵中，扬程差值超过 50kPa 时，通常来说其配电机的安装容量会变化一挡；同时，对于水阻力相差 50kPa 的环路来说，相当于输送距离 100m 或送回管道长度在 200m 左右)，做到“量体裁衣”，极大地避免了无谓的浪费。而且二次泵的设置不影响制冷主机规定流量的要求，可方便地采用变流量控制和各环路的自由启停控制，负荷侧的流量调节范围也可以更大；尤其当二次泵采用变频控制时，其节能效果更好。

冷水机组的冷水供、回水设计温差通常为 5℃。近年来许多研究结果表明：加大冷水供、回水设计温差对输送系统减少的能耗，大于由此导致的设备传热效率下降所增加的能耗，因此对于整个空调系统来说具有一定的节能效益。目前有的实际工程已用到 8℃温差，从其运行情况看也反映出良好的节能效果。由于加大冷水供、回水温差需要设备的运行参数发生变化(不能按通常的 5℃温差选择)，因此采用此方法时，应进行技术经济的分析比较后确定。

采用高位膨胀水箱定压，具有安全、可靠、消耗电力相对较少、初投资低等优点，因此推荐优先采用。

5.3.19 选择两管制空气调节冷、热水系统的循环水泵时，冷水循环水泵和热水循环水泵宜分别设置。

【释义】

本条文是为了提高空调循环水泵利用效率水，降低运行能耗(尤其是冬季)而制定的。

关于冷、热水循环泵的设置，本条强调在一般情况下宜分别设置，主要是针对大部分空调建筑中，冷水泵与热水泵的工作参数不同的原因而定的。在二管制空调冷、热水系统中，空调系统冬季和夏季的循环水量和系统的压力损失通常相差很大，这时如果冬季循环水泵勉强采用夏季的循环水泵，往往使水泵不能在高效率区运行，或使系统工作在小温差、大流量工况之下，导致能耗增大，所以一般不宜合用。但以下两种情况下可以合用：

1. 冬、夏季单台水泵的工作参数与设计要求的参数相同，且水泵在供热、供冷设计工况点的运行效率都比较高时。

例如：某工程夏季冷水泵选择为3台，每台流量为100m³/h，扬程为30m。在冬季设计状态下：

(1) 如果需要的热水总流量为200m³/h，扬程同样为30m，则可以利用两台冷水泵作为冬季热水泵使用，其设计点的工作参数是完全相同的。当然，这种情况比较少见。因为通常来说，由于冬季供回水温差大于夏季，对于两管制系统而言，末端——空调器、风机盘管等以及管路系统的冬季工况水阻力会小于夏季，但如果因为热源设备——锅炉、换热器等的阻力较大，导致冬、夏水泵的扬程相同的情况也是有可能的。

(2) 如果冬季热水总流量要求为250m³/h，扬程为20m，则需要对所选择的夏季冷水泵的性能曲线进行详细的评价。当单台水泵的夏季工况点(100m³/h、30m)与冬季工况点(125m³/h、20m)落在同一条性能曲线上且水泵效率没有明显的降低时，也可以采用两台冷水泵作为冬季热水泵使用。但要注意的一点是：由于水泵流量加大，通常会使得其轴功率增加，因此要核对冬季工况时的水泵电耗，防止水泵电机在大流量运行时出现过载的情况。

2. 冷水泵采用变速控制方式时(夏季是否变速，应根据前面所述的5.3.18条来确定)，冬季同样采用该泵变速使用，且不至于导致水泵效率过多下降时，可以合用。

因此，在上述1中的(2)和2两种条件下冷、热水泵合用时，应根据水泵的性能曲线来决定。

5.3.20 空气调节冷却水系统设计应符合下列要求：

1 具有过滤、缓蚀、阻垢、杀菌、灭藻等水处理功能；

2 冷却塔应设置在空气流通条件好的场所；

3 冷却塔补水总管上设置水流量计量装置。

【释义】

本条文的制定是为了保证冷却水系统的最佳冷却效果，加强节能管理，降低运行费用。

由于目前常用的冷却水系统是采用开式系统，随着循环冷却水与大气的不断接触，冷却水极易被空气中灰尘、杂物不断污染，同时水分的不断蒸发使冷却水中的离子浓度越来越高，适宜的水温易造成细菌和藻类的大量繁殖。这都将会引起管道的堵塞、结垢、腐蚀等情形发生，严重时甚至会传播疾病。因此做好冷却水系统的水处理，对于保证冷却水系统尤其是冷凝器的传热，提高传热效率，降低制冷机的耗能有着重要意义。水处理的方法很多，常用的方法有过滤网过滤、沙过滤、排污、加化学药剂及物理除垢方法等。对于具体的设计项目要结合当地的水质情况来考虑相应的措施。

在目前的一些工程设计中，只片面考虑建筑外立面美观等原因，将冷却塔安装区域用建筑外装修板等进行遮挡，忽视了冷却塔通风散热的基本安装要求，对冷却效果产生了非常不利的影响，由此导致了冷却能力下降，冷水机组不能达到设计的制冷能力，只能靠增加冷水机组的运行台数等非节能方式来满足建筑空调的需求，加大了空调系统的运行能耗。因此，强调冷却塔的工作环境应在空气流通条件好的场所。在实际设计工作中，除了保证冷却塔与建筑物、冷却塔之间有足够的距离外，遮挡板的设置也应该充分保证空气的连通，例如采用板条型遮挡或下部留出足够的进风面积。

冷却塔的“飘水”问题是目前一个较为普遍的现象，过多的“飘水”导致补水量的增大，增加了补水能耗。在补水总管上设置水流量计量装置的目的就是要通过对补水量的计量，让管理者主动地建立节能意识，加强节水管理，同时为政府管理部门监督管理提供一定的依据。在设计选用冷却塔时，应选用飘水率低的产品。

5.3.21 空气调节系统送风温差应根据焓湿图(h-d)表示的空气处理过程计算确定。空气调节系统采用上送风气流组织形式时，宜加大夏季设计送风温差，并应符合下列规定：

1 送风高度小于或等于5m时，送风温差不宜小于5℃；

2 送风高度大于5m时，送风温差不宜小于10℃；

3 采用置换通风方式时，不受限制。

【释义】

本条对空调送风温差的最小值作出了规定，希望防止设计中出现大风量小温差的情况。

作为施工图设计，应进行h-d图的详细计算，才能确定合理的送风量和由此确定合理的送风温差，这是每个空调设计人员都十分清楚的。但目前的一些设计中，有的采用估算的送风换气次数方式来直接作为系统(或房间)的送风量计算依据，由于民用建筑负荷特点的复杂性——使用功能、房间朝向、维护结构热工做法等等都不尽相同，这种估算有时是非常不精确的。目前反映出来的大部分问题是送风量偏大，送风温差偏小，实际上浪费了空气输送的能耗，因此本条首先重新明确了风量按h-d图计算的重要性和要求。

对于湿度要求不高的舒适性空调而言，降低一些湿度要求，加大送风温差，可以达到很好的节能效果。送风温差加大一倍，送风量可减少一半左右，风系统的材料消耗和投资相应可减40%左右，动力消耗则下降50%左右。送风温差在4～8℃之间时，每增加1℃，送风量约可减少10%～15%。而且上送风气流在到达人员活动区域时已与房间空气进行了比较充分的混合，温差减小，可形成较舒适环境，该气流组织形式有利于大温差送风。由此可见，采用上送风气流组织形式空调系统时，夏季的送风温差可以适当加大。

当房间高度(或送风高度)大于5m时，一般来说，这样的房间大都属于人员不长期停留的房间——如大厅、多功能厅、展厅、候机(车)厅等等，相对而言，人员对湿度的要求可以适当降低，因此本条建议适当加大送风温差。从实际情况来看：类似办公室等人员长期停留的房间的夏季送风温差大约在8～10℃，大空间一般可达到12℃以上(房间夏季设计温度26～28℃时，送风温度计算值大约为14～16℃)，因此这一规定通常是可以做到的。

采用置换通风或者下送风方式时，在夏季过低的送风温度会导致人员的舒适感下降(房间下部空气过冷)，影响空调系统的正常使用，因此本条文不适用于置换通风方式。

5.3.22 建筑空间高度大于或等于10m、且体积大于10000m³时，宜采用分层空气调节系统。

【释义】

本条文提倡在大空间建筑中采用使用效果和节能效果均良好的分层空调系统。其编制思路是以保证人员的活动空间处于舒适性范围、减少非活动空间的空调能耗为基础的。

分层空调是一种仅对室内下部空间进行空调、而对上部空间不进行空调的特殊空调方式，与全室性空调方式相比，分层空调夏季可节省冷量30%左右，因此，能节省运行能耗和初投资。但在冬季供暖工况下运行时，并不节能，此点特别提请设计人员注意。

对于民用建筑中的中庭等高大空间，通常来说，人员通常都在底层活动，因此舒适性范围大约为地面以上2～3m。采用分层空调，其目的是将这部分范围的空气参数控制在使用要求之内，3m以上的空间则处于"不保证"的范畴。这里提到的分层空调只是一个概念和原则，实际工程中有多种做法，比较典型的是送风气流只负担人员活动区，同时在高空设置机械换气(排出相对"过热"的空气)等方式，因此这时需要对房间的气流组织进行适当的计算。

在冬季采用分层送风时，由于"热空气上浮"的原理，上部空间的温度也会比较高，如果没有措施，甚至会高于人员活动区，这时并不节能，这是设计过程中应该注意的问题。要改善这个问题，通常可以有两种解决方式：(1)设置室内机械循环系统，将房间上部"过热"的空气通过风道送至房间下部；(2)底层设置地板辐射或地板送风供暖系统。

5.3.23 有条件时，空气调节送风宜采用通风效率高、空气龄短的置换通风型送风模式。

【释义】

置换通风型送风模式是一种通风效率高，既带来较高的空气品质，又有利于节能的有效通风方式，实际上是按照高度进行分区域空调设计的一种应用模式。它是将经过处理或未经过处理的空气，以低风速、低紊流度、小温差的方式直接送入室内人员活动区的下部。根据有关资料统计，对于高大空间来说，它比混合式通风模式节约制冷能耗费20%～50%。因此，它在北欧已经普遍采用，最早是用于工业厂房解决室内的污染控制问题，然后转向民用，如办公室、会议厅、剧院等。目前我国在一些建筑中已有所应用。其节能机理主要体现在两个方面：

1. 与分层空调系统相类似，减少了不必要的空调空间。

2. 由于置换通风的送风温度比常规空调系统高(一般在18～20℃)，因此在夏季它可以比常规空调系统更多地利用过渡季节的室外低温空气直接进行空调送风，由此节省了空调系统新风处理的冷量(减少了冷源设备的运行时间)。当然，这是对于湿度要求不高的房间而言的(有可能利用室外送风时的温度满足要求而湿度偏离正常设计值)。

由此可见，采用置换通风方式时，空调风系统应采用可变新风比系统，才能充分发挥其利用室外风送风而节能的优点。

要注意的一个问题是：对于一个指定的房间而言，置换通风系统的风量通常会大于常规的空调系统，因此设计中不能为了只追求达到置换通风的效果而忽视系统能耗问题，这是一个问题的两个方面。比如：为了实现置换通风，采用夏季冷却处理后对送风温度进行再热以保证18～20℃的置换通风送风温度的方式，就是一种不值得采用的方式——这样既使送风量提高而多耗费风机能耗，又产生了处理过程中的冷、热抵消。显然，二次回风系统对于置换通风方式的实现具有一定的优势。

5.3.24 在满足使用要求的前提下，对于夏季空气调节室外计算湿球温度较低、温度的日较差大的地区，空气的冷却过程，宜采用直接蒸发冷却、间接蒸发冷却或直接蒸发冷却与间接蒸发冷却相结合的二级或三级冷却方式。

【释义】

本条提出了采用蒸发冷却的条件和方式。

空气进行蒸发冷却时，一般都是利用循环水进行喷淋，相当于用蒸发冷却的风机替代制冷系统，由于不需要人工冷源，所以能耗较少，是一种节能的空调方式。在新疆、甘肃、宁夏、内蒙古等地区，夏季空调室外计算湿球温度普遍较低，温度的日较差大，适宜采用蒸发冷却。

近几年，此项技术在西北地区得到了广泛应用，且取得了良好的节能效果；同时，在技术上已由单独直接蒸发冷却的一级系统，发展到间接与直接蒸发冷却相结合的二级系统，以及两级间接蒸发与直接蒸发冷却结合的三级系统，都取得了很好的效果。

在设计中，要注意到的是两个问题：

1. 适用地区——夏季空调室外计算湿球温度较低、温度的日较差大的地区。
2. 在某些情况下，室内湿度会略微偏高一些。

5.3.25 除特殊情况外，在同一个空气处理系统中，不应同时有加热和冷却过程。

【释义】

本条明确强调了空气处理系统不应同时加热和冷却。在前面的若干条文的编制过程中，也已经考虑到了这一问题，作为一个原则规定是所有设计人员都能理解的。对于民用建筑内的绝大多数房间的舒适性空调来说，这一点也是可以做到的。

在空气处理过程中，同时有冷却和加热过程出现，肯定是既不经济，也不节能的，设计中应尽量避免。对于夏季具有高温高湿特征的地区来说，若仅用冷却过程处理，有时会使相对湿度超出设定值，如果时间不长，一般是可以允许的；如果对相对湿度的要求很严格，则宜采用二次回风或淋水旁通等措施，尽量减少加热用量。

本条的条文说明中提到的置换通风方式不能通过冷却后再热的做法来实现的理由，在前面已经有所解释，这里不再重复。

考虑到一些特殊用途房间的情况，如室内游泳池等余湿量大、夏季冷负荷较小的房间，由于其热湿比很小，采用最大送风温差送风时要求的送风温度很低(有时由于冷源的原因甚至做不到)，一旦提高送风温度将导致室内相对湿度的严重偏移(过大)，这是不得不采用冷却后再热的方式。一些采用独立新风负担全部室内余湿且新风从地面送风的系统为了防止送风温度过低，有时也需要再热的方式。类似上述这样的系统不受本条文的约束。

5.3.26 空气调节风系统的作用半径不宜过大。风机的单位风量耗功率(W_s)应按下式计算，并不应大于表 5.3.26 中的规定。

$$W_s = P/(3600\eta_t) \qquad (5.3.26)$$

式中 W_s——单位风量耗功率［W/(m^3/h)］；

P——风机全压值(Pa)；

η_t——包含风机、电机及传动效率在内的总效率(%)。

表 5.3.26 风机的单位风量耗功率限值［W/(m³/h)］

系统型式	办公建筑		商业、旅馆建筑	
	粗效过滤	粗、中效过滤	粗效过滤	粗、中效过滤
两管制定风量系统	0.42	0.48	0.46	0.52
四管制定风量系统	0.47	0.53	0.51	0.58
两管制变风量系统	0.58	0.64	0.62	0.68
四管制变风量系统	0.63	0.69	0.67	0.74
普通机械通风系统	0.32			

注：1 普通机械通风系统中不包括厨房等需要特定过滤装置的房间的通风系统；

2 严寒地区增设预热盘管时，单位风量耗功率可增加 0.035［W/(m³/h)］；

3 当空气调节机组内采用湿膜加湿方法时，单位风量耗功率可增加 0.053［W/(m³/h)］。

【释义】

空调与通风系统都要依靠风机作动力，建筑物内的风系统作用半径过大、通风管道设计不合理、通风配件或空气处理设备选用不恰当等，都会引起风机动力和单位风量耗功率的加大，造成浪费。本条文提出了最大单位风量耗功率限值，以防止这种情况的发生。

考虑到目前国产风机的总效率都能达到 52%以上，同时考虑目前许多空调机组已开始配带中效过滤器的因素，根据办公建筑、商业与旅馆建筑中的两管制定风量空调系统、四管制定风量空调系统、两管制变风量空调系统、四管制变风量空调系统及普通机械通风系统的最高全压标准计算出上述 W_s 的限值。但考虑到许多地区目前在空调系统中还是采用初效过滤的实际情况，所以同时也列出这类空调送风系统的单位风量耗功率的数值要求。

对于规格较小的风机，虽然风机效率与电机效率有所下降，但由于系统管道较短和噪声处理设备的减少，风机压头可以适当减少。据计算，由于这个原因，小规格风机同样可以满足大风机所要求的 W_s 值。

由于空调机组中湿膜加湿器以及严寒地区空调机组中通常设有的预热盘管，风阻力都会大一些，因此给出了单位风量耗功率(W_s)的增加值。

在实际工程中，风系统的全压不应超过前述要求，实际上是要求通风系统的作用半径不宜过大，如果超过，则应对风机的效率应提出更高的要求。

需要注意的是，为了确保单位风量耗功率设计值的确定，要求设计人员在图纸设备表上都注明空调机组采用的风机全压与要求的风机最低总效率。

关于本条文的详细编制情况及实施要点可见第三篇这部分内容的专题介绍——“风量耗功率(W_s)的编制情况介绍和实施要点”。

5.3.27 空气调节冷热水系统的输送能效比(ER)应按下式计算，且不应大于表 5.3.27中的规定值。

$$ER=0.002342H/(\Delta T \cdot \eta) \quad (5.3.27)$$

式中 H——水泵设计扬程(m)；

ΔT——供回水温差(℃)；

η——水泵在设计工作点的效率(%)。

表 5.3.27 空气调节冷热水系统的最大输送能效比(*ER*)

管道类型	两管制热水管道			四管制热水管道	空调冷水管道
	严寒地区	寒冷地区/夏热冬冷地区	夏热冬暖地区		
ER	0.00577	0.00433	0.00865	0.00673	0.0241

注：两管制热水管道系统中的输送能效比值，不适用于采用直燃式冷热水机组作为热源的空气调节热水系统。

【释义】

本条文的目的是为了提高空调冷热水系统的输送效率，把这部分经常性的能耗控制在一个合理的范围内。因此，条文提供了对空调冷热水系统的输送能效比(*ER*)的计算方法和限值。详细编制情况及实施要点可见第三篇这部分内容的专题介绍——“关于空调水系统输送能效比(*ER*)的编制情况和实施要点”。

5.3.28 空气调节冷热水管的绝热厚度，应按现行国家标准《设备及管道保冷设计导则》GB/T 15586 的经济厚度和防表面结露厚度的方法计算，建筑物内空气调节冷热水管亦可按本标准附录 C 的规定选用。

【释义】

本条文为空调冷热水管道绝热计算的基本原则，也作为附录C的引文。“建筑物内空调冷、热水管的经济绝热厚度的要求”见附录C。

使用方法：

1. 附录C是建筑物内的空调冷热水管道绝热厚度表。该表是从节能角度出发，按经济厚度的原则制定的；但由于全国各地的气候条件差异很大，对于保冷管道防结露厚度的计算结果也会相差较大，因此除了经济厚度外，还必须对冷管道进行防结露厚度的核算，对比后取其大值。

2. 为了方便设计人员选用，附录C针对目前空调水管道常使用的介质温度和最常用的二种绝热材料制定的，直接给出了厚度。如使用条件不同或绝热材料不同，设计人员应自行计算或按供应厂家提供的技术资料确定。

实施措施：

按照附录C的绝热厚度的要求，每100m冷水管的平均温升可控制在0.06℃以内；每100m热水管的平均温降也控制在0.12℃以内，相当于一个500m长的供回水管路，控制管内介质的温升不超过0.3℃(或温降不超过0.6℃)，也就是不超过常用的供、回水温差的6%左右。如果实际管道超过500m，设计人员应按照空调管道(或管网)能量损失不大于6%的原则，通过计算采用更好(或更厚)的保温材料以保证达到减少管道冷(热)损失的效果。

详细编制情况可见第三篇这部分内容的专题介绍——“管道绝热层厚度(附录C及条文5.3.29)编制情况介绍”。

5.3.29 空气调节风管绝热层的最小热阻应符合表5.3.29的规定。

表5.3.29 空气调节风管绝热层的最小热阻

风 管 类 型	最小热阻($m^2 \cdot K/W$)
一般空调风管	0.74
低温空调风管	1.08

【释义】

本条提出了对空调风管绝热材料的基本要求。

风管表面积比水管道大得多，其管壁传热引起的冷热量的损失十分可观，往往会占空调送风冷量的5%以上，因此空调风管的绝热是节能工作中非常重要的一项内容。

由于离心玻璃棉是目前空调风管绝热最常用的材料，因此这里将它用作为制定空调风管绝热最小热阻时的计算材料。按国家玻璃棉标准，离心玻璃棉属2b号，密度在32～48kg/m³时，70℃时的导热系数≤0.046W/(m·K)，一般空调风管绝热材料使用的平均温度为20℃，可以推算得到20℃时的导热系数为0.0377W/(m·K)。按管内温度15℃时，计算经济厚度为28mm，计算热阻是0.74($m^2 \cdot K/W$)；低温空调风管管内温度按5℃计算，得到导热系数为0.0366W/(m·K)，计算经济厚度为39mm，计算热阻是1.08($m^2 \cdot K/W$)。如果离心玻璃棉导热系数性能好的话，导热系数可以达到0.033和0.031，厚度为24mm和33mm。

1. 适用条件

(1) 适用于室内绝热风管

空调绝热风管绝大多数是布置在室内空调房间的吊顶中，因此周围空气温度条件较好，计算夏季采用26℃，冬季20℃。本条文规定的最小热阻，对于室内绝热风管基本上都能适用。

(2) 一般风管管内空气温度，夏季应大于15℃，冬季应小于32℃；低温空调风管管内温度夏季应大于5℃。

2. 实施注意事项

(1) 当绝热风管设置在室外时，应根据室外环境条件用经济厚度的方法计算确定。

(2) 夏季当管道内送风温度低于5℃或冬季送风温度高于32℃时，管道绝热层热阻应按经济厚度重新计算；如超出范围不大时，可按每超出1℃，增加绝热层热阻0.03$m^2 \cdot K/W$计算确定。

详细编制情况可见第三篇这部分内容的专题介绍——“管道绝热层厚度(附录C及条文5.3.29)编制情况介绍”。

5.3.30 空气调节保冷管道的绝热层外，应设置隔汽层和保护层。

【释义】

本条文是为了保证空调保冷管道的绝热层正常发挥作用而编制的。

保冷管道的绝热层外的隔汽层是防止凝露的有效手段，保证绝热效果，保护层是用来保护隔汽层的，防止因外力作用破坏了隔汽层。

对于保冷管道，通常采用的玻璃棉、岩棉、矿棉等纤维性、多孔性绝热材料均需要设置隔汽层，隔汽层往往采用铝箔、塑料薄膜或其他材料。为了降低造价，室内往往采用隔汽层与增强层相结合的复合隔汽保护膜，放置在绝热层的外层。如果绝热材料本身就是具有隔汽作用的闭孔材料，例如发泡橡塑、聚氯乙稀发泡材料、聚氨酯发泡材料等就可认为是隔汽层和保护层。但在室外或室内易碰撞部位，绝热管道所遭受的条件恶劣得多，日晒、雨淋、人为损坏的情况都会发生。因此这些部位的绝热管道的保护层往往采用金属外壳和具有多层保护的非金属外壳，设计时应给予注意。

5.4 空气调节与采暖系统的冷热源

5.4.1 空气调节与采暖系统的冷、热源宜采用集中设置的冷(热)水机组或供热、换热设备。机组或设备的选择应根据建筑规模、使用特征，结合当地能源结构及其价格政策、环保规定等按下列原则经综合论证后确定：

1 具有城市、区域供热或工厂余热时，宜作为采暖或空调的热源；

2 具有热电厂的地区，宜推广利用电厂余热的供热、供冷技术；

3 具有充足的天然气供应的地区，宜推广应用分布式热电冷联供和燃气空气调节技术，实现电力和天然气的削峰填谷，提高能源的综合利用率；

4 具有多种能源(热、电、燃气等)的地区，宜采用复合式能源供冷、供热技术；

5 具有天然水资源或地热源可供利用时，宜采用水(地)源热泵供冷、供热技术。

【释义】

空调采暖系统在公共建筑中是能耗大户，而空调冷热源机组的能耗又占整个空调、采暖系统的大部分。当前各种机组、设备品种繁多，电制冷机组，溴化锂吸收式机组及蓄冷蓄热设备等各具特色。但采用这些机组和设备时都受到能源、环境、工程状况使用时间及要求等多种因素的影响和制约，为此必须客观全面地对冷热源方案进行分析比较后合理确定。

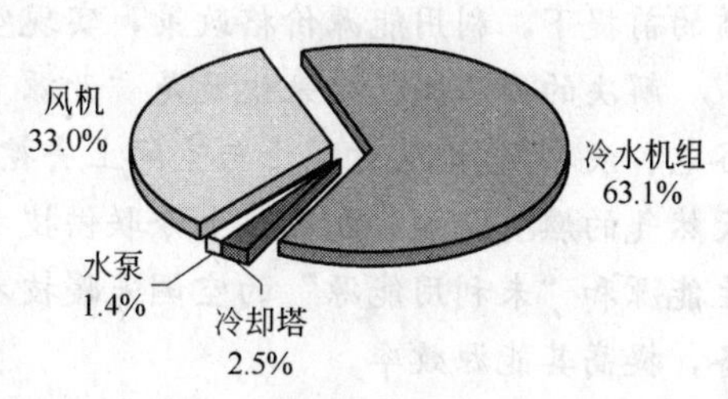

图 5-6 上海某超高层大厦 7 月份空调电耗分布

图 5-6 是上海某超高层大厦 7 月份空调电耗分布。

可以看出，冷源能耗占空调能耗的 60%以上。毋庸置疑，对一幢大楼或一个具体用户来说，空调采暖是耗电(耗能)大户。

2003 年以来，在经济高速发展的拉动下，能源和电力的需求快速增长，大部分地区出现电力供应紧张，26 个省区存在不同程度的拉闸限电。尽管从 2000 年开始，我国仅用 5 年时间，发电装机容量便从 3 亿 kW 增加到 4.4 亿 kW，但能耗(电耗)增长的速度更快。从 2002 年到 2003 年，我国 GDP 增长 9.1%，而电力消费增长了 16.5%。

有人把我国能源尤其是电力的紧缺，归咎于民用建筑空调的超常规发展。实际上能源紧缺的根本原因是：工业结构的“重型化”趋势；各地为了追求 GDP 高增长的“政绩”而大力发展高耗能工业。在城市或地区全年电力负荷的尺度上，公共建筑空调并不是“耗电大户”，但却是造成夏季(冬季)电力负荷高峰的主要因素之一。由于公共建筑空调使用的季节性、间歇性和不稳定性特点，造成夏季供电峰谷差的进一步拉大，形成对电网安全的潜在威胁。图 5-7 的上海市最大电力负荷与最高气温的关系曲线很清楚地说明了这一点。

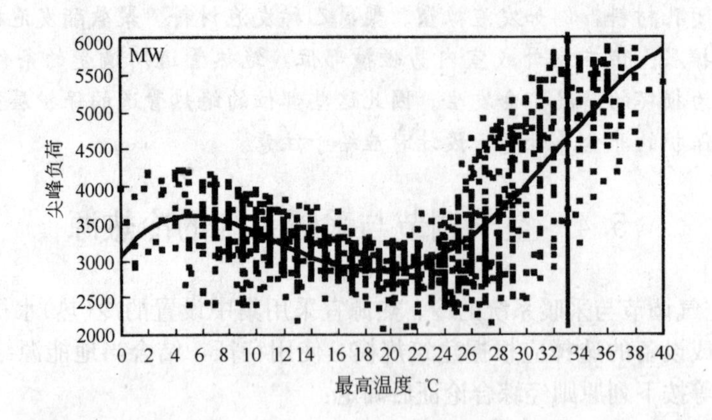

图 5-7 上海市 2001～2003 年最高气温与最高供电负荷的关系

【资料来源：国家电监会供电监管部等，2004 年尖峰期电力供需形势预测分析】

上海市当气温在 33℃以上，每升高 1℃，电力负荷增加 12.7 万 kW(工作日)。同样，北京市有非常相似的情况，当气温在 32℃以上，每升高 1℃，电力负荷增加 12.9 万 kW。

因此，空调冷热源的节能思路，应主要集中在降低夏季电力和冬季燃气的高峰负荷、减少对电网的冲击、提高天然气管线的利用率上。而对用户来说，如何在保证室内环境品质的前提下，利用能源价格政策，实现空调能源成本的最小化，应是其追求的目标。

解决的办法概括起来说就是“开源节流”四个字。所谓“开源”，就是充分利用“低谷电、淡季气”，从时间上与空间上去挖掘能源供应的潜力，如发展蓄冷技术、发展利用天然气的燃气空调、发展热电冷联供技术和分布式能源技术；同时积极研究开发利用可再生能源和“未利用能源”的空调采暖技术。所谓“节流”，就是改进空调采暖的冷热源设备，提高其能源效率。

1. 集中空调与分散空调

由于公共建筑人员密集，工作时间集中；体量大，可能有多个朝向的立面；系统规模比较大，有较大的热容量，因此，采用集中空调，可以充分利用公共建筑中空调负荷出现的参差率和空调系统的同时使用系数，降低总的制冷容量。也就是说，在选择冷源时，应将建筑物内各房间计算得到的空调负荷逐时相加，以总和最大的一个小时的负荷作为选择冷源冷量的依据，还要再乘以一个小于 1.0 的同时使用系数。集中空调冷源的冷量一般应小于建筑总冷负荷。现在工程设计中有一种倾向，按照高估了的冷负荷指标选择冷源冷量，还要再乘以一个 1.0～1.5 的安全系数，使冷水机组冷量远远大于实际需求，造成多台冷水机组多数时间只运行一台，或造成机组长时间在部分负荷下运行，降低了系统能效。

采用集中空调也便于选用高效率的大型水冷机组(例如离心机)，从而提高综合能效。现在还有一种倾向，在大型公共建筑中大量采用分散冷热源的风冷型机组(变冷媒流量的多联机组甚至分体式房间空调器)。的确，变制冷量多联分体式机组、单元式空调机等具有使用灵活方便、便于单独计量、可以实现“想用就用，想停就停”的个性化使用等优点。但其能效比小于水冷冷水机组集中空调系统，对于同样的制冷量需要更多的电耗。对空调面积较大，同时使用系数较高的单位自用办公楼、政府办公楼来说，全年电耗会增加较多，同时空调系统的电气安装容量则有较大的提高，变配电设备的年平均效率下降。图5-8中是某一变冷媒流量多联机的负荷特性。

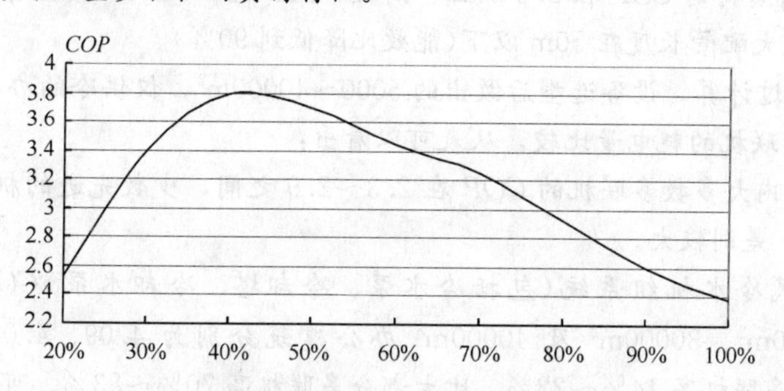

图5-8　某型号变冷媒流量多联机负荷特性

【资料来源：由同济大学刘传聚教授提供】

从图5-8中可以看出，变冷媒流量多联机的满负荷 *COP* 在2.4以下，甚至低于房间空调器。其高效点集中在30%负荷与70%负荷区间。如果这种机组用在住宅或旅馆中，而且采用不关机的24h运行的方式，那么将会有很好的节能效果(特别在夜间)。但如果用在办公楼中，集中运行在白天高负荷时段，则非但不节电，反而会给电力负荷高峰“火上浇油”。尤其是在办公楼早晨上班机组启动时，正处于8～11时的电力负荷高峰段，而压缩机变频的变冷媒流量多联机组将以超频启动，此时其 *COP* 值甚至比100%负荷工况还要低。

因此，变频变冷媒流量多联机的使用方式对其能否节能以及节能效果有很大影响。必须科学而理性地分析和选用。在大规模建筑中，多联机的冷媒配管加长，其直接后果是效率的进一步降低(见图5-9)。

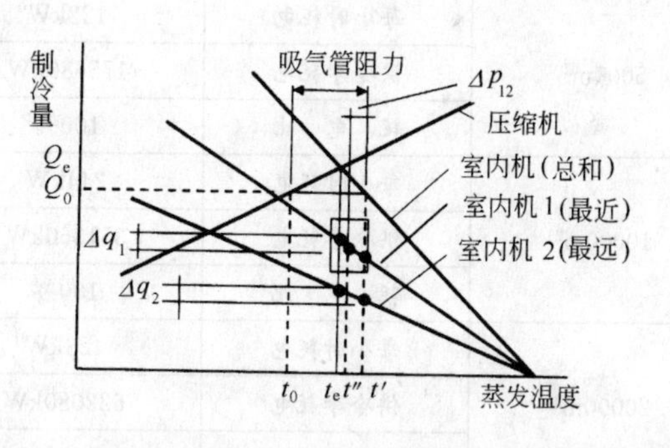

图5-9　变冷媒流量多联机冷媒配管长度对能效的影响

【资料来源：清华大学彦启森教授，促进空调全面繁荣，第二届中国制冷空调行业发展论坛，2005年4月】

从图5-9可以看出，在大规模建筑中，由于多联机冷媒配管加长(有产品允许作用半径达100～150m)而使压缩机吸气管阻力增加，吸气压力降低，过热增加。每增加1℃过热，将会使系统能效比降低3%。某型机150m管长时的制冷 *COP* 只有标准管长(7m)时的68%。也就是说，如果某一机型的变冷媒流量多联机的额定工况 *COP* 是2.4的话，则配管达150m后的 *COP* 只有1.63。

由此可见，在大型公共建筑中，应该对风冷型机组有所限制，不宜于采用小型的空气源(风冷)热泵机组和变冷媒流量多联机组。建议在一定规模(2万m^2)以上的公共建筑的空调冷(热)源采用 *COP* 在4.0以上的水冷机组，特别要建议在大规模建筑中不宜采用风冷多联机组。

在因条件限制而必须使用风冷机组时，应对风冷机组进一步提高能效比的要求，比如，提高到能效等级中的2级(即节能标识产品)标准。由于变冷媒流量多联机的能效等级标准还没有出台，当公共建筑中一定要选用这类机组时，建议选用综合性能系数*IPLV*在4.0以上、100%负荷时*COP*在2.8以上、高效率段出现在50%以上负荷区间的产品。同时，严格控制最大配管长度在50m以下(能效比降低到90%)。

表5-6为经过计算，设备选型后做出的5000～40000m²，仅供冷的办公建筑采用水冷式冷水机组和多联机的耗电量比较，从表可以看出：

(1) 当前国内大多数多联机的*COP*在2.3～2.9之间，少数先进的机型*COP*可达到3.3～3.6之间，差别较大。

(2) 水冷式冷水机组系统(包括冷水泵、冷却塔、冷却水泵)*COP*值：5000m²、10000m²、20000m²、30000m²及40000m²办公建筑分别为4.09、4.09、4.4、4.4及4.3，比先进的多联机高14%～22%，比大部分多联机高70%～83%。可见不在设计时进行能耗分析，大面积大批量采用多联机会造成能源的巨大浪费。当然，对较先进的多联机型应加以区别对待。

(3) 按表中多联机*COP*和耗电量的比例关系，可测算出*COP*=2.8时，多连机比水冷式冷水机组系统多耗电42%～53%。*COP*=3时，多耗电35%～45%。当*COP*=3.3时，多耗电25%～33%。

表5-6 仅供冷办公建筑采用水冷式冷水机组与多联分体机组的能耗比较

办公楼建筑面积	机型 / 耗电量	水冷式冷水机组系统	多联分体机组(某品牌)*COP*=3.6	多联分体机组(某品牌)*COP*=2.4
5000m²	每小时耗电	122kW	140kW	196kW
	供冷季耗电	175680kW	201600kW	282240kW
	耗电比	100%	114%	161%
10000m²	每小时耗电	244kW	280kW	382kW
	供冷季耗电	351360kW	403200kW	550080kW
	耗电比	100%	115%	157%
20000m²	每小时耗电	423kW	513kW	706kW
	供冷季耗电	622080kW	738720kW	1016640kW
	耗电比	100%	121%	167%
30000m²	每小时耗电	634kW	769kW	1058kW
	供冷季耗电	912960kW	1107360kW	1523520kW
	耗电比	100%	121%	169%
40000m²	每小时耗电	816kW	979kW	1323kW
	供冷季耗电	1175040kW	1409760kW	1905120kW
	耗电比	100%	120%	162%

注：1 水冷式冷水机组的耗电量包括机组、冷水泵、冷却塔及冷却水泵；
2 多联机组的耗电量为室外机；
3 为便于比较，耗电量均以满负荷计算，供冷季按夏热冬暖地区6个月计算。

2. 发展城市热源是我国城市供热的基本政策，北方城市发展较快，较为普遍，夏热冬冷地区少部分城市也在规划中，有的已在实施，具有城市或区域热源时应优先采用。我国工业余热的资源也存在潜力，应充分利用。《中华人民共和国节约能源法》明确提出："推广热电联产，集中供热，提高热电机组的利用率，发展热能梯级利用技术，热、电、冷联产技术和热、电、煤气三联供技术，提高热能综合利用率"。大型热电冷联产是利用热电系统发展供热、供电和供冷为一体的能源综合利用系统。冬季用热电厂的热源供热，夏季采用溴化锂吸收式制冷机供冷，使热电厂冬夏负荷平衡，高效经济运行。

3. 原国家计委、原国家经贸委、建设部、国家环保总局联合发布的《关于发展热电联产的规定》(计基础［2000］1268号文)中指出："以小型燃气发电机组和余热锅炉等设备组成的小型热电联产系统，适用于厂矿企业、写字楼、宾馆、商场、医院、银行、学校等分散的公用建筑。它具有效率高、占地小、保护环境、减少供电线路损和应急突发事件等综合功能，在有条件的地区应逐步推广"。分布式热电冷联供系统以天然气为燃料，为建筑或区域提供电力、供冷、供热(包括供热水)三种需求，实现天然气能源的梯级利用，能源利用效率可达到80%以上，大大减少SO_2、固体废弃物、温室气体、NO_x和TSP的排放，减少占地面积和耗水量，还可应对突发事件确保安全供电，在国际上已经得到广泛应用。我国已有少量项目应用了分布式热电冷联供技术，取得较好的社会和经济效益。目前国家正在制定的《国家十一五规划》、《国家中长期能源规划》、《国家中长期科技规划》，都把分布式燃气热电冷联供作为发展的重点。

大量电力驱动空调的使用是导致高峰期电力超负荷的主要原因之一。同时由于空调负荷分布极不均衡、全年工作时间短、平均负荷率低，如果为满足高峰期电力需求大规模建设电厂，将会导致发输配电设备的利用率低、电网的技术和经济指标差、供电的成本提高。随着国家西气东输等天然气工程的建设，夏季天然气出现大量富余，北京冬季供气高峰和夏季低谷的供气量相差7～8倍。为平衡负荷，不得不投巨资建设调峰储气库，天然气输配管网和设施也必须按最大供应能力建设，在夏季供气低谷时，造成管网资源的闲置和浪费。可见燃气与电力都存在峰谷差的难题。但是燃气峰谷与电力峰谷有极大的互补性。发展燃气空调和楼宇冷热电三联供可降低电网夏季高峰负荷，填补夏季燃气的低谷，同时降低电力和燃气的峰谷差，平衡能源利用负荷，实现资源的优化配置，是科学合理地利用能源的双赢措施。

在应用分布式热电冷联供技术时，必须进行科学论证，从负荷预测、技术、经济、环保等多方面对方案作可行性分析。

我国集中式供电电网的规模迅速膨胀，大电网的安全性问题已经达到不容忽视的地步。有必要合理地调整供电结构，有效地将集中式供电和分布式供电结合在一起，构建更加安全稳定的电力系统。因此，有必要将一部分不稳定的空调负荷转移。以天然气为主要燃料的区域热电冷联供(DCHP)和楼宇热电冷联供(BCHP)是分布式能源的主要形式，为公共建筑空调冷热源提供了重要的选择，也是保证输电网安全的需要。

目前，直燃机是我国应用最为广泛的一种燃气空调形式。甚至有人误认为燃气空调就是直燃机。其实燃气空调有多种形式，如：

(1) 燃气蒸汽锅炉+蒸汽吸收式制冷机

(2) 燃气蒸汽锅炉+蒸汽透平驱动离心式制冷机

(3) 燃气发动机驱动热泵

(4) 直燃型溴化锂吸收式冷热水机组

(5) 直燃型小型氨—水工质对吸收式冷水机组

(6) 燃气吸收式热泵

(7) 燃气辅助电力驱动空调

(8) 燃气再生除湿空调

此外，也可以把以天然气为燃料的热电冷联供(DCHP 或 BCHP)当作燃气空调。上述各种方式中，第一种也属于不合理用能，应避免采用。

我国的直燃机制造业的自主知识产权成分较大。几家主流企业中虽然有的是合资企业，但技术、工艺和市场基本上掌握在自己手里。我国不但是仅次于日本的世界第二大直燃机市场，而且某些产品的技术水平已处于国际领先。国产主力品牌直燃机的制冷综合 *COP* 已达到 1.3 以上，而且自动化程度和可靠性都有很大提高。直燃机的一次能效率(*PER*)已经高于风冷热泵冷热水机组。表 5-7 是根据几种不同品牌冷水机组产品样本数据得到的 *PER* 的比较。

表 5-7　制冷额定工况下各种制冷机的一次能效率比较(不计冷却系统能耗)

序　号	机　组　型　式	*PER*(kW/kW)	*PER* 的比较(%)
A	离心式冷水机组	1.35	100
B	离心式冷水机组	1.25	92.7
C	螺杆式冷水机组	1.19	88.4
D	活塞式风冷热泵机组	0.68	50.5
E	螺杆式风冷热泵机组	0.67	49.9
F	涡旋式风冷热泵机组	0.83	61.1
G	直燃型溴化锂吸收式机组	1.18	87.7
H	直燃型溴化锂吸收式机组	1.06	78.3
I	蒸汽双效溴化锂吸收式冷水机组	0.78	57.8

从表 5-8 可以看出，离心机和螺杆机的㶲效率相对较高，而直燃机的㶲效率却很低。这是因为用天然气或燃料油的直燃机，其燃料燃烧温度很高，是高品位能源。而空调对象所需要的温度与环境温度相差不大，品位较低。

表 5-8　各种制冷装置的㶲效率

机组种类	离心机	螺杆机	热　泵	直燃机(燃气)	直燃机(燃油)
二次能源㶲效率(%)	48.7	55.3	33.1	12.2	11.0

依据热力学第一定律做的能效率分析仅是冷热源能耗特性的数量上的分析。而依据热力学第二定律做的㶲分析则是冷热源能耗特性的质量分析。除此之外，我们更需要对冷热源作经济分析。在充分市场化的条件下，数量、质量和经济性是相互关联的。

当前，天然气在世界范围内的使用方向可以归纳为：首先是民用(包括空调)、其次做燃料(包括发电)、第三是做化工原料。无论是产气大国俄罗斯、美国、加拿大，还是天然气资源贫乏的日本、德国都是如此。从商品经济学的观点看，优质产品应当首先满足社会终端消费，而不是再进行加工转换。从西气东输用户端各城市的情况来看，空调作为一种高端能源消费和高附加值产业的基础设施，应该配置优质资源。

再者，发展燃气空调，也是缓解我国夏季电力高峰、平衡冬夏燃气负荷、开发西气东输用户和改善我国东部城市环境的重要措施。

定义电力与天然气的比价：

$$电力与天然气比价=\frac{电力单位当量热值的价格}{天然气单位当量热值的价格}$$

从图 5-10 可知，当电力/天然气比价达到 3.633：1 以上时，在同样产出水平下，直燃机的寿命周期等额年度成本等于风冷热泵机组的寿命周期等额年度成本。根据现行能源价格，北京的电力/天然气比价为 3.897：1，成都为 8.188：1，而上海仅为 3.208：1。因此，对北京和成都的用户，在现有价格水平上直燃机的经济性已经优于风冷热泵。而对于上海市的直燃机用户，在现有电价水平下，如果能得到价格低于 2.03 元/Nm³ 的天然气供应，其燃气空调运行的经济性便将好于风冷热泵。

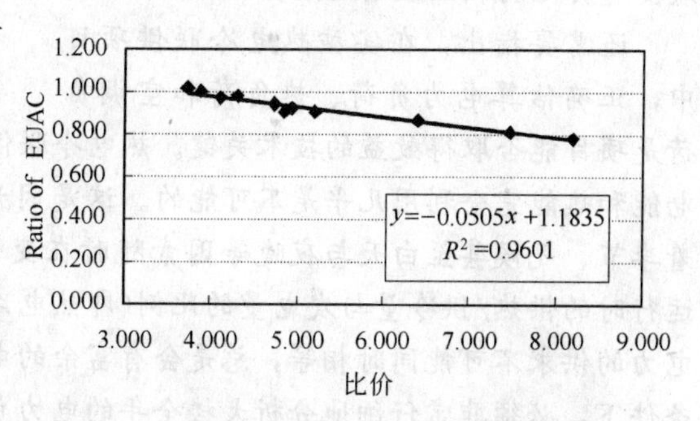

图 5-10 直燃机与电动风冷热泵系统等额年度成本之比与电力/天然气比价关系

如果比较直燃机系统和离心机+燃气锅炉系统的经济性，由于离心机的 *COP* 较高，若希望直燃机和离心机+燃气锅炉具有相同的等额年度成本(图 5-11)，则意味着商用天然气价格在上海市应下降到 0.83 元/Nm³，北京市下降到 0.75 元/Nm³，成都市下降到 0.95 元/Nm³。但在我国天然气管线运输和供应现状以及现有的定价机制下，这样低的商用天然气价格实际上是不可能的。

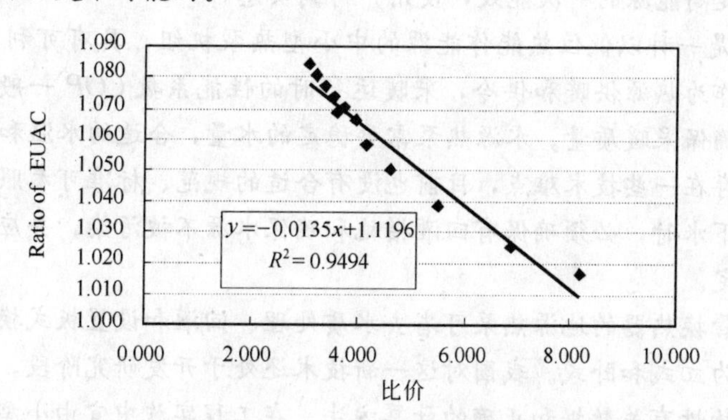

图 5-11 直燃机与离心机+燃气锅炉系统等额年度成本之比与电力/天然气比价关系

再看使用微型燃气轮机作原动机的 BCHP 系统，尽管 BCHP 系统的运行成本很低，但由于微燃机多为进口产品，价格昂贵，致使系统的初投资较高，提高了寿命周期内的等额年度成本。进一步分析电力空调与燃气空调的经济性，得到如图 5-12 的关系。可知当电力/天然气比价为 4.92：1 时，BCHP 系统的经济性可与电动风冷热泵持平。成都市的电力/天然气比价为8.188：1，说明在成都采用燃气轮机的热电冷联供系统经济性较好。而北京市在现有电价水平下，BCHP用户应享受到低于1.346元/Nm^3的优惠天然气价格；上海市的BCHP用户的天然气价格应为1.49元/Nm^3。

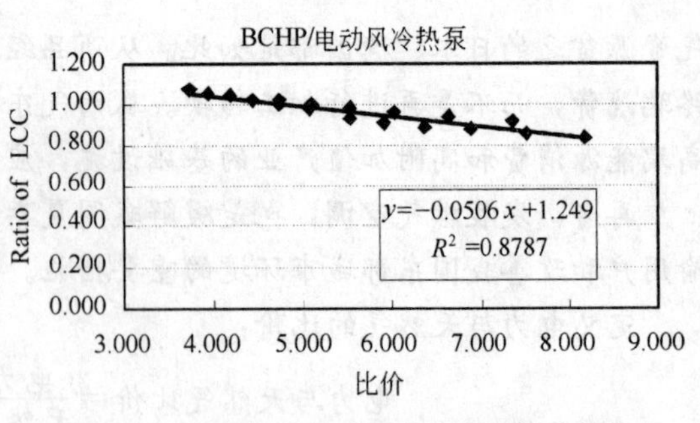

图5-12 BCHP与电动风冷热泵系统等额年度成本之比与电力/天然气比价的关系

这说明推广燃气空调和热电冷联供必须要有其他的相应激励政策。

还需要指出，在实施热电冷联供项目中，正确估算电力负荷、热负荷和空调负荷是项目能否取得效益的技术关键。热电冷联供系统同时产生电力和热能，要同时将这些电能和热能完全利用几乎是不可能的。这是因为，用户所需要的热量/冷量与用电量是随着季节、气候甚至白天与夜晚等因素随时在变化，而BCHP设备一经确定之后，其正常运行时的供热/供冷量与发电量的比例(即热电比)是大致不变的，因此热量/冷量的供求和电力的供求不可能同时相等，总是会有富余的电能或者热能产生。在当前电力不能上网的条件下，必须非常仔细地分析大楼全年的电力负荷和热(冷)负荷。目前对于热电(冷)联供项目的前期可行性研究往往只是简单的方案比较，而且仅考虑有限的几种负荷模式，将系统的容量配置与后期的运行策略孤立开来，容易导致系统配置的不合理，系统运行的经济性也就无从谈起。

4. 当具有电、城市供热、天然气，城市煤气等能源中二种以上能源时，可采用几种能源合理搭配作为空调冷热源，如电+气、电+蒸汽等。实际上很多工程都通过技术经济比较后采用了这种复合能源方式，投资和运行费用都降低，取得了较好的经济效益。城市的能源结构若是几种共存，空调也可适应城市的多元化能源结构，用能源的峰谷季节差价进行设备选型，提高能源的一次能效，使用户得到实惠。

5. 水源热泵是一种以低位热能作能源的中小型热泵机组，具有可利用地下水、地表水，或工业废水作为热源供暖和供冷，采暖运行时的性能系数COP一般大于4，优于空气源热泵，并能确保采暖质量。水源热泵需要稳定的水量，合适的水温和水质，在取水这一关键问题上还存在一些技术难点，目前也没有合适的规范、标准可参照，在设计上应特别注意。采用地下水时，必须确保有回灌措施和确保水源不被污染，并应符合当地的有关保护水资源的规定。

采用地下埋管换热器的地源热泵可省去水质处理、回灌和设置板式换热器等装置。埋管换热器可以分为立式和卧式。我国对这一新技术还处于开发研究阶段，当前设计上还缺乏可靠的土壤热物性有关数据和正确的计算方法。在工程实施中宜由小型建筑起步，不断总结完善设计与施工的经验。

5.4.2 除了符合下列情况之一外，不得采用电热锅炉、电热水器作为直接采暖和空气调节系统的热源：

1 电力充足、供电政策支持和电价优惠地区的建筑；

2 以供冷为主，采暖负荷较小且无法利用热泵提供热源的建筑；

3　无集中供热与燃气源，用煤、油等燃料受到环保或消防严格限制的建筑；

4　夜间可利用低谷电进行蓄热、且蓄热式电锅炉不在日间用电高峰和平段时间启用的建筑；

5　利用可再生能源发电地区的建筑；

6　内、外区合一的变风量系统中需要对局部外区进行加热的建筑。

【释义】

强制性条文(1、2、3、5、6)。合理利用能源、提高能源利用率、节约能源是我国的基本国策。用高品位的电能直接用于转换为低品位的热能进行采暖或空调，热效率低，运行费用高，是不合适的。国家有关强制性标准中早有“不得采用直接电加热的空调设备或系统”的规定。近些年来由于空调、采暖用电所占比例逐年上升，致使一些省市冬夏季尖峰负荷迅速增长，电网运行日趋困难，造成电力紧缺。2003 年夏季，全国 20 多个省、市不同程度出现了拉闸限电。入冬以后，全国大范围缺电现象愈演愈烈。而盲目推广电锅炉、电采暖，将进一步劣化电力负荷特性，影响民众日常用电，制约国民经济发展，为此必须严格限制。考虑到国内各地区的具体情况，在只有符合本条所指的特殊情况时方可采用。但前提条件是：该地区确实电力充足且电价优惠或者利用如太阳能、风能等装置发电的建筑。

我国电力结构中，以煤为燃料的火力发电占了最大比例(图 5-13)。以 2002 年的供电煤耗 381g/kWh 为基数计算，终端电力消费的一次能效率(PER)为 32.3%。

很明显，用电直接加热，即使采用效率为 96%的电锅炉，其综合一次能效率只有 31%，远低于燃油和燃气锅炉，甚至低于燃煤采暖锅炉(55%)。

以上的分析方法基于热力学第一定律，即能量平衡原理。提高能量利用效率，是人们比较熟知的节能途经。但节能还有一个更重要的层面，就是要使能源的利用尽量合理，做到“物尽其用”。热力学第一定律指出各种形式的能量在数量上的关系(比如 1kWh 电全部转换成热量相当于 123g 标准煤完全燃烧所放出的热量)。但不同形式的能量在质量(品质)上也有很大的差别。这就需要用到基于热力学第二定律的㶲分析法。

一定形式的能量与环境之间完全可逆地变化，最后与环境达到完全的平衡，在这个过程中所做的功称为㶲(Exergy)。

由㶲的定义可知，以做功形式传递的能量全部都是㶲。因此在图 5-14 中有：

$$EX_W = W \tag{5-8}$$

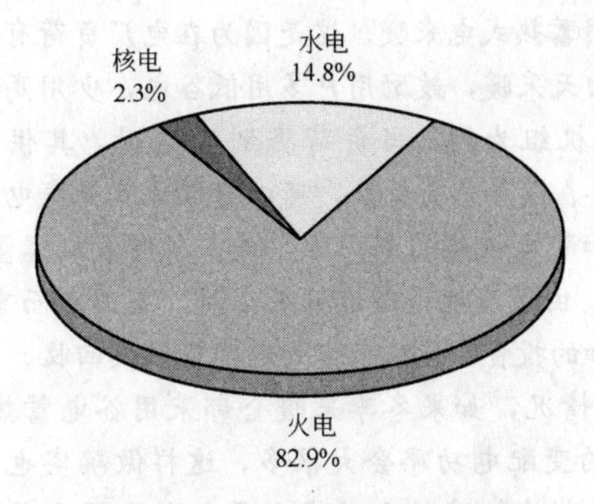

图 5-13　2003 年我国发电量构成

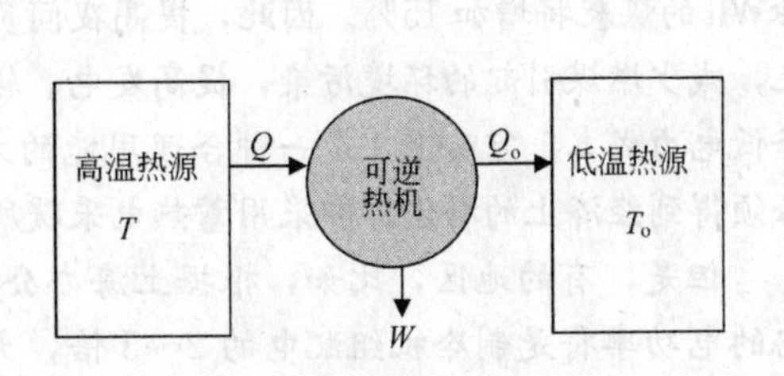

图 5-14　㶲分析示意图

设在图 5-14 中，热机从高温热源吸收热量 Q，对外做功 W，向低温热源放热 Q_o。热量 Q 的㶲为：

$$EX_Q = W = Q - Q_o = \left(1 - \frac{T_o}{T}\right)Q \tag{5-9}$$

低温热源是温度为 T_o 的环境。

上式中，当 $T < T_o$ 时，EX_Q 表示从低于环境温度的热源中取出热量所需要消耗的功。EX_Q 为负值，称为冷量㶲。说明系统从冷环境中吸收冷量而放出㶲。冷量㶲流方向与冷量方向相反。制冷机就是根据这一原理工作的。当 $T > T_o$ 时，EX_Q 为正值，表明高于环境温度的热源在放出热量时可以做有用功。

在环境条件下任一形式的能量在理论上能够转变为有用功的那部分称为能量的㶲，其不能转变为有用功的那部分称为该能量的炕(Axergy)；因此有：能量＝㶲＋炕。即：

$$Q = EX + AX \tag{5-10}$$

在一定的能量中，㶲占的比例越大，其能质越高。我们定义一个能质系数 φ_Q。

$$\varphi_Q = EX/Q \tag{5-11}$$

在理论上，电能和机械能的能量完全可变为有用功。即：能量＝㶲，$\varphi_Q = 1$。电能和机械能的能质最高，是高级能量，或所谓“高品位能量”。而自然环境中的空气和海水都含有热能，但其能量＝炕，不能转变有用功，$\varphi_Q = 0$，是一种低品位能量。介于二者之间的能量则有：能量＝㶲＋炕。如燃料的化学能、热能、内能和流体能等。热能的能质系数为：

$$\varphi_Q = \left(1 - \frac{T_o}{T}\right) \tag{5-12}$$

我们可以认识到这样两个原则：在热能利用中：①不应将高能级的热能用到低能级的用途；②尽量实现热能的梯级利用，减小应用的级差。

根据热力学第二定律分析电采暖问题。假定环境温度为 0℃(273K)，采暖室内温度为 20℃(293K)。则热量 Q 的能质系数为：

$$\varphi_Q = \left(1 - \frac{T_o}{T}\right) = \left(1 - \frac{273}{293}\right) = 0.068$$

而电能的能质系数为 1。二者之间能质系数之差为 0.932。就是说，电能转换为热能后，其绝大部分的电㶲退化为没有用的炕。这是严重的浪费。不是数量上的浪费，而是质量上没有按质利用，是典型的“不合理用能”。

但是，问题需要辨证地去看。标准中允许采用蓄热式电采暖。这是因为在电厂负荷有较大的昼夜峰谷差时，利用夜间低谷电力蓄热，供白天采暖，鼓励用户多用低谷电，少用高峰电，可以达到移峰填谷的目的。以 300MW 发电机组为例，当负荷降到 40％时，其供电 1kWh 的煤耗将增加 15％。因此，提高夜间负荷率、改善负荷特性，可以有效地降低发电煤耗，减少燃煤引起的环境污染，提高发电、输电和配电设施的利用率，减少新增装机容量，降低电力成本。宏观上又是一种合理用能的方式。由于节能是节在源头，对建筑用户而言，必须得到经济上的补偿。即采用蓄热电采暖所增加的投资，应从节省的电费中很快回收。

但是，有的地区，比如，根据上海办公楼的情况，如果冬季采暖全部采用谷电蓄热，它的电功率将是制冷机组配电的 2～3 倍，大楼的变配电功率会大很多，这样做确实也是不合理。如果不增加变配电功率，设计根据夏季制冷机房的电功率配置电加热器和蓄热罐，这时是满足不了白天采暖需要的，为此，设计人员为了图方便往往采用设置平时段的直接电加热。从节能角度出发，这样是非常不合理的。如何解决这样的问题呢？建议可以采用其他能源利用效率高的方法来替代直接电加热，例如采用风冷热泵冷热水机组的方法来解决供热量不足的问题。由于冬季热泵供水温度不够高，可以采用与蓄热水串接的方法解决。

要说明的是对于内、外区合一的变风量系统，作了放宽。目前在一些南方地区，采用变风量系统时，可能存在个别情况下需要对个别的局部外区进行加热，如果为此单独设置空调热水系统可能难度较大或者条件受到限制或者投入较高。

5.4.3 锅炉的额定热效率，应符合表 5.4.3 的规定。

表 5.4.3 锅炉额定热效率

锅 炉 类 型	热效率(%)
燃煤(Ⅱ类烟煤)蒸汽、热水锅炉	78
燃油、燃气蒸汽、热水锅炉	89

【释义】

强制性条文。本条中各款提出的是选择锅炉时应注意的问题，以便能在满足全年变化的热负荷前提下，达到高效节能要求。当前，我国多数燃煤锅炉运行效率低、热损失大。为此，在设计中要选用机械化、自动化程度高的锅炉设备，配套优质高效的辅机，减少炉膛未完全燃烧和排烟系统热损失，杜绝热力管网中的“跑、冒、滴、漏”，使锅炉在额定工况下产生最大热量而且平稳运行。利用锅炉余热的途径有：在炉尾烟道设置省煤器或空气预热器，充分利用排烟余热；尽量使用锅炉连续排污器，利用“二次汽”再生热量；重视分汽缸凝结水回收余压汽热量，接至给水箱以提高锅炉给水温度。燃气燃油锅炉由于技术新和智能化管理，效率较高，余热利用相对减少。

表中燃煤锅炉的额定效率是参照《民用建筑节能设计标准(采暖居住建筑部分)》JGJ 26—95 的表 5.2.5 规定值，该规定值根据 JB 2816—80 确定，考虑近年来的技术进步，取其较高值。

5.4.4 燃油、燃气或燃煤锅炉的选择，应符合下列规定：

1 锅炉房单台锅炉的容量，应确保在最大热负荷和低谷热负荷时都能高效运行；

2 锅炉台数不宜少于 2 台，当中、小型建筑设置 1 台锅炉能满足热负荷和检修需要时，可设 1 台；

3 应充分利用锅炉产生的多种余热。

【释义】

本条中各款提出的是选择锅炉时应注意的问题，以便能在满足全年变化的热负荷前提下，达到高效节能运行的要求。

5.4.5 电机驱动压缩机的蒸汽压缩循环冷水(热泵)机组，在额定制冷工况和规定条件下，性能系数(*COP*)不应低于表 5.4.5 的规定。

表 5.4.5　冷水(热泵)机组制冷性能系数

类　型		额定制冷量(kW)	性能系数(W/W)
水　冷	活塞式/涡旋式	＜528 528～1163 ＞1163	3.8 4.0 4.2
	螺　杆　式	＜528 528～1163 ＞1163	4.10 4.30 4.60
	离　心　式	＜528 528～1163 ＞1163	4.40 4.70 5.10
风冷或蒸发冷却	活塞式/涡旋式	≤50 ＞50	2.40 2.60
	螺　杆　式	≤50 ＞50	2.60 2.80

【释义】

强制性条文。随着建筑业的持续增长，空调的进一步普及，中国已成为冷水机组的制造大国。大部分世界级品牌都已在中国成立合资或独资企业，大大提高了机组的质量水平，产品已广泛应用于各类公共建筑。而我国的行业标准已显落后，成为高能耗机组的保护伞，影响部分国内机组的技术进步和市场竞争力，为此提出额定制冷量时最低限度的制冷性能系数(*COP*)值。

在本标准编制过程中，国家质量监督检验检疫总局和国家标准化管理委员会于 2004 年 8 月 23 日联合发布了国家标准《冷水机组能效限定值及能源效率等级》GB 19577—2004,《单元式空气调节机能效限定值及能源效率等级》GB 19576—2004 等三个产品的强制性国家能效标准，规定 2005 年 3 月 1 日实施。这给本标准在确定能效最低值时带来了依据。能源效率等级判定方法，目的是配合我国能效标识制度的实施。能源效率等级划分的依据：一是拉开档次，鼓励先进；二是兼顾国情，以及对市场产生的影响；三是逐步与国际接轨。根据我国能效标识管理办法(征求意见稿)和消费者调查结果，建议依据能效等级的大小，将产品分成 1、2、3、4、5 五个等级。能效等级的含义 1 等级是企业努力的目标；2 等级代表节能型产品的门槛(根据最小寿命周期成本确定)，即达到第 2 级表示为节能产品；3、4 等级代表我国的平均水平；5 等级产品是未来淘汰的产品。目的是能够为消费者提供明确的信息，帮助其购买的选择，促进高效产品的市场。以下摘录国家标准《冷水机组能效限定值及能源效率等级》GB 19577—2004 中“表 2 能源效率等级指标”，见表 5-9。

表 5-9　能源效率等级指标

类　型	额定制冷量(*CC*) kW	能效等级(*COP*)　(W/W)				
		1	2	3	4	5
风冷式或 蒸发冷却式	*CC*≤50	3.20	3.00	2.80	2.60	2.40
	50＜*CC*	3.40	3.20	3.00	2.80	2.60
水　冷　式	*CC*≤528	5.00	4.70	4.40	4.10	3.80
	528＜*CC*≤1163	5.50	5.10	4.70	4.30	4.00
	1163＜*CC*	6.10	5.60	5.10	4.60	4.20

如果我们拿冷水机组的生产标准《蒸气压缩循环冷水(热泵)机组，工商业用和类似用途的冷水(热泵)机组》GB/T 18430.1—2001 中表 2 来作一个比较，可以发现，GB/T 18430—2001 中除了离心机组能效介于 GB 19577—2004 中的 4 级与 3 级之间外，其余均低于 5 级(螺杆机处于 5 级上下)，见表 5-10。

表 5-10　名义工况下的制冷系数

压缩机类型	往复活塞式		涡旋式	
机组制冷量，kW	>50～116	>116	>50～116	>116
水冷式	3.5	3.6	3.55	3.65
风冷和蒸发冷却式	2.48	2.57	2.48	2.57

压缩机类型	螺杆式			离心式	
机组制冷量，kW	≤116	116～230	>230	≤1163	>1163
水冷式	3.65	3.75	3.85	4.5	4.7
风冷和蒸发冷却式	2.46	2.55	2.64	—	

本标准根据设计习惯，将冷水机组按压缩机种类进行分类。同时根据冷水机组市场上的现实情况，规定螺杆式机组要达到《冷水机组能效限定值及能源效率等级》的 4 级、离心式机组要达到 3 级、活塞式和涡旋式机组要达到 5 级。

在确定效率等级时曾担心市场上的机组能否达到规定要求，2005 年 3 月 29 日中标认证中心举办国家首批单元式空调机和冷水机组节能认证产品发布会，已有 12 家个企业 512 个型号产品获得首批节能产品认证证书。同时，根据我们的调研，市场上主流厂商的离心机的能效全部达到 2 级以上(见图 5-15)，位于 2 级与 1 级之间。

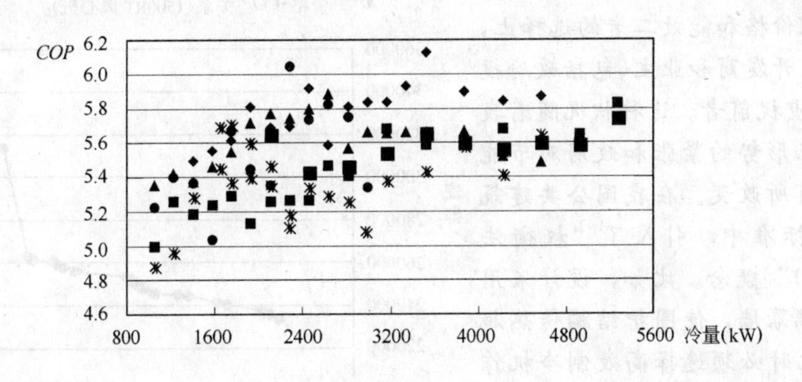

图 5-15　部分离心式主流机型冷水机组的名义工况性能系数分布

目前市场的情况是，相对而言，大型、水冷机组符合本标准的产品较多；而小型、风冷机组，尤其是活塞式压缩机的冷水机组，在选用时要慎重一些。

在选用机组时，要注意其能效比是在什么条件下得到的。即其名义工况必须满足《蒸气压缩循环冷水(热泵)机组，工商业用和类似用途的冷水(热泵)机组》GB/T 18430.1—2001 中的规定(见该标准表 1)，见表 5-11。

表 5-11　名义工况时的温度条件

项　目	使用侧		热源侧（或放热侧）					
	冷、热水		水冷式		风冷式		蒸发冷却式	
	进口水温	出口水温	进口水温	出口水温	干球温度	湿球温度	干球温度	湿球温度
制　冷	12	7	30	35	35	—	—	24
热泵制热	40	45	15	7	7	6	—	

GB/T 18430.1—2001 对名义工况的其他规定是：

(1) 使用侧和水冷式热源侧的污垢系数是 0.0086m² · ℃/kW；

(2) 额定电压，单相交流为 220V，三相交流为 380、3000、6000、10000V；额定频率为 50Hz；

(3) 大气压力为 101kPa。

因此要特别注意中国标准与国外标准之间的差别。比如，美国 ARI 550/590—1998 标准中空调工况下的冷水侧污垢系数为 0.018m² · ℃/kW，冷却水侧污垢系数为 0.044m² · ℃/kW。根据计算，按美国 ARI 标准，由于污垢系数的降低使其满负荷效率比按中国标准高了 4%。

在 ARI 标准中冷水进出口温度是 6.7/12.3℃，冷却水进出口温度是 29.4/35℃。而中国标准中冷水进出口温度是 7/12℃，冷却水进出口温度是 30/35℃。这种差异是由中国的气候特征所造成的。因此，按 ARI 标准的机器将比按中国标准的机器效率提高 5%。

二者综合起来，在中国工况下运行的冷水机组能效要比美国低 10% 左右。因此，按美国标准生产的冷水机组，在中国运行其实际能效等级是要降低的。

图 5-16 是某型离心冷水机组的性价关系。在价格和能效二者的选择上，过去，许多开发商和业主(包括政府投资项目)只重视前者。这种状况随着我国能源供应形势的紧张和政府对节能的重视将有所改变。在我国公共建筑节能设计标准中，引入了“权衡法(Trade-off)”概念。比如，设计采用大面积玻璃幕墙，使围护结构传热超过标准，此时必须选择高效制冷机作为弥补。在价格和能效上有两方面的问题：一方面对于舍得在建筑外观上大把撒钱的业主，应该让他们也为节能多花钱。如果口袋里没有多少钱，那就别建楼。这也有利于对基本建设和房地产市场的宏观调控。另一方面，我们在制定能效标准的时候，必须作详细的寿命周期成本分析，既要节能，也要讲求经济上的合理性和可接受性。由于提高能效而造成的冷水机组价格的增幅应控制在使用户能在 3 年之内从节

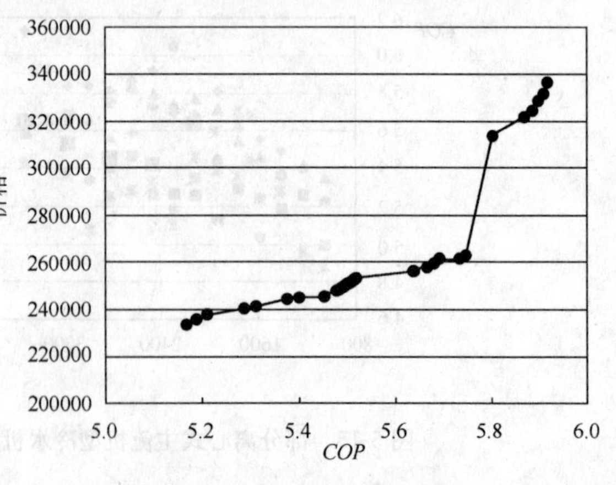

图 5-16　冷水机组的性价比关系

省的电费中回收。必要时应给予必要的补贴。

个别经济发达、公共建筑数量多且没有自然资源的大城市，例如北京、上海、广州、深圳，可以选择比本标准更高的能效等级作为公共建筑空调冷热源的市场准入条件。以上海市为例，根据测算，在今后5年中，如果能够比本标准提高一个级别来控制冷水机组能效，平均每年能削去电力高峰负荷7万kW；每年平均节电率为13.9%。

5.4.6 蒸气压缩循环冷水(热泵)机组的综合部分负荷性能系数(*IPLV*)不宜低于表5.4.6的规定。

表5.4.6 冷水(热泵)机组综合部分负荷性能系数

类型		额定制冷量(kW)	综合部分负荷性能系数(W/W)
水冷	螺杆式	<528	4.47
		528～1163	4.81
		>1163	5.13
	离心式	<528	4.49
		528～1163	4.88
		>1163	5.42

注：*IPLV*值是基于单台主机运行工况。

【释义】

《标准》中第一次提出将冷水机组的综合部分负荷系数值作为建筑节能设计的一项推荐性技术指标。同冷水机组满负荷效率*COP*一样，标准中对综合部分负荷系数*IPLV*限值的规定都反映了我国目前冷水机组所能达到的平均先进水平。这里介绍《标准》中表5.4.6确定的因素。

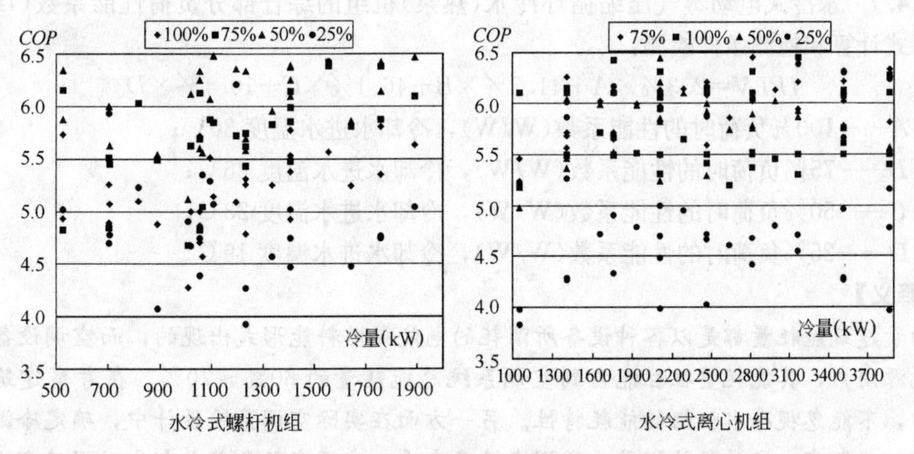

图5-17 不同厂家冷水机组部分负荷能效比分布

图5-17显示国内三家冷机制造商生产的86种水冷式螺杆机组和离心机组在我国冷水机组标准GBT 18430.1规定的工况下不同部分负荷的能效比。

为顾及部分国内厂家的现状及发展，使标准的限值更具有代表性。取上述3家产品的平均部分负荷值的下限见图5-18。即公建标准所规定平均状态的部分负荷能效比值为：

$$EER_{Thr}=EER_{Ave}-STD \quad (5\text{-}13)$$

其中：

EER_{Thr}：平均部分负荷下能效比的限值；

EER_{Ave}：3家厂家产品的部分负荷平均能效比；

STD：部分负荷工况下平均能效比的标准差。

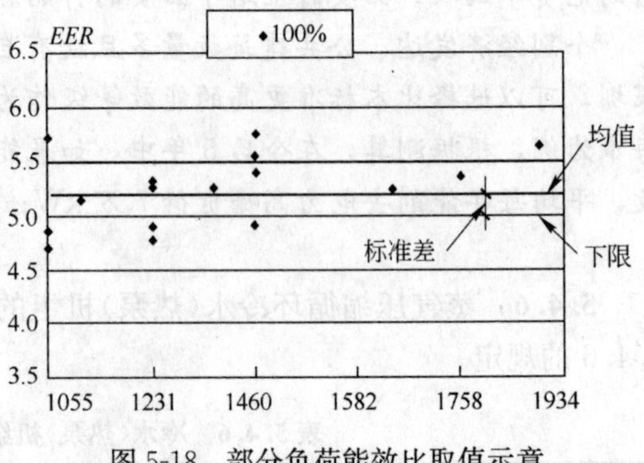

图5-18　部分负荷能效比取值示意

通过统计平均，得到我国不同厂家水冷式螺杆机组及离心机组实际部分负荷能效比的平均值，见表5-12。

表5-12　我国冷水机组部分负荷能效比的平均值

部分负荷能效比		100%	75%	50%	25%
螺杆机组	<530kW	3.64	4.17	4.77	4.26
	530～1160kW	4.18	4.65	5.12	4.23
	>1160kW	4.62	5.11	5.41	4.35
离心机组	<530kW	4.34	4.81	4.67	3.32
	530～1160kW	4.70	5.26	5.10	3.51
	>1160kW	5.10	5.68	5.56	4.45

在制定*IPLV*限值时，还考虑了满负荷能效比的规定，计算时直接引用冷水机组国标《冷水机组能源效率限定值及能效等级》，以标准中的3级或4级能效比作为规定限值。

5.4.7　水冷式电动蒸气压缩循环冷水(热泵)机组的综合部分负荷性能系数(*IPLV*)宜按下式计算和检测条件检测：

$$IPLV=2.3\%\times A+41.5\%\times B+46.1\%\times C+10.1\%\times D$$

式中　A——100%负荷时的性能系数(W/W)，冷却水进水温度30℃；

B——75%负荷时的性能系数(W/W)，冷却水进水温度26℃；

C——50%负荷时的性能系数(W/W)，冷却水进水温度23℃；

D——25%负荷时的性能系数(W/W)，冷却水进水温度19℃。

【释义】

由于建筑能耗量都是以各种设备所消耗的电能或燃料能形式出现的，而空调设备是最终的能源用户，其能耗量往往能占到空调系统总能耗量的60%～70%。在考察建筑空调能耗时，不能忽视冷水机组的能耗特性。另一方面在实际空调系统设计中，确定冷源设备容量时一般都有一定的设计裕量，从调查情况来看，空调实际负荷大部分时间只有设计负荷的40%～80%。因此冷水机组全年部分负荷效率及能耗分析是冷水机组节能研究的主要对象之一。

综合部分负荷效率*IPLV*的概念起源于美国，1986年开始应用，1988年被美国空调制冷协会ARI采用，1992年和1998年进行了两次修改。全美各主要冷水机组制造商通过1998版的*IPLV*。采用*IPLV*有着深刻的工程设计和实际运行背景。

首先，蒸气压缩循环冷水机组(热泵)作为一种制冷量可调节系统，需要有多个参数来描述冷机的实际性能，通常有能效比*COP*(*EER*)、综合部分负荷值*IPLV*与季节能效比*SEER*等，可分别作为冷机额定制冷工况、部分负荷制冷工况和额定制冷制热工况的性能性参数。它们都有各自的应用范围和特点。在考核冷水机组的满负荷*COP*指标的同时，也须考虑机组的部分负荷指标。只有这样才能更准确地评价一台机组，甚至整幢建筑的耗能情况。一般情况下，满负荷运行情况在整台机组的运行寿命中只占1%～5%。所以*IPLV*更能反映单台冷水机组的真正使用效率。正因为此，有些厂家在进行冷水机组的设计的时候，将满负荷点取在压缩机曲线图的“高效岛”的上端，使机组的部分负荷时(50%～90%)处于机组运行的最高效率区域。这样就可以保证机组在用得最多的负荷段有最高的效率，从而带来真正意义上的节能。

其次，*IPLV*不仅是评价冷水机组性能的重要指标，而且也是建筑节能标准和评估体系中的重要环节。一个主要原因在于，作为节能标准必须考察全年负荷(能耗)值。就目前国内外工程上应用的建筑能耗估算来说，主要有两种方法：当量满负荷运行小时数法和满负荷效率*COP*法，因为冷机全年运行时有相当长的时间是工作在部分负荷工况下的，应用上述两种方法就需要知道冷机的全年运行当量满负荷时间，而当量满负荷时间又与冷机的性能和运行模式有关，节能设计必须顾及运行工况。因此需要从其他方面解开这个循环逻辑。例如目前我国工程界就是直接引用日本学者20世纪70年代所确定的日本办公建筑的当量满负荷小时数。如果通过综合部分负荷值*IPLV*就可以比较容易地计算出全年运行工况下的冷负荷，能够应用反映实际运行情况的部分负荷指标，给使用者更真实的数据指标。

随着建筑业的持续增长，空调产品已广泛应用于各类公共建筑。同时中国目前已成为冷水机组制造大国，大部分世界级品牌都已在中国设厂，大大提高了机组的质量水平。而我国在相关行业标准制定方面已显落后，影响我国冷水机组的技术进步和竞争力。基于以上原因，在编制建筑节能的指导性标准的时候，综合考虑了国家的节能政策、我国现有产品的特点和发展水平等因素，制订节能建筑设计时的额定制冷量时最低限度的制冷能效比*EER*值和综合部分负荷能效值，鼓励国产冷水机组尽快提高技术水平。

另外从世界各国的发展趋势来看，*IPLV*指标目前已经在全球的范围内被广泛地接纳和使用，在很多国家的产品认证和节能设计标准中都已经将机组的部分负荷作为重要的考核指标。现在，*IPLV*作为冷水机组的能耗考核标准已被美国联邦政府(FEMP)、非盈利性组织机构(NBI，LEED，Green Seal等)所广泛采用。世界各国的检测标准化机构(ISO、EUROVENT、EECCAC等)也都陆续采用。目前我们国内的冷源设备的技术水平已经与世界趋于同步，中国也迫切需要在规范方面的标准上达到世界水平。

综合部分负荷性能系数*IPLV*是制冷机组在部分负荷下的性能表现，实质上就是衡量了机组性能与系统负荷动态特性的匹配。它将整个负荷以100%、75%、50%、25%为中心划分为4个区域，最后计算得到每个区域占总运行时间的比例(就是公式中的常数)。公式中的4个系数，实际上是起到了一个“时间权”的作用，即公式对机组在不同负荷率下的性能表现，赋予了不同大小的“时间权”值。

1992年美国空调与制冷协会ARI颁布了ARI 550和ARI 590标准。在这两项标准中提出了综合部分荷值(*IPLV*)的指标与标定测试方法。1998年ARI又将这两项标准合并修订为ARI 550/590—1998标准。在ARI 550/590—98标准中，上述4个权值是基于现实的数据和情况，对美国29个城市的气温进行加权平均，并以1967年这29个城市所销售制冷机的比例作为权重系数。主要是因为这29个城市涵盖了ASHRAE所划分8个气候区中的6个区，更能反映气候区的差异(特别是高温、低温高湿的情况)，同时也包括了全美80%制冷机的销售量。因此简单说ARI标准中的几个加权为：对多数公共建筑进行加权平均；对多数的运行时间进行加权平均；对使用或不使用经济器的机组进行加权平均。

*IPLV*系数的计算是从建筑(功能和负荷特性)的角度来看待冷水机组。*IPLV*的计算有三大技术要素：气象参数、建筑负荷特性及冷水机组的特性曲线。

我国冷水机组*IPLV*指标不能直接引用美国ARI标准的一个很重要的原因是，美国的气象条件和气候分区同中国的实际情况有许多区别。与美国29个城市相比，我国冬季各地平均温度偏低8～10℃；夏季各地平均温度却要高出1.3～2.5℃。因此美国ARI标准所给数值不能真正反映出中国气象条件对建筑的负荷分布的影响。另外我国东部及东南地区夏季湿度很高，这将直接影响机组冷凝侧的散热效果。这使得冷水机组额定工况的重要参数(冷却水进水温度或进风的干球温度)的选择也应基于中国气候状况和冷水机组的国标。尽管根据我国气候特点，在空调设计选型计算中，冷却水塔的进出水温度应为32℃/37℃，但为了与当前国标GB 18430.1所规定的30℃/35℃一致，仍以GB 18430.1为依据。

负荷可以分成外部负荷和内部负荷两类。外部负荷主要是由外界环境所决定的。内部负荷如照明、人员、设备发热量等因素与建筑物功能紧密联系。对于大型公共建筑，建筑物的负荷会随着建筑物所处的外部环境和建筑物自身的结构、功能的不同差异很大；如果外部环境大致相同，那么内部负荷的特征差异就会决定总的负荷特征。这些因素共同决定和制约着总负荷的大小(静态性)及变化规律(动态性)。负荷的大小决定了制冷机组的容量，而负荷的变化规律决定了制冷机组的运行状态，因此机组与负荷最好的关系是实现两个匹配：即机组容量与负荷大小的匹配，以及机组性能与负荷变化的匹配。前者关系到初投资，后者不仅关系到日常运行费用，而且还关系到实际使用效果。由于制冷机组全年运行的部分负荷及效率大小与时间顺序无关，而与在不同负荷率的出现几率有关，所以为了更直观地表现出机组负荷的动态特性，采用“频数-负荷率”图为基础。

根据编制组的讨论，筛选出标准政府办公建筑作为标准建筑。该办公建筑为板式建筑，面积为7000m^2，窗墙比取30%，围护结构符合公建标准中第4章的强制性指标规定。办公区人员密度平均5～8m^2/人；会议室人员密度平均2.5m^2/人；办公区照明密度*LPD*取13W/m^2，走廊及生活区7W/m^2；设备主要为PC机、办公设备和少量电热设备，*EPD*取为10～15W/m^2。送风方式为风机盘管+独立新风，冬季室内设计温度要求18℃，夏季26℃；新风量按标准规定取为每人30m^3/h；空调运行时间为每周5.5天，每天12h。无经济器。

计算我国*IPLV*时，首先分析7种可能的影响因素：地点、负荷特性、装机容量、冷机*COP*、设计冷却水温、冷机台数、附机(Tower、Pump)。通过大量计算，分别得到4个气候区的标准办公建筑冷机部分负荷时间随负荷率的分布和*IPLV*的系数分布，分别见

表 5-13 和表 5-14。

表 5-13 不同气候区冷水机组的部分负荷运行时间分布

	冷机的部分负荷时间分布(hrs)										总运行时间(hrs)
	10%	20%	30%	40%	50%	60%	70%	80%	90%	100%	
严寒地区	192	129	163	182	178	171	119	87	39	13	1273
寒冷地区	131	109	163	210	232	211	156	87	29	9	1337
夏热冬冷地区	163	124	167	181	173	162	157	126	83	31	1366
夏热冬暖地区	245	187	217	233	270	292	317	284	115	16	2174

表 5-14 不同气候区办公建筑 *IPLV* 的系数分布

IPLV 的系数	A	B	C	D
严寒地区	1.04%	32.68%	51.22%	15.06%
寒冷地区	0.68%	36.17%	53.36%	9.79%
夏热冬冷地区	2.28%	38.61%	47.19%	11.92%
夏热冬暖地区	2.21%	46.31%	41.21%	10.27%

根据 2003 年中国统计年鉴和中国制冷空调行业年度报告的统计分析结果，以 4 个气候区的当年建成的总建筑面积为权重系数，通过对 4 个气候区进行加权平均，得到中国气象条件下典型办公建筑的 *IPLV* 统一计算公式：$IPLV=2.3\%\times A+41.5\%\times B+46.1\%\times C+10.1\%\times D$。

部分负荷额定性能工况条件应符合 GB/T 18430.1—2001《蒸气压缩循环冷水(热泵)机组 工商业用和类似用途的冷水(热泵)机组》标准中第 4.6 节、第 5.3.5 条的规定。当冷水机组无法依要求做出 100%、75%、50%、25%冷量时，参见 ARI 550/590—1998 标准采取间接法，将该机部分负荷下的效率值描点绘图，点跟点之间再连成直线，再在线上用内插法求出标准负载点。要注意的是，不宜将直线作外插延伸。

5.4.8 名义制冷量大于 7100W、采用电机驱动压缩机的单元式空气调节机、风管送风式和屋顶式空气调节机组时，在名义制冷工况和规定条件下，其能效比(*EER*)不应低于表 5.4.8 的规定。

表 5.4.8 单元式机组能效比

类型		能效比(W/W)
风冷式	不接风管	2.60
	接风管	2.30
水冷式	不接风管	3.00
	接风管	2.70

【释义】

强制性条文。近几年单元式空调机竞争激烈，主要表现在价格上而不是在提高产品质量上。当前，中国市场上空调机产品的能效比值高低相差达 40%，落后的产品标准已阻碍了空调行业的健康发展，本条规定了单元式空调机最低能效比(*EER*)限值，就是为了引导技术进步，鼓励设计师和业主选择高效产品，同时促进生产厂家生产节能产品，尽快与国际接轨。表5.4.8中名义制冷量时能效比(*EER*)值，相当于国家标准《单元式空气调节机能效限定值及能源效率等级》GB 19576—2004中“表2能源效率等级指标”的第4级(见表5-15)。按照国家标准《单元式空气调节机能效限定值及能源效率等级》GB 19576—2004所定义的机组范围，此表暂不适用多联式空调(热泵)机组和变频空调机。

表5-15　能源效率等级指标

类　型		能效等级(*EER*)(W/W)				
		1	2	3	4	5
风冷式	不接风管	3.20	3.00	2.80	2.60	2.40
	接风管	2.90	2.70	2.50	2.30	2.10
水冷式	不接风管	3.60	3.40	3.20	3.00	2.80
	接风管	3.30	3.10	2.90	2.70	2.50

5.4.9　蒸汽、热水型溴化锂吸收式冷水机组及直燃型溴化锂吸收式冷(温)水机组应选用能量调节装置灵敏、可靠的机型，在名义工况下的性能参数应符合表5.4.9的规定。

表5.4.9　溴化锂吸收式机组性能参数

机　型	名义工况			性能参数		
	冷(温)水进/出口温度(℃)	冷却水进/出口温度(℃)	蒸汽压力(MPa)	单位制冷量蒸汽耗量[kg/(kW·h)]	性能系数(W/W)	
					制冷	供热
蒸汽双效	18/13	30/35	0.25	≤1.40		
			0.4			
	12/7		0.6	≤1.31		
			0.8	≤1.28		
直　燃	供冷 12/7 供热出口 60	30/35			≥1.10	≥0.90

注：直燃机的性能系数为：制冷量(供热量)/【加热源消耗量(以低位热值计)+电力消耗量(折算成一次能)】。

【释义】

强制性条文。表5.4.9中的参数取自国家标准《蒸汽和热水型溴化锂吸收式冷水机组》GB/T 18431和《直燃型溴化锂吸收式冷(温)水机组》GB/T 18362，在设计选择溴化锂吸收式机组时，其性能参数应优于其规定值。

5.4.10　空气源热泵冷、热水机组的选择应根据不同气候区，按下列原则确定：

1　较适用于夏热冬冷地区的中、小型公共建筑；

2　夏热冬暖地区采用时，应以热负荷选型，不足冷量可由水冷机组提供；

3　在寒冷地区，当冬季运行性能系数低于1.8或具有集中热源、气源时不宜采用。

注：冬季运行性能系数系指冬季室外空气调节计算温度时的机组供热量（W）与机组输入功率（W）之比。

【释义】

本条提出了空气源热泵经济合理应用，节能运行的基本原则：

1. 和水冷机组相比，空气源热泵耗电较高，价格也高。但其具备供热功能，对不具备集中热源的夏热冬冷地区来说较为适合，尤其是机组的供冷、供热量和该地区建筑空调夏、冬冷热负荷的需求量较匹配，冬季运行效率较高。从技术经济、合理使用电力方面考虑，日间使用的中、小型公共建筑最为合适。

2. 在夏热冬暖地区使用时，因需热量小和供热时间短，以需热量选择空气源热泵冬季供热，夏季不足冷量可采用投资低、效率高的水冷式冷水机组补足，可节约投资和运行费用。

3. 寒冷地区使用时必须考虑机组的经济性与可靠性，当在室外温度较低的工况下运行，致使机组制热 *COP* 太低，失去热泵机组节能优势时就不宜采用。

5.4.11 冷水（热泵）机组的单台容量及台数的选择，应能适应空气调节负荷全年变化规律，满足季节及部分负荷要求。当空气调节冷负荷大于528kW时不宜少于2台。

【释义】

在大中型公共建筑中，冷水（热泵）机组的台数和容量的选择，应根据冷（热）负荷大小及变化规律而定。单台机组制冷量的大小应合理搭配，当单机容量调节下限的制冷量大于建筑物的最小负荷时，可选一台适合最小负荷的冷水机组，在最小负荷时开启小型制冷系统满足使用要求，这已在许多工程中取得很好的节能效果。提出空调冷负荷大于528kW以上的公共建筑（一般为3000～6000m^2）时机组设置不宜少于2台，除可提高安全可靠性外，也可达到经济运行的目的。当特殊原因仅能设置一台时，应采用多台压缩机分路联控的机型。

5.4.12 采用蒸汽为热源，经技术经济比较合理时应回收用汽设备产生的凝结水。凝结水回收系统应采用闭式系统。

【释义】

目前一些采暖，空调用汽设备的凝结水未采取回收措施或由于设计不合理和管理不善，造成大量的热量损失。为此应认真设计凝结水回收系统，做到技术先进，设备可靠，经济合理。凝结水回收系统一般分为重力、背压和压力凝结水回收系统，可按工程的具体情况确定。从节能和提高回收率考虑，应优先采用闭式系统，即凝结水与大气不直接相接触的系统。

5.4.13 对冬季或过渡季存在一定量供冷需求的建筑，经技术经济分析合理时应利用冷却塔提供空气调节冷水。

【释义】

一些冬季或过渡季需要供冷的建筑，当室外条件许可时，采用冷却塔直接提供空调冷水的方式，减少了全年运行冷水机组的时间，是一种值得推广的节能措施。通常的系统做法是：当采用开式冷却塔时，用被冷却塔冷却后的水作为一次水，通过板式换热器提供二次空调冷水(如果是闭式冷却塔，则不通过板式换热器，直接提供)，再由阀门切换到空调冷水系统之中向空调机组供冷水，同时停止冷水机组的运行。不管采用何种形式的冷却塔，都应按当地过渡季或冬季的气候条件，计算空调末端需求的供水温度及冷却水能够提供的水温，并得出增加投资和回收期等数据，当技术经济合理时可以采用。

5.5 监测与控制

5.5.1 集中采暖与空气调节系统，应进行监测与控制，其内容可包括参数检测、参数与设备状态显示、自动调节与控制、工况自动转换、能量计量以及中央监控与管理等，具体内容应根据建筑功能、相关标准、系统类型等通过技术经济比较确定。

【释义】

本条对集中采暖和空调系统的自动控制的设置提出了一个总的原则，设计时要求结合具体工程情况通过技术经济比较确定具体的控制内容。

采暖与空调自动控制系统的设置，是提高能源的有效利用率、保证能源按需分配、减少和节省不必要能耗的一个重要措施之一。根据国外的统计，采用较为完善的自控系统后，全年来看，可以节省大约20%的能耗。本《标准》5.3节中的许多条文，实际上都是需要自动控制系统来支持的——尤其一些需要实时参数(如室温及变新风比等)控制的系统，采用人工控制不但无法满足要求，大多数情况下也是耗费能源的。

采暖与空调自动控制系统在我国已经有了几十年的应用历史和经验。在现阶段强调建筑节能的情况下，我们有充分的理由认为合理的自控系统投资及运行管理，会给用户带来更好的经济效益。

提到自控系统，不能就认为只能是一个大系统，实际上，自控系统是有多个环节有机组合而成的，各个环节本身就可以自身形成合理的控制系统。因此这里提到的自控系统，既包括目前较为流行的DDC控制系统，也包括常规控制仪表所组成的各个环节，它们本身并没有绝对的优、劣区别，不能认为采用就地的常规仪表控制器就不是自动控制(系统)。对于具体工程而言，需要根据实际情况确定出经济技术上最合理控制方式和系统形式。

同时，尤其要注意的是：采暖与空调自控系统的设计是基于采暖和空调设计的基础之上的，只有空调设计合理了，才能有助于自控系统的合理设计和实现预期的功能。因此，空调设计人员应了解和掌握其自动控制系统的基本原理。

5.5.2 间歇运行的空气调节系统，宜设自动启停控制装置；控制装置应具备按预定时间进行最优启停的功能。

【释义】

本条提出了对间歇使用的空调系统自动控制的基本要求。

间歇运行能够满足建筑空调要求的空调系统，应尽可能采用间歇运行的方式，这样相当于缩短全年空调运行的时间，对于节能来说是非常有利的。在目前的民用建筑中，除了酒店等同类建筑外，绝大多数——如办公楼、商场、展览馆、体育馆等等的空调系统都是可以间歇运行的。既然如此，尽可能提前停止和延后启动空调系统的运行，本身就是减少空调运行时间的方式之一。

在目前的多数空调建筑中，通常这一点是采用人工管理的方式来进行的。由于人工管理具有随意性和不确定的一些其他因素，因此本条推荐采用设置自动启停的控制装置，其目的就是要使运行时间的更加科学化和程序化。作为硬件来说，自动启停的控制装置从技术上不是太大的问题，也不需要太多的费用。问题的关键是要采用合理的软件和控制程序，这需要对建筑的使用特点、运行管理等方面进行详细的调研，取得相关的基础资料后才能作为控制程序的编制依据。尽管现在许多建筑的空调自动控制系统中已经有这样的功能，但正如前面所述：真正实现科学化和程序化启停空调系统的建筑还不是很普遍或者还没有完全做到，其中一个重要原因就是对建筑的使用规律的总结和后期的编程工作存在缺陷。因此，我们希望在投资中先考虑到此点，在建筑投入运行后，由建筑管理商和自控系统服务商尽快完善这一功能。

5.5.3 对建筑面积 $20000m^2$ 以上的全空气调节建筑，在条件许可的情况下，空气调节系统、通风系统，以及冷、热源系统宜采用直接数字控制系统。

【释义】

"直接数字控制系统"简称为"DDC 系统"。

大、中型工程的空调系统，通常存在控制内容复杂、控制点非常多的情况。DDC 控制系统从 20 世纪 80 年代进入中国之后，已经经过约 20 年的实践，证明其在设备及系统控制、运行管理等方面具有较大的优越性且能够较大的节约能源，大多数工程项目的实际应用过程中都取得了较好的效果。就目前来看，多数大、中型工程也是以此为基本的控制系统形式的。在整个科技向数字化发展的今天，这一系统我们认为是目前最适合于大、中型建筑的空调自动控制系统之一，其投资也已经比刚引入中国时有了明显的下降，对于大型和技术复杂的项目，在实现同样功能的情况下，该系统在价格上也已经具备了明显的优势，并且空调自动控制的有些功能要求——例如焓值控制，采用常规仪表系统会非常复杂甚至无法完全实现控制需求的。同时，国内也已经有多个制造商可以承担起相应的产品制造、技术服务等内容的能力，为这一系统的应用创造了一个较好的平台。

当然，对于小型工程来说，由于控制点少、控制功能相对简单等原因，如果采用这一系统，一般来说并不能(或这也不需要)充分发挥其计算机控制在运行速度、控制逻辑、运行管理等方面的强大优势，给人有点"大马拉小车"的感觉，不易体现出投资的合理性。同时，考虑到全国不同地区的经济发展的不平衡等原因，因此，根据目前的实际情况的总结和同行人员的经验，这里定位为建筑面积 $20000m^2$ 以上的全空调建筑是比较合适的。随着技术的进步和经济的发展，相信它的适用范围会越来越大。

5.5.4 冷、热源系统的控制应满足下列基本要求：

1 对系统冷、热量的瞬时值和累计值进行监测，冷水机组优先采用由冷量优化控制运行台数的方式；

2 冷水机组或热交换器、水泵、冷却塔等设备连锁启停；

3 对供、回水温度及压差进行控制或监测；

4 对设备运行状态进行监测及故障报警；

5 技术可靠时，宜对冷水机组出水温度进行优化设定。

【释义】

本条对空调冷、热源系统的自动控制和监测系统提出了较为具体的基本控制要求。由于空调系统的冷、热源通常占有整个系统能耗的绝大部分比例，因此对其合理的控制具有较大的节能权重，这也是本节的重点条文内容之一。为了使读者对本条的编制精神了解得更为详细，以下逐款进行一些解释。

1. 目前相当多的工程采用人工根据总回水温度的情况来启停冷、热源设备，也有一些工程采用的是总回水温度来自动控制运行台数。但由于冷水机组的最高效率点通常位于该机组的某一部分负荷区域，缺乏流量信号以及温度传感器的测量精度等原因，采用温度控制不能准确地反映系统冷、热量的需求，也不能确定需要多少机组在高效区运行。采用冷量控制的方式是直接针对冷量需求来进行控制，可以让冷水机组尽可能地在高效区运行，比采用温度控制的方式更有利于冷水机组的运行节能，是目前最合理和节能的控制方式。但是，由于计量冷量的元器件和设备价格较高，因此规定在有条件时(如采用了DDC控制系统时)，优先采用此方式。同时，台数控制的基本原则是：(1)让设备尽可能处于高效运行；(2)让相同型号的设备的运行时间尽量接近以保持其同样的运行寿命(通常优先启动累计运行小时数最少的设备)；(3)满足用户侧低负荷运行的需求。

2. 设备的连锁启停主要是保证设备的运行安全性，这一点对于冷水机组来说更为重要。通常：在冷水机组启动时，要保证其必需的蒸发器和冷凝器的水压差(采用压差信号时)，或保证蒸发器和冷凝器内有必需的水流量(采用水流开关信号时)，因此从连锁程序上来看，必须先启动相应的水泵以及这些水管道上相应的电动(或气动)阀门。

3. 目前绝大多数空调水系统控制是建立在变流量系统的基础上的，冷热源的供、回水温度及压差控制在一个合理的范围内是确保采暖空调系统的正常运行的前提，如果供、回水温度过小或者压差过大的话，将会造成能源浪费，甚至系统不能正常工作，必须对它们加以控制与监测。

对于回水温度，主要是设置监测(回水温度的高低由用户侧决定)和高(低)限温报警。

对于冷冻水而言，其供水温度通常是由冷水机组自身所带的控制系统进行控制。

对于采暖或空调热水系统来说，当采用换热器供热时，应配置供水温度自动控制系统；如果采用其他热源装置供热，则要求该装置应自带供水温度控制系统。

在冷却水系统中，冷却水的供水温度对制冷机组的运行效率影响很大，同时也会影响到机组的正常运行，故必须加以控制(尤其是最低供水温度的限制)。机组冷却水总供水温度可以采用：(1)控制冷却塔风机的运行台数(对于单塔多风机设备)；(2)控制冷却塔风机转速(特别适用于单塔单风机设备)；(3)通过在冷却水供、回水总管设置旁通电动阀等方式进行控制。其中方法(1)节能效果明显，应优先采用。如环境噪声要求较高(如夜间)时，可优先采用方法(2)，它在降低运行噪声的同时，同样具有很好的节能效果，但投资稍大。在气候越来越凉，风机全部关闭后，冷却水温仍然下降时，可采用方法(3)进行旁通控制。在气候逐渐变热时，则反向进行控制。这是保证机组在较低气温条件下安全、可靠运行的必要手段。

设备运行状态的监测及故障报警是冷、热源系统监控的一个基本内容。通过它的作用，既可以保证系统的正常工作，又可以使管理和维修、维护更加科学化。

当楼宇自控系统与冷冻机控制系统可实施集成的条件时，可以根据室外空气的状态，在一定范围内对冷水机组的出水温度进行再设定优化控制。通常来说，这种优化的前提是所有用户的需冷量都低于设计参数(并且下降的程度最好能够成一定的比例)，这样我们就可以适当提高供水温度，同时提高了冷水机组的制冷效率。同样，在冬季一定的气候条件下也可以适当降低供水温度，提高供热设备的效率和减少管道设备的散热损失。

这里强调的是：由于工程的情况不同，作为空调建筑的冷、热源系统，上述列出的只是一些通用的、基本的控制要求，可能无法完全包含一个具体的工程中的所有监控内容(如一次水供回水温度及压差、定压补水装置、软化装置等等)，因此设计人还要根据具体情况以及甲方的要求确定一些应监控的参数和设备。

5.5.5 总装机容量较大、数量较多的大型工程冷、热源机房，宜采用机组群控方式。

【释义】

机房(或机组)群控方式是能源综合管理、提高能源利用率的有效方式之一。因此在本标准中推荐根据需求和条件合理采用。

例如：离心式、螺杆式冷水机组在某些部分负荷范围运行时的效率高于满负荷工作点的效率，因此简单地按容量大小来确定运行台数并不一定是最节能的方式；在许多工程中，冷、热源设备采用了多台机组大、小搭配的设计方案，这时采用群控方式，合理确定运行模式对节能是非常有利的。又如，在冰蓄冷系统中，根据负荷预测调整制冷机和系统的运行策略，达到最佳移峰、节省运行费用的效果，这些均需要进行机房群控才能实现。

由于工程情况的不同，这里只是原则上提出群控的要求和条件。具体设计时，应根据负荷特性、设备容量、设备的部分负荷效率、自控系统功能以及投资等多方面进行经济技术分析后确定群控方案。同时，也应该将冷水机组、水泵、冷却塔等相关设备综合考虑。

由于群控涉及到的内容很多，涉及到的相关技术环节甚至相关的单位也很多，在目前的建筑建造、运行管理模式下，需要进行综合协调——比如当楼宇系统(BMS)与空调设备不是同一供应商时，要进行设备群控，就需要两个制造商之间的信息协调和沟通。在实际操作过程中可能存在一定的难度，需要建筑开发商、设计单位、施工单位以及建筑内的所有相关设备和系统供应商经过充分的协商后才能完成。考虑到目前的实际情况(包括对已有建筑的调研)，所以本条采用推荐方式。

5.5.6 空气调节冷却水系统应满足下列基本控制要求：

1 冷水机组运行时，冷却水最低回水温度的控制；

2 冷却塔风机的运行台数控制或风机调速控制；

3 采用冷却塔供应空气调节冷水时的供水温度控制；

4 排污控制。

【释义】

本条提出了对冷却水系统的基本控制要求。

从节能的观点来看，较低的冷却水进水温度有利于提高冷水机组的能效比，因此尽可能降低冷却水温对于节能是有利的。但为了保证冷水机组能够正常运行，提高系统运行的可靠性，通常冷却水进水温度有最低水温限制的要求。为此，必须采取一定的冷却水水温控制措施。通常有3种做法：(1)调节冷却塔风机运行台数；(2)调节冷却塔风机转速；(3)供、回水总管上设置旁通电动阀，通过调节旁通流量保证进入冷水机组的冷却水温高于最低限值。在(1)、(2)两种方式中，冷却塔风机的运行总能耗也得以降低。

在停止冷水机组运行期间，当采用冷却塔供应空调冷水时，为了保证空调末端所必需的冷水供水温度，防止空调冷水的冻结，应对冷却塔出水温度和空调冷水的供水温度进行控制。

冷却水系统在使用时，由于水分的不断蒸发，水中的离子浓度会越来越大。为了防止由于高离子浓度带来的结垢等种种弊病，必须及时排污。排污方法通常有定期排污和控制离子浓度排污。这二种方法都可以采用自动控制方法，其中控制离子浓度排污方法在使用效果与节能方面具有明显优点。

本条尽管在一定程度上强调了冷却水最低温度的控制要求(尤其是条文说明部分)，但并不排斥在保证冷水机组正常运行的情况下尽可能降低冷却水温的做法。对于整个空调系统来说，降低冷却水温度可以提高冷水机组的能效比而节能，但要“尽可能降低”冷却水温度，就有可能延长冷却塔风机的运行时间(或者高速运行时间)，对于冷却塔本身又多耗费了能源。怎样使系统的综合能耗最小？目前已经有相当多的研究成果，尽管不同的研究角度所得到的结论是不尽相同的，但这些成果的一个共同点是：不同做法对系统整体能耗的影响取决于系统的设置、设备的形式、类型和性能特点、设备控制方式(包括群控)等诸多因素。因此需要设计人员对实际系统进行合理的分析后确定控制原则。

5.5.7 空气调节风系统(包括空气调节机组)应满足下列基本控制要求：

1 空气温、湿度的监测和控制；

2 采用定风量全空气空气调节系统时，宜采用变新风比焓值控制方式；

3 采用变风量系统时，风机宜采用变速控制方式；

4 设备运行状态的监测及故障报警；

5 需要时，设置盘管防冻保护；

6 过滤器超压报警或显示。

【释义】

与冷、热源系统的控制(5.5.5条)相类似，本条提出了空调风系统(包括空调机组)的基本控制要求。由于空调风系统的形式多样，在条文中要全部列出作为标准来说是不现实也不可能的。因此这里提出的也只是全空气空调系统(包括新风空调系统)一些通用的、基本的控制要求而不是其全部控制内容。具体的内容需要结合实际要求来合理提出。

1. 室内温、湿度控制与监测

室内空气温、湿度控制和监测是空调风系统控制的一个基本要求。过低或过高的室内空气温、湿度不仅舒适性差，还会浪费空调系统运行的能耗。常用的控制方法有：

在新风系统中，通常控制送风温度和送风(或典型房间——取决于新风系统的加湿控制方式)的相对湿度。

在带回风的系统中，通常控制回风(或室内)温度和相对湿度，如果不具备湿度控制条件(如夏季使用两管制供水系统)时，舒适性空调的夏季相对湿度可不作精确控制。

在温、湿度同时控制的过程中，应考虑到人体的舒适性范围，防止由于单纯追求某一项指标而发生冷、热相互抵消的情况(例如大多数舒适性空调对夏季湿度的要求并不严格，如果为此采用“冷却＋再热”方式控制相对湿度，会大大提高空调系统的能耗)。

在技术可靠、经济合理的情况下，可考虑夜间(或节假日)对室内温度进行自动再设定控制，降低室内温度标准，节省能源。

2. 变新风比及焓值控制

在大多数民用建筑中，如果采用双风机系统(设有回风机)，其目的通常是为了节能而更多地利用新风(直至全新风)。因此，系统应采用可变新风比焓值控制方式。其主要内容是：根据室内、外焓值的比较，通过调节新风、回风和排风阀的开度，最大限度地利用新风来节能。技术可靠时，可考虑夜间对室内温度进行自动再设定控制。目前也有一些工程采用“单风机空调机组加上排风机”的系统形式，通过对新风、排风阀的控制以及排风机的转速控制也可以实现变新风比控制的要求。

以下介绍一种相对简化的全年变新风比及焓值控制策略。

(1) 冬季运行状态(系统供热水)下，由室温控制空调机组热水阀，此时采用最小新风比。

(2) 在当室外温度逐渐升高，热负荷逐渐减小的过程中，热水阀逐渐关小。当热水阀已经全部关闭后，如果室温仍然超过设定值，则控制策略由“室温控制热水阀”改为“室温控制新风比”(加大新风比)——通过对新风、回风电动阀的开度控制来实现。显然，此过程是一个完全地利用室外空气进行自然冷却的过程。

(3) 当室外空气的焓值小于室内空气的焓值，且新风比加大至100%(新风阀全开)后，室温仍然超过设定值，则要求对空调机组供冷水，控制策略由“室温控制新风比”改为“室温控制冷水阀”。所谓的焓值控制主要体现在此点。从定性来看，这时采用回风的空气处理冷量会大于采用全新风的处理冷量，因此这一过程中，新风阀维持100%开度。

(4) 当室外空气的焓值大于室内空气的焓值时，采用部分回风的方式的处理冷量小于采用全新风方式，因此，这时应采用最小新风比控制。

3. 变风量采用风机变速是最节能的方式

关于变风量系统采用风机变速的优缺点在5.3节中已经较详细作了介绍。总的来看，尽管风机变速的做法投资有一定增加，但对于采用变风量系统的工程而言，这点投资应该是有保证的，其节能所带来的效益能够较快地回收投资。风机变速可以采用的方法有定静压控制法、变静压控制法和总风量控制法，第一种方法的控制最简单，运行最稳定，但节能效果不如后两种；第二种方法是最节能的办法，但需要较强的技术和控制软件的支持；第三种介于第一、二种之间。就一般情况来说，采用第一种方法已经能够节省较多的能源。但如果为了进一步节能，在经过充分论证控制方案和技术可靠时，可采用变静压控制模式。

4. 盘管防冻保护

在冬季室外气温有可能低于0℃的地区，应该设置对盘管的防冻控制。这里提到的盘管防冻，包括空调机组停止运行时的防冻和运行过程中的防冻。

(1) 空调机组停止运行时的防冻

空调机组停止运行时，如果低温室外空气进入了空调机组内，极易导致热盘管内的水冻结，这种情况在实际运行的工程中也时有发生。这时的防冻措施一般有两点：

1) 新风阀与空调机组连锁，当空调机组停止时，新风阀自动关闭；

2) 考虑到新风阀可能存在的漏风等因素，同时测量热盘管的防冻温度(不同厂家的测量方式可能是不一样的)，一旦低于5℃时，打开热水阀，加大盘管内的热水流量。

(2) 运行过程中的防冻

运行过程中的盘管冻结现象主要在以下情况时发生：1)热盘管设计选择过大；2)采用冬、夏合用盘管(两管制系统)。由于通常按照夏季选择盘管而导致冬季实际加热能力过大(尤其是夏季冷量在数值上远大于冬季热量的场合)。在上述两种情况下，由于温度控制将使通过盘管的热水流量自动降低，当流量降低至热水温差大于盘管的供水温度时，就可能出现盘管冻结的情况。避免的方式与上述(1)中的2)相似——测量热盘管的防冻温度，一旦低于5℃时，开大热水阀，加大盘管内的热水流量。

5.5.8 采用二次泵系统的空气调节水系统，其二次泵应采用自动变速控制方式。

【释义】

本条对二次泵的控制方式提出了明确要求。

设计中采用二次泵系统的条件在本标准5.3节中已经有所提出，通常是一个规模较大的系统。

二次泵系统作为一种节能的空调水系统，最初是以定速台数控制方式出现的。理论和实践都证明：二次泵采用变速控制方式比采用水泵台数控制的方法更节能，但以前采用定速泵的一个主要原因是因为变速调节手段有限或者变频调速设备的价格昂贵。经过近20年的发展，就目前来看，变频调速设备的价格已经大大下降，所增加的费用对于整个工程而言是微不足道的，回收周期也非常短，经济性较好，值得推广。同时，变频器性能的提高，也为二次泵采用变速控制节能提供了良好的基础。

需要强调的一点是：不论是采用定速台数控制还是采用变速控制，其中一个关键的思想是实时控制，即“供需平衡”。因此采用二次泵系统，必须设置相对完善的控制系统而不是由人工来确定二次泵的运行台数(或者转速)。

一般情况下，二次泵转速可采用定压差方式进行控制。压差信号的取得方法通常有二种：(1)取二次水泵环路中主供、回水管道的压力信号。由于信号点的距离近，该方法易于实施。(2)取二次水泵环路中各个远端支管上有代表性的压差信号。如有一个压差信号未能达到设定要求时，提高二次泵的转速，直到满足为止；反之，如所有的压差信号都超过设定值，则降低转速。显然，方法(2)所得到的供回水压差更接近空调末端设备的使用要求，因此在保证使用效果的前提下，它的运行节能效果较前一种更好，但信号传输距离远，要有可靠的技术保证。

当技术可靠时，也可采用变压差方式——根据空调机组(或其他末端设备)的水阀开度情况，对控制压差进行再设定，尽可能在满足要求的情况下降低二次泵的转速以达到节能的目的。

设计中还要注意的一个问题是：即使二次泵根据供、回水压差采用变速控制，一般情况下也有必要在供、回水总管上再设旁通电动阀。这是因为：由于水泵性能特点、减振要求等原因，对二次泵的转速变化是有范围限制的，我们不可能使二次泵的转速从额定值——零之间改变，因此，当二次泵降低至最低转速(此最低转速应由设计人员提出，根据有关研究表明，水泵的最小运转频率一般在30～35Hz)时，如果系统压差继续升高，则应打开旁通来进行系统的水量平衡和控制——此时与一次泵系统通过压差控制旁通电动阀的做法在原理上完全相同。

5.5.9 对末端变水量系统中的风机盘管，应采用电动温控阀和三挡风速结合的控制方式。

【释义】

变水量系统的真正含义是：在系统运行过程中，用户侧的流通水量总是处于实时的变化过程之中，因此在系统中必然存在对水流量实时控制的元器件。将一个仅仅依靠人工启停水泵(或者人工调节水泵转速)带来水流量变化的系统认为是一个变水量系统看法从原理上讲是不合适的。明确上述看法有利于对本条文的理解。

风机盘管采用温控阀是为了保证各末端能够"按需供水"，以实现整个水系统为变水量系统。如果风机盘管不设电动阀，很明显这个系统是一个定水量系统，因此，直接采用风速开关对室内温度进行控制的方式对于变水量系统是不合适的，与目前许多已经论证过的采用变水量系统节能的思路是有矛盾的。这也是本条规定应采用电动温控阀的原因所在。

至于其温控阀是采用双位式还是可调式(前者投资较少，后者控制精度较高)，应根据工程的实际要求确定。一般来说，普通的舒适性空调要求情况下采用双位阀即可，只有对室温控制精度要求特别高时，才采用可调式温控阀。

5.5.10 以排除房间余热为主的通风系统，宜设置通风设备的温控装置。

【释义】

本条主要是从全年运行的情况来考虑，从原理上看，它与变风量系统有类似之处，即房间在某时刻的通风量由该时刻房间的室温所确定。在以排除房间发热量为主的通风系统中，根据房间温度控制通风设备运行，可避免在气候凉爽或房间发热量不大的情况下通风设备满负荷运行的状况发生，既可节约电能，又能延长设备的使用年限。

通常采用的控制方法有：(1)控制通风设备运行台数。(2)对于单台风机采用改变风机的转速的方法，可以通过改变电机的极数进行多级变速运行，也可以通过变频实现连续可调变速。(3)双位控制，根据设定温度的上、下限，控制风机的启、停运行。从温控效果来说，其中方法(2)中变频的方法最佳，方法(1)与(2)中的多级变速运行其次，方法(3)稍差。从节能来说，这三种方法都可以达到很好的效果。由于目前工程设计中很多场合采用一台风机，而且大多针对房间温度要求不是很严格的情况，因此第(3)方法是一种投资小，见效快的方法。

5.5.11 地下停车库的通风系统，宜根据使用情况对通风机设置定时启停(台数)控制或根据车库内的CO浓度进行自动运行控制。

【释义】

对地下车库通风设备采用定时控制与采用CO浓度控制是两种完全不同的方式。定时控制是建立在对车库的车流量有充分的调研资料的基础上的，通常来说适合于全年车流量随时间的变化较为有规律的车库，通常可以通过对为车库服务的风机的运行时间进行控制软件编程来实现。例如：对于居住区、办公楼等每日车辆出入明显有高峰时段的地下车库，采用每日、每周时间程序控制风机启停的方法，节能效果明显。在有多台风机的情况下，也可以根据不同的时间启停不同的运行台数的方式进行控制。CO浓度控制则强调实时概念，有利于在保持车库内空气质量的前提下节约能源，更属于自动控制的范畴。但由于CO浓度探测设备比较贵，因此适用于高峰时段不确定的地下车库。在汽车开、停过程中，通过对其主要排放污染物CO浓度的监测来控制通风设备的运行。由于目前还没有关于地库空气质量的相关标准，因此建议采用CO浓度控制方式时，CO浓度宜取$3\sim5\times10^{-6}m^3/m^3$。

就目前来看，这两种方式并没有“谁优谁劣”的问题，主要取决于具体的对象，这是因为后者是建立在对CO传感器的设置数量、设置位置以及对汽车的排放特性等参数较为明确的基础上的，同时在投资上后者也多于前者。对于同一个车库来说，通常不需要上述两种方式同时设置。

5.5.12 采用集中空气调节系统的公共建筑，宜设置分楼层、分室内区域、分用户或分室的冷、热量计量装置；建筑群的每栋公共建筑及其冷、热源站房，应设置冷、热量计量装置。

【释义】

本条提出了关于冷、热计量的一些原则性的规定或建议，主要目的是强调计量手段在节能中的重要性，这也与目前的国家政策与管理法规是一致的。

集中空调系统的冷量和热量计量与我国北方地区的采暖热计量一样，是一项重要的建筑节能措施。设置能量计量装置不仅有利于管理与收费，用户也能及时了解和分析用能情况，加强管理，提高节能意识和节能的积极性，自觉采取节能措施。目前在我国出租型公共建筑中，集中空调费用多按照用户承租建筑面积的大小，用面积分摊方法收取，这种收费方法的效果是用与不用一个样、用多用少一个样，使用户产生“不用白不用”的心理，导致室内过热或过冷，造成能源浪费，不利于用户健康，还会引起用户与管理者之间的矛盾。公共建筑集中，冷、热量的计量也可作为收取空调使用费的依据之一，空调按用户实际用量收费是今后的一个发展趋势。它不仅能够降低空调运行能耗，也能够有效地提高公共建筑的能源管理水平。

我国已有不少单位和企业，对集中空调系统的冷热量计量原理和装置进行了广泛的研究和开发，并与建筑自动化(BA)系统和合理的收费制度结合，开发了一些可用于实际工程的产品。当系统负担有多栋建筑时，应针对每栋建筑设置能量计量装置；同时，为了加强对系统的运行管理，要求在能源站房(如冷冻机房、热交换站或锅炉房等)应同样设置能量计量装置。但如果空调系统只是负担一栋独立的建筑，则能量计量装置可以只设于能源站房内。

当实际情况要求并且具备相应的条件时，推荐按不同楼层、不同室内区域、不同用户或房间设置冷、热量计量装置的做法。

但是由于冷、热量传递的特殊性，要真正做到建筑内每个用户完全按计量收费几乎是不可能的，也是不尽合理的。因此本条文的重点是强调“按区域”计量(按每栋建筑、楼层以及可能在管理上分开的使用区域等)，这样可以从大的方面去提高人们的节能意识，同时希望能够对加强不同用户内部的节能管理起到一定的作用。

附录A　建筑外遮阳系数计算方法

建筑的外遮阳是一种非常有效的遮阳措施，可以把相当一部分太阳辐射热挡在室外，大大降低夏季的空调冷负荷。

外遮阳可以是固定的建筑遮阳构造，如窗口上沿的遮阳板、窗口侧沿的遮阳板、窗口前方的挡板或格栅等；也可以是活动的，如百叶窗、卷帘、活动挡板等。这些遮阳构造在建筑中的使用是比较普遍的。

计算建筑外遮阳对透过窗户(幕墙)玻璃而进入室内的太阳辐射的影响是一个十分复杂的问题。太阳在天空中按既定的轨道运行，它的高度角和方位角每日每时都在不断变化，室外的气象条件又“风云变换”，造成太阳辐射强度随时间不断变化，建筑外遮阳在窗(幕墙)面上的阴影面积也随时间不断变化。太阳辐射又有直射辐射和散射辐射之分，各个方向的辐射照度又都不相同。建筑外遮阳对直射辐射和散射辐射的遮蔽作用也是不同的。

本附录计算得到的建筑外遮阳系数是考虑固定外遮阳在整个采暖期和空调期对进入室内太阳辐射得热影响的一个平均折减。

A.0.1　水平遮阳板的外遮阳系数和垂直遮阳板的外遮阳系数应按下列公式计算确定：

水平遮阳板：　$$SD_H=a_hPF^2+b_hPF+1 \tag{A.0.1-1}$$

垂直遮阳板：　$$SD_V=a_vPF^2+b_vPF+1 \tag{A.0.1-2}$$

遮阳板外挑系数：　$$PF=\frac{A}{B} \tag{A.0.1-3}$$

式中　SD_H——水平遮阳板夏季外遮阳系数；

SD_V——垂直遮阳板夏季外遮阳系数；

a_h、b_h、a_v、b_v——计算系数，按表A.0.1取定；

PF——遮阳板外挑系数，当计算出的$PF>1$时，取$PF=1$；

A——遮阳板外挑长度(图A.0.1)；

B——遮阳板根部到窗对边距离(图A.0.1)。

表A.0.1　水平和垂直外遮阳计算系数

气候区	遮阳装置	计算系数	东	东南	南	西南	西	西北	北	东北
寒冷地区	水平遮阳板	a_h	0.35	0.53	0.63	0.37	0.35	0.35	0.29	0.52
		b_h	−0.76	−0.95	−0.99	−0.68	−0.78	−0.66	−0.54	−0.92
	垂直遮阳板	a_v	0.32	0.39	0.43	0.44	0.31	0.42	0.47	0.41
		b_v	−0.63	−0.75	−0.78	−0.85	−0.61	−0.83	−0.89	−0.79

续表

气候区	遮阳装置	计算系数	东	东南	南	西南	西	西北	北	东北
夏热冬冷地区	水平遮阳板	a_h	0.35	0.48	0.47	0.36	0.36	0.36	0.30	0.48
		b_h	−0.75	−0.83	−0.79	−0.68	−0.76	−0.68	−0.58	−0.83
	垂直遮阳板	a_v	0.32	0.42	0.42	0.42	0.33	0.41	0.44	0.43
		b_v	−0.65	−0.80	−0.80	−0.82	−0.66	−0.82	−0.84	−0.83
夏热冬暖地区	水平遮阳板	a_h	0.35	0.42	0.41	0.36	0.36	0.36	0.32	0.43
		b_h	−0.73	−0.75	−0.72	−0.67	−0.72	−0.69	−0.61	−0.78
	垂直遮阳板	a_v	0.34	0.42	0.41	0.41	0.36	0.40	0.32	0.43
		b_v	−0.68	−0.81	−0.72	−0.82	−0.72	−0.81	−0.61	−0.83

注：其他朝向的计算系数按上表中最接近的朝向选取。

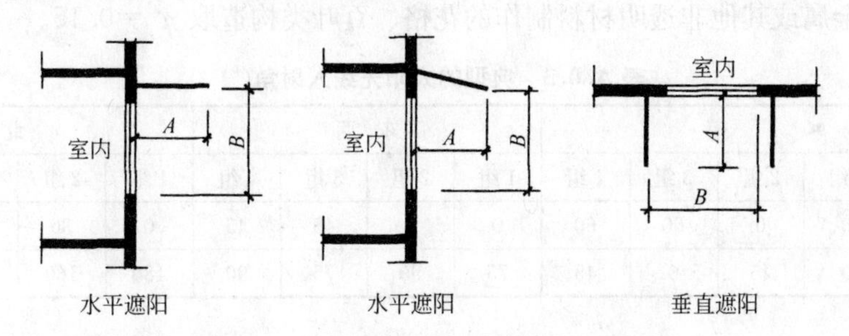

图 A.0.1　遮阳板外挑系数(*PF*)计算示意

【释义】

本条文计算窗口上沿的水平遮阳板和窗口侧沿的垂直遮阳板的遮阳系数。所谓“遮阳板”并不一定就是一块真正的“板”，窗口上边和侧边的突出物都可以视作水平和垂直遮阳板。例如对顶层的窗口而言，挑出的屋檐就是一块水平遮阳板。

遮阳板的尺寸以及相对于窗口的位置对遮阳的影响非常大，遮阳板外挑系数 *PF* 描述了遮阳板和窗口之间的关系。图 A.0.1 将如何确定 *PF* 表述得很清楚。

建筑外遮阳系数与窗的朝向有非常密切的关系。例如太阳晨起暮落时分，高度角很低，太阳光线平射，所以东、西向窗口上沿的水平遮阳作用就非常有限。

建筑外遮阳系数应当与当地地理位置有关，因为纬度决定太阳的高度角，而太阳的高度角在很大程度上影响了太阳辐射照度。但是一方面遮阳系数是个相对的比值，另一方面本标准关注的是遮阳对能耗的影响，因此为简化计算起见，分三个气候区来计算建筑外遮阳系数。

表 A.0.1 中列出的水平和垂直外遮阳计算系数是经过大量的计算，回归处理后得到的结果[1]。

A.0.2　水平遮阳板和垂直遮阳板组合成的综合遮阳，其外遮阳系数值应取水平遮阳板和垂直遮阳板的外遮阳系数的乘积。

A.0.3　窗口前方所设置的并与窗面平行的挡板(或花格等)遮阳的外遮阳系数应按下式计算确定：

$$SD=1-(1-\eta)(1-\eta^*) \quad (A.0.3)$$

式中 η——挡板轮廓透光比。即窗洞口面积减去挡板轮廓由太阳光线投影在窗洞口上所产生的阴影面积后的剩余面积与窗洞口面积的比值。挡板各朝向的轮廓透光比按该朝向上的4组典型太阳光线入射角，采用平行光投射方法分别计算或实验测定，其轮廓透光比取4个透光比的平均值。典型太阳入射角按表A.0.3选取。

η^*——挡板构造透射比。

混凝土、金属类挡板取 $\eta^*=0.1$；

厚帆布、玻璃钢类挡板取 $\eta^*=0.4$；

深色玻璃、有机玻璃类挡板取 $\eta^*=0.6$；

浅色玻璃、有机玻璃类挡板取 $\eta^*=0.8$；

金属或其他非透明材料制作的花格、百叶类构造取 $\eta^*=0.15$。

表 A.0.3 典型的太阳光线入射角(°)

窗口朝向	南				东、西				北			
	1组	2组	3组	4组	1组	2组	3组	4组	1组	2组	3组	4组
太阳高度角	0	0	60	60	0	0	45	45	0	30	30	30
太阳方位角	0	45	0	45	75	90	75	90	180	180	135	−135

【释义】

太阳晨起暮落，其高度角和方位角不停地变化。当太阳出现在东方和西方时，其高度角比较低，太阳光线接近平射，水平遮阳对东、西向窗的作用非常有限，只有在前方设置与窗面平行的挡板才能有效地遮挡太阳。为了美观起见，也常常用各种花格(格栅)来代替挡板。

当太阳光从某一个角度照射到设有挡板的窗口时，窗面上可能会出现一块阴影，窗面积减去阴影面积然后再除以窗面积就是公式(A.0.3)中的挡板轮廓透光比 η。

如果窗前设置的是一个花格，那么窗面上出现阴影也是一个花格，这时候用花格外轮廓的投影来计算阴影面积。

显然，挡板的轮廓透光比与太阳光线的入射角度有关。附录规定采用4组典型太阳光线入射角分别计算出轮廓透光比，然后取4个透光比的平均值作为最终的轮廓透光比。

挡板的材料不同其遮阳效果也会不一样，例如太阳光肯定无法透过一块混凝土挡板，但却可以透过一块玻璃钢挡板。因此，公式(A.0.3)引进了“挡板构造透射比 η^*”来修正遮阳系数。

混凝土和金属类挡板构造透射比取0.1，表示太阳光无法透过挡板，但太阳辐射会升高档板的温度，引起对窗面的二次辐射。

厚帆布和玻璃钢类挡板构造透射比0.4，表示一部分太阳光能够透过挡板照到窗面上。直观地说就是厚帆布和玻璃钢类挡板留在窗面上的阴影不如混凝土和金属类挡板留下的阴影颜色深。

对于遮阳花格，也用构造透射比来修正遮阳系数。

如果用手工计算，遮阳系数无疑是太复杂了，但对于一个计算程序来说，这点计算是非常简单的。

A.0.4 幕墙的水平遮阳可转换成水平遮阳加挡板遮阳，垂直遮阳可转化成垂直遮阳加挡板遮阳，如图 A.0.4 所示。图中标注的尺寸 A 和 B 用于计算水平遮阳和垂直遮阳遮阳板的外挑系数 PF，C 为挡板的高度或宽度。挡板遮阳的轮廓透光比 η 可以近似取为 1。

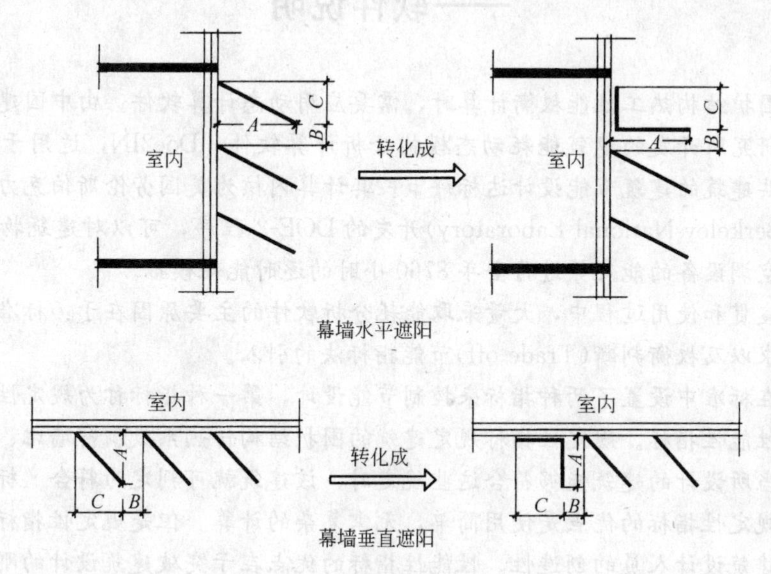

图 A.0.4 幕墙遮阳计算示意

【释义】

在玻璃幕墙外侧设置遮阳是一种降低夏季空调冷负荷的有效措施。

本附录所列的两种外遮阳遮阳系数的计算主要是融合了窗户水平(垂直)遮阳和挡板式遮阳的计算。

从图 A.0.4 可以很清楚地看出，用字母 C 表示的那一部分就相当于一块挡板。由于幕墙的外遮阳板叶一般离幕墙比较近，所以用字母 C 表示的那一部分“挡板”的轮廓透光比 η 可以近似为 0(附录正文中的轮廓透光比 η 可以近似取为 1，是个错误，予以更正)。

从图 A.0.4 标注的尺寸 A 和 B 用于计算水平遮阳和垂直遮阳遮阳板的外挑系数 PF，然后用计算式(A.0.1-1)或(A.0.1-2)计算另一部分遮阳系数。

获得了两部分的遮阳系数系数后，还应按面积加权的原则，计算出整个幕墙的外遮阳系数。例如图 A.0.4 所示的幕墙水平遮阳，折合成挡板部分的遮阳系数为 SD_C，折合成水平部分的遮阳系数为 SD_A，则幕墙的遮阳系数应为：

$$SD=\frac{SD_A\times B+SD_C\times C}{B+C}$$

附录 B　围护结构热工性能的权衡计算——软件说明

当进行围护结构热工性能权衡计算时，需要应用动态计算软件。由中国建筑科学研究院建筑物理研究所开发的建筑能耗动态模拟分析计算软件—Doe2IN，适用于办公建筑及其他各类公共建筑的建筑节能设计达标评审。其计算内核为美国劳伦斯伯克力国家实验室(Lawrence Berkeley National Laboratory)开发的 DOE-2 程序，可以对建筑物的采暖空调负荷、采暖空调设备的能耗等进行全年 8760 小时的逐时能耗模拟。

在标准宣贯和使用过程中，大量采取能耗分析软件的主要原因在于：标准对性能化设计方法的要求以及权衡判断(Trade-off)节能指标法的引入。

首先，在标准中设置了两种指标来控制节能设计，第一种指标称为规定性指标，第二种指标称为性能性指标。规定性指标规定建筑的围护结构传热系数、窗墙比、体形系数等参数限值，当所设计的建筑能够符合这些规定时，该建筑就可判定为符合《标准》要求的节能建筑。规定性指标的优点是使用简单，无需复杂的计算。但是规定性指标也在一定程度上限制了建筑设计人员的创造性。性能性指标的优点在于突破建筑设计的刚性限制，节能目标可以通过调整围护结构的热工性能等措施来达到。也就是说性能性指标不规定建筑围护结构的各种参数，但是必须对所设计的整栋建筑在标准规定的一系列条件下进行动态模拟，单位面积采暖空调和照明的年能耗量不得超过参照建筑的限值。因此使用性能性指标来审核时需要经过复杂的计算，这种计算只能用专门的计算软件来实现。

同时，从实际使用情况来看，近年来公共建筑的窗墙面积比有越来越大的趋势，建筑立面更加通透美观，建筑形态也更为丰富。因此，传统建筑设计中对窗墙面积比的规定很可能不能满足本条文规定的要求。须采用标准第 4.3 节的权衡判断(Trade-off)来判定其是否满足节能要求，其流程图 B-1。

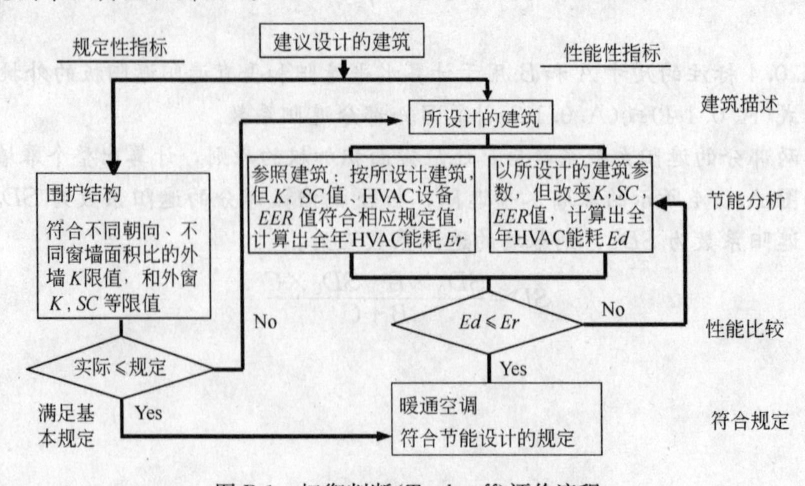

图 B-1　权衡判断(Trade-off)评价流程

一、能耗分析计算原理

建筑物的传热过程是一个动态过程，建筑物的得热或失热是随时随地随着室内外气候条件变化的。因此，为了较准确地计算采暖空调负荷，并与现行国家标准保持一致，需要采用动态计算方法分析建筑能耗及影响其大小的因素。

动态的计算方法有很多，DOE-2 用反应系数法来计算建筑围护结构的传热量。反应系数法是先计算围护结构内外表面温度和热流。由一个单位三角波温度扰量的反应计算出围护结构的吸热、放热和传热反应系数，然后将任意变化的室外温度分解成一个个可叠加的三角波，利用导热微分方程可叠加的性质，将围护结构对每一个温度三角波的反应叠加起来，得到任意一个时刻围护结构表面的温度和热流。

反应系数的计算可以参考专门的资料或使用专门的计算程序，有了反应系数后就可以利用下式计算第 n 个时刻，室内从室外通过板壁围护结构的传热得热量 $HG(n)$。

$$HG(n)=\sum_{j=0}^{\infty}Y(j)t_z(n-j)-\sum_{j=0}^{\infty}Z(j)t_r(n-j)$$

式中 $t_z(n-j)$——第 $n-j$ 时刻室外综合温度；

$t_r(n-j)$——第 $n-j$ 时刻室内温度；

当室内温度 t_r 不变时，此式还可以简化成：

$$HG(n)=\sum_{j=0}^{\infty}Y(j)t_z(n-j)-K\cdot t_r$$

式中，K 是板壁的传热系数。在计算思路上，DOE-2 是一种正向思维，即根据室外气象条件，围护结构情况，计算出室内温度以及室内得热量。对要控制室内热环境的房间，由选定的采暖空调系统根据室内负荷情况提供冷(热)量，以维持室温在允许的范围内波动。DOE-2 的计算过程是一个动态平衡的过程，后一时刻室内的温度、冷热负荷以及采暖空调设备的耗电量要受前一时刻的影响。程序根据输入的建筑情况和室内设定温度值的要求，动态计算出建筑物的全年能耗情况，并以各种表格形式输出。

二、Doe2IN 应用程序的使用

用户运用 Doe2IN 应用程序进行建筑物的能耗计算，首先应明确 Doe2IN 所要求的工作：遵循 Doe2IN 应用程序的约定，以 Doe2IN 定义的输入方式，对将要进行能耗计算的建筑物进行描述——输入建筑物的构成。

Doe2IN 进行建筑物的能耗计算，按照下面的顺序进行，见图 B-2：

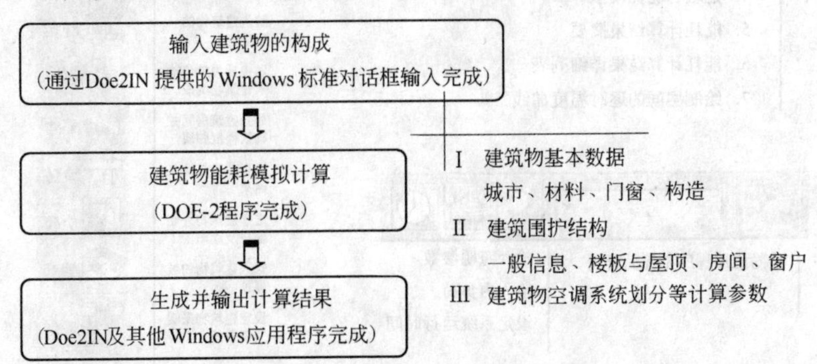

图 B-2 Doe2IN 建筑物能耗计算流程

从流程图可以看出，Doe2IN 进行建筑物能耗计算的三个步骤中，需要用户参与的只是第一步。

如果用户正确地完成了建筑物构成的输入工作，其余的工作都由 Doe2IN 应用程序完成；同时只要用户的输入是准确的，计算结果也将是准确的。

流程图中的第一步建筑物的构成包括三部分信息：建筑物的基本数据、围护结构构成、建筑物的空调系统划分等其他计算参数的设定。这三部分的信息需要用户输入按照 Doe2IN 规定的顺序进行输入。

① 建筑物的基本数据：建筑物所处城市、建筑物所用到的材料、建筑物的门窗、建筑物的外墙板、内墙板、地面板、楼板、屋顶板的分层构造。

这四类数据的输入都是在相应的对话框中进行，输入较为简单。

② 建筑物围护结构的输入：这一步中需要用户依次输入建筑物的一般信息、建筑物的楼板与屋顶、建筑物的房间、建筑物外墙上的窗户或遮阳。

运用 Doe2IN 应用程序对一个建筑物进行能耗计算时，这一步的输入是最为重要的一个环节。虽然实际工程中建筑物形式的复杂多变将导致输入工作量的增加，但只要用户遵循 Doe2IN 应用程序的约定，充分利用 Doe2IN 提供的简化命令，将极大地提高输入工作的效率。关于这部分的输入方法与技巧请参见 Doe2IN 使用手册中给出的详细说明。

③ 建筑物空调系统划分等计算参数的设定：划分建筑物的空调系统、设定建筑物的室内负荷强度、照明时间表、采暖空调系统的运行时间表。

实际上这几项参数中需要用户操作的只有第一项划分系统，划分系统在 Doe2IN 提供的采暖空调系统划分对话框中进行，操作非常简单；而后面三项参数使用 Doe2IN 提供的缺省值即可，一般情况下并不需要用户输入，除非用户要自行设定相应的参数数值。

三、Doe2IN 应用程序界面介绍

应用程序的操作菜单主要包括工程文件管理、界面窗口设置、建筑物数据输入、计算

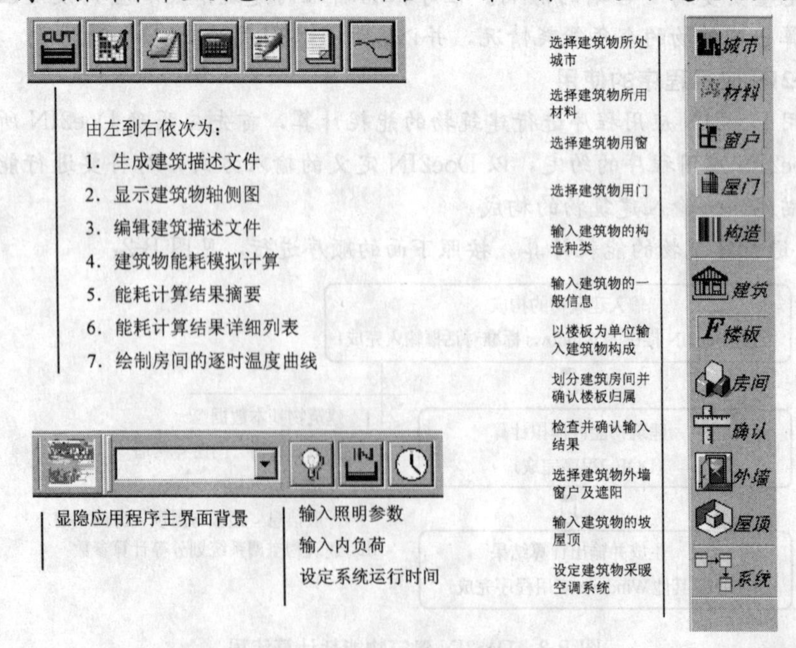

结果输出几类，其中最为常用的是输入和输出两项，在这两个下拉菜单中包括了应用程序的所用命令选项。

用户可使用自定义的构造模板，将“构造模板.doe”工程文件中的构造种类替换为当地常用的构造、门窗，并更改其中的城市为当地所处于城市，这样新建一个工程时，可以在这个模板的基础上新建，省去重复的操作。

在进行任何一个建筑物的输入之前，建议用户先读建筑图：对建筑物的构造形式、各层平面布局、剖面构成有一个总体的把握，之后绘制标准楼层的楼板输入草图，以这张草图为后面的输入依据。

1. 读建筑图绘制楼板输入草图

根据建筑物的平面图绘制楼板输入草图时，进行了一定的简化，这种简化对建筑物能耗的计算结果影响不大。

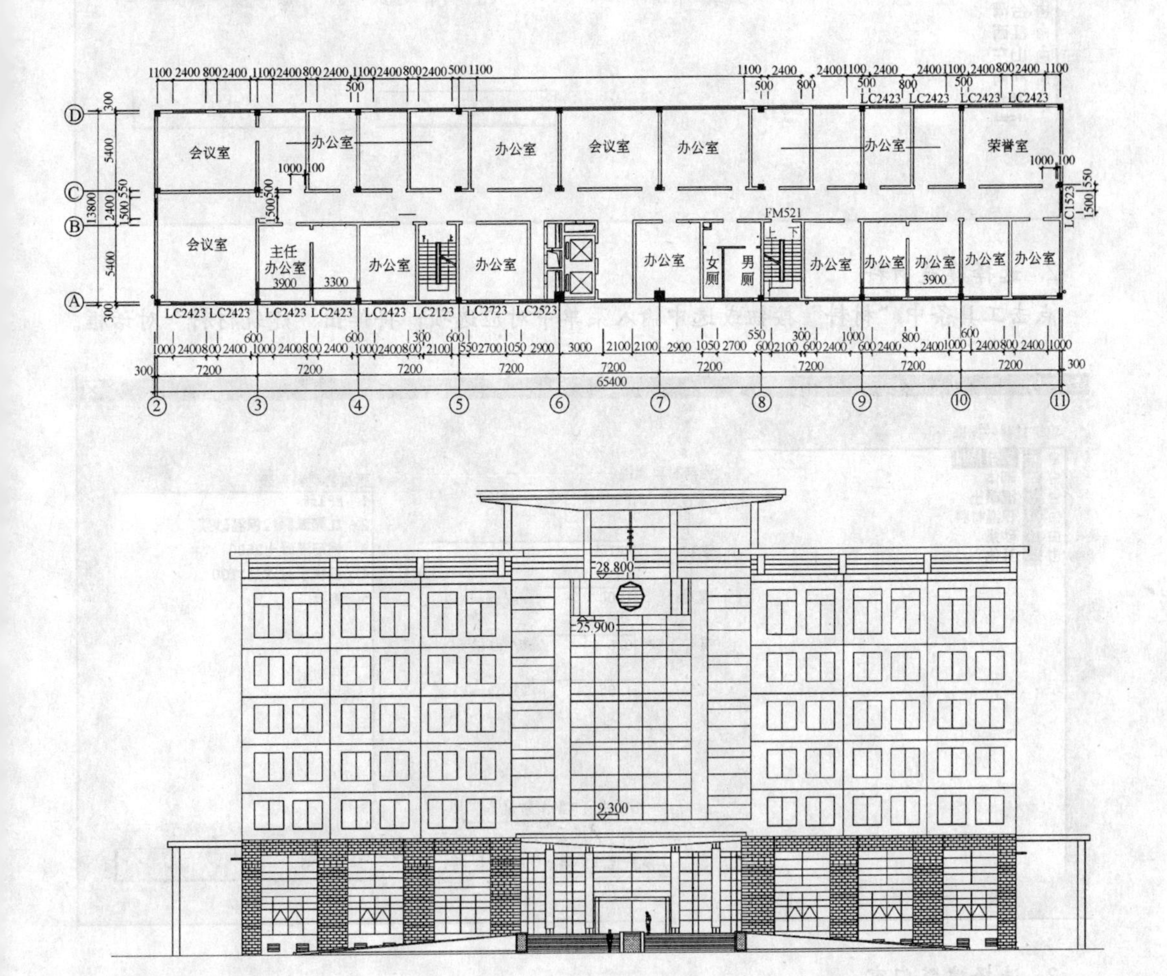

在对话框中“选择城市”列表框中选择建筑物所处城市（用鼠标左键单击省份或直辖市前的“+”，将在列表框中展开辖区内的城市列表），城市的城市名称、纬度、经度、海拔、时区、气象数据等参数将自动显示在列表框左侧对应窗口中。

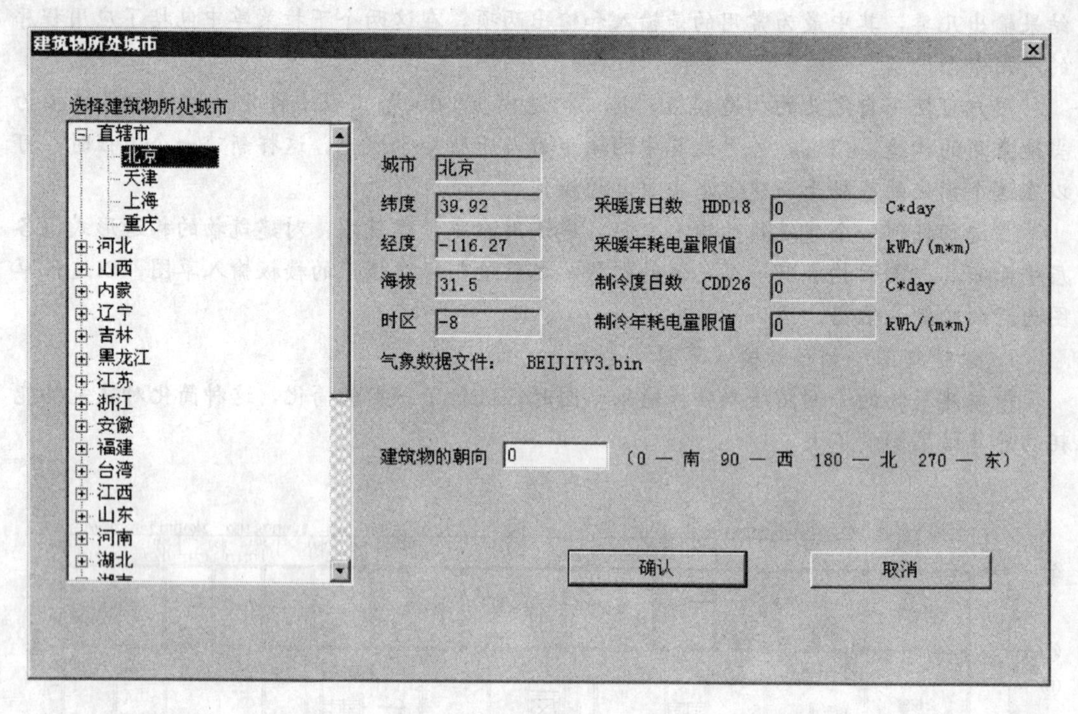

2. 选择建筑材料

点击工具条中“材料”按钮或选中输入菜单中对应选项，将弹出“建筑材料”对话框。

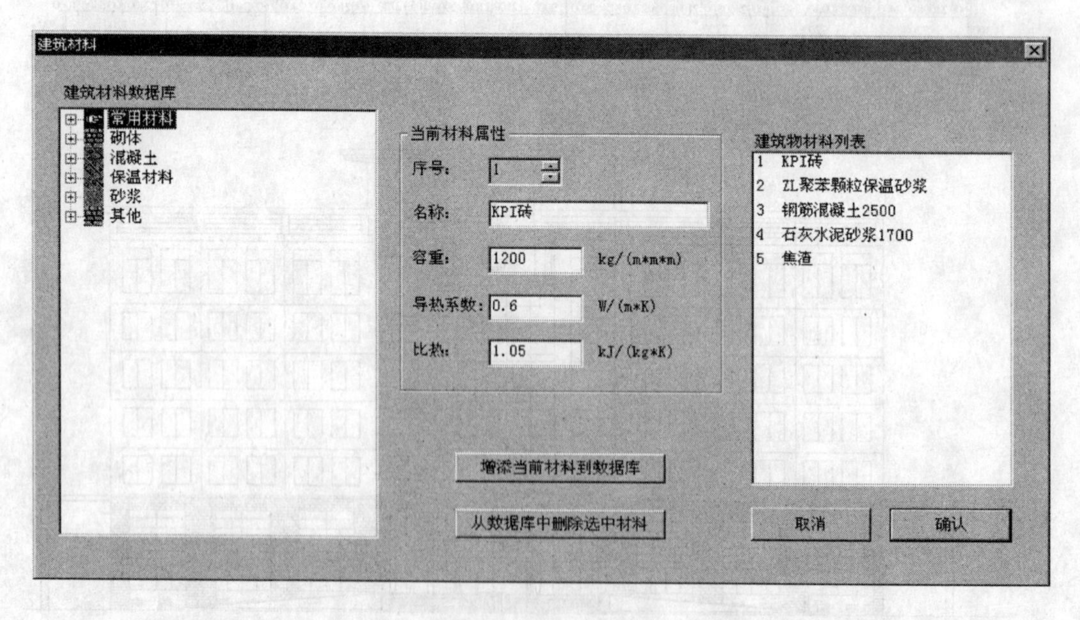

3. 选择建筑门窗

点击工具条中“窗户”按钮或选中输入菜单中对应选项，将弹出建筑窗户对话框。

点击对话框“序号”窗口的向上或向下箭头，将序号调到相应数值；在窗列表框内双击所用窗户名称，选中窗户的名称、传热系数、窗宽、窗高、遮蔽系数等参数将显示在对应编辑窗口中。

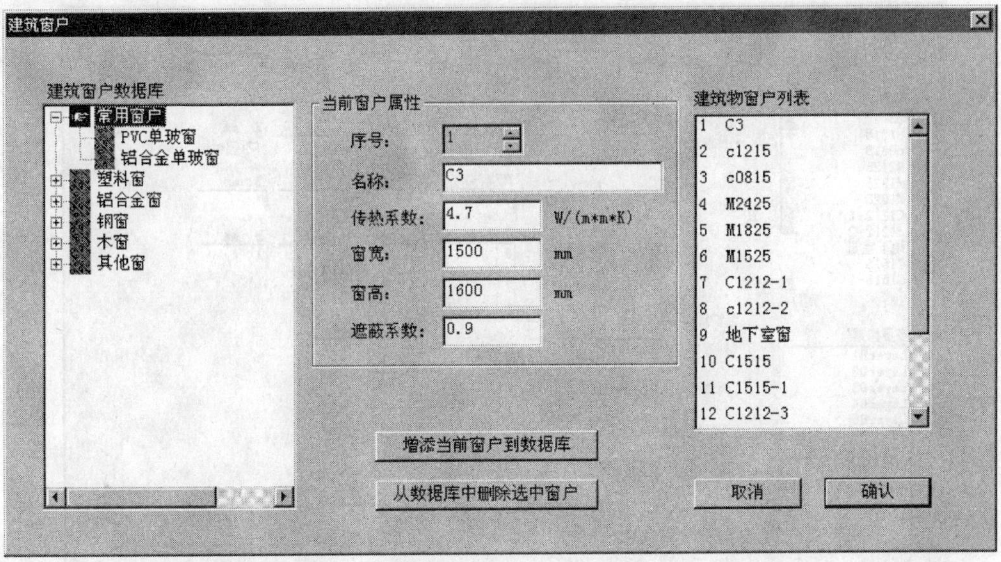

建筑窗户

建筑窗户数据库

- 常用窗户
  - PVC单玻窗
  - 铝合金单玻窗
- 塑料窗
- 铝合金窗
- 钢窗
- 木窗
- 其他窗

当前窗户属性

序号：1

名称：C3

传热系数：4.7 W/(m*m*K)

窗宽：1500 mm

窗高：1600 mm

遮蔽系数：0.9

建筑物窗户列表

1 C3
2 c1215
3 c0815
4 M2425
5 M1825
6 M1525
7 C1212-1
8 c1212-2
9 地下室窗
10 C1515
11 C1515-1
12 C1212-3

增添当前窗户到数据库

从数据库中删除选中窗户

取消 确认

4. 输入建筑构造

点击工具条中“构造”按钮或选中输入菜单中对应选项，将弹出多层构造对话框。先确定围护结构的构造种类数，并逐个输入每种构造。

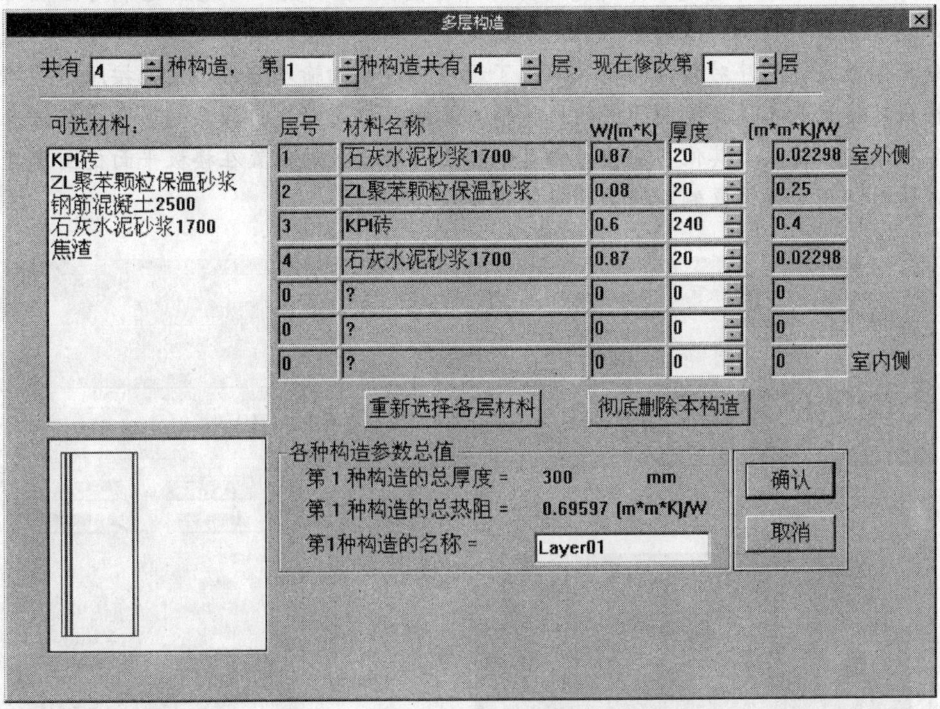

多层构造

共有 4 种构造， 第 1 种构造共有 4 层，现在修改第 1 层

可选材料：

KPI砖
ZL聚苯颗粒保温砂浆
钢筋混凝土2500
石灰水泥砂浆1700
焦渣

层号	材料名称	W/(m*K)	厚度	(m*m*K)/W	
1	石灰水泥砂浆1700	0.87	20	0.02298	室外侧
2	ZL聚苯颗粒保温砂浆	0.08	20	0.25	
3	KPI砖	0.6	240	0.4	
4	石灰水泥砂浆1700	0.87	20	0.02298	
0	?	0	0	0	
0	?	0	0	0	
0	?	0	0	0	室内侧

重新选择各层材料　彻底删除本构造

各种构造参数总值

第 1 种构造的总厚度 = 300 mm

第 1 种构造的总热阻 = 0.69597 (m*m*K)/W

第1种构造的名称 = Layer01

确认　取消

5. 输入建筑物一般信息

点击程序主界面右侧工具条中的建筑按钮，弹出“围护结构一般信息”对话框。目前，Doe2IN 输入建筑外形采用手工输入方式。

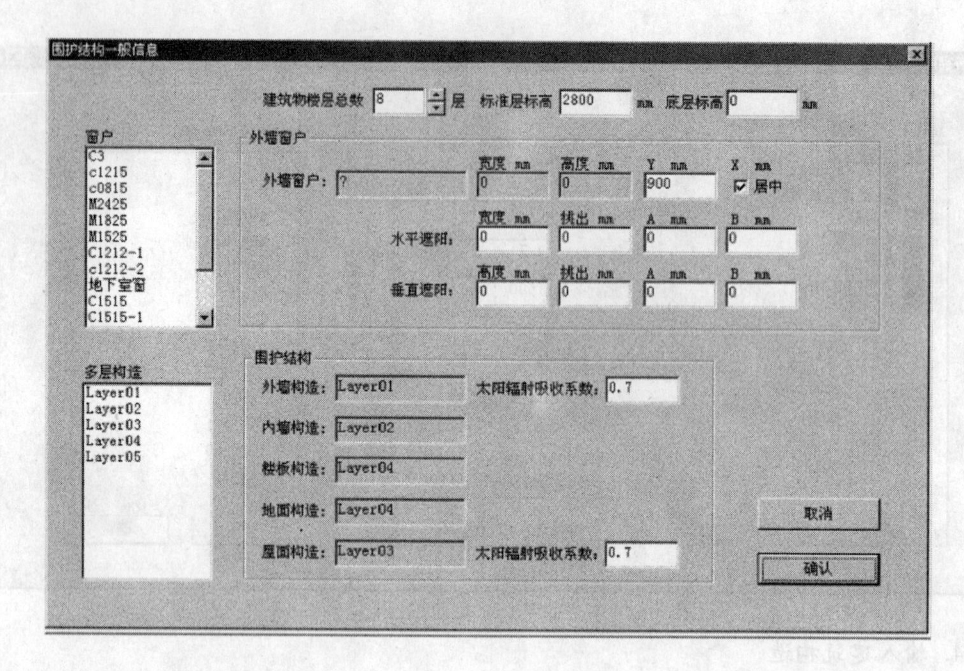

6. 输入楼板/屋顶

点击程序主界面右侧工具条中的楼板按钮，弹出楼板对话框。

在这个对话框中将完成本算例建筑物的所有楼板/屋顶输入，完成这个对话框的输入之后，建筑物围护结构构成的输入就基本完成了。本对话框的输入要借助于前面的房间楼板划分草图进行。程序对楼板的输入采用了逐层、逐块的输入方式，因此按照下面的步骤输入楼板，这里基本选择绘图模式的楼板输入方法，只是对当前楼层的第一块楼板采用了输入坐标的输入方式，其他各块楼板都是依据上一块楼板的位置在楼板平面视图中直接绘制的，同时运用了镜像复制、楼层拷贝简化命令。

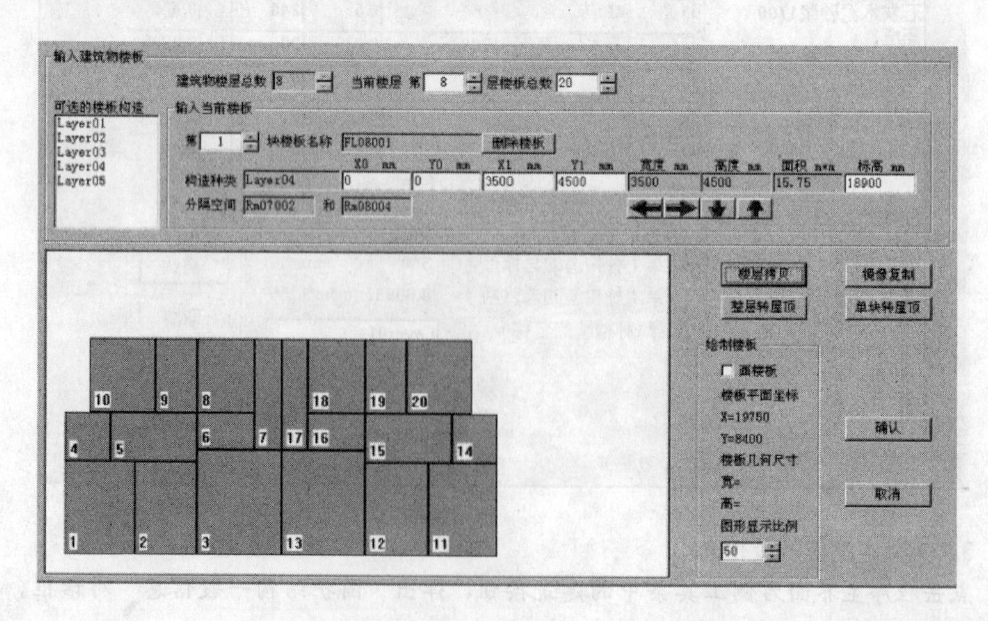

7. 顶层屋顶的生成

将顶层楼板拷贝到(建筑物总层数+1)层楼板，之后对这层楼板执行整层转屋顶命令，应用程序将自动生成建筑物的平屋顶。

8. 划分房间

为了完成建筑物的不同房间的能耗计算，需要对建筑物的每个楼层划分房间：确认每块楼板归属的房间、此房间的属性、用户对此房间计算结果的处理要求。应用程序确认房间是以楼层为单位进行的，用户可以对当前的一层或几层楼层的各块楼板进行归属房间的确认。

9. 确认并检查建筑物房间构成状态

按照本算例的输入步骤，当用户完成建筑物楼板的输入、划分房间并确认每一块楼板的房间归属之后，应用程序会自动依据这些信息，自动生成建筑物所有房间的围护结构构成。

如果用户的输入是规范正确的，应用程序生成的各个房间的构成也将是正确的；而如果输入出错，将导致房间构成的生成出错，使得建筑物能耗计算不能正常进行；因此在完成楼板输入、房间划分操作之后，应用程序要求用户对各个房间的构成状态进行确认检查，对其中可能出现的错误进行处理，并将确认的结果反馈给应用程序。

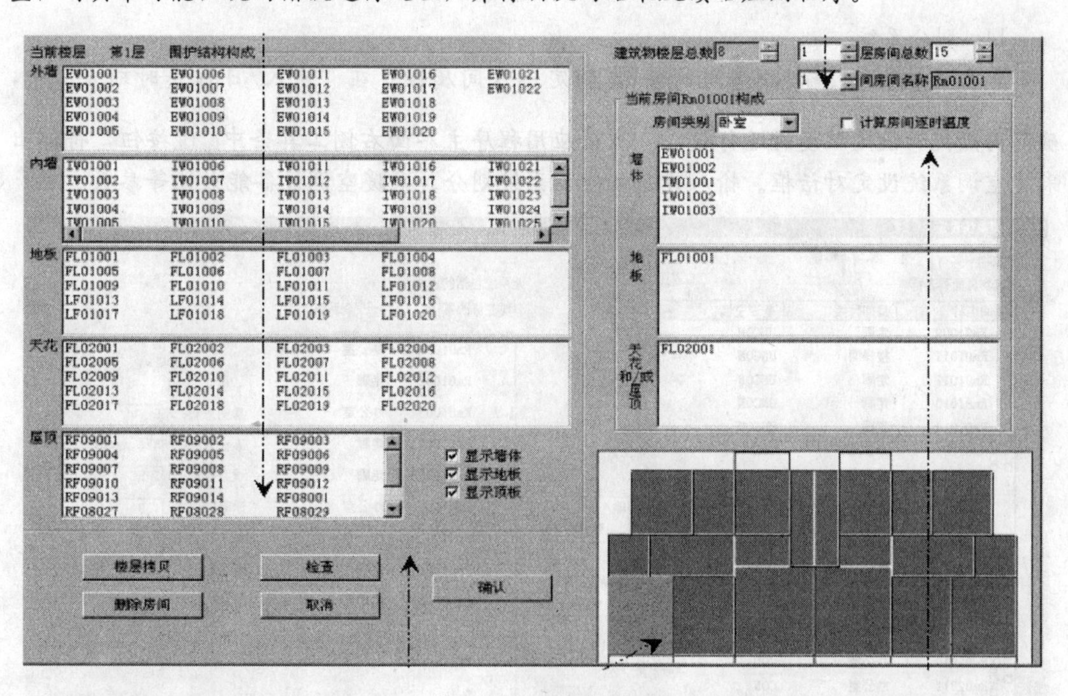

如果某个房间围护结构的构成出错，需要用户进行添加或删除围护结构构成的操作。每次要对一个房间的构成进行修改之前，都要先定位到此房间，在房间平面视图中用鼠标左键点击这个房间的显示区域，之后就可以进行添加或者删除操作了。

10. 外墙加窗

按照前面介绍的步骤完成围护结构楼板的输入、划分房间、确认房间状态之后，应用程序将自动生成建筑物的所有墙体，并在输入墙体中的窗户以及窗户的遮阳。

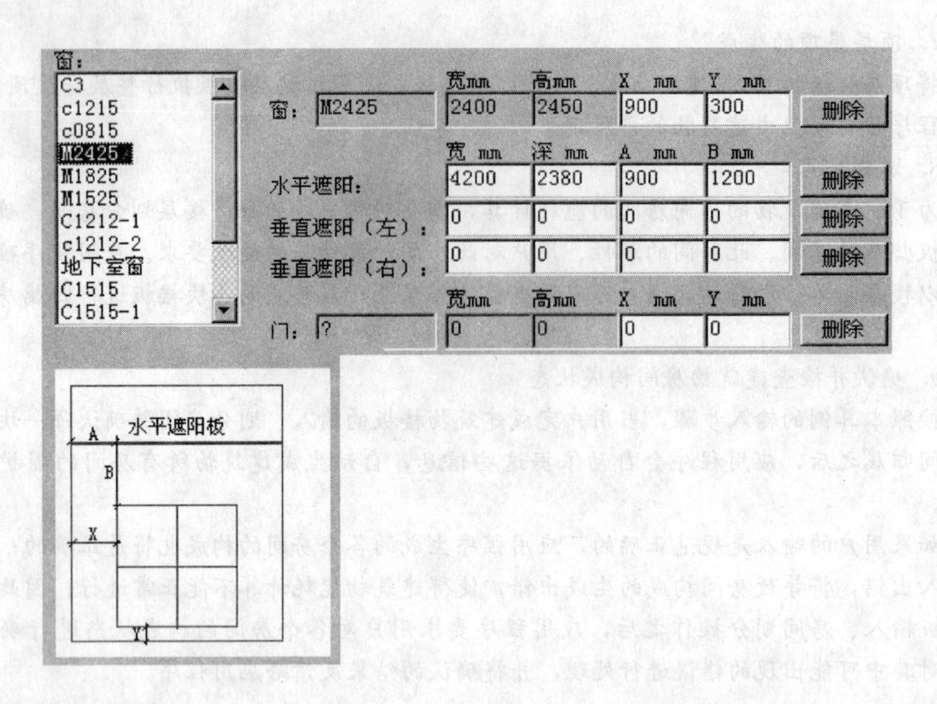

11. 划分系统

点击菜单条中“输入/房间属性”，确定各房间属性。在“输入/日作息时刻表”中，确定内热扰和设定温度的运行模式。点击应用程序主界面右侧工具条中按钮，将弹出采暖空调系统设定对话框。输入建筑物空调系统划分、采暖空调设备能效比等参数。

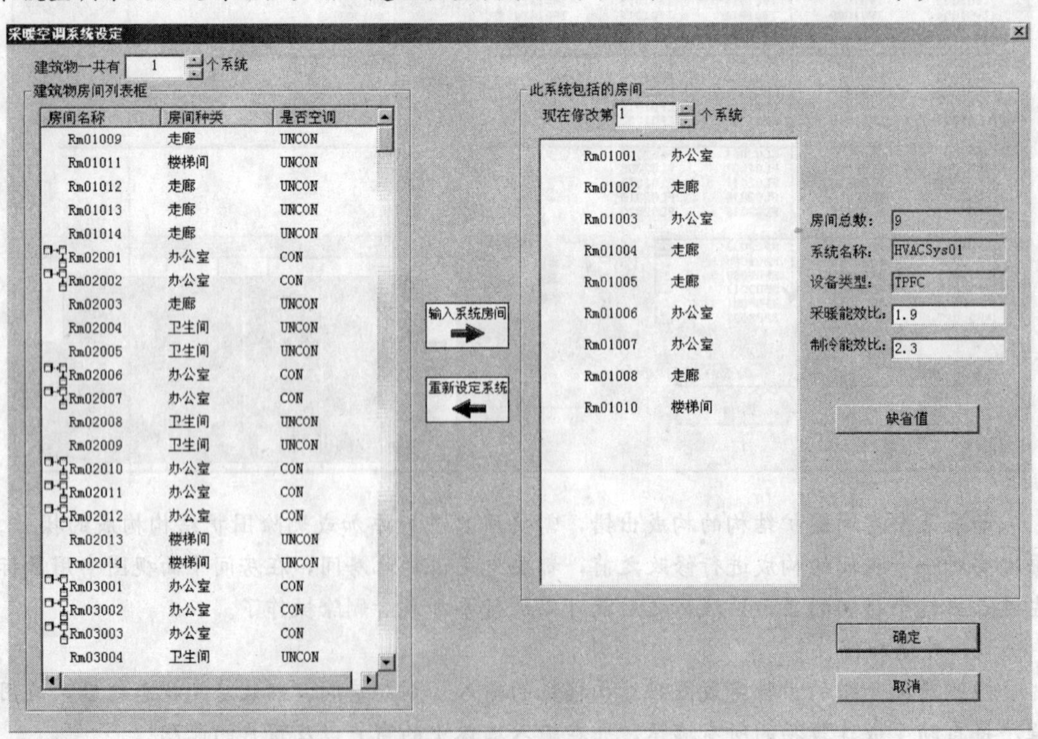

12. 建筑模型显示

当上述所有步骤结束后点击“输出建筑描述文件”和“显示建筑物的模型”菜单命令条，可以输出3维建筑模型。

13. 计算与结果输出

按照前面的步骤完成本算例建筑物构成的输入之后，就可以运用Doe2IN应用程序进行建筑物能耗的动态模拟计算，并且完成建筑物能耗计算结果的输出与打印。实际上模拟计算结果非常丰富，用户可以依据实际工程的需要进行计算结果的摘要。

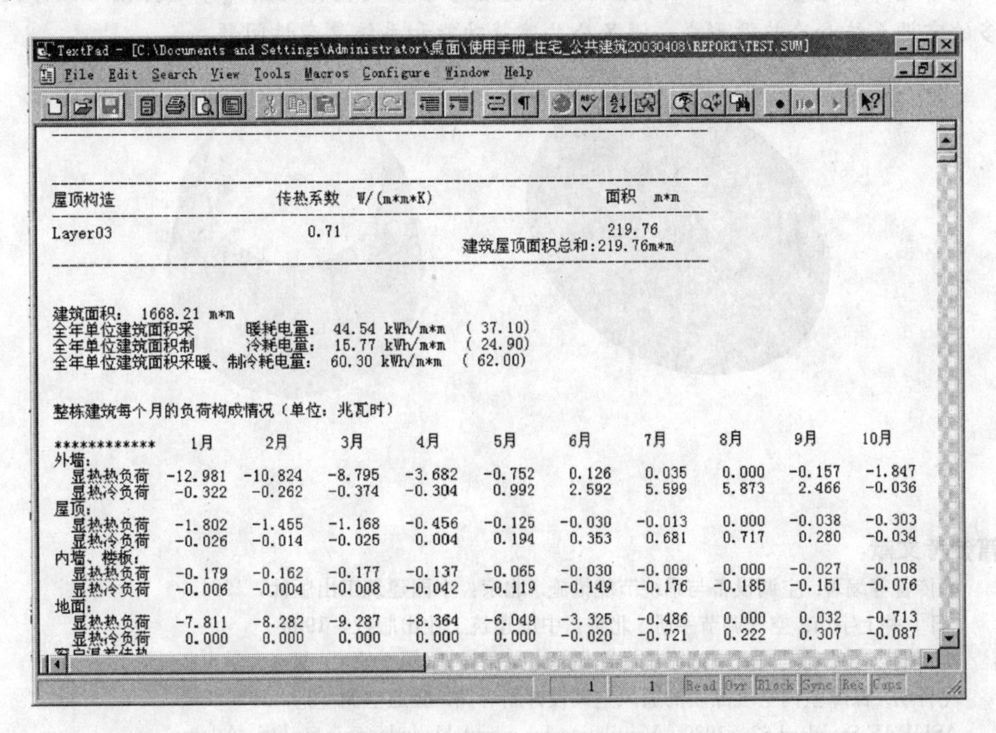

TextPad - [C:\Documents and Settings\Administrator\桌面\使用手册_住宅_公共建筑20030408\REPORT\TEST.SUM]

File Edit Search View Tools Macros Configure Window Help

屋顶构造	传热系数 W/(m*m*K)	面积 m*m
Layer03	0.71	219.76

建筑屋顶面积总和:219.76m*m

建筑面积: 1668.21 m*m
全年单位建筑面积采暖耗电量: 44.54 kWh/m*m (37.10)
全年单位建筑面积制冷耗电量: 15.77 kWh/m*m (24.90)
全年单位建筑面积采暖、制冷耗电量: 60.30 kWh/m*m (62.00)

整栋建筑每个月的负荷构成情况（单位：兆瓦时）

************	1月	2月	3月	4月	5月	6月	7月	8月	9月	10月
外墙:										
显热热负荷	-12.981	-10.824	-8.795	-3.682	-0.752	0.126	0.035	0.000	-0.157	-1.847
显热冷负荷	-0.322	-0.262	-0.374	-0.304	0.992	2.592	5.599	5.873	2.466	-0.036
屋顶:										
显热热负荷	-1.802	-1.455	-1.168	-0.456	-0.125	-0.030	-0.013	0.000	-0.038	-0.303
显热冷负荷	-0.026	-0.014	-0.025	0.004	0.194	0.353	0.681	0.717	0.280	-0.034
内墙、楼板:										
显热热负荷	-0.179	-0.162	-0.177	-0.137	-0.065	-0.030	-0.009	0.000	-0.027	-0.108
显热冷负荷	-0.006	-0.004	-0.008	-0.042	-0.119	-0.149	-0.176	-0.185	-0.151	-0.076
地面:										
显热热负荷	-7.811	-8.282	-9.287	-8.364	-6.049	-3.325	-0.486	0.000	0.032	-0.713
显热冷负荷	0.000	0.000	0.000	0.000	0.000	-0.020	-0.721	0.222	0.307	-0.087

1 1 Read Ovr Block Sync Rec Caps

上述例子是一个典型政府办公建筑的模型，同样用Doe2IN软件对复杂办公楼进行建模。对于非规则形体建筑可以用各种形状楼板进行拼接组合成复杂形状。对于中庭或跃层式建筑，可以将该部分楼板设置成“虚拟楼板”。

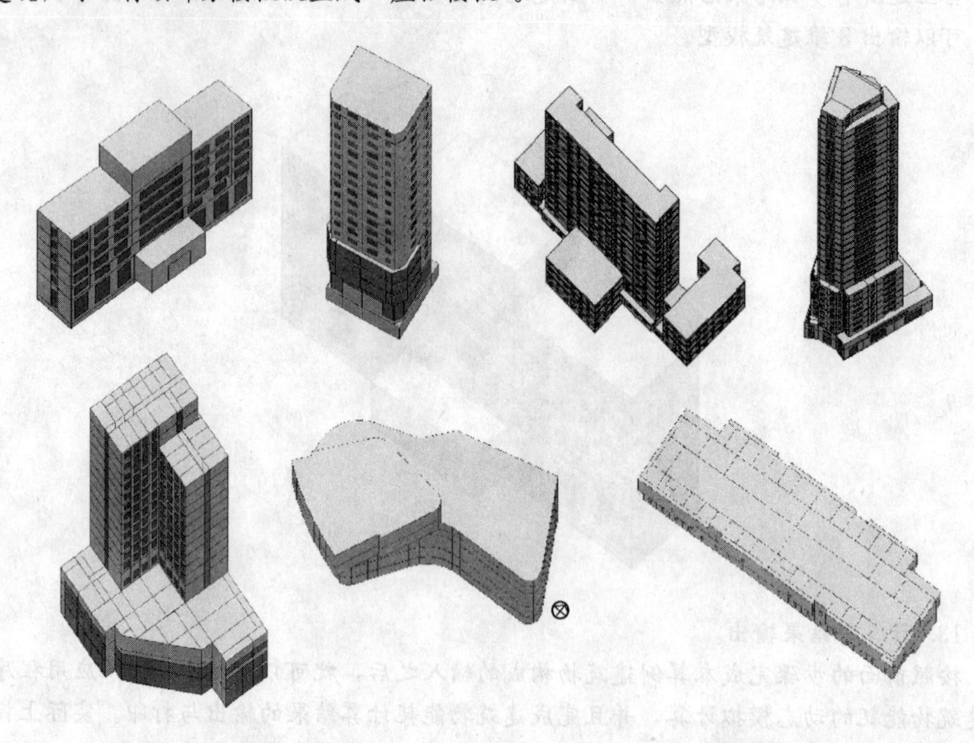

随着进一步完善，Doe2IN今后可以方便地对球形或旋转曲面外形进行输入，并提供更多的空调系统和冷热源形式，满足公共建筑功能和系统复杂性问题。

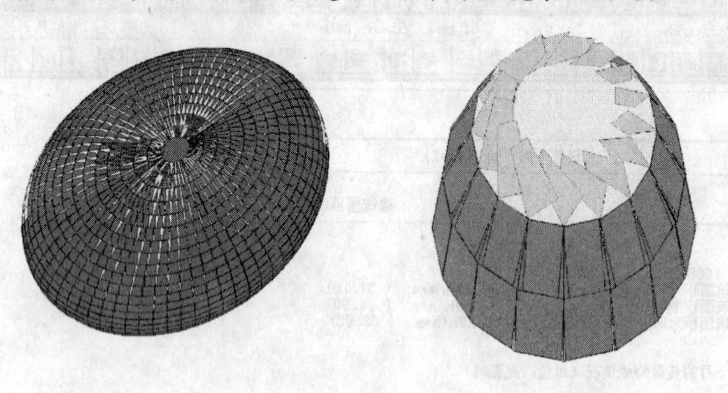

本篇参考文献

[1] 廖传善等编著. 空调设备与系统节能措施. 北京：中国建筑工出版社，1984

[2] [日] 井上宇市. 空气调节手册. 北京：中国建筑工业出版社，1986

[3] 沈晋明. 合理确定通风空调系统中新风量. 空调设计(第1辑). 湖南大学出版社，1997

[4] 沈晋明. 保障室内空气品质的通风空调设计新思路. 暖通空调 [J]，1996(2)

[5] ASHRAE Standard 62—1989. Ventilation for acceptable indoor air quality. Atlanta

[6] S. T. Taylor. Determining ventilation rates：Revisions to standard 62—1989. J. ASHRAE 1996(2)

[7] 西亚庚，杨伟成编. 热水供暖技术. 北京：中国建筑工业出版社，1995
[8] ASHRAE Handbook 1999～2002
[9] 哈尔滨建筑工程学院等编. 供热工程. 北京：中国建筑工业出版社，1985
[10] 肖曰荣. 铸铁散热器表面对散热能力影响的研究. 暖通空调(第Ⅰ期)，1987
[11] 李娥飞. 暖通空调设计通病分析手册. 北京：中国建筑工业出版社，1991
[12] 陆耀庆主编. 供暖通风设计手册. 北京：中国建筑工业出版社，1987
[13] 陆耀庆主编. 实用供热空调设计手册. 北京：中国建筑工业出版社，1993
[14] Erik Nilsson. Achieving the Desired Indoor Climate. Energy Efficiency Aspects of System Design. IMI Indoor Climate and Studentlitteratur 2003
[15] 全国民用建筑工程设计技术措施：暖通空调·动力. 北京：中国计划出版社，2003
[16] 陆耀庆. 实用供热空调设计手册(第一版). 北京：中国建筑工业出版社
[17] 建设部工程质量安全监督与行业发展司. 中国建筑标准设计研究所. 全国民用建筑工程设计技术措施-暖通空调、动力(第一版). 北京：中国计划出版社，2003
[18] 潘云钢. 高层民用建筑空调设计(第一版). 北京：中国建筑工业出版社
[19] 李先瑞. 供热空调系统运行管理、节能、诊断技术指南. 北京：中国电力出版社
[20] 杨仕超等. 居住建筑外窗遮阳系数的确定，夏热冬暖地区居住建筑节能设计标准专题报告，2003
[21] 任俊. 居住建筑节能设计计算与评价方法研究，西安建筑科技大学博士学位论文，2004

第三篇　专　题　论　述

专题一　《公共建筑节能设计标准》中外窗及幕墙热工参数的确定

（中国建筑西南设计研究院　冯　雅）

由于我国幅员辽阔，南北方、东西部地区气候差异很大，在标准的编制中确定建筑外窗和幕墙的热工性能指标，必须与我国目前门窗、幕墙技术水平相结合，从不同地区的气候条件和社会经济发展水平出发，同时还应考虑到我国幕墙技术和社会经济的高速发展趋势，国家建筑节能工作的长远目标及建筑的可持续发展，切合实际，科学合理地确定窗和幕墙的热工技术指标。也就是说，技术指标的确定既要有科学的严谨，又要有运用、执行的可能，真正做到"技术先进，可靠成熟，经济合理，适用可行"的原则。

一、非透明幕墙技术指标的确定

目前我国幕墙从建筑热工性能和光学性能考虑，一般可以分为非透明幕墙和透明幕墙。对于非透明幕墙，如金属幕墙、石材幕墙、铝塑复合材料等幕墙，外围护结构没有透明幕墙所要求的自然采光、视觉通透等功能要求。从节能的角度考虑，应该把非透明幕墙作为实墙来处理。此类幕墙的保温隔热措施也较容易实现。因此，本标准条文中规定非透明幕墙的传热系数应满足有关条文中对外墙的规定。

二、外窗和透明幕墙热工指标的确定

由于玻璃或透明幕墙具有通透明亮的光影效果，使建筑具有现代、豪华、美观大方、自重轻、采光效果好等优点，体现出现代建筑的时代感。因此，窗墙面积比大的外窗和透明幕墙在公共建筑上的应用极为普遍。在建筑外窗(包括透明幕墙)、墙体、屋面三大围护部件中，窗和透明幕墙的热工性能最差，是影响室内热环境质量和建筑能耗最主要的因素之一。就我国目前典型的公共建筑围护部件而言，窗和透明幕墙的能耗约为墙体的3倍、屋面的4倍，约占建筑围护结构总能耗的40%～50%。尤其是幕墙行业主要是考虑幕墙围护结构的结构安全性、日光照射的光环境、隔绝噪声、防止雨水渗透以及防火安全等方面，较少考虑幕墙围护结构的保温隔热、冷凝、采暖与空调负荷过大等建筑热工和节能问题。而玻璃或透明幕墙热工性能太差，太阳辐射和温差传热对建筑外窗和透明幕墙能耗的影响很大。因此，为了节约能源，必须对建筑外窗和透明幕墙的热工性能以及遮阳等技术指标有明确的规定。

1. 外窗和透明幕墙热工指标确定的基本原则

标准中4.2.4条对透明幕墙按建筑外窗进行处理。因为透明幕墙和窗一样，具有与外窗相同的建筑光学视觉功能和建筑热工特性。因此，把透明幕墙视为外窗，规定了在不同气候区建筑外窗(包括透明幕墙)的窗墙面积比条件下窗和透明幕墙的传热系数 K 值、玻璃等透明材料的遮阳系数 SC 以及可见光透射比。但这里窗墙面积比是指不同朝向外墙面上的窗(包括透明幕墙)及阳台门的透明部分的洞口总面积与所在朝向建筑外墙面的总面积(包括该朝向上的窗及阳台门的透明部分的总面积)之比。

本标准允许采用“面积加权”的原则，使某朝向整个外窗和玻璃(或其他透明材料)幕墙的热工性能达到第4.2.2条表中的要求。例如某宾馆大厅的玻璃幕墙没有达到要求，可以通过提高该朝向墙面上其他外窗和玻璃(或其他透明材料)热工性能的方法，使该朝向整个墙面的外窗和玻璃(或其他透明材料)幕墙达标。

2. 透明幕墙热工指标的确定

(1) 窗墙面积比与传热系数 K 值

窗(包括透明幕墙)墙面积比的确定要综合考虑多方面的因素，其中最主要的是不同地区冬、夏日照情况(日照时间长短、太阳总辐射强度、阳光入射角大小)，季风影响、室外空气温度、室内采光设计标准以及外窗开窗面积与建筑能耗等因素。一般普通窗户(包括阳台门的透明部分)的保温隔热性能比外墙差很多，窗墙面积比越大，采暖和空调能耗也越大。因此，从降低建筑能耗的角度出发，必须限制窗墙面积比。

建筑外窗(包括透明幕墙)对建筑能耗高低的影响主要有两个方面，一是玻璃等透明材料的传热系数的大小影响到建筑冬季采暖、夏季空调室内外的温差传热；二就是建筑外窗(包括透明幕墙)透明材料受太阳辐射影响而造成的建筑室内的得热。冬季，通过窗口进入室内的太阳辐射有利于建筑的节能，因此，减小外窗(包括透明幕墙)的传热系数抑制温差传热是降低窗口热损失的主要途径；夏季，通过建筑外窗(包括透明幕墙)进入室内的太阳辐射也成了空调降温的负荷，因此，减少进入室内的太阳辐射和减小窗的温差传热都是降低空调能耗的途径。不同纬度、不同朝向的墙面太阳辐射的变化很复杂，墙面日辐射强度和峰值出现的时间是不同的，因此，不同纬度和气候区，不同朝向外窗(包括透明幕墙)面积大小，对建筑外窗(包括透明幕墙)的热工技术指标也应有所差别。

由于我国幅员辽阔，南北方、东西部地区气候差异很大。在严寒和寒冷地区，采暖期室内外温差传热的热量损失占主要地位。因此，对窗和透明幕墙的传热系数和窗墙面积比有严格的要求，这些要求高于南方地区。

在夏热冬冷地区，冬、夏两季人们普遍有开窗加强房间通风的习惯。一是自然通风改善了室内空气质量，二是冬季日照可以通过窗口直接进入室内。夏季在两个连晴高温期间的阴雨降温过程或降雨后连晴高温开始升温过程，夜间气候凉爽宜人，房间通风能带走室内余热并蓄冷。另外，窗口面积过小，容易造成室内采光不足，像西南地区冬季平均日照率≤25%，全年阴雨天很多，在纬度低的这一地区增大南窗的冬季太阳辐射所提供的热量对室内采暖的作用有限，而且经过DOE-2程序计算和工程实测，窗口面积太小，所增加的室内照明用电能耗，将超过节约的制冷能耗。因此，在这一地区进行围护结构节能设计时，不宜过分依靠减少窗墙比，重点应是提高窗的热工性能。

标准编制组对北京某办公楼空调采暖能耗进行计算机模拟分析[1]，建筑为南北朝向，东西长76.35m，南北宽44.8m，建筑高度80m，地上25层，地下3层，建筑总面积

81000m²，南向为玻璃幕墙，北向窗墙面积比为30%。取标准层办公区进行分析，当南北朝向都为办公室时，在建筑内部发热量相同的条件下，采用DOE-2软件对建筑进行年累计负荷分析，南面朝向的房间无论是采暖还是空调的耗热耗冷量都大于北面朝向的房间，如图1所示。表明外围护结构为玻璃幕墙面积较大，因保温隔热性能较差，与实体墙相比传热要大得多。

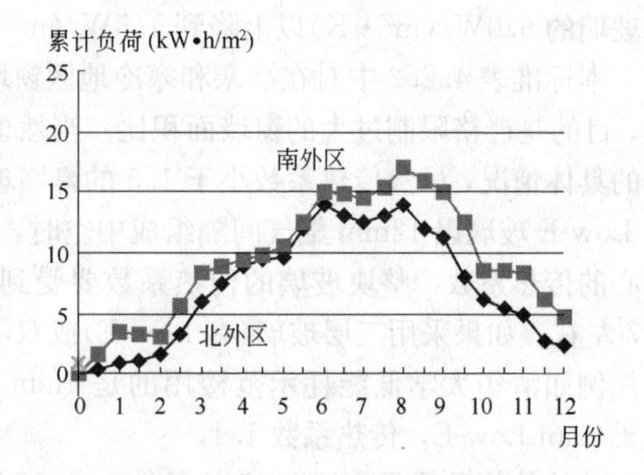

图1 南北外区累计负荷变化曲线

夏热冬暖地区居住建筑节能设计标准编制组通过计算机模拟分析表明，通过窗和透明幕墙进入室内的热量(包括温差传热和辐射得热)，占室内总得热量的相当大部分，尤其是透明幕墙成为影响夏季空调负荷的主要因素。并用DOE-2软件做了以下算例：广州市无外窗常规居住建筑物采暖空调年耗电量为30.6kWh/m²；当装上铝合金窗，综合窗墙面积比 $C_M = 0.3$ 时，年耗电量是53.02kWh/m²；当 $C_M = 0.47$ 时，年耗电量为67.19kWh/m²，能耗分别增加了73.3%和119.6%。说明在夏热冬暖地区，外窗成了影响建筑能耗的关键因素，其中以夏季外窗的遮阳尤为重要。

近年来公共建筑的窗墙面积比有越来越大的趋势，这是由于人们希望公共建筑更加通透明亮，建筑立面更加美观，建筑形态更为丰富。本标准把窗墙面积比的上限定为0.7已经是充分考虑了这种趋势。某个立面即使是采用全玻璃幕墙，扣除掉各层楼板以及楼板下面梁的面积(楼板和梁与幕墙之间的间隙必须放置保温隔热材料)，窗墙比一般不会再超过0.7。

与非透明的外墙相比，在可接受的造价范围内，透明幕墙的热工性能还是比较差的。因此，本标准不提倡在建筑立面上大规模地应用玻璃(或其他透明材料的)幕墙，如果希望建筑的立面有玻璃的质感，提倡使用非透明的玻璃幕墙，即玻璃的后面仍然是保温隔热材料和普通墙体。

本标准对幕墙的热工性能的要求是按窗墙面积比的增加而不断提高的，当窗墙面积比比较大时，对幕墙的热工性能的要求比目前实际应用的幕墙要高，这会造成幕墙造价有所升高，但这是既要使建筑物通透又要保证节约采暖空调系统消耗的能源所必须付出的代价。不仅如此，即使玻璃(或其他透明材料)幕墙的热工性能达到了标准的要求，其由围护结构传热和太阳辐射得热所产生的采暖空调系统的负荷仍旧会超过相同条件下窗墙面积比小的建筑。因此，窗墙面积比大的玻璃(或其他透明材料)幕墙建筑，应该选用效率更高的空调采暖系统和设备，以达到同样的节能效果。

当建筑师追求通透，大面积使用透明幕墙时，要根据建筑所处的气候区和窗墙面积比选择玻璃(或其他透明材料)，使幕墙的传热系数和玻璃(或其他透明材料)的热工参数符合本标准表4.2.2的规定。虽然玻璃等透明材料本身的热工性能很差，但近年来这些行业的技术发展很快，镀膜玻璃(包括Low-E玻璃)、中空玻璃等产品丰富多彩，用这些高性能玻璃组成幕墙的技术也已经很成熟，如采用Low-E中空玻璃、填充惰性气体、暖边间隔技术和“断热桥”型材龙骨或双层皮通风式幕墙完全可以把玻璃幕墙的传热系数由普通单层玻璃的6.0W/(m² · K)以上降到1.5W/(m² · K)以下。

本标准表4.2.2中对在严寒和寒冷地区窗墙面积比大的窗和透明幕墙传热系数要求较高，目的是严格限制过大的窗墙面积比。当然也考虑了我国目前窗和幕墙行业以及建筑市场的具体情况，虽然传热系数小于1.5的幕墙玻璃目前比较难做(窗户比较容易达到)，好的Low-E玻璃以12mm氩气间隔组成中空时，传热系数能达到1.4、1.3。但这是指玻璃中心的传热系数，整块玻璃的传热系数要受到边部间隔条尤其是铝条的影响，可能会在1.7左右。如果采用三层玻璃(有Low-E)或双层皮通风幕墙传热系数完全可以达到1.5以下。例如清华大学低能耗示范楼用的是4mm Low-E＋9mm氩气＋5mm白玻＋9mm氩气＋4mm Low-E，传热系数1.1。

玻璃传热系数要达到1.85的条件：4＋15A＋4，一面低辐射$E \leqslant 0.1$，充氩气或氪气。上海市建筑科学研究院对断热铝合金幕墙外窗传热系数进行测试，采用中空3玻2面涂低辐射，传热系数可达1.8左右。国家建筑工程质量监督检测中心对深圳方达集团普通中空玻璃幕墙和通风式双层幕墙进行了检测，其性能参数如表1所示。

表1

幕 墙 类 型	普通中空玻璃幕墙	通风式双层幕墙
K[W/(m² · K)]	1.6～2.2	(冬季测试)1.0
K[W/(m² · K)]	1.6～2.2	(夏季测试)1.1
保温性能分级	国标Ⅲ级或Ⅳ级 (规范修编后8级或9级)	国标Ⅱ级(规范修编后10级)

目前正在对《国家幕墙工程技术规范》JGJ 102—96进行修编，将幕墙传热系数分为10级，传热系数的最高标准为1.0，为了与幕墙规范相协调，并且也考虑以后玻璃技术的发展，1.5的限制应该是可以的。

在公共建筑的设计中，往往受到社会历史、文化、建筑技术和使用功能等多种因素的影响，公共建筑的外形、立面造型、平面布局、围护结构的材料及构造形式是多样化的，因此，对建筑某部分窗或透明幕墙的热工指标有时难以满足本条文规定的要求，很可能突破条文的限制。为了体现公共建筑的社会历史、文化、建筑技术和使用功能等特点，同时又使所设计的建筑能够符合节能设计标准的要求，不拘泥于建筑围护结构的热工设计中某条规定性指标，而是着眼于总体性能是否满足节能标准的要求。所以在设计过程中，如果所设计的建筑某部分围护结构的热工指标不能满足规定的要求，突破了本条文表4.2.2-1～4.2.2-6中规定的限值，则该建筑必须采用第4.3节的权衡判断法来判定其是否满足节能要求。权衡判断时，参照建筑的窗墙面积比必须遵守条文4.2.4的规定。

(2) 遮阳系数*SC*的确定

遮阳系数*SC*值，定义为在法向入射条件下，通过玻璃构件(包括窗的透明部分和不透明部分)的太阳辐射得热率，与相同入射条件下的标准窗玻璃(3mm厚)的太阳辐射得热率之比，也可认为是太阳辐射能透过指数。通常各种窗户的*SC*值可通过其构造进行相应的理论计算，必要时也可以通过实验进行测定。

由于公共建筑的外窗和透明幕墙面积比较大，太阳辐射对建筑能耗的影响很大。因此，为了节约能源，应加强透明幕墙的外遮阳措施。

大量的调查和测试表明，太阳辐射通过窗进入室内的热量是造成夏季室内过热的主要原因。日本、美国、欧洲以及我国香港地区都把提高窗的热工性能和阳光控制作为夏季防热以及建筑节能的重点，窗外普遍安装有遮阳设施。但我国现有的窗户传热系数普遍偏大，空气渗透严重，而且大多数建筑无遮阳设施。因此，对窗的遮阳系数应作出明确的规定。

以夏热冬暖地区 6 层砖混结构试验建筑为例，南向四层一房间大小为 6.1m(进深)×3.9m(宽)×2.8m(高)，采用 1.5m×1.8m 单框铝合金窗在夏季连续空调时，计算不同负荷逐时变化曲线，可以看出通过墙体的传热量占总负荷的 30%，通过窗的传热量最大，而且通过窗的传热中，主要是太阳辐射对负荷的影响，温差传热部分并不大，如图 2、图 3 所示。因此，应该把窗的遮阳作为夏季节能措施一个重点来考虑。对窗的太阳辐射透过率作严格的限制，既可真正做到节能，又给建筑师设计提供更大的空间。

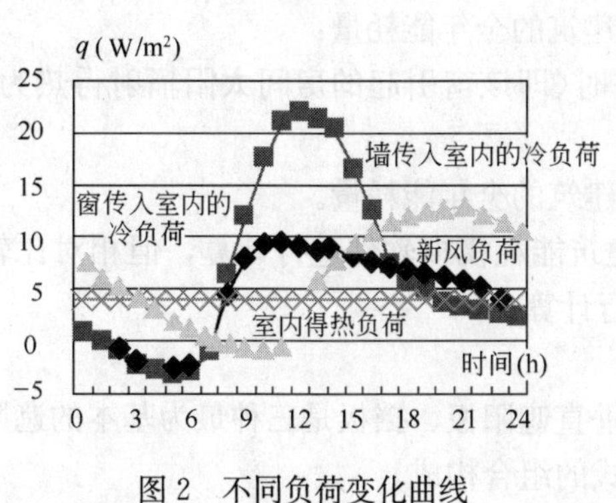

图 2　不同负荷变化曲线

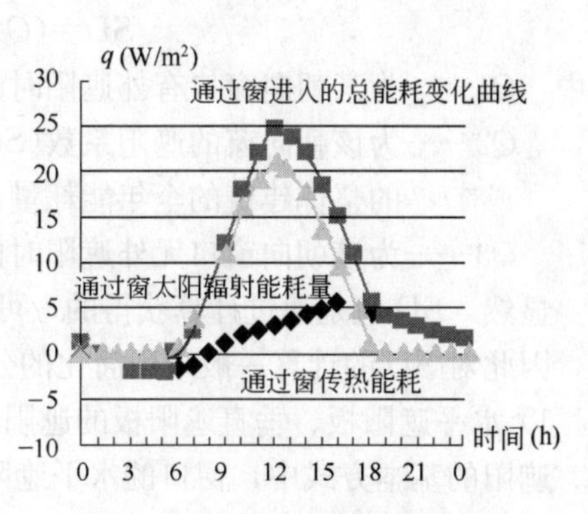

图 3　窗的能耗指标变化曲线

由于我国幅员辽阔，南北方如广州、武汉、北京等地区，东西部如上海、重庆、西安、兰州、乌鲁木齐等地气候条件各不相同，相应对外窗的遮阳要求也应有所不同。文献[2][3][4]中就玻璃或透明材料的遮阳系数对建筑冷热负荷及全年能耗的影响进行了深入的分析，表明降低玻璃或透明材料的遮阳系数可以减少进入室内的太阳辐射得热，但玻璃或透明材料的遮阳系数过低，不利于建筑冬季的采暖，因此，在确定玻璃或透明材料的遮阳系数时，应该计算分析遮阳系数对建筑全年采暖空调能耗的影响。在严寒地区，阳光充分进入室内，有利于降低冬季采暖能耗。这一地区采暖能耗在全年建筑总能耗中占主导地位，如果遮阳措施阻挡了冬季阳光进入室内，对自然能源的利用和节能是不利的。因此，遮阳措施不适用于北方严寒地区，所以在这一地区对玻璃或透明材料的遮阳系数没有要求。

对于寒冷、夏热冬冷和夏热冬暖地区，夏季水平面太阳辐射强度可高达 1000W/m^2 以上，在这种强烈的太阳辐射下，阳光直射到室内，将严重地影响建筑室内热环境，增加建筑空调能耗。因此，减少窗和透明幕墙的辐射传热是建筑节能中降低窗口得热的主要途径，应采取适当遮阳措施，以防止直射阳光的不利影响。而且夏季不同朝向墙面辐射日变化很复杂，不同朝向墙面日辐射强度和峰值出现的时间是不同的，不同朝向墙面日射强度峰值一般是随纬度增高而增大的，但也与各地天气—气候特点有关，因此，不同的遮阳方式直接影响到建筑能耗的大小。

当建筑师追求通透，大面积使用透明幕墙时，要根据建筑所处的气候区和窗墙比选择玻璃(或其他透明材料)，使窗和玻璃幕墙(或其他透明材料)的遮阳系数符合本标准表4.2.2的规定。

(3) 建筑外遮阳系数 SD 的计算

国内外通常把建筑窗口的遮阳形式分为水平遮阳、垂直遮阳、综合遮阳和挡板遮阳，这里引用《夏热冬暖地区居住建筑节能设计标准》编制组所采用的计算方法对建筑外遮阳系数 SD 进行计算，分别给出窗口的水平遮阳、垂直遮阳、综合遮阳和挡板遮阳的外遮阳系数的确定方法。尽管这种方法不十分精确，透光比的计算是一种几何形体的投光分析结果，但这种简化计算方法易于设计人员理解和使用。

对于窗口的建筑外遮阳系数 SD 值，是指在相同太阳辐射条件下，有外遮阳的窗口引起的部分全年能耗量和无外遮阳窗口引起的部分全年能耗量的比值。定义式为

$$SD=(Q1-Q2)/(Q3-Q2) \tag{1}$$

式中 $Q1$——为某朝向窗口有外遮阳时的整栋建筑的全年能耗量；

$Q2$——为该朝向窗的遮阳系数(SC)为0时(即该窗引起的房间太阳辐射得热为零)的整栋建筑的全年能耗量；

$Q3$——为该朝向窗口无外遮阳时的整栋建筑的全年能耗量。

显然，SD 值是通过计算获得的，可采用建筑能耗模拟软件进行计算，但相对比较复杂，因此对 SD 的计算一般采用简化的公式进行计算。

1) 水平遮阳板、垂直遮阳板的遮阳系数

遮阳的基本方式中，窗口的水平遮阳板、垂直遮阳板、挡板是三种最为基本的遮阳方式，其他任何外遮阳方式都可以通过这三种方式的组合构成。

综合遮阳即为水平遮阳和垂直遮阳的组合，它的建筑外遮阳系数为两者的综合效果，可以采用水平遮阳和垂直遮阳系数相乘计算得到。

挡板系指设置在窗前并与窗面平行的板，挡板并不是独立悬挂在窗口上，它通常是与水平遮阳板或与垂直遮阳板或与综合遮阳板的组合形成挡板遮阳构造，组合后的建筑外遮阳系数也是相应的建筑外遮阳系数的乘积。

因此，如果把水平遮阳、垂直遮阳、挡板的外遮阳系数确定后，任何一种组合形式的外遮阳系数随即可求。

目前，依靠建筑能耗的动态仿真计算软件，能描述水平遮阳板和垂直遮阳板两种基本情况，可以用来按 SD 定义式准确地回归计算遮阳板构造特征(遮阳板外挑系数 PF)所对应的建筑外遮阳系数，过程不很复杂。而对于综合式遮阳也能描述，但因为综合遮阳板外挑系数的组合方式十分复杂，也无法在短时间内完成回归工作，对于其他类型的遮阳构造现有的能耗模拟软件还无法描述。因此，标准中只给定了水平遮阳和垂直遮阳两种基本方式的 SD 与遮阳构造特征系数 PF 关系，其他的建筑外遮阳形式的 SD 值以此计算。

由于窗口的建筑外遮阳系数是一个等效的反应窗口遮阳构造节能本领的系数，因而只能通过能耗计算进行拟合。为了得到这些系数，可以定义一个标准的建筑模型(如图4)来进行拟合。

该建筑物的基本参数如下：

每层面积：$50m^2$，两个房间；

墙体：180mm 砖墙，传热系数为 2.17，太阳辐射吸收系数 0.7；

屋面：100mm 混凝土板，加 10mm 聚苯乙烯外保温；

窗：单层透明玻璃铝合金窗，传热系数 5.61，遮阳系数 0.9，单窗面积为 $4m^2$，为了使计算的遮阳系数有较广的适应性，故将窗定为正方形。

房间无内热源，无对外换气，室温定义为 26℃。

采用这一建筑进行各个朝向的拟合计算。方法是在不同的朝向加不同的遮阳板，拟合出当量的遮阳板遮阳系数。然后通过将遮阳板遮阳系数与遮阳板外挑量和窗尺寸之比(PF)挂钩，拟合出一个二次多项式的公式。这一方法与美国的一些节能标准采用的方法是相同的。

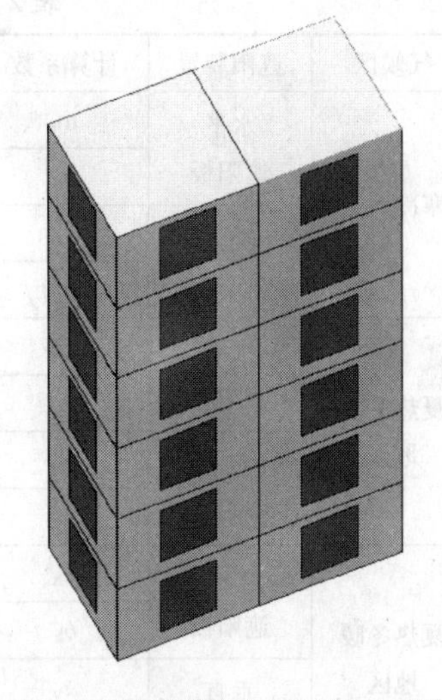

图 4　遮阳系数拟合用的标准建筑

依据(1)式所计算的是有外遮阳的窗口全年能耗量和无外遮阳窗口全年能耗量的比值，定义这个比值为能量意义上的窗口的建筑外遮阳系数。

采用大型模拟软件如 DOE-2 或 DeST 等可以按照所设定的外遮阳构造特征（如水平遮阳或垂直遮阳的外挑系数 PF＝遮阳板挑出长度/遮阳板距窗外侧窗边距离），分别计算出各朝向外遮阳的 SD 与 PF 之间的关系，从而得到了二次多项式关系式。使用 DOE-2 软件拟合的结果如下：

$$SD_H = aPF^2 + bPF + 1 \tag{2}$$

① 水平遮阳板的外遮阳系数和垂直遮阳板的外遮阳系数按以下方法计算：

水平遮阳板：

$$SD_H = a_h PF^2 + b_h PF + 1 \tag{3}$$

垂直遮阳板：

$$SD_V = a_v PF^2 + b_v PF + 1 \tag{4}$$

式中　SD_H——水平遮阳板夏季外遮阳系数；

SD_V——垂直遮阳板夏季外遮阳系数；

a_h、b_h、a_v、b_v——计算系数，见表 2；

PF——遮阳板外挑系数，为遮阳板外挑长度 A 与遮阳板根部到窗对边距离 B 之比，如图 5 所示，按公式(3)计算。当计算出的 $PF>1$ 时，取$PF=1$。

$$PF = \frac{A}{B} \tag{5}$$

由于与节能有关的遮阳系数在不同的气候区是不同的，因此，我们分别将不同气候区的采暖和空调能耗数据进行分析，分别得到不同的气候区的外遮阳的计算系数。

表 2　各朝向水平和垂直外遮阳的计算系数

气候区	遮阳装置	计算系数	东	东南	南	西南	西	西北	北	东北
寒冷地区	水平遮阳板	a_h	0.35	0.53	0.63	0.37	0.35	0.35	0.29	0.52
		b_h	−0.76	−0.95	−0.99	−0.68	−0.78	−0.66	−0.54	−0.92
	垂直遮阳板	a_v	0.32	0.39	0.43	0.44	0.31	0.42	0.47	0.41
		b_v	−0.63	−0.75	−0.78	−0.85	−0.61	−0.83	−0.89	−0.79
夏热冬冷地区	水平遮阳板	a_h	0.35	0.48	0.47	0.36	0.36	0.36	0.30	0.48
		b_h	−0.75	−0.83	−0.79	−0.68	−0.76	−0.68	−0.58	−0.83
	垂直遮阳板	a_v	0.32	0.42	0.42	0.42	0.33	0.41	0.44	0.43
		b_v	−0.65	−0.80	−0.80	−0.82	−0.66	−0.82	−0.84	−0.83
夏热冬暖地区	水平遮阳板	a_h	0.35	0.42	0.41	0.36	0.36	0.36	0.32	0.43
		b_h	−0.73	−0.75	−0.72	−0.67	−0.72	−0.69	−0.61	−0.78
	垂直遮阳板	a_v	0.34	0.42	0.41	0.41	0.36	0.40	0.32	0.43
		b_v	−0.68	−0.81	−0.72	−0.82	−0.72	−0.81	−0.61	−0.83

注：其他朝向的计算系数按上表中最接近的朝向选取。

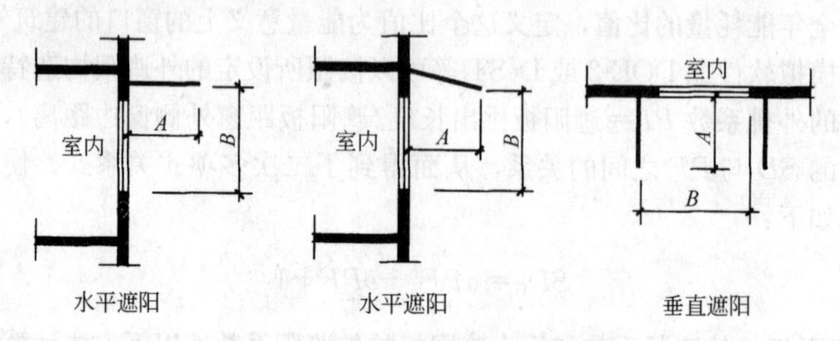

图 5　遮阳板外挑系数（*PF*）计算示意

② 综合遮阳为水平遮阳板和垂直遮阳板组合而成的遮阳形式，其外遮阳系数值应取水平遮阳板和垂直遮阳板的外遮阳系数的乘积。

③ 挡板遮阳（包括百叶、花格等）系数 *SD*

国外的有关标准把花格、漏花、百叶等统称为格子式遮阳构件，反映有关内容的相关标准有国际标准化组织的《ISO/FDIS 15099》、日本的《建筑省能基准》、我国台湾的《建筑节约能源设计技术规范》等。建筑格子式遮阳在我国南方的传统建筑中是比较普遍的。

挡板遮阳分析的关键问题是挡板的材料和构造形式对外遮阳系数的影响。由于现代建筑材料类型和构造技术的多样化，挡板的材料和构造形式变化万千，如果均要求建筑设计时按太阳位置角度逐时计算挡板的能量比例显然是不现实的。但作为挡板构造形式之一的建筑花格、漏花、百叶等遮阳构件，在原理上存在统一性，都可以看作是窗口外的一块竖板，通过这块板只有两个性能影响太阳辐射到达窗面，一个是挡板的轮廓形状和与窗面的相对位置，另一个是挡板本身构造的透过太阳能的特性。两者综合在一起才能计算分析挡板的遮阳效果。

因此我们采用两个参数确定挡板的遮阳系数，一个是挡板轮廓透光比 η，另一个是挡

板构造透光比 η^*。当窗仅有外百叶、花格或挡板时，考虑到百叶、花格不一定透明，其外遮阳系数按下式计算：

$$SD=1-(1-\eta)(1-\eta^*) \tag{6}$$

式中 η——挡板轮廓透光比。为窗洞口面积减去挡板轮廓由太阳光线投影在窗洞口上所产生的阴影面积所得到的剩余面积与窗洞口面积的比值；

η^*——挡板构造透射比。

形状简单的挡板，这一参数是比较容易计算的。对于由复杂的几何图案构成的花格遮阳构件，用计算的方法困难时可以采用投光实验的方法，依据本标准给出的几个典型的太阳位置角度确定其透光比。

对于太阳位置固定时，直射太阳辐射下遮阳装置的轮廓透光比是可以直接计算的。但散射辐射下的轮廓透光比计算仍然是比较麻烦的事情。

由于百叶、花格、挡扳这类的遮阳设施，遮阳系数与太阳入射角(高度角和方位角)有关，因而，为了简单地进行计算，引入典型的太阳入射角这一概念是非常重要的。

前面已经强调过，与节能有关的遮阳系数是一个当量值(或等效值)，为了简化计算，我们可以找几个有代表性的角度，计算结果能基本等效于整个夏季(或冬季)的综合计算。

在 6、7、8 三个月，东、西向阳光的高度角较小，方位角在 90 度左右迂回变化，取西(东)偏南 15°(即太阳方位角为 75°)是考虑到夏季的开始和结束时太阳主要偏向南面。

南北朝向有很大的不同。在夏季初或末，南面在中午有太阳直射光，而在夏至附近，南面无阳光直射；在冬季，南面一直会有阳光。北面在夏至附近是早晚有太阳直射，冬季则没有太阳直射。总体上讲，南北在多数情况下会以散射辐射为主，这样对百叶遮阳就会比较复杂。

挡板各朝向的轮廓透光比应按该朝向上的 4 组典型太阳光线入射角，采用平行光投射方法分别计算或实验测定，其轮廓透光比应取 4 个透光比的平均值。典型太阳入射角可按表 3 选取。

表 3 典型的太阳光线入射角(°)

窗口朝向	南				东、西				北			
	1组	2组	3组	4组	1组	2组	3组	4组	1组	2组	3组	4组
太阳高度角	0	0	60	60	0	0	45	45	0	30	30	30
太阳方位角	0	45	0	45	75	90	75	90	180	180	135	−135

按上述方法计算或实验确定格子式遮阳的外遮阳系数应取几个典型的太阳位置计算的透光比的平均值。原因在于，采用透光面积比代替能量透过比，因未考虑能量的散射透过量，会在小范围内发生透光比小于能量投射比的情况，甚至透光比为 0 时能量透过比为 15%左右。而对于某些格子如薄铝板条制作的格子遮阳构件，板条的宽度和格子间距相等，铝板条均垂直于窗面，当太阳高度角为 0°时则透光比几乎为 100%，高度角为 45°时透光比则为 0，于是它的遮阳系数既不能取 0 也不应取 100%，为了使确定的遮阳系数值较准确地反映实际情况，故应取按 4 个典型的太阳位置确定的透光比的平均值作为格子式遮阳的外遮阳系数较为合理。

一般认为建筑的花格或百叶是不透明的，因而遮阳系数与透光系数有很好的对应关系。尽管阳光射到格子或百叶上之后仍然会反射到室内，但一般会弱很多，大部分还是反射到室外或被吸收，即使被遮阳构造吸收的部分也会被室外风力带走。

挡板构造透光比为阴影部分在给定的典型太阳入射角时的透射太阳能的比例。部分材料的太阳辐射透过比建议如下：

——混凝土、金属类挡板取 $\eta^* = 0.1$；

——厚帆布、玻璃钢类挡板取 $\eta^* = 0.4$；

——深色玻璃、有机玻璃类挡板取 $\eta^* = 0.6$；

——浅色玻璃、有机玻璃类挡板取 $\eta^* = 0.8$；

——金属或其他非透明材料制作的花格、百叶类构造取 $\eta^* = 0.15$。

④ 幕墙的水平遮阳和垂直遮阳的外遮阳系数参照1)和2)的方法计算，图6中标注的尺寸 A 和 B 用于计算外挑系数，C 为挡板的高度或宽度。

一般情况下，遮阳板叶是非漏空的且板叶与玻璃的间距很小，挡板部分的轮廓透光比 η 可以近似取为0。

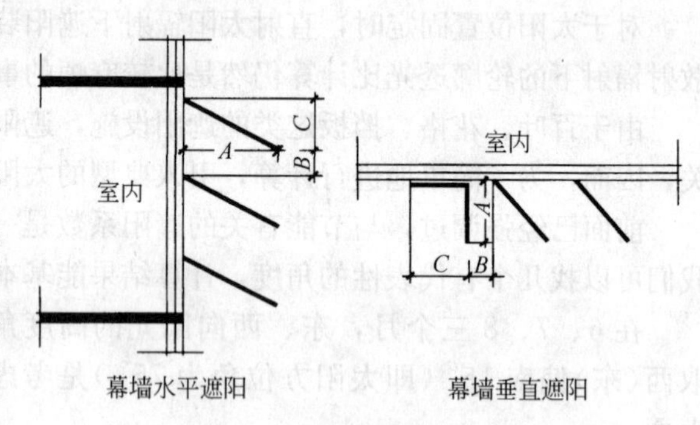

图6 幕墙遮阳计算示意

2) 建筑物的外窗和幕墙的外遮阳设施

由于建筑的外遮阳能起到遮挡直接太阳辐射的作用，合适的外遮阳措施可以减少太阳辐射得热量。因此，尤其在我国南方地区建筑的外窗透明幕墙，特别是东、西朝向，在可能的情况下，应优先采用活动或固定的建筑外遮阳措施，以到达比窗本身和室内遮阳更好的遮阳隔热效果。图7-1～7-6就是常用的活动和固定的建筑外遮阳措施。

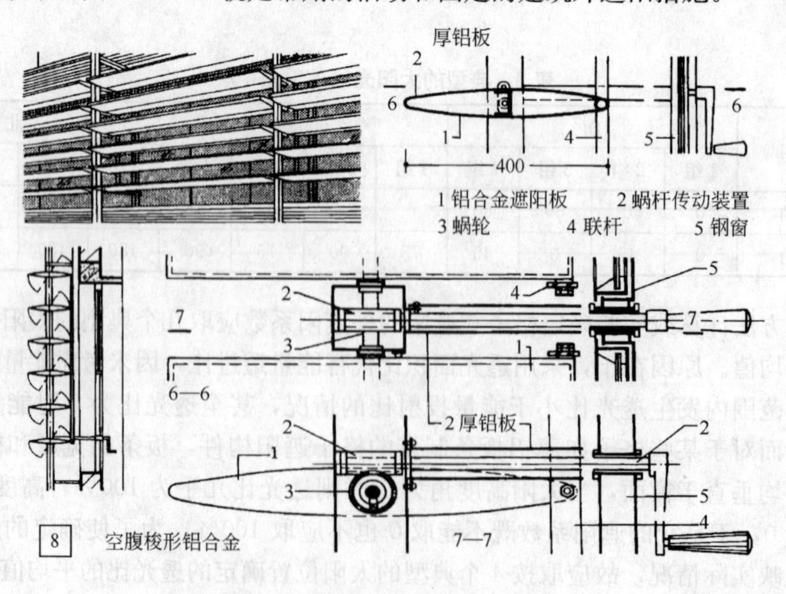

图7-1 活动百叶遮阳控制系统

图 7-2 活动百叶遮阳实例

图 7-3 活动百叶遮阳实例

图 7-4 活动百叶遮阳实例

7-5 透明幕墙外遮阳实例

图 7-6 固定的外遮阳构件

设置固定的外遮阳构件(如图 7-6 所示)，对减少太阳辐射热进入室内，降低空调能耗的效果显著，因此，在北美、欧洲等发达国家以及东南亚新加坡、马来西亚、泰国、日本及我国的台湾省等一些国家和地区，都把固定的外遮阳作为夏季建筑节能的重点措施加以考虑。在我国无论是北方还是南方地区，在公共建筑中尚缺乏有组织的外遮阳设计，从节能和改善室内热环境的角度出发，应该加强这方面的工作。

活动的外遮阳设施，夏季能抵御阳光进入室内，而冬季能让阳光进入室内，它通常是采用可动的百叶窗，欧美喜欢的平开式百叶窗，澳洲、日本等喜欢推拉式百叶窗。近年来我国也逐渐开始引进和运用类似的遮阳方法，在今后的建筑中将得到进一步的普及。在纬度相近的国家和地区及国内一些重视节能的建筑中，以百叶等挡板遮阳方式正在代替完全不透光的传统挡板方式，从而很好地解决了遮阳与通风、采光、观瞻的矛盾。

活动的外遮阳和固定的外遮阳一样，是把太阳直射辐射能挡在窗外，直接降低房间得热，从而降低夏季房间空调冷负荷的峰值。东、西朝向的外窗受到太阳直接辐射，太阳的高度角比较低，方位角正对窗口，因此东、西朝向外窗尤其要重视采用活动或固定外遮阳措施。

固定外遮阳措施适用于以空调能耗为主的南方地区，它有利于降低夏季空调能耗。活动外遮措施适用于北方地区，它利于不遮挡冬季阳光，节约采暖能耗。当建筑采用外遮阳设施时，遮阳系统与建筑的连接必须保证安全、可靠，尤其在高层公共建筑使用时，应更加注意。

（4）外窗、透明幕墙的可见光透射比

以上分析表明降低玻璃或透明材料的遮阳系数可以减少进入室内的太阳辐射得热，降低建筑空调能耗，但玻璃或透明材料的遮阳系数过低，同样也会降低玻璃或透明材料的可见光透射率，我们所追求的是尽可能降低太阳辐射透过玻璃或透明材料进入室内，希望遮阳系数小；但同时也希望少减少可见光的透射率。

如图 8 所示，不同镀膜涂层其可见光透射比是不同的，可见光透射比过小，容易造成室内采光不足。在日照率低的地区，所增加的室内照明用电能耗，将超过节约的采暖制冷能耗，因此，对透明材料的可见光透射比也应作出规定。

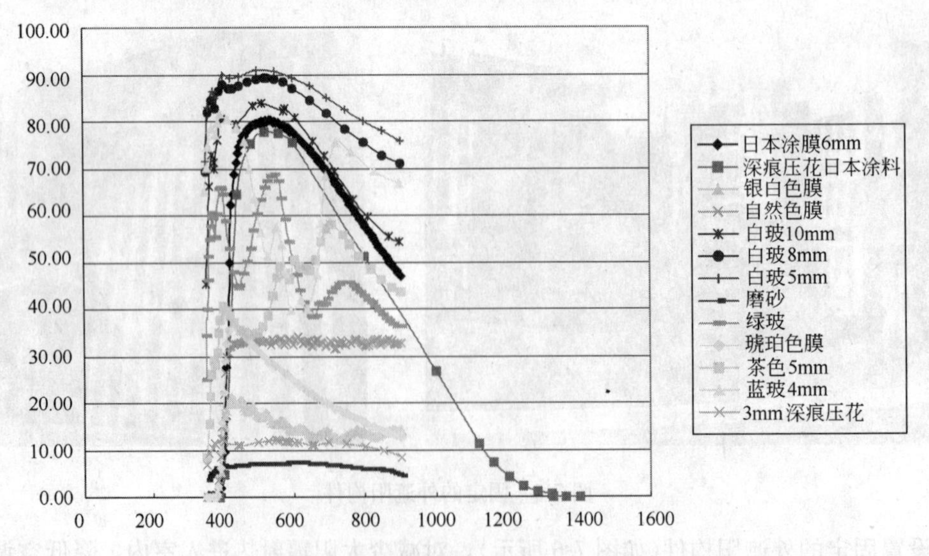

图 8　玻璃不同镀膜涂层可见光透射比

由于部分玻璃或透明材料在遮阳系数 *SC* 小于 0.35 时可见光透过比将小于 0.4，在实际工程中可能会对建筑师选择外表颜色造成一定的影响。所以条文中把可见光透过比大于 0.4 作为规定性基本指标。但在窗墙比很大时，即使玻璃的可见光透过率低一些，室内的光线还是很充足的，只不过阴天时要差一些。对于窗墙比较大时，对可见光透过率指标要求可以适当放松，这样就可以避开可见光与遮阳系数之间的矛盾。

(5) 外窗、透明幕墙气密性的规定

公共建筑一般室内热环境条件比较好，为了保证建筑的节能，要求外窗具有良好的气密性能，以抵御夏季和冬季室外空气过多地向室内渗漏，因此对外窗的气密性能要有较高的要求。规定外窗气密性等级不应低于《建筑外窗空气渗透性能分级及其检测方法》GB 7107—2002 中规定的 4 级要求。

目前国内幕墙行业在工程中应用，主要是考虑幕墙围护结构的结构安全性、日光照射的光环境、隔绝噪声、防止雨水渗透以及防火安全等方面，较少考虑幕墙围护结构的保温隔热、冷凝等热工节能问题。因此，为了节约能源，必须对幕墙的热工性能有明确的规定。这些规定已经体现在条文 4.2.11 中。由于透明幕墙的气密性能对建筑能耗也有较大的影响，为了达到节能目标，本条文对透明幕墙的气密性也作了较为严格的规定。规定透明幕墙的气密性等级不应低于《建筑幕墙物理性能分级》GB/T 15225 中规定的 3 级要求。

三、外窗、透明幕墙玻璃传热系数和遮阳系数的节能选择

窗和透明幕墙是建筑围护结构中热工性能最薄弱部分。一般而言，窗户和透明幕墙的保温隔热性能比外墙差很多，窗面积越大，则采暖和空调的能耗也越大。因此，从节能的角度出发，窗户的保温隔热设计必须予以足够的重视。首先应控制窗面积，其次要考虑窗户本身的保温性能，在严寒和寒冷地区窗和透明幕墙主要考虑其保温性能，尽可能减小传热系数 *K* 值；在我国南方夏热冬冷和夏热冬暖地区要综合考虑传热系数 *K* 值和遮阳系数 *SC* 值，窗户本身的遮阳隔热性能和建筑外部的遮阳措施；最后还要保证窗户的气密性能及可开启面积。

要控制窗的热损失，选择适宜的窗型也是很重要的。目前，常用的窗型有外平开窗、左右推拉窗、固定窗、天窗、上下悬窗，还有内开下悬翻转窗、上下提拉窗等等。

在我国门窗市场中，推拉窗和平开窗产量最大，其中左右推拉窗使用量最多，它有安全、五金件简便、成本低等优点，但开启面积只有 1/2，不利于通风，在南方地区这是最大的缺点。平开窗虽然价格比推拉窗稍高，但其通风面积大，且气密性较好，故应尽可能选用这种窗型。上下提拉窗比较符合我国国情，虽然它的开启面积也只有 1/2，但有完全不同的通风效果。因我国建筑窗台离地面高度一般在 800～900mm 左右，上下提拉窗的下窗扇向上提时有 800～900mm 的通风高度，也即在房间的 900～800mm 高度内是全通风的，恰好是人的高度范围内，而且又便于晾晒衣物，符合我国人民生活习惯。

天窗可分为固定式和开启式，目前我国天窗以固定式为多。天窗除采光功能外通风也甚为重要，尤其是公共建筑，中庭有天窗的情况较为普遍，应加强天窗的通风效果。

根据玻璃的特性可以得出，透明中空玻璃应主要应用于北方采暖建筑，对南方遮阳隔热的效果并不大；吸热的玻璃有比较好的遮阳隔热作用；而遮阳隔热作用最好的是热反射玻璃，但因热反射镀膜的可见光透过率低，应根据建筑的不同功能选择热反射玻璃；Low-E中空玻璃有适用于北方采暖建筑和南方空调建筑的不同种类，使用时应区别对待。

由离线 Low-E 构成的低遮蔽系数的 Low-E 中空玻璃，对太阳光(可见光)透过率影响不大，既保持低的热透射率又能使可见光线透过，更适合于南方炎热地区。

表 4～表 6 为常用外窗和玻璃的热工参数，供节能设计参考。

表 4　常用外窗和玻璃的热工参数(参考)

外　窗		玻璃品种			
		无色透明玻璃(5～6mm)	热反射玻璃	无色透明中空玻璃	Low-E 中空玻璃
普通铝合金窗	K[W/(m²·K)]	6.5～6.0	6.5～6.0	4.0～3.5	3.5～3.0
	遮阳系数 SC	0.9～0.8	0.55～0.45	0.85～0.75	0.55～0.40
断热铝合金窗	K[W/(m²·K)]	6.0～5.5	6.0～5.0	3.5～3.0	3.0～2.5
	遮阳系数 SC	0.9～0.8	0.55～0.45	0.85～0.75	0.55～0.40
PVC 塑料窗	K[W/(m²·K)]	5.0～4.5	5.0～4.5	3.0～2.5	2.5～2.0
	遮阳系数 SC	0.9～0.8	0.55～0.45	0.85～0.75	0.55～0.40
VELUX 等高质量木窗	K[W/(m²·K)]	4.7～4.2	4.5～4.0	2.7～2.3	2.3～1.9
	遮阳系数 SC	0.9～0.8	0.55～0.45	0.85～0.75	0.55～0.40
PVC 塑料中空＋无色透明单玻窗	K[W/(m²·K)]	—	—	2.1～1.7	1.8～1.3
	遮阳系数 SC	—	—	0.73～0.66	0.45～0.35

注：1　以上仅是部分玻璃与不同型材的组合数据；

2　表中热工参数为各种窗型中较有代表性的数值，不同厂家、玻璃种类以及型材系列品种都可能有较大浮动，具体数值应以法定检测机构的实际检测值为准；

3　窗本身的遮阳系数 SC 可近似地取为窗玻璃的遮蔽系数乘以窗玻璃面积除以整窗面积，即 $SC=Se\times A_{玻}/A_{窗}$。

表 5　国内常用单玻性能参数

类型	厚度(mm)	可见光(%)		太阳辐射能(%)			K 值[W/(m²·K)]		遮阳系数
		透射率	反射率	反射率	透过率	吸收率	冬季	夏季	
透明浮法玻璃	4	89	8	7	81	12	6.25	8.85	0.98
	5	89	8	7	80	13	6.25	5.85	0.97
	6	88	8	7	78	15	6.19	5.85	0.95
	8	87	8	7	73	20	6.08	5.85	0.91
	10	86	8	7	70	23	6.02	5.79	0.88
	12	84	8	6	64	30	5.91	5.73	0.83
	16	82	8	6	59	35	5.79	5.68	0.79
	19	81	8	6	55	39	5.68	5.62	0.75

表 6　部分中空玻璃性能参数

产品名称	厚度(mm)	可见光(%)		太阳辐射能(%)		K 值[W/(m²·K)]		遮阳系数
		透射率	反射率	反射率	透过率	冬季	夏季	
双层透明	FL6＋12＋FL6	14	81	13	62	2.7	3.1	0.88
单层带色	FL6＋12＋FL6	8	50	8	39	2.7	3.2	0.59

续表

产品名称	厚度(mm)	可见光(%)		太阳辐射能(%)		K值[W/(m²·K)]		遮阳系数
		透射率	反射率	反射率	透过率	冬季	夏季	
三层透明	FL6+12+FL6+12+FL6	16	72	13	43	1.8	2.2	0.77
Low-E中空	FL6+12+Low-E6-75	12	75	20	49	1.7	1.8	0.66
Low-E中空	FL6+12+Low-E6-50	14	50	16	33	1.7	1.73	0.51
Low-E充气	FL6+12+Low-E6	12	75	20	49	1.4	1.5	0.67
单层带热反射Ⅰ	RE+6-GB40+12+FL6	42	36	27	38	2.7	3.1	0.55
单层带热反射Ⅱ	RE+6-GB30+12+FL6	46	26	30	23	2.7	3.1	0.36

注：表中参数为秦皇岛耀华玻璃集团提供。

镀膜玻璃是在玻璃表面上镀以一层或多层金属或金属氧化物（如 Cu、Ag、Au、TiO_2、Cr_2O_3 等)的特种玻璃，具有突出的光、热效果，其品种主要有低辐射玻璃和热反射玻璃(又称为太阳能控制膜玻璃)，我国目前均能生产。热反射玻璃的主要性能是可反射大部分太阳辐射热，可见光透过率在8%～40%，因此是一种很好的热反射材料，价格在80～200元/m²。其常用品种的技术指标见表7。但热反射玻璃的可见光透过率太低，会严重影响室内采光，导致室内照明能耗增加，其增加值甚至会大于空调节能冷耗的值，反而使总能耗上升，得不偿失，在设计使用时应慎用。

表7　热反射镀膜玻璃性能参数

玻璃品种	基片颜色	反射颜色	可见光(%)		太阳辐射能(%)		K值[W/(m²·K)]		遮阳系数
			透射率	反射率	反射率	透过率	冬季	夏季	
CCS108S	透　明	蓝　灰	42	9	35	8	4.72	4.66	0.23
CCS115S	透　明	蓝　灰	31	15	29	15	4.94	4.94	0.29
CCS208M	魔鬼绿	绿　色	31	9	17	5	4.71	4.82	0.26
CCS115M	魔鬼绿	绿　色	24	13	14	7	4.97	5.13	0.29
CGP116S	透　明	蓝　绿	35	12	14	20	5.21	5.30	0.37
CKG120S	透　明	金　色	33	22	35	30	6.18	6.08	0.46
CKG124S	透　明	金　色	37	22	36	31	6.18	6.08	0.46
CMG165S	透　明	银　灰	33	64	22	65	6.14	5.76	0.79
CSY108S	透　明	银　灰	45	8	38	8	5.01	4.97	0.23
CSY120S	透　明	灰　色	26	18	22	17	5.44	5.49	0.37
CSY130S	透　明	灰　色	15	29	13	27	5.66	5.75	0.49
CTL125S	透　明	浅　蓝	27	26	24	19	5.04	5.03	0.37
CTL130S	透　明	浅　蓝	26	31	22	24	5.33	5.24	0.43
CTL135S	透　明	蓝　色	23	34	19	27	5.40	5.41	0.46

注：表中参数为 s 深圳南璃集团提供。

薄膜型热反射材料是指在聚合物膜(如聚酯膜)上镀有一层厚度为10～100μm的特殊的连续金属或金属氧化物膜(与镀膜玻璃类似)，一般产品的主要性能特点是可见光透过率在10%～60%，太阳热辐射反射率在40%～70%，是良好的热反射材料。可直接装贴于成窗玻片上，起到隔热作用。我国现有产品价格在 10～15 元/m²，其可见光透过率偏低，通常在 30%以下，但热反射率可达 70%左右，这些产品的优缺点与热反射玻璃一样。目前一些国外生产企业已开发出性能更好的各种热反射薄膜，产品已进入国内市场。表 8 中列出一些新型薄膜有关技术参数，可供设计时选用。

表 8 热反射薄膜的光、热性能

编　号	可见光(%)		太阳能(%)		遮阳系数	紫外线透过率(%)	太阳能吸收率(%)
	透过率	反射率	透过率	反射率			
1	5	5	46	8	0.65	5	46
2	7	58	10	49	0.25	1	41
3	18	5	50	8	0.70	5	42
4	15	60	12	55	0.24	1	33
5	35	8	45	17	0.62	1	38
6	35	19	35	17	0.55	1	48
7	50	5	66	8	0.84	1	26
8	48	13	48	12	0.64	1	40
9	70	11	63	9	0.82	1	28
10	84	9	84	9	0.99	1	7

参考文献

[1] 林海燕. 办公建筑空调采暖能耗的深入分析 [J]. 第九届全国建筑物理学术会议论文集，PP201-204，北京：中国建筑工业出版社，2004

[2] 赵立华等. 高层玻璃幕墙建筑空调能耗评估及影响因数 [J]. 第九届全国建筑物理学术会议论文集，PP205-208，北京：中国建筑工业出版社，2004

[3] 赵士怀等. 夏热冬冷地区外窗保温隔热性能对居住建筑空调采暖能耗和节能影响的分析. 全国建筑节能检测验收与计算软件研讨会文集，北京，2004

[4] 邵长键等. 玻璃幕墙节能环保技术进展. 2002 年全国铝合金门窗幕墙行业年会论文集，广州，2002

专题二　关于空调水系统输送能效比(ER)的编制情况和实施要点

（上海建筑设计研究院有限公司　寿炜炜
中国建筑设计研究院　潘云钢）

为了提高空调水系统的输送效率，降低管道的输配能耗，防止因系统设计流速过高、流量过大、介质的供回温差过小、采用低效率产品等原因而造成的输送能量浪费的情况产生，国标《公共建筑节能设计标准》中对空调冷热水的输送能效比(ER)提出了相关的节能要求。本条文是引自《旅游旅馆建筑热工与空气调节节能设计标准》GB 50189—93，转引时，将原条文中的“水输送系数”(WTF)，改用输送能效比(ER)表示，两者的关系为：$ER=1/WTF$。

这里将这部分条文的编制情况及实施措施作出说明。

一、空调冷热水的输送能效比(ER)条文的编制情况

1. 计算公式

空调冷热水系统的输送能效比(ER)的定义是：空调冷热水系统的输送单位能量所需要的功耗。它的计算公式如下：

$$ER=0.002342H/(\Delta T\cdot\eta)$$

式中　H——水泵设计扬程(m)；

ΔT——供回水温差(℃)；

η——水泵在设计工作点的效率(%)。

2. 输送能效比(ER)限制值的确定

根据空调水系统的划分，输送能效比(ER)将按空调冷水管道系统、两管制和四管制的热水管道系统分别给出。其中，空调冷水管道系统的ER值对于两管制或四管制的管道系统都适用；两管制热水管道系统的ER值则按我国各个不同地区空调使用的特点分别给出。

(1) 单冷、单热空调水管道系统ER的确定

根据一般的公共建筑的规模，空调冷水供回水管道长度通常在500m以内，常用供回水温度为7～12℃，制冷主机蒸发器的水阻力为7m水柱，再考虑机房管道设备的局部阻力、空调末端及控制阀等的阻力，确定计算水泵的设计扬程。

空调单热管道(四管制中的热水管道)的水温差，根据《旅游旅馆建筑热工与空气调节节能设计标准》GB 50189—93的说明，采用供回水温差为15℃。

上述各种阻力的计算结果见表1所示。

表 1　空调单冷、单热水系统的最大输送能效比 *ER* 计算表

<table>
<tr><td rowspan="2">系统</td><td>水温差</td><td>冷水机组(板式换热器)阻力</td><td>水过滤器局阻</td><td>机房局阻</td><td>管道阻力</td><td>末端设备及控制阀</td><td>水泵扬程</td><td>水泵效率</td><td>计算 ER 值</td></tr>
<tr><td>℃</td><td>m</td><td>m</td><td>m</td><td>m</td><td>m</td><td>m</td><td>%</td><td>—</td></tr>
<tr><td>冷水</td><td>5</td><td>7</td><td>3</td><td>3</td><td>14</td><td>9</td><td>36</td><td>70</td><td>0.0241</td></tr>
<tr><td>热水</td><td>15</td><td>6</td><td>2</td><td>2</td><td>12</td><td>6</td><td>28</td><td>65</td><td>0.00673</td></tr>
</table>

注：管道阻力包括摩擦阻力与局部阻力：按总长度 500m 计，管道阻力＝500×摩阻×[1＋0.3(局阻)]。

(2) 两管制冷、热水管道 *ER* 的确定

目前采用两管制的空调水系统应用得非常多，在我国的严寒地区、寒冷地区、夏热冬冷地区和夏热冬暖地区都有使用。条文根据公共建筑物的夏季与冬季的空调负荷情况，按不同的气候区域给出最大 *ER* 值。计算值可见表 2。

表 2　空调两管制热水管道系统的最大输送能效比 *ER* 计算表

<table>
<tr><td rowspan="3">地　区</td><td rowspan="2">冷水/热水温差</td><td colspan="6">系统阻力计算</td><td rowspan="2">水泵效率</td><td rowspan="2">计算 ER 值</td></tr>
<tr><td>冷/热负荷比</td><td>冷/热水流量比</td><td>水管道阻力</td><td>机组和过滤器阻力</td><td>末端及控制阀阻力</td><td>总阻</td></tr>
<tr><td>℃</td><td>—</td><td>—</td><td>m</td><td>m</td><td>m</td><td>m</td><td>%</td><td>—</td></tr>
<tr><td>严寒地区</td><td>5/15</td><td>1∶2</td><td>1∶2/3</td><td>8</td><td>10</td><td>6</td><td>24</td><td>65</td><td>0.00577</td></tr>
<tr><td>寒冷/夏热冬冷地区</td><td>5/15</td><td>1∶1</td><td>1∶1/3</td><td>2</td><td>10</td><td>6</td><td>18</td><td>65</td><td>0.00433</td></tr>
<tr><td>夏热冬暖地区</td><td>5/7.5</td><td>1∶0.5</td><td>1∶1/3</td><td>2</td><td>10</td><td>6</td><td>18</td><td>65</td><td>0.00865</td></tr>
</table>

表 2 中冷、热水流量比最小控制 1∶(1/3)，这是因为管道的管径是按冷水流量选择，冬季输送热水时，热水流量过小时将给空调机组的控制带来困难，容易引起失控。由于夏热冬暖地区的冬季负荷很小，在控制热水为冷水流量 1/3 的情况下，该地区的热水供回水温差只能为 7.5℃。

表 2 中水管道阻力的计算是按管道阻力与流量比的平方成正比的关系得出。例如：冷水供冷时管道阻力与机房局阻之和是 18m 水柱，热水流量是冷水流量的 2/3，该管道输送热水时的阻力应为 $18\times(2/3)^2\approx8$m 水柱。

3. 形成的条文

依据以上计算资料，形成的正式条文如下：

5.3.27　空气调节冷热水系统的输送能效比(*ER*)应按下式计算，且不应大于表 5.3.27 中的规定值。

$$ER=0.002342H/(\Delta T\cdot\eta) \quad (5.3.27)$$

式中　H——水泵设计扬程(m)；

ΔT——供回水温差(℃)；

η——水泵在设计工作点的效率(%)。

表 5.3.27 空气调节冷热水系统的最大输送能效比(ER)

<table>
<tr><td rowspan="2">管道类型</td><td colspan="3">两管制热水管道</td><td rowspan="2">四管制
热水管道</td><td rowspan="2">空调
冷水管道</td></tr>
<tr><td>严寒地区</td><td>寒冷地区/夏热冬冷地区</td><td>夏热冬暖地区</td></tr>
<tr><td>ER</td><td>0.00577</td><td>0.00433</td><td>0.00865</td><td>0.00673</td><td>0.0241</td></tr>
</table>

注：两管制热水管道系统中的输送能效比值，不适用于采用直燃式冷热水机组作为热源的空气调节热水系统。

二、适用条件

1. 本条文适用于独立建筑物内的空调冷、热水系统，最远环路总长度一般在 200～500m 范围内。区域管道或总长度过长的水系统可参照执行。

2. 由于直燃机的热水温差较小(与冷水温差差不多)，因此这里明确两管制热水管道系统中的输送能效比值计算“不适用于采用直燃式冷热水机组作为热源的空调热水系统”。

3. 考虑到在多台泵并联的系统中，单台泵运行时往往会超流量，水泵电机的配置功率会适当放大的情况，在输送能效比(ER)的计算公式中，采用水泵电机名牌功率显然不能准确地反映出设计的合理性，因此这里应采用水泵轴功率计算，公式中的效率亦采用水泵在设计工作点的效率。

三、实施要点

为保证空调冷热水系统的输送能效比(ER)不超标，最基本的要求是水泵扬程应计算确定，从目前了解到的实际情况看，凭经验的估算常常造成水泵的流量、扬程的偏大，造成输送能量的浪费。为进一步降低输送能效比，通常可以采取下列一些措施：

(1) 大温差供水

把冷水温差从 5℃提高到 7℃时，管道摩阻的控制与原来的要求相同时，从计算公式可知，管道的长度就可以增加 40%，也就是说可适用于 700m 的空调水管道的长度了。

(2) 适当放大管道管径

当控制管道摩阻是原来的 70%时，相当于管道长度增加了 43%。

(3) 选择工作点的效率更高水泵

考虑到大多数设备的原因，本标准计算控制的水泵效率并不是很高：冷水泵为 70%；热水泵往往功率小一些，效率也稍低，采用了 65%。而随着技术的发展，市场上许多水泵的效率可以大大超出这个值，个别甚至达到将近 89%，因此设计选择的空间还是有的，就是水泵价格可能高一些。

(4) 选择低阻力的空调设备

本条文编制时冷水机组蒸发器采用的水阻力是 7m，目前也有一些厂家采用的水阻力只有 3～4m，多余的水泵扬程放到管道阻力上，可以增加供水距离。

随着建筑规模的发展，空调水管道长度也有超过 500m 的工程，原则上说，本条文是不适用了，但通过采用上述技术措施后，可取得非常好的节能效果，甚至有可能满足输送能效比要求。

专题三　风量耗功率(W_S)的编制情况介绍和实施要点

（上海建筑设计研究院有限公司　寿炜炜
中国建筑设计研究院　潘云钢）

为了提高空调风系统的输送效率，防止因系统设置过大、流速过高或采用低效率产品等原因而造成空调风系统输送能量浪费的情况产生，国家标准《公共建筑节能设计标准》中对空调单位风量的耗功率(W_S)提出了相关的节能要求。这里将这部分条文的编制依据、基本数据、计算公式和实施要点作以下说明。

一、计算公式

空调风系统单位风量的耗功率(W_S)的定义是：空调风系统输送单位风量所需要的功耗。对设计的要求是：设计状态下，公共建筑中的空调系统的单位风量的耗功率不能大于条文所规定的值。它的计算公式如下：

$$W_S = \frac{P}{3600\eta_t}$$

式中　W_S——单位风量的功耗$[W/(m^3 \cdot h^{-1})]$；

P——风机全压值(Pa)，计算取值见表1；

η_t——包含风机、电机及传动效率在内的总效率(%)。

表1　公共建筑空调系统风机全压取值计算表

<table>
<tr><th colspan="3" rowspan="2">系　统</th><th>粗效过滤器终阻力</th><th>粗、中效过滤终阻力</th><th>冷盘管风阻</th><th>热盘管风阻</th><th>箱体内其他阻力</th><th>消声设备阻力</th><th>管道阻力</th><th>风口阻力(含动压)</th><th>VAV末端</th><th>富裕量</th><th>合计总全压</th></tr>
<tr><th>Pa</th><th>Pa</th><th>Pa</th><th>Pa</th><th>Pa</th><th>Pa</th><th>Pa</th><th>Pa</th><th>Pa</th><th>Pa</th><th>Pa</th></tr>
<tr><td rowspan="8">办公建筑</td><td rowspan="4">定风量</td><td>两管制粗效过滤</td><td rowspan="2">100</td><td rowspan="2">—</td><td rowspan="16">153</td><td>—</td><td rowspan="16">50</td><td rowspan="16">150</td><td rowspan="4">260</td><td rowspan="4">30</td><td rowspan="4">—</td><td rowspan="2">37</td><td>780</td></tr>
<tr><td>四管制粗效过滤</td><td>100</td><td>880</td></tr>
<tr><td>两管制粗、中效过滤</td><td rowspan="2">—</td><td rowspan="2">221</td><td>—</td><td rowspan="2">36</td><td>900</td></tr>
<tr><td>四管制粗、中效过滤</td><td>100</td><td>1000</td></tr>
<tr><td rowspan="4">变风量</td><td>两管制粗效过滤</td><td rowspan="2">100</td><td rowspan="2">—</td><td>—</td><td rowspan="4">310</td><td rowspan="4">—</td><td rowspan="4">280</td><td rowspan="2">37</td><td>1080</td></tr>
<tr><td>四管制粗效过滤</td><td>100</td><td>1180</td></tr>
<tr><td>两管制粗、中效过滤</td><td rowspan="2">—</td><td rowspan="2">221</td><td>—</td><td rowspan="2">36</td><td>1200</td></tr>
<tr><td>四管制粗、中效过滤</td><td>100</td><td>1300</td></tr>
<tr><td rowspan="8">商场旅馆建筑</td><td rowspan="4">定风量</td><td>两管制粗效过滤</td><td rowspan="2">100</td><td rowspan="2">—</td><td>—</td><td rowspan="4">340</td><td rowspan="4">30</td><td rowspan="4">—</td><td rowspan="2">37</td><td>860</td></tr>
<tr><td>四管制粗效过滤</td><td>100</td><td>960</td></tr>
<tr><td>两管制粗、中效过滤</td><td rowspan="2">—</td><td rowspan="2">221</td><td>—</td><td rowspan="2">36</td><td>980</td></tr>
<tr><td>四管制粗、中效过滤</td><td>100</td><td>1080</td></tr>
<tr><td rowspan="4">变风量</td><td>两管制粗效过滤</td><td rowspan="2">100</td><td rowspan="2">—</td><td>—</td><td rowspan="4">390</td><td rowspan="4">—</td><td rowspan="4">280</td><td rowspan="2">37</td><td>1160</td></tr>
<tr><td>四管制粗效过滤</td><td>100</td><td>1260</td></tr>
<tr><td>两管制粗、中效过滤</td><td rowspan="2">—</td><td rowspan="2">221</td><td>—</td><td rowspan="2">36</td><td>1280</td></tr>
<tr><td>四管制粗、中效过滤</td><td>100</td><td>1380</td></tr>
</table>

二、风机全压的取值说明

影响空调系统风阻力的因素很多，有空气过滤器、空气换热器、风管管道、消声器、风口、风阀配件等。空调风系统单位风量的耗功率(W_S)将按常用的不同组合分别给出；并针对我国严寒地区的特殊使用特点给出修正值。

1. 空气过滤器阻力取值

根据国家标准《空气过滤器》GB/T 14295—1993 规定，粗效过滤器的终阻力是100Pa，中效过滤器的终阻力是160Pa。目前很多空调器厂家还是仅采用粗效过滤器，在计算空调机组风机所需压头时，采用过滤器100Pa终阻力数据；比较高的要求时会采用粗、中效过滤，由于通常不存在初、中效过滤器都到达终阻力才更换过滤器的情况，这里采用两个过滤器终阻力和的85%为计算依据，即221Pa。本标准将按这两种情况给出W_S值。

2. 空气换热器阻力取值

表2取自特灵公司提供的表冷器的数据，其他厂家表冷器的参数也相差不多。根据国家规范《采暖通风与空气调节设计规范》GB 50019—2003 的建议，采用迎风面的空气质量流速3kg/(m^2·s)，即风速为2.5m/s。因此条文采用该风速时的阻力参数。

表2　空气换热器风阻力参数(Pa)

表冷器排数	工　况	风速2.5m/s	风速2.7m/s
二　排	干	57	80
四　排	干	91	101
	湿	105	118
六　排	干	114	132
	湿	153	174

对于两管制空调水系统，计算采用六排管表冷器湿工况的阻力参数。对于四管制，再增加四排热盘管，其空气阻力为100Pa。对于严寒地区，往往会有预热盘管，采用二排干热盘管，其空气阻力为65Pa时，W_S值增加0.035。

3. 空调箱体内其他阻力

主要为空调箱体内的一些气流突变或改变流向等引起的阻力，取50Pa。

4. 消声设备阻力

消声器总阻力采用150Pa，是指采用ZP100型消声器，送风二个，回风一个，每个阻力为50Pa。在一般公共建筑中已完全可以满足使用要求了。

5. 管道阻力

办公建筑中，空调风管不是很长，通常不会超过90m，因此给出的风管道阻力(包括摩阻和局阻)是260Pa；变风量系统风管风速会稍大，取310Pa。

商场与旅馆建筑中，空调风管会比办公楼中的长，往往会超过100m，因此条文给出的风管道阻力(包括摩阻和局阻)是340Pa，正常设计时约为120m左右；变风量系统风管风速会稍大，阻力取值为390Pa。

6. 风口阻力(含出风动压)

一般风口的全压损失在15～25Pa，适当放到30Pa进行计算。变风量系统中，这部分阻力损失，考虑在 VAV 末端的预留压力之中。

7. VAV 末端

VAV 末端有带风机与不带风机的，不带风机的末端，所有压头都由空调机组提供。考虑最不利情况，取不带风机末端的需要压头为 280Pa。

8. 富裕量

给出了 30～40Pa 压头的富裕量，以弥补风机压头选择时考虑不周之处。

9. 关于湿膜加湿器增加的风阻力

空调系统最为方便的加湿方法是采用蒸汽，但为了提高锅炉燃料的使用效率，也为了简化锅炉系统、方便操作、提高安全度，目前许多设计，尤其是在公共建筑中，都尽量避免使用蒸汽锅炉，而采用热水锅炉。为此空调系统的加湿方法也从原来的蒸汽加湿方法转向其他方法，其中采用较多的是湿膜加湿方法。但该方法必然引起风阻力的增加，根据各家产品参数，通常在 30～130Pa，这里采用 100Pa 阻力，允许 W_S 值增加 0.053。

10. 风机总效率

风机总效率包括风机、电机及传动效率，由于空调系统使用的风机绝大多数为离心风机，其效率较高，采用皮带传动，计算公式中的取值为 0.52。大规格风机及电机的效率较高其总效率能达到要求，但风管也较长，在计算 W_S 时风机的全压会按表 1 的取值。而小规格风机和电机的效率通常较低一些，但风管往往也较短，风机噪声小一些，消声设备也可适当减少，风机全压不需要那么大；据计算，在这种情况下计算 W_S 值，不会大于大风机的 W_S 值，因此也可以统一采用大风机的“总效率”值。

11. 普通机械通风系统

公共建筑中普通机械通风风机的全压通常有 600Pa 就可以满足使用要求，因此按此数据确定单位风量耗功率值。

将各种情况下空调系统风阻力汇总后，可以得到风机全压，见表 1。

三、风机的单位风量耗功率(W_S)条文

根据以上取值数据计算，形成条文 W_S 的限制值表及备注：

5.3.26　空气调节风系统的作用半径不宜过大。风机的单位风量耗功率(W_S)应按下式计算，并不应大于表 5.3.26 中的规定。

$$W_S = P/(3600\eta_t) \quad (5.3.26)$$

式中　W_S——单位风量耗功率［$W/(m^3/h)$］；

P——风机全压值(Pa)；

η_t——包含风机、电机及传动效率在内的总效率(%)。

表 5.3.26　风机的单位风量耗功率限值［$W/(m^3/h)$］

系统型式	办公建筑		商业、旅馆建筑	
	粗效过滤	粗、中效过滤	粗效过滤	粗、中效过滤
两管制定风量系统	0.42	0.48	0.46	0.52
四管制定风量系统	0.47	0.53	0.51	0.58
两管制变风量系统	0.58	0.64	0.62	0.68

续表

系统型式	办公建筑		商业、旅馆建筑	
	粗效过滤	粗、中效过滤	粗效过滤	粗、中效过滤
四管制变风量系统	0.63	0.69	0.67	0.74
普通机械通风系统	0.32			

注：1 普通机械通风系统中不包括厨房等需要特定过滤装置的房间的通风系统；

2 严寒地区增设预热盘管时，单位风量耗功率可增加 0.035 [W/(m³/h)]；

3 当空气调节机组内采用湿膜加湿方法时，单位风量耗功率可增加 0.053 [W/(m³/h)]。

四、实施要点

为了达到本条文的要求，设计人员通常应在下列几方面给予关注：

1. 空调系统的服务区域不宜过大。由以上取值条件可知，办公建筑中，空调风管通常不应超过 90m；商场与旅馆建筑中，空调风管不宜超过 120m。

2. 空调机房应靠近服务区域，以缩短风管长度。

3. 机外余压应根据需要计算确定，避免不负责任的估算造成余压过高和输送能源的浪费。

4. 空调机组表冷器的面风速不宜超过 2.5m/s；风速超过时，除了表冷器的风阻以外，还必须增加挡水板，又增加了风阻；当然，更不应该选用面风速非常高的空调机组。

5. 采用高效率的风机和电机。

6. 有条件时采用直联驱动的风机，因为这时的传动效率是 100%，提高了“风机总效率”。

7. 保证空气过滤器的过滤面积，即应控制过滤风速。

8. 采用低阻空气过滤器。

9. 由于低温送风空调系统往往需要采用 8 排表冷器，阻力较大，引用时可以按增加严寒地区预热盘管时的要求，W_S 再增加 0.035 [W/(m³·h⁻¹)]。

需要注意的是，为了确保单位风量耗功率设计值的确定，要求设计人员在空调机组与风机的设备表上都注明采用风机的全压与风机要求的最小效率。

专题四　管道绝热层厚度(附录C及条文5.3.29)编制情况介绍

(上海建筑设计研究院有限公司　寿炜炜
中国建筑设计研究院　潘云钢)

为了减少管道冷热量的损失，国标《公共建筑节能设计标准》中对空调采暖工程中使用最多的冷热水管道和空调风管道提出了绝热要求。这里将编制管道绝热条文的编制依据、基本数据、计算公式等作出说明。

一、编制依据

1.《设备及管道保冷技术导则》(下称“导则”)GB/T 15586；

2.《工业设备及管道绝热工程设计规范》(下称“规范”)GB 50264。

二、编制原则

1. 从节能角度出发进行编制

管道绝热工作的目的是：1)满足防结露要求；2)满足劳动保护(防冻伤/烫伤)的要求；3)满足节能的要求。由于劳动保护的要求很容易满足，只要防结露或节能要求中有一个满足时，就可以满足，因此编制时不再考虑。本标准是节能标准，编制时则侧重于从节能的角度，按经济绝热厚度进行计算。

2. 是针对建筑物内的管道绝热工作

由于我国地域广阔，气候条件差异很大，各个城市室外绝热厚度的计算条件也会相差非常大，很难用一个数据来说明问题。况且本标准是应用于公共建筑，空调与采暖管道绝大多数是被安装在建筑物内，所以本标准中关于管道绝热的条文是针对建筑物内的管道绝热工作进行编制的。

三、基本数据

1. 冷价

冷价是以目前用得最多的电制冷的螺杆式冷水机组、冷却水塔、冷冻水泵、冷却水泵的基本组合为计算依据。由于螺杆式冷水机组的冷性能系数比离心式机组低，但比风冷机组高，因此具有一定的代表性。由于全国各地的电价和水价也相差很大，这里只能按一般情况进行假设。电价采用价格0.80元/度；水价(含排水费)采用2元/m^3。经计算，每1GJ(1×10^6kJ)的冷量的能源消耗费用约70元。

2. 热价

热价是以目前公共建筑中用得最多的热水锅炉、热水循环水泵等基本组合为计算的依据。在大、中城市公共建筑中所用的锅炉燃料绝大多数为燃油和天然气，当然也有利用发电厂的余热或极少数的燃煤锅炉，计算不同的燃料得到的热价有高有低。根据目前整个世界的燃料价格不断上升的发展趋势，这里取中间稍偏高价格进行计算，每1GJ(1×10^6kJ)

的热量的能源消耗费用约66元。

3. 贷款年分摊率 S

$$S=\frac{i\cdot(1+i)^n}{(1+i)^n-1}\quad 本标准计算时取 S=0.2374(23.74\%)；$$

式中 S——绝热工程投资贷款年分摊率，宜在设计使用年限内，按复利率计算；

n——还贷年限，根据“导则”要求为4～6年，这里取5年；

i——贷款的年利率，根据“导则”和目前贷款的年利率情况，取6%计算。

4. 绝热材料的导热系数

市场上有许多绝热材料，这里选择目前市场上常用的、性价比较高的离心玻璃棉和难燃型柔性发泡橡塑为典型材料。前者用于风管道和水管道的绝热，后者用于水管道的绝热。其导热系数计算公式分别为：

柔性发泡橡塑：$\lambda=0.03375+0.0001375T_m$，W/(m·K)；

离心玻璃棉：$\lambda=0.033+0.00023T_m$，W/(m·K)，密度32～64kg/m^3。

式中 T_m 系指绝热层的平均温度，可取管内介质与绝热层外表面温度的平均值，当没有绝热层外表面温度数据时，可用周围空气温度替代。

5. 绝热材料、安装等的单位造价(见表1)

表1　绝热结构价格(元/m^3)

绝热材料名称	价　　格	
发泡橡塑	管壳、板材	3600
离心玻璃棉	管　　壳	1600
	板　　材	1300

注：绝热结构价格包括绝热材料、防潮层、保护层、辅助材料及人工等价格。

6. 环境温度的确定

空调绝热风管绝大多数是布置在室内空调房间的吊顶中，因此周围空气温度条件较好，计算夏季采用26℃，冬季20℃。

空调水管道有相当一部分布置在无空调的机房、走廊和管道井等场所，根据“规范”要求，冬季采用20℃，夏季可考虑采用夏季最热月的平均温度，这里采用29℃，可以满足全国绝大部分城市的计算要求。

四、空调冷热水管道绝热厚度的确定

在防止管道冷热量耗散的节能设计计算中，采用的是经济厚度计算和单位面积最大允许热损失的限制要求(“规范”附录B)。经计算表明，在空调采暖工程中，管道的绝热在满足了经济厚度要求后，已远远满足了热损失的要求，因此本标准主要是按绝热层经济厚度要求进行编制。

1. 风管道经济绝热层厚度 δ 的确定

风管及设备的绝热均考虑为平面型绝热方式。根据消防要求，除特殊情况外，风管绝热应采用不燃、难燃、烟密度低的材料。因此这里以常用的价格较为便宜的离心玻璃棉绝热材料进行计算。其经济厚度计算公式如下：

$$\delta=1.8975\times10^{-3}\sqrt{\frac{P_E\cdot\lambda\cdot t\cdot|T_o-T_a|}{P_T\cdot S}}-\frac{\lambda}{\alpha_S}\quad(1)$$

式中 P_E——能量价格［元/(10^6kJ)］；

λ——绝热材料在平均温度下的导热系数［W/(m·℃)］；

t——年运行时间(h)(取2880h，按每天12h，8个月运行计算)；

T_o——管道或设备的外表面温度(℃)，金属管道取管内介质温度；

T_a——环境温度(℃)，夏季风管周围室内环境温度取26℃；冬季取20℃；

P_T——绝热结构单位造价(元/m^3)；

S——贷款年分摊率，取0.2374；

α_S——绝热层外表面的放热系数［W/(m^2·℃)］，α_S取11.63W/(m^2·℃)。

计算采用EXCEL软件计算，见表2。计算结果表明对于常规空调(夏季送风温度在15℃以上，冬季送风温度在32℃以下)的送风管，要求绝热材料的热阻达到0.74m^2·K/W以上；低温空调(送风温度在5℃以上)时，要求热阻达到1.08m^2·K/W。

2. 水管道经济绝热层厚度δ的确定

以常用的性价比较高的离心玻璃棉和柔性泡沫橡塑绝热材料进行计算。其经济厚度计算公式如下：

$$D_1 \mathrm{Ln} \frac{D_1}{D_0} = 3.795 \times 10^{-3} \sqrt{\frac{P_E \cdot \lambda \cdot t \cdot |T_o - T_a|}{P_T \cdot S}} - \frac{2\lambda}{\alpha_S} \tag{2}$$

$$\delta = \frac{D_1 - D_0}{2} \tag{3}$$

式中 D_1——绝热层外径(m)；

D_0——绝热层内径(m)；

T_a——环境温度(℃)，夏季水管周围室内环境温度取29℃，冬季取20℃；

其余符号同上。

(1) 7℃冷水管道绝热

玻璃棉绝热的经济厚度计算结果见表3，柔性泡沫橡塑的经济厚度计算结果见表4。这两种绝热材料的计算经济厚度是比较薄的，尤其是柔性泡沫橡塑显得更薄，当真正用于冷管道绝热时，还必须进行防结露厚度计算，取大值应用。

(2) 冷热两用管道的绝热

将表3、表4冷管道的绝热厚度计算与表5、表6热管道(60℃热水)计算结果进行比较，显然，热管道的绝热厚度要厚得多，因此采用热管道的厚度数据。95℃热水管道主要适用于需要绝热的采暖管道部分。计算结果见表7。

由于冷热两用管道是按比较厚的热管道绝热厚度确定的，当用于冷管道时，管内介质温度可以用得比较低，但能低到什么程度呢？为此，根据全国绝大多数城市的气象资料，按防结露的要求进行了计算(计算内容略)。从计算得知：在按60℃介质温度确定玻璃棉绝热厚度的管道中，可以输送最低5℃的冷水；在按95℃介质温度确定玻璃棉绝热厚度的管道中，可以输送最低0℃的冷水。这样也就确定了玻璃棉绝热的冷热管道内介质的适用温度范围。

对于柔性泡沫橡塑材料来说，在个别高湿地区仍会低于防结露要求的绝热厚度，因此设计人员还必须进行防结露校核。

表 2　玻璃棉平板绝热经济厚度计算（2880h，8 个月每天 12h，还贷 5 年，利率 6%，S=0.2374，导热系数=0.033+0.00023T_m）

风管内温度	℃	4	5	6	7	8	9	10	11	12	13	14	15	16	17	18
夏季环境温度	℃	26	26	26	26	26	26	26	26	26	26	26	26	26	26	26
冷源价格	元/10^6kJ	70	70	70	70	70	70	70	70	70	70	70	70	70	70	70
绝热材料价格	元/m^3	1300	1300	1300	1300	1300	1300	1300	1300	1300	1300	1300	1300	1300	1300	1300
全年运行时间	h	2880	2880	2880	2880	2880	2880	2880	2880	2880	2880	2880	2880	2880	2880	2880
导热系数	W/(m·K)	0.03645	0.03657	0.03668	0.0368	0.03691	0.03703	0.03714	0.03726	0.03737	0.03749	0.0376	0.03772	0.03783	0.0379	0.03806
经济厚度	m	0.04029	0.03935	0.03838	0.03739	0.03636	0.03529	0.03419	0.03305	0.03187	0.03063	0.02934	0.02799	0.02658	0.0251	0.02349
环境相对湿度	%	75	75	75	75	75	75	75	75	75	75	75	75	75	75	75
露点温度	℃	21.2151	21.2151	21.2151	21.2151	21.2151	21.2151	21.2151	21.2151	21.2151	21.2151	21.2151	21.2151	21.2151	21.215	21.2151
防结露厚度	m	0.01772	0.01674	0.01576	0.01477	0.01377	0.01277	0.01176	0.01075	0.00972	0.0087	0.00766	0.00662	0.00557	0.0045	0.00346
经济厚度单位面积散冷量	W/m^2	−17.911	−17.513	−17.104	−16.683	−16.248	−15.799	−15.334	−14.852	−14.351	−13.83	−13.286	−12.715	−12.116	−11.48	−10.811
绝热层表面温度	℃	23.7999	23.8487	23.899	23.9508	24.0042	24.0594	24.1165	24.1757	24.2372	24.3012	24.3681	24.4381	24.5117	24.589	24.672
防结露厚度单位面积散冷量	W/m^2	−36.127	−36.162	−36.2	−36.242	−36.29	−36.342	−36.402	−36.47	−36.548	−36.639	−36.745	−36.871	−37.023	−37.21	−37.449
风管内温度	℃	24	25	26	27	28	29	30	31	32	33	34	36	38	40	42
冬季环境温度	℃	20	20	20	20	20	20	20	20	20	20	20	20	20	20	20
冷源价格	元/GJ	66	66	66	66	66	66	66	66	66	66	66	66	66	66	66
绝热材料价格	元/m^3	1300	1300	1300	1300	1300	1300	1300	1300	1300	1300	1300	1300	1300	1300	1300
全年运行时间	h	2880	2880	2880	2880	2880	2880	2880	2880	2880	2880	2880	2880	2880	2880	2880
导热系数	W/(m·K)	0.03806	0.03818	0.03829	0.03841	0.03852	0.03864	0.03875	0.03887	0.03898	0.0391	0.03921	0.03944	0.03967	0.0399	0.04013
经济厚度	m	0.0151	0.01729	0.01928	0.02111	0.02283	0.02445	0.02598	0.02745	0.02886	0.03021	0.03152	0.03402	0.03638	0.0386	0.0408
单位面积散热	W/m^2	8.28565	9.27762	10.1784	11.0104	11.7883	12.522	13.219	13.8847	14.5236	15.1389	15.7335	16.869	17.9444	18.97	19.953

表 3　室内通风房，冷水管道经济厚度计算(29℃/7℃，玻璃棉导热系数＝0.033＋0.00023 T_m＝0.03714，利率 6%，还贷 5 年)

公称直径 DN	mm	20	25	32	40	50	70	80	100	125	150	200	250	300	350	400	450	500	600	700
* 环境温度 T_a	℃	29	29	29	29	29	29	29	29	29	29	29	29	29	29	29	29	29	29	29
介质温度 T_0	℃	7	7	7	7	7	7	7	7	7	7	7	7	7	7	7	7	7	7	7
* 保温导热系数	W/(m·K)	0.037	0.037	0.0371	0.037	0.037	0.037	0.0371	0.0371	0.037	0.037	0.037	0.037	0.0371	0.0371	0.037	0.0371	0.037	0.037	0.037
冷　　价	元/10^6kJ	70	70	70	70	70	70	70	70	70	70	70	70	70	70	70	70	70	70	70
材料安装价	元/m^3	1600	1600	1600	1600	1600	1600	1600	1600	1600	1600	1600	1600	1600	1600	1600	1600	1600	1600	1600
表面放热系数	W/(m^2·K)	11.63	11.63	11.63	11.63	11.63	11.63	11.63	11.63	11.63	11.63	11.63	11.63	11.63	11.63	11.63	11.63	11.63	11.63	11.63
* 管道外径 D_0	mm	27	32	38	45	57	76	89	108	133	159	219	273	325	377	426	480	530	630	730
* 保温层厚度	mm	23	23.8	24.7	25.5	26.6	27.9	28.6	29.5	30.3	31	32	32.7	33.2	33.5	33.8	34	34.2	34.5	34.7
保温层外径 D_1	mm	73	79.6	87.4	96	110.2	131.8	146.2	167	193.6	221	283	338.4	391.4	444	493.6	548	598.4	699	799.4
$D_1\ln\frac{D_1}{D_0}$数		0.073	0.073	0.0728	0.073	0.073	0.073	0.0726	0.0728	0.073	0.073	0.073	0.073	0.0728	0.0726	0.073	0.0726	0.073	0.073	0.073
** 调整＝上数		0.073	0.073	0.0726	0.073	0.073	0.073	0.0726	0.0726	0.073	0.073	0.073	0.073	0.0726	0.0726	0.073	0.0726	0.073	0.073	0.073
冷量损失	W/m^2	−20	−20	−19.95	−20	−20	−20	−20	−19.95	−20	−20	−20	−20	−19.96	−19.99	−20	−20	−20	−20	−20
冷量损失	W/m	−4.59	−5	−5.477	−6.02	−6.92	−8.28	−9.188	−10.47	−12.1	−13.9	−17.8	−21.2	−24.54	−27.88	−31	−34.42	−37.6	−43.9	−50.2
表面温度	℃	26.54	26.54	26.55	26.55	26.55	26.54	26.543	26.549	26.55	26.55	26.54	26.55	26.549	26.545	26.55	26.544	26.54	26.55	26.54
管道壁厚	mm	3	3	3	3.5	3.5	3.5	4	4	4.5	5	6	7	8	9	9	9	9	9	10
管内流速	m/s	0.6	0.7	0.7	0.9	1	1.1	1.3	1.6	1.8	2.1	2.3	2.5	2.5	2.5	2.6	2.6	2.7	2.7	2.9
水流量	t/h	0.748	1.338	2.0267	3.675	7.069	14.81	24.116	45.239	78.25	131.8	278.7	474.2	674.91	911.01	1224	1569.1	2001	2859	4133
每百米温升	℃	0.527	0.322	0.2324	0.141	0.084	0.048	0.0328	0.0199	0.013	0.009	0.005	0.004	0.0031	0.0026	0.002	0.0019	0.002	0.001	0.001

表 4　室内通风房，冷水管道经济厚度计算(29℃/7℃，橡塑导热系数=0.03375+0.0001375 T_m=0.03623，利率 6%，还贷 5 年)

公称直径 DN	mm	20	25	32	40	50	70	80	100	125	150	200	250	300	350	400	450	500	600	700
* 环境温度 T_a	℃	29	29	29	29	29	29	29	29	29	29	29	29	29	29	29	29	29	29	29
介质温度 T_0	℃	7	7	7	7	7	7	7	7	7	7	7	7	7	7	7	7	7	7	7
* 保温导热系数	W/(m·K)	0.036	0.036	0.0362	0.036	0.036	0.036	0.0362	0.0362	0.036	0.036	0.036	0.036	0.0362	0.0362	0.036	0.0362	0.036	0.036	0.036
冷　　价	元/10^6kJ	70	70	70	70	70	70	70	70	70	70	70	70	70	70	70	70	70	70	70
材料安装价	元/m^3	3600	3600	3600	3600	3600	3600	3600	3600	3600	3600	3600	3600	3600	3600	3600	3600	3600	3600	3600
表面放热系数	W/(m^2·K)	11.63	11.63	11.63	11.63	11.63	11.63	11.63	11.63	11.63	11.63	11.63	11.63	11.63	11.63	11.63	11.63	11.63	11.63	11.63
* 管道外径 D_0	mm	27	32	38	45	57	76	89	108	133	159	219	273	325	377	426	480	530	630	730
* 保温层厚度	mm	15.9	16.4	16.9	17.4	18.1	18.9	19.2	19.7	20.1	20.5	21	21.3	21.5	21.7	21.8	21.9	22	22.2	22.3
保温层外径 D_1	mm	58.8	64.8	71.8	79.8	93.2	113.8	127.4	147.4	173.2	200	261	315.6	368	420.4	469.6	523.8	574	674.4	774.6
$D_1 \ln \frac{D_1}{D_0}$数		0.046	0.046	0.0457	0.046	0.046	0.046	0.0457	0.0458	0.046	0.046	0.046	0.046	0.0457	0.0458	0.046	0.0457	0.046	0.046	0.046
** 调整=上数		0.046	0.046	0.0458	0.046	0.046	0.046	0.0458	0.0458	0.046	0.046	0.046	0.046	0.0458	0.0458	0.046	0.0458	0.046	0.046	0.046
冷 量 损 失	W/m^2	−29.2	−29.2	−29.2	−29.2	−29.1	−29.1	−29.2	−29.12	−29.2	−29.1	−29.1	−29.2	−29.18	−29.14	−29.2	−29.17	−29.2	−29.1	−29.1
冷 量 损 失	W/m	−5.39	−5.94	−6.587	−7.32	−8.53	−10.4	−11.69	−13.48	−15.9	−18.3	−23.9	−28.9	−33.74	−38.48	−43	−48.01	−52.6	−61.6	−70.7
表 面 温 度	℃	25.42	25.42	25.413	25.41	25.42	25.43	25.414	25.423	25.42	25.43	25.42	25.42	25.415	25.421	25.42	25.416	25.42	25.43	25.43
管 道 壁 厚	mm	3	3	3	3.5	3.5	3.5	4	4	4.5	5	6	7	8	9	9	9	9	9	10
管 内 流 速	m/s	0.6	0.7	0.7	0.9	1	1.1	1.3	1.6	1.8	2.1	2.3	2.5	2.5	2.5	2.6	2.6	2.7	2.7	2.9
水　流　量	t/h	0.748	1.338	2.0267	3.675	7.069	14.81	24.116	45.239	78.25	131.8	278.7	474.2	674.91	911.01	1224	1569.1	2001	2859	4133
每百米温升	℃	0.619	0.382	0.2795	0.171	0.104	0.06	0.0417	0.0256	0.017	0.012	0.007	0.005	0.0043	0.0036	0.003	0.0026	0.002	0.002	0.001

表 5　室内，热管道经济厚度计算(20℃/60℃，玻璃棉导热系数=0.033+0.00023 T_m=0.0422，利率6%，还贷5年)

公称直径 DN	mm	20	25	32	40	50	70	80	100	125	150	200	250	300	350	400	450	500	600	800
*环境温度 T_a	℃	20	20	20	20	20	20	20	20	20	20	20	20	20	20	20	20	20	20	20
介质温度 T_0	℃	60	60	60	60	60	60	60	60	60	60	60	60	60	60	60	60	60	60	60
*保温导热系数	W/(m·K)	0.042	0.0422	0.042	0.042	0.042	0.042	0.042	0.042	0.042	0.042	0.042	0.042	0.042	0.042	0.042	0.042	0.042	0.04	0.042
热　　价	元/10^6kJ	66	66	66	66	66	66	66	66	66	66	66	66	66	66	66	66	66	66	66
材料安装价	元/m^3	1600	1600	1600	1600	1600	1600	1600	1600	1600	1600	1600	1600	1600	1600	1600.	1600	1600	1600	1600
表面放热系数	W/(m^2·K)	11.63	11.63	11.63	11.63	11.63	11.63	11.63	11.63	11.63	11.63	11.63	11.63	11.63	11.63	11.63	11.63	11.63	11.6	11.63
*管道外径 D_0	mm	27	32	38	45	57	76	89	108	133	159	219	273	325	377	426	480	530	630	830
*保温层厚度	mm	30.3	31.4	32.6	33.8	35.4	37.3	38.4	39.6	40.9	42	43.8	44.9	45.7	46.3	46.8	47.2	47.5	48.1	48.8
保温层外径 D_1	mm	87.6	94.8	103.2	112.6	127.8	150.6	165.8	187.2	214.8	243	306.6	362.8	416.4	469.6	519.6	574.4	625	726	927.6
$D_1\ln\frac{D_1}{D_0}$		0.103	0.103	0.103	0.103	0.103	0.103	0.103	0.103	0.103	0.103	0.103	0.103	0.103	0.103	0.103	0.103	0.103	0.1	0.103
**调整=上数		0.103	0.103	0.103	0.103	0.103	0.103	0.103	0.103	0.103	0.103	0.103	0.103	0.103	0.103	0.103	0.103	0.103	0.1	0.103
热量损失	W/m^2	29.75	29.791	29.75	29.71	29.73	29.78	29.74	29.79	29.79	29.76	29.74	29.73	29.73	29.74	29.73	29.75	29.77	29.7	29.75
热量损失	W/m	8.188	8.8724	9.646	10.51	11.94	14.09	15.49	17.52	20.1	22.72	28.64	33.89	38.89	43.88	48.52	53.68	58.45	67.8	86.68
表面温度	℃	23.65	23.659	23.65	23.65	23.65	23.66	23.65	23.66	23.66	23.66	23.65	23.65	23.65	23.65	23.65	23.65	23.66	23.7	23.65
管道壁厚	mm	3	3	3	3.5	3.5	3.5	4	4	4.5	5	6	7	8	9	9	9	9	9	10
管内流速	m/s	0.6	0.7	0.7	0.9	1	1.1	1.3	1.6	1.8	2.1	2.3	2.5	2.5	2.5	2.6	2.6	2.7	2.7	2.9
水流量	t/h	0.748	1.3379	2.027	3.675	7.069	14.81	24.12	45.24	78.25	131.8	278.7	474.2	674.9	911	1224	1569	2001	2859	5380
每百米温升	℃	−0.94	−0.57	−0.41	−0.25	−0.15	−0.08	−0.06	−0.03	−0.02	−0.01	−0.01	−0.01	−0	−0	−0	−0	−0	−0	−0

表 6　室内，热管道经济厚度计算（20℃/60℃，橡塑导热系数＝0.03375＋0.0001375 T_m＝0.0393，利率 6%，还贷 5 年）

公称直径 DN	mm	20	25	32	40	50	70	80	100	125	150	200	250	300	350	400	450	500	600	800
* 环境温度 T_a	℃	20	20	20	20	20	20	20	20	20	20	20	20	20	20	20	20	20	20	20
介质温度 T_0	℃	60	60	60	60	60	60	60	60	60	60	60	60	60	60	60	60	60	60	60
* 保温导热系数	W/(m·K)	0.039	0.0393	0.039	0.039	0.039	0.039	0.039	0.039	0.039	0.039	0.039	0.039	0.039	0.039	0.039	0.039	0.039	0.04	0.039
热　价	元/10^6kJ	66	66	66	66	66	66	66	66	66	66	66	66	66	66	66	66	66	66	66
材料安装价	元/m^3	3600	3600	3600	3600	3600	3600	3600	3600	3600	3600	3600	3600	3600	3600	3600	3600	3600	3600	3600
表面放热系数	W/(m^2·K)	11.63	11.63	11.63	11.63	11.63	11.63	11.63	11.63	11.63	11.63	11.63	11.63	11.63	11.63	11.63	11.63	11.63	11.6	11.63
* 管道外径 D_0	mm	27	32	38	45	57	76	89	108	133	159	219	273	325	377	426	480	530	630	830
* 保温层厚度	mm	20.9	21.6	22.4	23.1	24.1	25.2	25.8	26.5	27.2	27.8	28.7	29.2	29.6	29.9	30.1	30.3	30.5	30.7	31.2
保温层外径 D_1	mm	68.8	75.2	82.8	91.2	105.2	126.4	140.6	161	187.4	214.6	276.4	331.4	384.2	436.8	486.2	540.6	591	691	892.4
$D_1\ln\frac{D_1}{D_0}$数		0.064	0.0643	0.064	0.064	0.064	0.064	0.064	0.064	0.064	0.064	0.064	0.064	0.064	0.064	0.064	0.064	0.064	0.06	0.065
** 调整＝上数		0.064	0.0642	0.064	0.064	0.064	0.064	0.064	0.064	0.064	0.064	0.064	0.064	0.064	0.064	0.064	0.064	0.064	0.06	0.064
热量损失	W/m^2	42.48	42.54	42.4	42.44	42.42	42.51	42.52	42.52	42.54	42.48	42.49	42.55	42.52	42.51	42.53	42.53	42.46	42.5	42.29
热量损失	W/m	9.182	10.05	11.03	12.16	14.02	16.88	18.78	21.51	25.04	28.64	36.9	44.29	51.32	58.33	64.96	72.23	78.84	92.3	118.6
表面温度	℃	25.22	25.225	25.21	25.21	25.21	25.22	25.22	25.22	25.22	25.22	25.22	25.23	25.22	25.22	25.22	25.22	25.22	25.2	25.19
管道壁厚	mm	3	3	3	3.5	3.5	3.5	4	4	4.5	5	6	7	8	9	9	9	9	9	10
管内流速	m/s	0.6	0.7	0.7	0.9	1	1.1	1.3	1.6	1.8	2.1	2.3	2.5	2.5	2.5	2.6	2.6	2.7	2.7	2.9
水流量	t/h	0.748	1.3379	2.027	3.675	7.069	14.81	24.12	45.24	78.25	131.8	278.7	474.2	674.9	911	1224	1569	2001	2859	5380
每百米温升	℃	−1.06	−0.646	−0.47	−0.28	−0.17	−0.1	−0.07	−0.04	−0.03	−0.02	−0.01	−0.01	−0.01	−0.01	−0	−0	−0	−0	−0

表7　室内，热管道经济厚度计算(20℃/95℃，玻璃棉导热系数=0.033+0.00023 T_m=0.04623，利率6%，还贷5年)

公称直径 DN	mm	20	25	32	40	50	70	80	100	125	150	200	250	300	350	400	450	500	600	800
*环境温度 T_a	℃	20	20	20	20	20	20	20	20	20	20	20	20	20	20	20	20	20	20	20
介质温度 T_0	℃	95	95	95	95	95	95	95	95	95	95	95	95	95	95	95	95	95	95	95
*保温导热系数	W/(m·K)	0.046	0.0462	0.046	0.046	0.046	0.046	0.046	0.046	0.046	0.046	0.046	0.046	0.046	0.046	0.046	0.046	0.046	0.05	0.046
热　价	元/10^6kJ	66	66	66	66	66	66	66	66	66	66	66	66	66	66	66	66	66	66	66
材料安装价	元/m^3	1600	1600	1600	1600	1600	1600	1600	1600	1600	1600	1600	1600	1600	1600	1600	1600	1600	1600	1600
表面放热系数	W/(m^2·K)	11.63	11.63	11.63	11.63	11.63	11.63	11.63	11.63	11.63	11.63	11.63	11.63	11.63	11.63	11.63	11.63	11.63	11.6	11.63
*管道外径 D_0	mm	27	32	38	45	57	76	89	108	133	159	219	273	325	377	426	480	530	630	830
*保温层厚度	mm	40.6	42.2	43.8	45.5	47.8	50.7	52.2	54.1	56.2	57.9	60.7	62.6	63.9	65	65.8	66.6	67.2	68.2	69.6
保温层外径 D_1	mm	108.2	116.4	125.6	136	152.6	177.4	193.4	216.2	245.4	274.8	340.4	398.2	452.8	507	557.6	613.2	664.4	766	969.2
$D_1\ln\frac{D_1}{D_0}$数		0.15	0.1503	0.15	0.15	0.15	0.15	0.15	0.15	0.15	0.15	0.15	0.15	0.15	0.15	0.15	0.15	0.15	0.15	0.15
**调整=上数		0.15	0.1501	0.15	0.15	0.15	0.15	0.15	0.15	0.15	0.15	0.15	0.15	0.15	0.15	0.15	0.15	0.15	0.15	0.15
热量损失	W/m^2	42.92	42.894	42.93	42.87	42.9	42.88	42.95	42.96	42.89	42.88	42.94	42.89	42.93	42.92	42.95	42.93	42.93	42.9	42.9
热量损失	W/m	14.59	15.686	16.94	18.31	20.57	23.9	26.09	29.18	33.07	37.02	45.92	53.66	61.07	68.36	75.23	82.7	89.61	103	130.6
表面温度	℃	25.27	25.269	25.27	25.27	25.27	25.27	25.28	25.28	25.27	25.27	25.27	25.27	25.27	25.27	25.28	25.27	25.27	25.3	25.27
管道壁厚	mm	3	3	3	3.5	3.5	3.5	4	4	4.5	5	6	7	8	9	9	9	9	9	10
管内流速	m/s	0.6	0.7	0.7	0.9	1	1.1	1.3	1.6	1.8	2.1	2.3	2.5	2.5	2.5	2.6	2.6	2.7	2.7	2.9
水流量	t/h	0.748	1.3379	2.027	3.675	7.069	14.81	24.12	45.24	78.25	131.8	278.7	474.2	674.9	911	1224	1569	2001	2859	5380
每百米温升	℃	−1.68	−1.008	−0.72	−0.43	−0.25	−0.14	−0.09	−0.06	−0.04	−0.02	−0.01	−0.01	−0.01	−0.01	−0.01	−0	−0	−0	−0

3. 计算结果汇总表

(1) 采用空调风管道节能要求的最小绝热厚度表，形成本标准中的条文 5.3.29。

5.3.29　空气调节风管绝热材料的最小热阻应符合表 5.3.29 的规定。

表 5.3.29　空气调节风管绝热材料的最小热阻

风管类型	最小热阻($m^2 \cdot K/W$)
一般空调风管	0.74
低温空调风管	1.08

(2) 采用空调水管道节能要求的最小绝热厚度表，形成本标准中的附录 C 的内容。

附录 C　建筑物内空气调节冷、热水管的经济绝热厚度

C.0.1　建筑物内空气调节冷、热水管的经济绝热厚度可按表 C.0.1 选用。

表 C.0.1　建筑物内空气调节冷、热水管的经济绝热厚度

绝热材料 管道类型	离心玻璃棉		柔性泡沫橡塑	
	公称管径(mm)	厚度(mm)	公称管径(mm)	厚度(mm)
单冷管道 (管内介质温度 7℃～常温)	≤DN32	25	按防结露要求计算	
	DN40～DN100	30		
	≥DN125	35		
热或冷热合用管道 (管内介质温度 5～60℃)	≤DN40	35	≤DN50	25
	DN50～DN100	40	DN70～DN150	28
	DN125～DN250	45	≥DN200	32
	≥DN300	50		
热或冷热合用管道 (管内介质温度 0～95℃)	≤DN50	50	不适宜使用	
	DN70～DN150	60		
	≥DN200	70		

注：1　绝热材料的导热系数 λ：

离心玻璃棉：$\lambda=0.033+0.00023t_m$ [W/(m·K)]

柔性泡沫橡塑：$\lambda=0.03375+0.0001375t_m$ [W/(m·K)]

式中　t_m——绝热层的平均温度(℃)。

2　单冷管道和柔性泡沫橡塑保冷的管道均应进行防结露要求验算。

五、空调冷热水管道的温升(降)

在规定了水管道的绝热要求后，实际上也就限制了在水管道上的冷热量损失值。为了方便设计人员对水管道的冷热量损失有一个总体的把握，尤其是输送管路特别长的工程中，管路的热损失的矛盾就会显得非常突出。为此，本标准根据一般较大规模工程(建筑面积约 3～4 万 m^2)的空调冷水管道，按照最长管路 500m 来回长度，计算采用柔性泡沫橡塑材料保冷时的冷水温度的上升值，见表 8。表中管道内流速是以限制流速计算，实际设计时大部分管道是达不到限制流速，平均设计流速按限制流速的 75%计算的话，500m 长管道温升大约在 0.3℃。

表 8　常用工程 500m 长冷水管道温升计算表

公称管径	mm	300	200	150	100	80	70	50	40	32	25	合计
计算长度	m	100	100	100	50	40	30	30	20	20	10	500
每百米温升	℃	0.0043	0.005	0.012	0.0256	0.0417	0.06	0.104	0.171	0.2795	0.382	—
温　　升	℃	0.0043	0.005	0.012	0.0128	0.0167	0.018	0.0312	0.0342	0.0559	0.038	0.2281

同样，对于空调热管道可以计算得到 500m 长管道极限流速时的温降是 0.384℃，考虑设计流速时，可控制在 0.6℃。

控制冷水温升 0.3℃和热水温降 0.6℃，实际上是限制管道上的能量损失在 6%以内。如果工程规模大，输送管道来回长度超过了 500m，就要求设计人员通过采用性能更好的或者绝热厚度更厚的材料进行绝热，以满足控制能耗的要求。

专题五　冷水机组名义工况制冷性能系数*COP*指标与美国ASHRAE标准指标的比较

（约克无锡空调冷冻科技有限公司　盛　萍）

通过对美国ASHRAE90.1标准*COP*制冷性能系数的修正，消除ASHRAE90.1标准和《公共建筑节能设计标准》因名义工况温度、污垢系数和允许偏差几方面差异对性能指标的影响，使美国和中国标准的性能系数指标在统一的工况条件下进行比较，计算结果显示：《公共建筑节能设计标准》中规定的制冷性能系数与ASHRAE90.1标准比较基本处于同等水平，机型不同，比例上下略有变化，基本上客观地反映了目前我国行业的发展水平。

《公共建筑节能设计标准》第5.4.5条对冷水机组的制冷性能系数*COP*作了明确的规定，标准中限定值的确定考虑了以下因素：国家的节能政策；我国产品现有与发展水平；鼓励国产机组尽快提高技术水平。从科学合理的角度出发，考虑到不同压缩方式的技术特点，对其制冷性能系数分别作了不同要求。对照国家标准《冷水机组能效限定值及能源效率等级》GB 19577—2004中“表2能源效率等级指标”，活塞/涡旋式采用第5级，螺杆式采用第4级，水冷离心式采用第3级。因此，表5.4.4中规定的制冷性能系数(*COP*)值，平均相当于GB 19577—2004中“表2能源效率等级指标”的第4级。

那么我们现在标准的限定值和国际上类似标准比较起来处于怎样的水平呢？本文将《公共建筑节能设计标准》和美国的ASHRAE标准做了一个比较详细的分析比较。

由于实际使用情况和气候区间的不同，两个标准指标所对应的名义工况参数存在较大差异。《公共建筑节能设计标准》指标对应GB 18430规定的名义工况参数，而ASHRAE则对应ARI工况参数。因此，必须首先将两个标准的指标修正到在统一工况条件下的参数。

一、ARI和GB工况参数不同对机组名义工况制冷性能系数(*COP*)的影响

ASHRAE的能耗指标对应的工况参数为ARI 550/590-2003标准中的工况参数，也就是满负荷参数为蒸发器出水温度6.7℃，水流量2.4gpm/冷吨，污垢系数为0.0001h·ft^2·°F/Btu；冷凝器回水温度为29.4℃，水流量3gpm/冷吨，污垢系数为0.00025h·ft^2·°F/Btu。而《公共建筑节能设计标准》所采取的工况参数为GB 18430.1—2001的名义工况参数，也就是冷冻水进水温度12℃、出水温度7℃；冷凝水进水温度30℃、出水温度35℃，污垢系数为0.086m^2·℃/kW，即0.00050h·ft^2·°F/Btu。不同工况参数对机组的*COP*指标将产生非常大的影响(见表1)。

表 1　ARI 550/590—2003 与 GB18430.1—2001 名义工况参数的差异及对机组 *COP* 的影响

参　　数	ARI 550/590—98	GB 18430.1—2001	GB 与 ARI 差异	对 *COP* 的影响
冷冻水出水温度	6.7℃	7℃	高 0.3℃	GB 18430.1 条件机组效率略好
冷冻水回水温度	12.3℃	12℃	比 ARI 低 0.3℃ 温差大 0.6℃	GB 18430.1 条件机组效率略差
冷冻水流量	2.4gpm/冷吨			
冷却水回水温度	29.4℃	30℃	高 0.6℃	GB 18430.1 条件机组效率略差
冷却水出水温度	34.54℃	35℃	温差比 ARI 小 0.16℃	GB 18430.1 条件机组效率略差
冷却水流量	3gpm/冷吨			
冷冻水污垢系数	0.018m²·℃/kW	0.086m²·℃/kW	高 0.068m²·℃/kW	GB 18430.1 条件机组效率略差
冷却水污垢系数	0.044m²·℃/kW	0.086m²·℃/kW	高 0.042m²·℃/kW	GB 18430.1 条件机组效率略差

注：1　用水流量通过公式计算得出 ARI 工况冷冻水、冷却水温差：

公式一：冷冻水流量 $V_1=\dfrac{Q_1}{4.187\Delta T_1}$

公式二：冷却水流量 $V_2=\dfrac{Q_2}{4.187\Delta T_2}$

其中，V_1——冷冻水流量(L/s)；

ΔT_1——冷冻水出入水温差(℃)；

V_2——冷却水流量(L/s)；

ΔT_2——冷却水出入水温差(℃)；

Q_1——制冷量(kW)；

Q_2——冷凝热量(kW)。

公式二中 kW/冷吨以 ASHRAE 允许离心机最低指标 *COP* 取 6.1 计算。*COP* 效率越低，温差越大。计算结果为冷冻水温差 5.6℃，冷却水温差约为 5.16℃。

2　GB 条件机组效率略好的明确含义是指 GB 和 ARI 条件的差异对冷水机组效率造成的影响，使 *COP* 上升表示为 GB 条件机组效率略好，反之使 *COP* 下降表示为 GB 条件机组效率略差。

因为两个标准冷冻、冷却水进出水温度的差异比较小，只有 0.3℃和 0.6℃，而且对 *COP* 效率的影响是 GB 状态下的机组效率应该更差一些，也就是同一台机组的 *COP* 效率在 GB 温度状态下一定会比在 ARI 温度状态下要差一些。因为没有查找到对具体数据的研究和论述，所以为保守起见，将 GB 状态下水温对 *COP* 的不利影响以忽略不计考虑。

关于污垢系数的影响，有两篇相关的论述，均载于国内业界的权威杂志《暖通空调》。一篇是 2001 年第 6 期刊载的《螺杆式冷水机组选型中值得重视的几个问题》，作者：西安交通大学能动学院张华俊、王俊、陕西省机械设备成套局富雪玲；另一篇是 2000 年第 4 期刊载的《ARI 空调工况与中国空调工况的差异对水冷冷水机组满负荷效率的影响》，作者是联合开利(上海)空调有限公司的卫宇。

表 2　ASHRAE90.1 *COP* 指标修正到与 GB 在统一水平后与《公共建筑节能设计标准》指标的比较

公共建筑节能设计标准制冷性能系数指标要求						GB 19577 对应等级	ASHRAE 修正到与 GB 在统一水平				节能标准与 ASHRAE 修正值比较	
类	型	制冷量 (kW)	制冷量 (冷吨)	性能系数 (*COP*) W/W	IPLV	冷水机组能效等级限定值及能效等级	ASHRAE Minimum efficiency as of 10/29/2001	ASHRAE 考虑偏差修正 * 95%	考虑污垢系数对 ASHRAE 指标的修正	GB 和 ASHRAE 水温度和水温差的修正	节能标准值/ASHRAE 修正值	节能标准值与 ASHRAE 修正值相差比例
水冷	活塞式	<528	<150	3.8	—	5	4.2	3.99	3.83	3.83	99.19%	−0.81%
		528～1163	150～330	4.0	—	5	4.2	3.99	3.83	3.83	104.41%	4.41%
		>1163	>330	4.2	—	5	4.2	3.99	3.83	3.83	109.63%	9.63%
	涡旋式	<528	<150	3.8	—	5	4.45	4.23	4.06	4.06	93.61%	−6.39%
		528～1163	150～330	4.0	—	5	4.9	4.66	4.47	4.47	89.49%	−10.51%
		>1163	>330	4.2	—	5	5.5	5.23	5.02	5.02	83.71%	−16.29%
	螺杆式	<528	<150	4.1	4.47	4	4.45	4.23	4.06	4.06	101.00%	1.00%
		528～1163	150～330	4.3	4.81	4	4.9	4.66	4.47	4.47	96.20%	−3.80%
		>1163	>330	4.6	5.13	4	5.5	5.23	5.02	5.02	91.69%	−8.31%
	离心式	<528	<150	4.4	4.49	3	5	4.75	4.56	4.56	96.47%	−3.53%
		528～1163	150～330	4.7	4.88	3	5.55	5.27	5.06	5.06	92.84%	−7.16%
		>1163	>330	5.1	5.42	3	6.1	5.80	5.56	5.56	91.65%	−8.35%
风冷或蒸发冷却	活塞式/涡旋式	≤50	≤14	2.4	—	5	2.8	2.66	2.55	2.55	93.97%	−6.03%
		>50	>14	2.6		5	2.8	2.66	2.55	2.55	101.80%	1.80%
	螺杆式	≤50	≤14	2.6	—	4	2.8	2.66	2.55	2.55	101.80%	1.80%
		>50	>14	2.8		4	2.8	2.66	2.55	2.55	109.63%	9.63%

注：1　ASHRAE 允许偏差修正指标为 95%；

2　ASHRAE 污垢系数修正指标为 100%−3.98%=96.02%；

3　ASHRAE 冷冻冷却水温度差异修正指标 100%。

在张华俊的文章中关于污垢系数对机组性能的影响有如下的结论：

由于水侧污垢系数的增加使蒸发和冷凝制冷剂侧与水侧的传热温差增大，造成压缩机高低压差增大而降低了机组的效率，因此同一台冷水机组在相同工况下，水侧污垢系数由 0.044m² · ℃/kW 增加至 0.086m² · ℃/kW 时，其满负荷效率的下降百分比为 3.98%。

卫宇文章中则有“若中国空调工况较 ARI 空调工况水侧污垢系数高 0.044m² · ℃/kW，机组满负荷效率则平均下降 5%”的结论。目前 ARI 标准中蒸发器的污垢系数 0.018m² · ℃/kW，则 GB 与 ARI 的污垢系数的差异比文中提到的 0.044m² · ℃/kW 的差异更大。为了保守起见，我们此处取以上资料的最低值 3.98%考虑，也就是说同一台机组在相同的温度下，GB 污垢系数的影响使机组效率比 ARI 工况差 3.98%。

二、允许偏差对机组名义工况制冷性能系数(*COP*)的影响

ARI 550/590—2003 标准中机组允许有偏差，计算公式为：

$$偏差=10.5-(0.07\times FL)+\left(\frac{E}{DT_{FL}\times FL}\right)$$

式中 DT_{FL}——满负荷冷冻水进出水温差；

E=833.3(国际单位)/1500(英制单位)

FL——满载负荷。

代入 ARI 标准工况：

$$偏差=5\%$$

也就是说 ASHRAE 允许机组的效率只有标称指标的 95%。而《公共建筑节能设计标准》参考的《冷水机组能源效率限定值及能效等级》GB 19577—2004 则不允许机组出现负偏差。毫无疑问两个标准的限定值并不是在同样的尺度上。冷水机组的设计制造以及产品性能测试仪器仪表的精度特点决定此类产品性能存在一定偏差范围是不可避免的，是一种客观存在。生产厂家为了保证机组能够满足没有负偏差的要求，必须要把内部标准提高，也就是说一台机组在 ARI 标准下能够标称的 *COP* 值，在 GB 的规定下，厂商必须要人为调低 5%效率进行标称。所以，要保证两个标准在统一的条件下进行比较，就必须要考虑是否允许有负偏差对效率的影响。

以上两种因素对 *COP* 的影响和修正可以在表 2 中看到。

参考文献

[1] 《冷水机组能效限定值及能源效率等级》GB 19577—2004

[2] Standard ARI 550/590—2003 Performance Rating of Water-Chilling Packages Using The Vapor Compression Cycle

[3] Standard ASHRAE 90.1-1999

[4] 西安交通大学能动学院张华俊，王俊，陕西省机械设备成套局富雪玲. 螺杆式冷水机组选型中值得重视的几个问题. 暖通空调，2001 年第 6 期

[5] 联合开利(上海)空调有限公司卫宇. ARI 空调工况与中国空调工况的差异对水冷冷水机组满负荷效率的影响. 暖通空调，2000 年第 4 期

专题六　冷水机组综合部分负荷性能系数(IPLV)条文计算说明及分析

(同济大学　龙惟定　周　辉)

5.4.7　水冷式电动蒸气压缩循环冷水(热泵)机组的综合部分负荷性能系数(IPLV)宜按下式计算和检测条件检测:

$$IPLV=2.3\%\times A+41.5\%\times B+46.1\%\times C+10.1\%\times D$$

式中　A——100%负荷时的性能系数(W/W),冷却水进水温度30℃;

B——75%负荷时的性能系数(W/W),冷却水进水温度26℃;

C——50%负荷时的性能系数(W/W),冷却水进水温度23℃;

D——25%负荷时的性能系数(W/W),冷却水进水温度19℃。

一、IPLV的来源背景

由于建筑能耗量都是以各种设备所消耗的电能或燃料能形式出现的,而空调设备是最终的能源用户(Energy Enduse)。例如办公建筑空调系统的设备中,冷水机组通常是最大的用能设备,其能耗量能占到空调系统总能耗量的60%～70%。在考察建筑空调能耗时,不能忽视冷水机组的能耗特性。另一方面在实际空调系统设计中,确定冷源设备容量时一般都有一定的设计余量,从调查情况来看,空调实际负荷大部分时间只有设计负荷的40%～80%。因此冷水机组全年部分负荷效率及能耗分析是冷水机组节能研究的主要对象之一。

综合部分负荷效率(IPLV)的概念起源于美国,1986年开始应用,1988年被美国空调制冷协会ARI采用,1992年和1998年进行了两次修改。全美各主要冷水机组制造商通过1998版的IPLV。采用IPLV有着深刻的工程设计和实际运行背景:

首先,蒸气压缩循环冷水机组(热泵)作为一种制冷量可调节系统,需要有多个参数来描述冷机的实际性能,通常有能效比COP(EER)、综合部分负荷值IPLV与季节能效比SEER等,可分别作为冷机额定制冷工况、部分负荷制冷工况和额定制冷制热工况的性能性参数。它们都有各自的应用范围和特点。在考核冷水机组的满负荷COP指标的同时,也须考虑机组的部分负荷(IPLV/NPLV)指标。只有这样才能更准确的评价一台机组,甚至整栋建筑的耗能情况。一般情况下,满负荷运行情况在整台机组的运行寿命中只占1%～5%。所以IPLV/NPLV更能反映单台冷水机组的真正使用效率。正因如此,有些厂家在进行冷水机组的设计的时候,将满负荷点取在压缩机曲线图的“高效岛”的上端,使机组的部分负荷时(50%～90%)处于机组运行的最高效率区域。这样就可以保证机组在用的最多的负荷段有最高的效率,从而带来真正意义上的节能。

其次,IPLV不仅是评价冷水机组性能的重要指标,而且也是建筑节能标准和评估体系中的重要环节。一个主要原因在于,作为节能标准必须考察全年负荷(能耗)值。就目前国内外工程上应用的建筑能耗估算来说,主要有两种方法:当量满负荷运行小时数法和满负荷效

率 *COP* 法，因为冷机全年运行时有相当长的时间是工作在部分负荷工况下的，应用上述两种方法就需要知道冷机的全年运行当量满负荷时间，而当量满负荷时间又与冷机的性能和运行模式有关，节能设计必须顾及运行工况。因此需要从其他方面解开这个循环逻辑，例如目前我国工程界就是直接引用日本学者于 20 世纪 70 年代所做的日本办公建筑的当量满负荷小时数。如果通过综合部分负荷值 *IPLV* 就可以比较容易地计算出全年运行工况下的冷负荷，能够应用反映实际运行情况的部分负荷指标，给使用者更真实的数据指标。

随着建筑业的持续增长，空调产品已广泛应用于各类公共建筑。同时中国目前已成为冷水机组制造大国，大部分世界级品牌都已在中国设厂，大大提高了机组的质量水平。而我国在相关行业标准制定方面已显落后，影响我国冷水机组的技术进步和竞争力，因此基于以上原因，在编制建筑节能的指导性标准的时候，综合考虑了国家的节能政策、我国现有产品的特点和发展水平等因素，制订节能建筑设计时的额定制冷量时最低限度的制冷能效比 *EER* 值和综合部分负荷能效值，鼓励国产冷水机组尽快提高技术水平。

另外从世界各国的发展趋势来看，*IPLV/NPLV* 指标目前已经在全球的范围内被广泛地接纳和使用，在很多国家的产品认证和节能设计标准中都已经将机组的部分负荷作为重要的考核指标。现在，*IPLV* 作为冷水机组的能耗考核标准已被美国联邦政府(*FEMP*)、非盈利性组织机构(NBI，LEED，Green Seal 等)所广泛采用，世界各国的检测标准化机构(ISO、EUROVENT、EECCAC 等)也都陆续采用。目前我们国内的冷源设备的技术水平已经与世界趋于同步，中国也迫切需要在规范方面的标准上达到世界水平。

二、*IPLV* 的定义

1992 年美国 ARI 颁布了 ARI 550 和 ARI 590 标准。在这两项标准中提出了综合部分荷值 (*IPLV*) 的指标与标定测试方法。1998 年 ARI 又将这两项标准合并修订为 ARI 550/590—1998 标准，取消了应用部分负荷值 (*APLV*)指标，改用非标准工况下的部分负荷值 (*NPLV*) 指标。

IPLV 是制冷机组在部分负荷下的性能表现，实质上就是衡量了机组性能与系统负荷动态特性的匹配。它先将负荷整理成 ASHRAE 所提供的 BIN 参数的形式，然后再根据将整个负荷以 100%、75%、50%、25%为中心划分为四个区域，最后计算得到每个区域占总运行时间的比例(就是公式中的常数)。公式中的 4 个系数，实际上是起到了一个“时间权”的作用，即公式对机组在不同负荷率下的性能表现，赋予了不同大小的“时间权”值。

$$IPLV = a\times(EER_{100}) + b\times(EER_{75}) + c\times(EER_{50}) + d\times(EER_{25})$$

如果机组由于其控制逻辑无法达到 75%、50%、25%冷量分级点时，可以根据各部分负荷工况条件下压缩机出力达到最小时的冷量，按如下公式计算出各分级点效率：

$$EER = \frac{Watts_{cooling}}{C_d \times Watts_{input}} \tag{1}$$

$$C_d = -0.13\times\frac{\left(\frac{Q_{op}}{100}\right)\times Q_{full}}{Q_{part}} + 1.13 \tag{2}$$

式中 C_d——压缩机出力达到或小于最小冷量时的冷量衰减系数；

Q_{op}——75%，50%及 25%部分负荷时分级点；

Q_{full}——机组在额定工况下满负荷制冷量；

Q_{part}——机组在各分级点处的制冷量测量或计算值。

在 ARI 550/590—1998 标准中，上述四个权值是基于现实的数据和情况，对美国 29

个城市的气温进行加权平均，并以1967年这29个城市所销售制冷机的比例作为权重系数。主要是因为这29个城市涵盖了ASHRAE所划分8个气候区中的6个区，更能反映气候区的差异(特别是高温、低温高湿的情况)，同时也包括了全美80%制冷机的销售量。因此简单说ARI标准中的几个加权：

(1) 对多数公共建筑进行加权平均；

(2) 对多数的运行时间进行加权平均；

(3) 对使用或不使用经济器的机组进行加权平均。

三、ARI及ASHRAE等标准对*IPLV*的规定

下面是ARI标准对*IPLV*的规定及变化(见表1)。

表1 *IPLV* 92版与98版的比较

版　本	1992(旧)		1998(新)	
方　法	ASHRAE Temp Bin Method			
天　气	亚特兰大，佐治亚州		美国29个城市加权平均	
建筑类型	办公楼		所有类型加权平均	
运行时间	12小时/天，5天/周		所有类型加权平均	
建筑负荷	10℃频段以上及平均内部负荷大于38%时，建筑负荷随温度和相应的平均湿球温度呈线性变化； 在10℃频段以下制冷机负荷为零		10℃频段以上及平均内部负荷大于38%时，建筑负荷随温度和相应的平均湿球温度呈线性变化； 10℃频段以下负荷恒定在20%的最小平均内部负荷	
开机条件	室外气温＞12.8℃，制冷机运行 室外气温＜12.8℃，新风供冷		室外气温12.8℃以上和以下时制冷机运行的加权平均	
ECWT(*EDB*)变化趋势	1.39℃/10%负荷 (2.22℃/10%负荷)		2.22℃/10%负荷 (3.33℃/10%负荷)	
冷冻水进出水温度	6.7℃/12.3℃			
冷却水进出水温度	29.4℃/35℃			
水侧污垢系数	冷冻水侧	0.044m²·℃/kW	冷冻水侧	0.018m²·℃/kW
	冷却水侧	0.044m²·℃/kW	冷却水侧	0.044m²·℃/kW
权　重 权/*ECWT*/*EDB*	100%：17%/29.4℃*ECWT*/35.0℃ *EDB*		100%：1%/29.4℃*ECWT*/35.0℃ *EDB*	
	75%：39%/26.0℃ *ECWT*/29.4℃ *EDB*		75%：42%/23.9℃ *ECWT*/26.7℃ *EDB*	
	50%：33%/22.5℃ *ECWT*/23.9℃ *EDB*		50%：45%/18.3℃ *ECWT*/18.3℃ *EDB*	
	25%：11%/19.1℃ *ECWT*/18.3℃ *EDB*		25%：12%/18.3℃ *ECWT*/12.8℃ *EDB*	
其　他	使用经济器		可使用经济器	

除美国ARI标准外，欧盟国家关于冷水机组标准中关于*IPLV*部分负荷的温度和权重系数也有其各自规定(见表2)。

表2 欧盟国家冷水机组标准 *IPLV* 的规定

部分负荷率	EECCAC		EMPE		UK PII
	温　度	权重系数	温　度	权重系数	权重系数
100%	30	3%	29.4	10%	2%
75%	26	33%	26.9	30%	10%
50%	22	41%	23.5	40%	33%
25%	18	23%	21.9	20%	55%

从节能角度出发，希望机组的综合部分负荷值越高越好。在许多建筑节能标准中，都规定了*IPLV*的最低要求。如美国 ASHRAE 90.1 标准中规定了制冷机组最小*COP*和*IPLV*值。ASHRAE 标准对冷源规定大致分为两类：最低限值的规定(表 6.2.1B，C 等)和水冷离心机在各种工况条件下的*IPLV*/*NPLV*(表 6.2.1*H*，*I*，*J*，*K*，*L*，*M*等，其中*K*，*L*，*M*是 2001 版中新加的)，前一类表中限值涉及冷机的类型很多，范围较宽，但规定指标不太细；而后一类表中限值仅针对水冷离心，指标做得非常细。这样做到有“点”有“面”，点面结合。对于小机，ASHRAE 标准只规定了*SEER*，而没深究*IPLV*。在最低限值的规定中，对风冷机类型只分为带 Condenser 和不带 Condenser 两类，冷量范围也只是全冷量范围，没有细分。

四、*IPLV*的计算理论基础

简单的说，*IPLV*系数的计算是从建筑(功能和负荷特性)的角度来看待冷水机组。*IPLV*的计算有三大技术要素：气象参数、建筑负荷特性及冷水机组的特性曲线。

1. 气象参数的影响

我国冷水机组*IPLV*指标不能直接引用美国 ARI 标准的一个很重要的原因是，美国的气象条件和气候分区同中国的实际情况有许多区别，与美国 29 个城市相比，冬季各地平均温度偏低 8～10℃左右；夏季各地平均温度却要高出 1.3～2.5℃。因此美国 ARI 标准所给数值不能真正反映出中国气象条件对建筑的负荷分布的影响。

另外我国东部及东南地区夏季湿度很高，这将直接影响机组冷凝侧的散热效果。这使得冷水机组额定工况的重要参数(冷却水进水温度*ECWT*或进风的干球温度*EDB*)的选择也应基于中国气候状况和冷水机组的国标。在空调设计选型计算中，冷却水塔的进出水温度为 32℃/37℃。根据编制组专家们的意见，冷却水进水设计温度还是完全按照国标 GB 18430.1 所规定的 30℃/35℃(见表 3)。在能耗的动态计算中，参照 ARI 标准，冷却水进水温度*ECWT*等于室外湿球温度*MCWB*加上 4.4℃的冷幅高。

表 3　冷水机组标准工况规定的比较

参　数	ARI 550/590—1998	GB 18430.1—2001
冷冻水进出水温度	6.7℃/12.3℃	7℃/12℃
冷却水进出水温度	29.4℃/34.54℃	30℃/35℃

2. 建筑负荷特性分析

负荷可以分成外部负荷和内部负荷两类。外部负荷主要是由外界环境所决定的，内部负荷如照明、人员、设备发热量等因素与建筑物功能紧密联系。对于大型公共建筑，建筑物的负荷会随着建筑物所处的外部环境和建筑物自身的结构、功能的不同差异很大；如果外部环境大致相同，那么内部负荷的特征差异就会决定总的负荷特征。这些因素共同决定和制约着总负荷的大小(静态性)及变化规律(动态性)(见图 1)。负荷的大小决定了制冷机组的容量，而负荷的变化规律决定了制冷机组的运行状态，因此机组与负荷最好的关系是实现两个匹配：即机组容量与负荷大小的匹配，以及机组性能与负荷变化的匹配。前者关系到初投资，后者不仅关系到日常运行费用，而且还关系到实际使用效果。

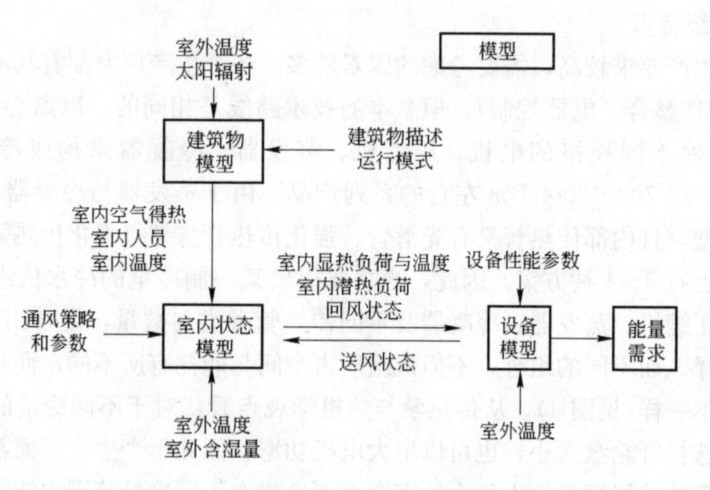

图 1　建筑物动态负荷相关因素分析

因为从严格意义上来说，ASHRAE TEMPERATURE BIN 方法只是一种简化的负荷计算方法，仅以室外干球温度作为负荷计算的因变量，同时假定建筑负荷与干球温度成比例，未能反映室外太阳辐射对负荷的影响。而大型公共建筑并不能完全满足上述两个条件，特别是对于南方地区大玻璃幕墙建筑，室外太阳辐射以及空调系统形式的影响也必须考虑。本次计算并没有完全仿照 ARI 标准采用 BIN 方法计算负荷，而是借助 DOE-2 强大的动态负荷计算功能，综合考虑了室内外参数的共同影响(如室外温度、湿度、太阳辐射及室内空气温湿度、人员发热量等的影响)。如图 2 所示，给出 *IPLV* 计算过程框架图，这里只是借用了 BIN 的形式来整理负荷数据。负荷整理是计算 *IPLV* 的一个重要步骤。负荷整理不只着重于几个分级点的负荷数值，而是体现其全年运行动态特性，由于制冷机组全年运行的部分负荷及效率大小与时间顺序无关，而与在不同负荷率的出现几率有关，所以为了更直观地表现出机组负荷的动态特性，采用“频数－负荷率”图为基础。

图 3 是上海地区办公楼建筑的水冷离心式冷水机组的负荷频率曲线，横坐标为部分负荷率 *PLR*，纵坐标为部分负荷系数 *PLF*，代表冷水机组部分负荷工况下效率趋近于额定工况效率的程度。从图中可以看出水冷离心式冷水机组在 80％～85％负荷率时效率最高。

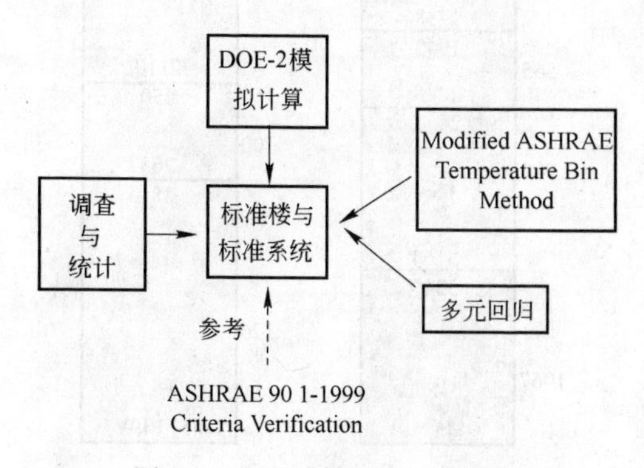

图 2　*IPLV* 计算过程总体框架

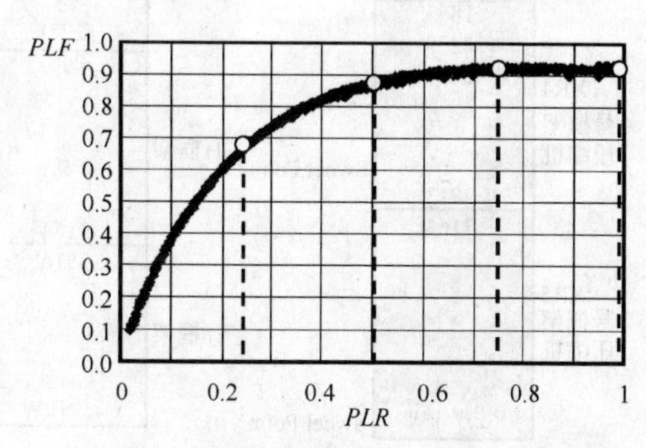

图 3　上海地区办公建筑负荷频率曲线

3. 冷机分级特点

冷水机组生产要求较高，需要考虑的因素较多。各个生产厂家都有其不同的技术优势(机械加工、部件整合、电器控制)，但基本的技术路线是相同的。以离心式机厂家为例，一般用 8～10 种不同规格的电机、压缩机、蒸发器、冷凝器来构成冷量范围 300～1500Ton 左右，或 700～3000Ton 左右的系列产品。由于蒸发器与冷凝器可分为标准型、加长型与特长型，且内部传热管又有光滑管、强化传热管与超级强化传热管之分，所布置的传热管数量也有 3～4 种方案。因此，当需要提出某一制冷量的冷水机组时，生产厂家可以用不同的压缩机、蒸发器、冷凝器及不同传热管种类与数量，组合出 400～500 种的冷水机组供选择。而不同的组合，不但机组所占空间与能耗有所不同，而且蒸发器、冷凝器的水压降也不一样(见图 4)。从传热学与热机学观点看，对于不同冷量的压缩机，可以根据冷媒流量选择叶轮盘大小，也可以增大电机功率，因此每个生产厂家都有自己的冷机分级框架。合理的分级框架使得每个厂家全系列冷机在不同冷量范围内能效基本相近。当然对于用同一台压缩机组成的制冷系统，若配上传热面积较大，传热性能又较好的蒸发

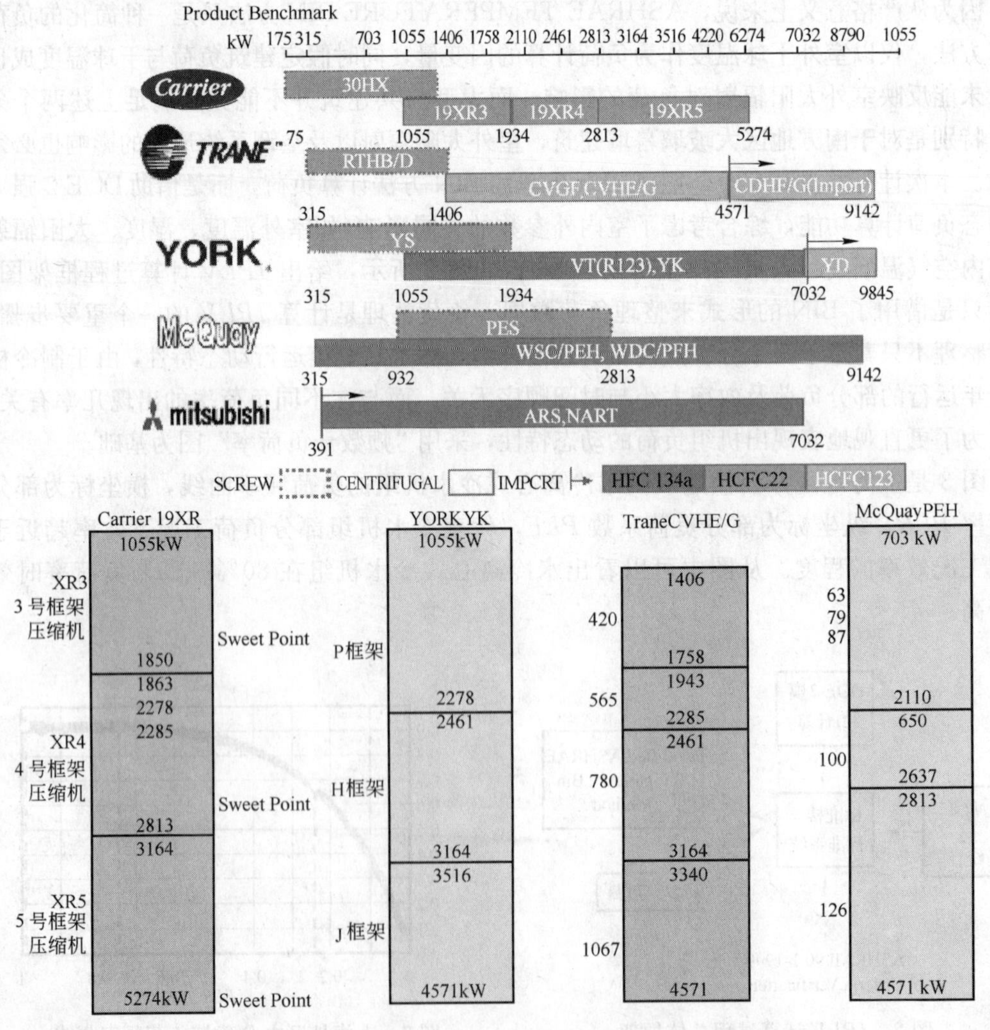

图 4　不同厂家冷水机组(离心、螺杆)冷量分布图

器、冷凝器，其制冷量就会较大，能效肯定也较高。也就是说选用某给定制冷量的冷水机组时，在采用适中压缩机与电机情况下，如果配置特长型蒸发器与冷凝器，传热管又采用超级强化传热管，管数也较多，其能效肯定高；若采用标准长度蒸发器与冷凝器，一般数量与一般性能的传热管，其能效必然会低些，但从价格水平来比较，无疑是前者要高。

基于上述原因，为编制标准，对当前及20世纪80年代常规使用的水冷离心式冷水机组的机组效率进行了调查。调查时请每个厂家ARI工况和GB/T不同工况下，分别填写满负荷和部分负荷能耗及效率表格。数据可以分成满负荷工况和部分负荷工况，满负荷工况理论上应涵盖全部冷却水供水温度、冷冻水供水温度范围，但由于提供数据量太大，不可能全部满足，故至少需5个不同的满负荷工况点，其中应包含2个最小冷却水供水温度、冷冻水供水温度的工况；同样部分负荷工况数据也应包含全部卸载工况，最少需要3个部分负荷工况点。

根据编制组成员的调查，由国内15个生产厂家相近冷量机组 *COP* 的平均值给出的标准计算用的冷水机组能耗估算指标：

水冷螺杆机组名义工况 *COP* 值：目前为4.7；20世纪80年代中后期为4.1。

水冷离心机组名义工况 *COP* 值：目前为5.1；20世纪80年代中后期为4.2。

4. 冷水机组性能参数的回归模型

冷水机组由于其结构和控制方式的互相作用，很难得到精确模型。然而对于机械设计师，机组运行管理人员和节能服务承包商来说，需要综合考虑设备的设计工况(如设计温度或流量)，运行设定点和控制逻辑等方面，去优化冷机性能。对于某一特定机组，其冷却水控制设定点优化，变频电机的费用效能分析和冷却水流量的 *LCC* 费用-效能分析，很大程度上依赖于部件的性能，管路的配置和控制系统设计。这些设计和操作的效果只有经过动态模拟分析才能被清楚地看到。

依照研究，冷水机组的成本利益分析的不可信度在很大程度上是受组件模型准确度和预期的投资回报率等方面的影响。可以根据已有的真实数据来减少目标的不可信度。虽然经选择了回归校准，但还须考虑缺乏冷水机组的性能数据。尽管厂家可给出各自冷机的性能数据，由于ARI 550/590标准的出现，他们大多撤回了原来已公布的数据。目前冷机性能数据只能通过各冷水机厂家的专用选型软件获得。

在给出回归模型之前，须选择一个电动冷水机组基本的算法。该回归模型应具有以下特点：使用方便，有较高的精度，模型中数据的易得性及对特定的冷机的回归容易实现。通过查阅资料找到了三个候选模型。

(1) 多项式回归模型；

(2) ASHRAE primary toolkit 给出的模型；

(3) ASHRAE RP827 研究项目中提出的 Gordon Ng 模型。

因为无法直接得到所需数据，ASHRAE primary toolkit 和 Gordon Ng 模型被认为是不适合的。而本文选择了电动冷水机组多项式回归模型，一方面这是DOE-2中内嵌的标准冷机模型，同时也是ASHRAE手册中推荐的算法，可以满足较多类型冷机的期望精度。

多项式模型用来计算冷机冷量 Q_{evap}、压缩机耗电量 E_{comp}。DOE-2模型中根据设备的部分负荷性能，以二次多项式的形式预测耗电量 E_{comp}：

$$E_{comp}=a+bQ_{evap}+cT_{cond}^{in}+dT_{evap}^{out}+eQ_{evap}^{2}+fT_{cond}^{in\,2}+gT_{cond}^{out\,2}+hQ_{evap}T_{cond}^{in}$$
$$+iT_{cond}^{out}Q_{evap}+jT_{cond}^{in}T_{evap}^{out}+kQ_{evap}T_{cond}^{in}T_{coud}^{out} \tag{3}$$

多项式回归方法的优点在于：一直被 ASHRAE 手册所采用，而且也作为 ASHRAE HVAC Primary Toolkit 的基础；适用于绝大多数的冷机类型，所需参数量不大。但对变频变速冷水机组及一次泵变流量系统不适用。

这种模型有 11 个参数需要待定。虽然从实际工程应用出发，不太可能对联立方程组求解一次将其全部确定，但可以在已给定的模型中通过逐步回归，逐次确定参数的最优解集区间。最终回归出的模型形式仍采用多项式。如果采用逐步回归方式，每台冷水机组都应有 3 条性能曲线来表征其满负荷和部分负荷工况下的动态特性：

(1) *EIR-FPLR* 部分负荷功耗百分率函数，它不考虑部分负荷情况下冷却水的温降；

(2) *CAP-FT* 实际冷量修正函数；

(3) *EIR-FT* 满负荷功耗修正函数。

每条性能曲线都采用回归多项式的形式，标准的回归曲线一般为二次多项式：

$$EIR\_FPLR=a_1+b_1\times PLR+c_1\times PLR^2 \tag{4}$$

$$PLR=\frac{Q_{operating}}{Q_{avaible(t_{evap},t_{cond})}} \tag{5}$$

$$CAP\_FT=a_2+b_2\times t_{evap}+c_2\times t_{evap}^2+d_2\times t_{cond}+e_2\times t_{cond}^2+f_2\times t_{evap}\times t_{cond} \tag{6}$$

$$EIR\_FT=a_3+b_3\times t_{evap}+c_3\times t_{evap}^2+d_3\times t_{cond}+e_3\times t_{cond}^2+f_3\times t_{evap}\times t_{cond} \tag{7}$$

式中 PLR——实际工况(非额定工况)下的部分负荷率；

$Q_{operating}$——实际工况下冷机的产冷量(Ton)；

t_{cond}——冷却水供水温度。

CAP_FT 和 EIR_FT 曲面示意图见图 5 和图 6，EIR_FPLR 示意图见图 7。

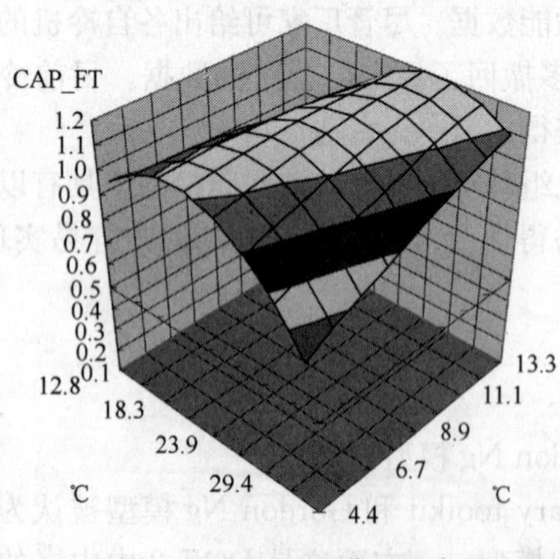

图 5 *CAP_FT* 曲面示意图

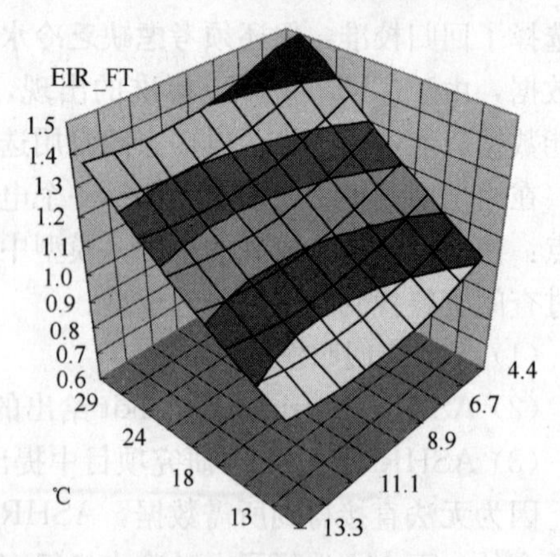

图 6 *EIR_FT* 曲面示意图

当给定 ARI 标准工况下的设计冷量，在某(t_{cond}、t_{evap})下实际运行冷量：

$$Q_{avaible(t_{evap},t_{cond})}=CAP\_FT_{(t_{evap},t_{cond})}\times Q_{rated} \tag{8}$$

式中 Q_{rated}——ARI 标准工况下的额定冷量(Ton)；

Q_{rated}——非 ARI 标准工况下的实际功耗(kW)。

同样当已知 ARI 标准工况的设计耗功，则在某(t_{cond}、t_{evap})下实际运行工况下的耗功：

$$P_{operating}=P_{rated}\times EIR\_FPLR(PLR)\times EIR\_FT_{(t_{evap},t_{cond})}\times CAP\_FT_{(t_{evap},t_{cond})} \quad (9)$$

式中 P_{rated}——ARI 标准工况下的额定功耗(kW)；

$P_{operating}$——实际工况下冷机的功耗(kW)。

这种方法需要较多的数据(20～30 组数据量)，且数据范围能够涵盖整个工况。可采用最小二乘法回归整理，倘若数据范围很窄，则工况外推时可能不准确。一般情况下需要确定15个回归系数。参照相关文献，计算时采用两种方式相结合：首先是当数据量较多时，能够区分全部满负荷和部分负荷工况，采用标准最小二乘线性回归法直接从已知数据反演出模型的系数，得到特性曲线。当数据量较少或满负荷-部分负荷的数据相混杂时，根据已作好的冷机的回归曲线对冷机的性能进行外推，超过所需待检定参数(冷凝温度、蒸发温度)的范围。可以说参考曲线法用较少的数据量得到较完整的特性曲线(图 8)。这种方法的步骤如下：

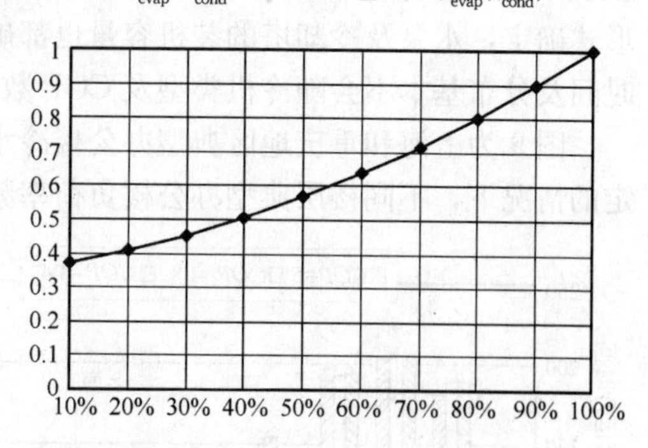

图 7 EIR_FPLR 示意图

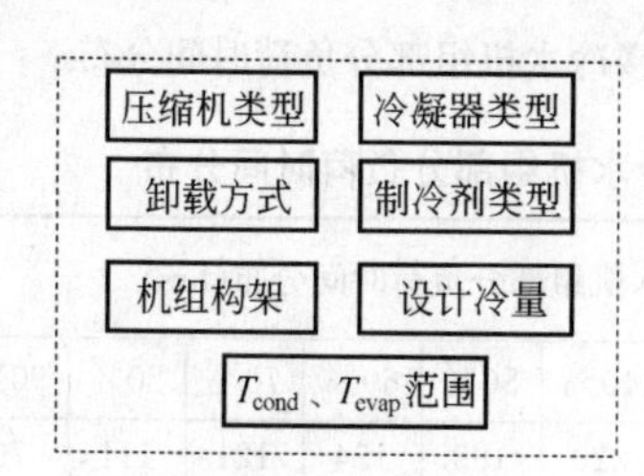

图 8 冷水机组参考性能曲线

(1) 从数据库中筛选一些待测冷机的被选曲线子集；

(2) 计算每个子集中曲线所对应的冷量 Q_{ref}；

(3) 计算每个子集中曲线所对应的耗功 P_{ref}；

(4) 计算每个子集中曲线所对应的耗功预期误差；

(5) 选择误差最小的曲线。

正如前面提到的那样，参考曲线法进行外推时，依赖于已有回归曲线的数据库。如果没有足够的数据支持，使用者须根据已公开的曲线得到其回归系数，然后再通过变换的方式使曲线通过参考点，一般情况下参考点都选在 ARI550/590—98 标准工况和 GB/T 18430.1—2001 标准工况。

五、标准中 *IPLV* 限值的计算

根据编制组专家的讨论，筛选出标准政府办公建筑作为标准建筑。该办公建筑为板式建筑，面积为 7000m²，窗墙比取 30%，围护结构符合公建标准中第 4 章的强制性指标规定。办公区人员密度平均 5～8m²/人；会议室人员密度平均 2.5m²/人；办公区照明密度 *LPD* 取 13W/m²，走廊及生活区 7W/m²；设备主要为 PC 机、办公设备和少量电热设备，*EPD* 取为 10～15W/m²。送风方式为风机盘管＋独立新风，冬季室内设计温度要求 18℃，夏季 26℃；新风量按标准规定取为每人 30m³/h；空调运行时间为每周 5.5 天，每天 12 小时。无经济器。

重新计算我国 *IPLV* 时，首先分析 7 种可能的影响因素：地点、负荷特性、装机容

量、冷机 *COP*、设计冷却水温、冷机台数、附机(Tower、Pump)，这里采取逐次排除的方式来固定上面的因素。装机容量根据编制组工作会议精神可由 DOE-2 程序自动设备选型(AutoSize)来确定；同样冷却水进出水设计温度参照国标取 30℃/35℃；另外由于建筑形式确定，水泵及冷却塔的装机容量也都确定；通过计算可知，对于同一城市，部分负荷时间及分布基本不会随冷机类型及 COP 数值而变。

图 9 为上海和重庆地区典型办公楼冷水机组部分负荷时间分布，表 4 为在内热负荷固定的情况下，不同楼层典型办公楼负荷率频率及分布也基本不变。

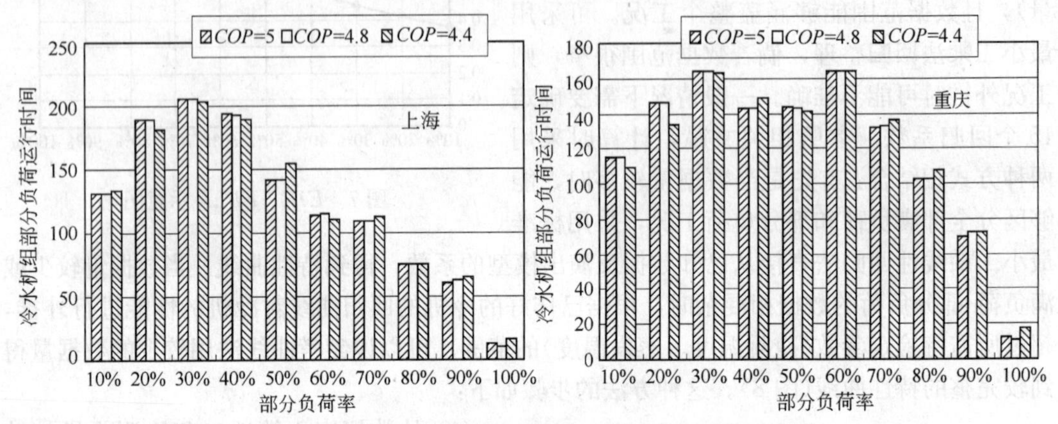

图 9　上海和重庆地区典型办公楼冷水机组部分负荷时间分布

表 4　不同楼层典型办公楼冷水机组部分负荷时间分布

楼层	城市	*COP*	空调制冷机组类型	冷水机组部分负荷时间分布(hrs)										合计开机时数(hrs)
				10%	20%	30%	40%	50%	60%	70%	80%	90%	100%	
13 层	上海	4.81	水冷离心	143	142	200	220	189	134	121	111	79	46	1385
		4.81	水冷螺杆	141	124	178	206	198	148	112	115	75	88	1385
7 层		4.81	水冷离心	153	136	197	218	186	138	117	111	76	53	1385
		4.81	水冷螺杆	143	134	180	204	189	152	112	114	74	83	1385

因此，上述 7 种因素就只剩下地点及冷机台数，地点将在下面部分中论述。参照美国 ARI 550/590—1998 标准的做法，仍以单机作为计算 *IPLV* 的基础。

1. 中国气象条件

这里给出我国 4 个气候区平均湿球温度(*MCWB*)的频率变化分布表(见表 5)和我国 19 个城市冷却水进水温度变化趋势(见图 10)。

表 5　我国 4 个气候区平均湿球温度(*MCWB*)的频率分布表

温度 Bin	平均温度 Bin	严寒地区		寒冷地区		夏热冬冷地区		夏热冬暖地区		全国平均	
(℃)	(℃)	(hrs)	(℃)	(hrs)	(℃)	(hrs)	(℃)	(hrs)	(℃)	(hrs)	(℃)
37.78～43.33	40.6	0	—	2.8	**24.8**	2.1	**32.3**	6	**31.5**	2.7	**29.6**
35.00～37.78	36.1	2	**24.2**	34.8	**26.6**	56.1	**31.8**	54	**31.6**	36.7	**28.6**
32.22～35.00	33.3	28.6	**25.5**	173	**27.3**	203.7	**30.8**	307.5	**31**	178.2	**28.7**
29.44～32.22	30.6	189.4	**24.4**	414.5	**26.8**	438.4	**29.9**	697	**29.9**	434.8	**27.7**

续表

温度 Bin	平均温度 Bin	严寒地区		寒冷地区		夏热冬冷地区		夏热冬暖地区		全国平均	
(℃)	(℃)	(hrs)	(℃)	(hrs)	(℃)	(hrs)	(℃)	(hrs)	(℃)	(hrs)	(℃)
26.67～29.44	27.8	384.4	**23.7**	643.5	**25.8**	768.4	**28.6**	1466.5	**29.1**	815.7	**26.8**
23.89～26.67	25	593.8	**22.8**	852.5	**24.8**	894.6	**26.7**	1303	**27.2**	911	**25.4**
21.11～23.89	22.2	762.6	**21.4**	852.5	**22.5**	944.1	**24.4**	1003.5	**23.8**	890.7	**23**
18.33～21.11	19.4	808	**19.2**	761.3	**19.9**	809.7	**21.3**	978.5	**21.2**	839.4	**20.4**
15.56～18.33	16.7	603.2	**16.4**	632	**16.8**	769.1	**18.6**	836	**18.4**	710.1	**17.5**
12.78～15.56	13.9	539.8	**13.5**	589.8	**14.2**	693.7	**15.9**	795.5	**16**	654.7	**14.9**
10.00～12.78	11.1	515.4	**11.1**	528.8	**11.5**	662.4	**13.2**	645.5	**13.3**	588	**12.3**
7.22～10.00	8.3	448.4	**8.7**	545.5	**8.9**	837	**10.8**	539.5	**11.3**	592.6	**10**
4.44～7.22	5.6	450.8	**6.2**	692.3	**6.7**	828.3	**8.5**	115.5	**9**	521.7	**7.6**
1.67～4.44	2.8	477.2	**3.8**	662.3	**4.3**	545.1	**6.2**	12	**6.1**	424.1	**5.1**
−1.11～1.67	0	481	**1.5**	644.5	**2.3**	234.7	**3.8**	0	**—**	340.1	**2.5**

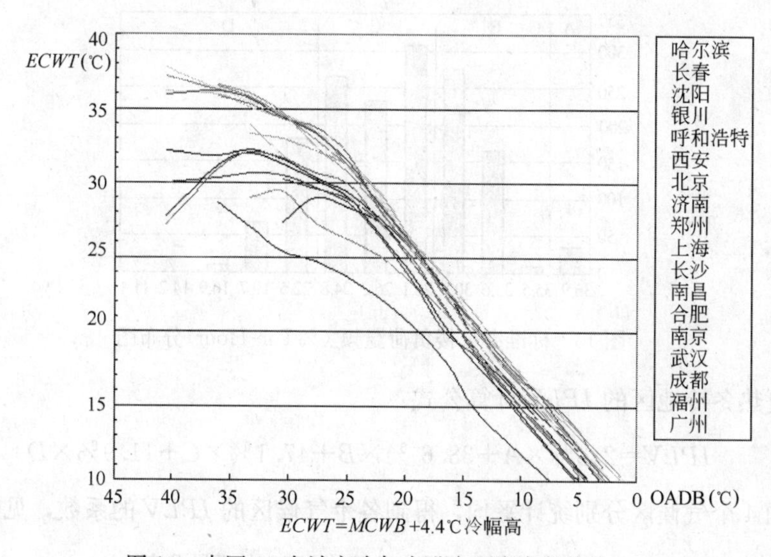

图10 中国19个城市冷却水进水温度变化趋势

2. *IPLV*系数的确定

通过大量计算，分别得到4个气候区的标准办公建筑冷机部分负荷时间随负荷率的分布(见表6)。

表6 不同气候区冷水机组的部分负荷运行时间分布

气候分区	冷机的部分负荷时间分布(hrs)										总运行时间(h)
	10%	20%	30%	40%	50%	60%	70%	80%	90%	100%	
严寒地区	192	129	163	182	178	171	119	87	39	13	1273
寒冷地区	131	109	163	210	232	211	156	87	29	9	1337
夏热冬冷地区	163	124	167	181	173	162	157	126	83	31	1366
夏热冬暖地区	245	187	217	233	270	292	317	284	115	16	2174

下面按照 ARI 550/590—1998 标准所采用的%Ton-Hour 方法，对 4 个气候区的部分负荷进行整理，得到我国气候条件下 *IPLV* 的系数。由于篇幅所限，这里仅给出夏热冬冷地区的%Ton-Hour 计算及作图过程（见图 11～图 13）。

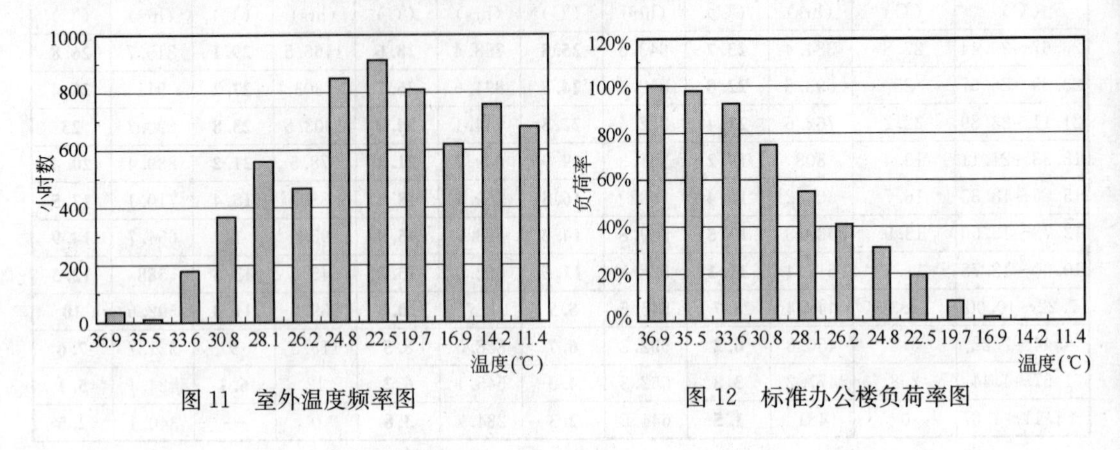

图 11　室外温度频率图　　　　图 12　标准办公楼负荷率图

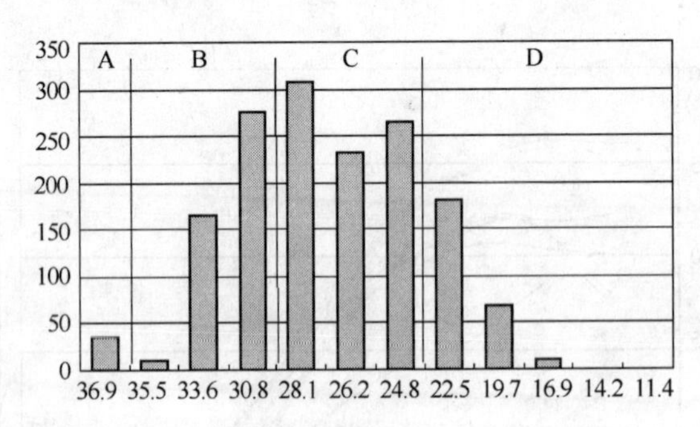

图 13　标准办公楼负荷温频（%Ton-Hour)分布图

可得夏热冬冷地区的 *IPLV* 计算公式：

$$IPLV=2.3\%\times A+38.6\ \%\times B+47.1\%\times C+11.9\%\times D$$

对中国 4 个气候区分别统计平均，得到各个气候区的 *IPLV* 的系数，见表 7。

表 7　不同气候区办公建筑 *IPLV* 的系数分布

IPLV 的系数	*A*	*B*	*C*	*D*
严 寒 地 区	1.04%	32.68%	51.22%	15.06%
寒 冷 地 区	0.68%	36.17%	53.36%	9.79%
夏热冬冷地区	2.28%	38.61%	47.19%	11.92%
夏热冬暖地区	2.21%	46.31%	41.21%	10.27%

根据 2003 年中国统计年鉴和中国制冷空调行业年度报告的统计分析结果，以 4 个气候区的当年建成的总建筑面积为权重系数，如图 14 所示。

通过对 4 个气候区进行加权平均，得到上述中国气象条件下典型办公建筑的 *IPLV* 统一计算公式：

$$IPLV=2.3\%\times A+41.5\%\times B+46.1\%\times C+10.1\%\times D$$

3. 部分负荷计算工况条件

水冷电动冷水(热泵)机组属制冷量可调节系统，机组应在 100%负荷、75%负荷、50%负荷、25%负荷的卸载级下进行标定，这些标定点用于计算 *IPLV* 系数(见图 15)。

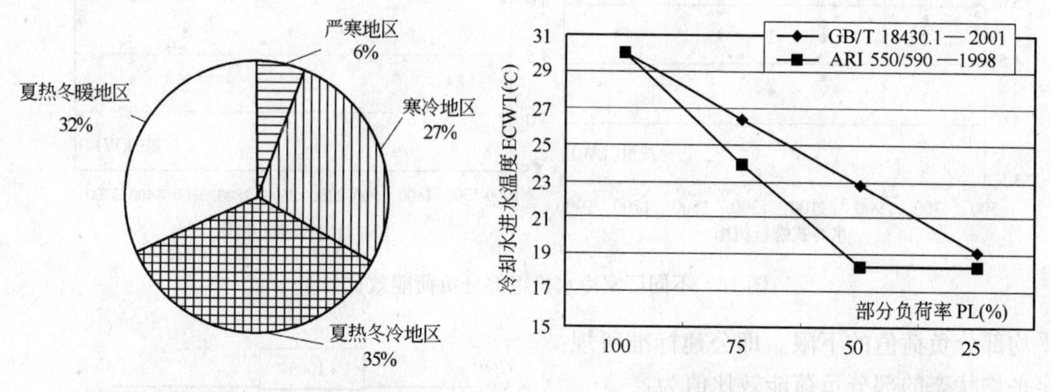

图 14　不同气候区 *IPLV* 权重系数　　　图 15　部分负荷 ECWT 计算工况

部分负荷额定性能工况条件应符合 GB/T 18430.1—2001 中第 4.6 条、5.3.5 节的规定。当冷水机组无法依要求做出上述标定点冷量时，须采取间接法，将该机部分负荷下的效率值描点绘图，点跟点之间再连成直线，再在线上用内插法求出标准负载点。要注意的是，不宜将直线做外插延伸。

5.4.6　蒸气压缩循环冷水(热泵)机组的综合部分负荷性能系数(*IPLV*)不宜低于表 5.4.6 的规定。

表 5.4.6　冷水(热泵)机组综合部分负荷性能系数

类　型		额定制冷量 (kW)	综合部分负荷性能系数 (W/W)
水　冷	螺杆式	<528	4.47
		528～1163	4.81
		>1163	5.13
	离心式	<528	4.49
		528～1163	4.88
		>1163	5.42

注：*IPLV* 值是基于单台主机运行工况。

(1) 标准 *IPLV* 限值的确定

标准中第一次将冷水机组的综合部分负荷系数值作为建筑节能设计的一项推荐性技术要求。同冷水机组满负荷效率 *COP* 一样，标准中对综合部分负荷系数 *IPLV* 限值的规定都反映了我国目前冷水机组所能达到的平均先进水平。

图 16 显示 3 家冷机制造商生产的 86 种水冷式螺杆机组和离心机组在我国冷水机组标准 GB/T 18430.1 规定的工况下不同部分负荷的能效比。

为顾及部分国内厂家的现状及发展，使标准的限值更具有代表性，取上述 3 家产品的

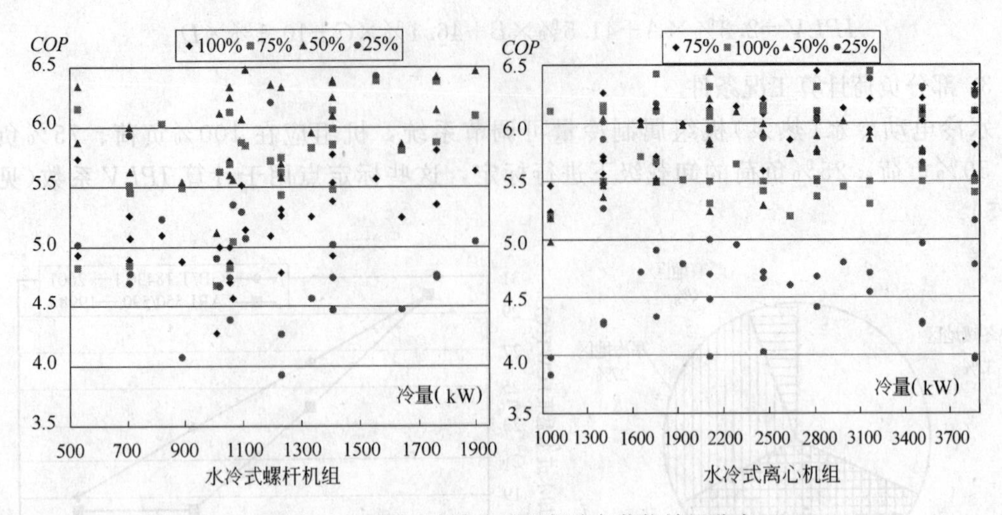

图 16　不同厂家冷水机组部分负荷能效比分布

平均部分负荷值的下限。即公建标准所规定平均状态的部分负荷能效比值为：

$$EER_{Thr}=EER_{Ave}-STD$$

式中　EER_{Thr}——平均部分负荷下能效比的限值；

EER_{Ave}——3 家厂家产品的部分负荷平均能效比(图 17)；

STD——部分负荷工况下平均能效比的标准差。

通过统计平均，得到我国不同厂家水冷式螺杆机组及离心机组实际部分负荷能效比的平均值(表 8)。

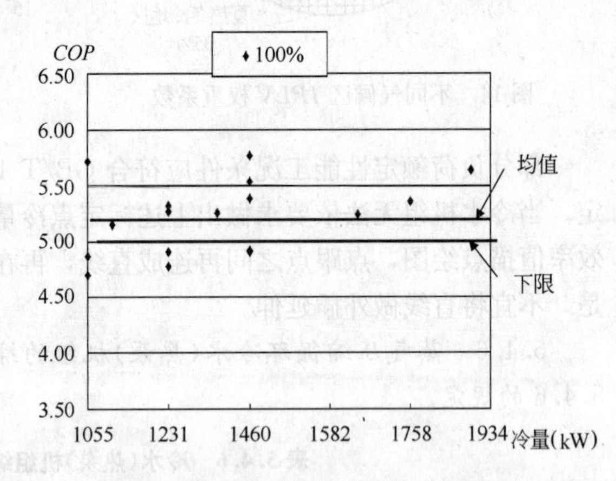

图 17　部分负荷能效比取值示意图

表 8　我国冷水机组部分负荷能效比的平均值

部分负荷能效比		100%	75%	50%	25%
螺杆机组	＜530kW	3.64	4.17	4.77	4.26
	530～1160kW	4.18	4.65	5.12	4.23
	＞1160kW	4.62	5.11	5.41	4.35
离心机组	＜530kW	4.34	4.81	4.67	3.32
	530～1160kW	4.70	5.26	5.10	3.51
	＞1160kW	5.10	5.68	5.56	4.45

在制定 *IPLV* 限值时，还考虑了满负荷能效比的规定，计算时直接引用《冷水机组能源效率限定值及能效等级》，以该标准中的 3 级或 4 级能效比作为规定限值。

(2) 与 ASHRAE 90.1 标准 *IPLV* 值的比较

图 18 将两个标准中不同冷量范围的螺杆机组和离心机组的 *IPLV* 所规定限值直接进行

对比。单从数值上来看，我国标准 *IPLV* 限值介于 ASHRAE 90.1—1999 版和 2001 版之间，*IPLV* 数值随机组冷量的增大而提高，且变化趋势与 ASHRAE 90.1—2001 标准基本相同。

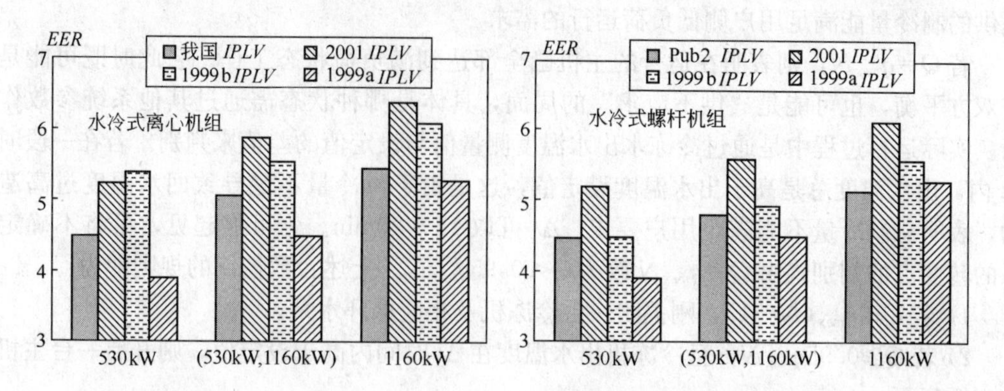

图 18　我国标准与 ASHRAE90.1 标准中 *IPLV* 限值规定的比较

另外由于我国 GB/T 标准与 ARI 标准工况参数不完全相同，主要体现在冷冻水进出水温度和污垢系数，而上述我国新颁布的冷水机组能效分级标准不允许出现负偏差，两个标准的限定值并不在同一尺度上。比较显示：当前标准取定的指标与 ASHRAE 90.1 标准的指标基本处于同样的水平。

(3) *IPLV* 相关问题讨论

由于 ARI 着重衡量的是单台机组在各种负荷的性能表现，所以 *IPLV* 实际上表现的是制冷机组适应不同地区、不同负荷的一种能力，*IPLV* 值高，表明该机组适应各种类型负荷的能力强。同样当负荷类型固定时，可以根据不同冷水机组 *IPLV* 数值的高低比较各种类型冷水机组对既定负荷的性能表现。因此无论对制冷机组生产商和广大用户，*IPLV* 这种能力的高低便有了一定实用价值。

然而在 ARI 标准中为进行简化处理，公式中引入经验性条件(建筑几何形状和功能类型)，仅采用了平均化的公式。另外实际设计中每个冷冻水系统考虑地理位置、建筑使用和相关设备的影响，没有两个建筑的水系统是完全相同的。因此平均安装状态不能与每个冷机系统的设计完全符合，因此它还不是评价冷机系统最完善的方法。事实上，ARI 550/590—1998 标准的白皮书中也强调这一点，大意是：

“因为 *IPLV* 仅代表单机的平均效率，因此它可能不代表一个特殊的工程实例。在计算整个冷水机组的系统效率时，最好能通过复杂的分析来反映实际的气象数据、建筑负荷特性、冷机台数、运行小时数、经济器的容量、水泵及冷却塔的能耗。”

IPLV 公式系数的修订使它成为一个更准确的准则式，能够实际运行状态。在实际空调工程，一般会选用两台甚至更多的冷水机组作冷源，当低负荷运行时间较长时，可将其中一台冷水机组的容量选为其他冷水机组容量之一半来选配。*IPLV* 公式系数的制定中，讨论最多的就是冷水机组的台数控制问题。台数控制(冷水机组群控)是在运行过程中，使机组提供的制冷能力与用户所需的制冷量相适应，实时地检测、判断用户的制冷量需求以确定投入运行主机台数，让设备尽可能处于高效运行。

考虑到不同厂家冷水机组群控的控制策略不同，这里以一种典型的控制方式作为分析台数控制对 *IPLV* 的影响。

若$Q<q_{max}N$(单机的最大制冷量为q_{max}，运行台数为N)，表明主机尚有部分余力没有发挥出来，通过能量调节机构卸载了部分制冷量，使其与用户所需制冷量相匹配。主机提供的制冷量能满足用户侧低负荷运行的需求。

若$Q=q_{max}N$，则表明在运行的主机已全部达到满负荷状态工作。它此时既可能是供需双方平衡，也可能是“供不应求”的局面，具体是哪种状态需通过其他系统参数作判断。实际运行过程中是通过冷冻水出水温度测量值与设定值的差值来判别。若在一段时间Δt内，出水温度总是高于出水温度设定值，这是由于供冷量不足导致回水温度过高造成的，表明总制冷量不能满足用户要求。Δt可取15～20min。为可靠起见，可将不确定关系的转变点的判别式由$Q=q_{max}N$改为$Q<0.95q_{max}N$。上述台数控制的规则即为：

1）若$Q\leqslant q_{max}(N-1)$，刚关闭一台冷冻机及相应循环水泵。

2）若$Q\geqslant 0.95q_{max}N$，且冷冻机出水温度在Δt时间内高于设定值，则开启一台主机及相应循环泵。

3）若$q_{max}(N-1)<Q<0.95q_{max}N$，则保持现有状态。

针对上述标准办公建筑，笔者分析了多台冷机运行的情况，分为以下4种配置：

1）单台机——950kW×1；

2）两台机a——480kW×2；

3）两台机b——630kW×1，320kW×1；

4）三台机——320kW×3。

这样对应于不同台数控制时，冷水机组部分负荷运行时间分布及*IPLV*系数的变化情况如图19所示。

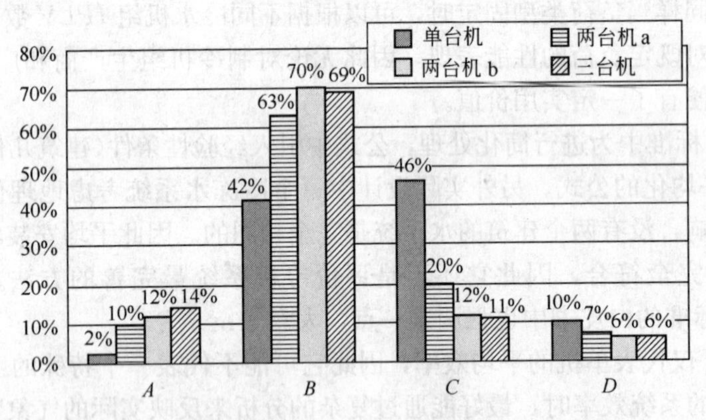

图19　台数控制时多台冷机*IPLV*系数的分布变化

可以看出，适用于单台机的*IPLV*公式推广到多台机组制冷时，式中A、B、C、D的权重(运行时间百分比)将向高负荷区偏移，偏移程度与冷冻机台数、单机制冷量分配有关。尽管单机组独自运行时可能与平均效率不一致，但多台机运行时单机效率与系统平均效率相似。系统平均的单机最大*IPLV*值与多机组的*IPLV*值偏离2%。而且即使有台数控制，在部分负荷下每台冷水机组也不可能都达到满负荷运行，例如上述建筑按一大一小方式配置，当建筑物需冷量在310～620kW时，只需要运行一台大机组；当机组在620～950kW范围变化时两台机运行，此时两台机组都是处于部分负荷下运行。多台大机组同时运行时的时间范围比单台的运行范围较宽，但相对满负荷运行时间就窄一些。从节能的要求来看，也应对这一大机组在此部分负荷范围内的效率做出适当规定。对于小机组而言，其负荷调节率主要在 50％～100％之间变化，在此部分范围内不同负荷时的效率做出适当的规定也是有益的。

另外从耗电量比较情况来看，冷水机组台数控制对整个冷水系统（冷机、冷冻水泵、冷却水泵和冷却塔）得耗电量的确有影响，而冷水机组效率 *COP*（*IPLV*）对整个冷水系统耗电量的影响更大（图 20）。如果以单台冷水机组运行时的系统能耗为基准，多台机的台数控制平均可以减少 10％～12％，其中两台冷机容量相等，负荷均分时，整个冷水系统耗电比单台机减少 9％；两台冷机大小搭配时，耗电减少 10.5％；三台冷机时，耗电减少 11％。当冷水机组 *IPLV* 效率从 4.37 增大到 5.02，耗电可减少 10.4％；增大到 6.29，耗电又减少了 14.5％。这些都说明对于典型办公楼耗电量，提高冷水机组效率的影响程度比冷机台数控制的影响大 1 倍。

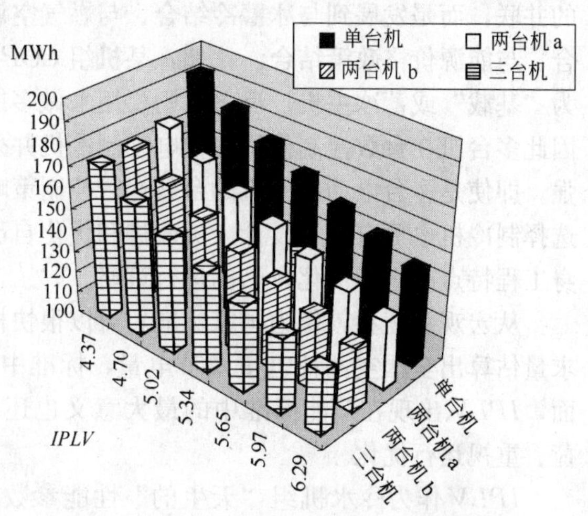

图 20　台数控制时空调水系统耗电量比较

同时冷却水进水温度 *ECWT* 对冷水机组的效率也有影响（图 21）。从主要的冷水机组厂家得到冷水机组的平均效率曲线，通过广泛的研究后发现：影响冷水机组效率变化的主要因素是 *ECWT*，负荷变化影响很小。当 *ECWT* 恒定不变，负荷在 50％～100％之间变化时，离心机组效率仅变化 5.1％；而当负荷固定不变，*ECWT* 从 30℃到 12.8℃变化时，离心机组满负荷效率变化 30％。这就是说冷却水进水温度对冷水机组效率的影响程度要比负荷的影响大 6 倍。尽管系统平均负荷很高，但每台运行机组的 *ECWT* 很低时，这样整个系统的 *IPLV* 会更好。

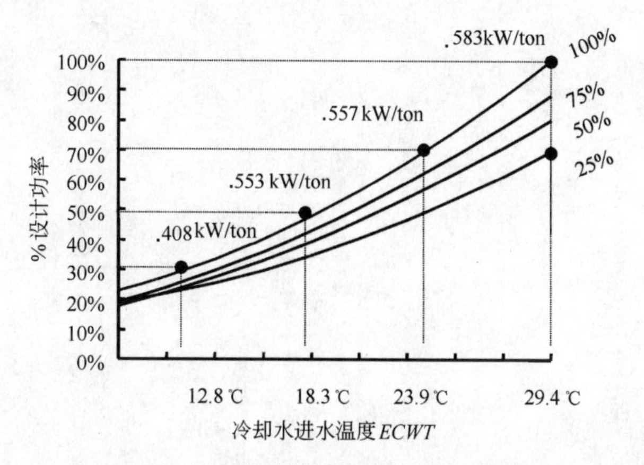

图 21　冷水机组效率随 *ECWT* 及负荷变化图

通过上述分析，说明无论是否考虑台数控制对 *IPLV* 系数的影响，提高冷水机组部分负荷效率对空调系统节能是非常重要的环节。因此从建筑节能角度考虑，在标准中限定冷水机组的综合部分负荷系数 *IPLV* 是有积极意义的。

技术发展到今天，台数控制运行策略已经不局限于几台相同或相近冷量的电动制冷机的并联，而是发展到与冰蓄冷结合、与燃气空调结合(多能源系统)、与楼宇热电冷联产结合、与能源价格政策结合。比如，某机组 *COP* 高而 *IPLV* 低，在设计中就要尽量把它作为“基载”或蓄冰主机；反之，则要用来做多能源系统或融冰优先系统中的“调峰”机。因此多台机在台数控制仅用多台电动制冷机并列的方案来否定 *IPLV* 的存在价值，未免牵强。即使是多台电动制冷机的台数运行控制策略中，也存在单机运行的情况。用两个指标选择制冷机也更有利于设计人员改进和优化自己的方案，更有利于运行管理和自控针对自身工程特点改进和优化自己的运行策略。

从宏观角度看，作为国家标准，可以很快根据标准所规定的 *IPLV* 和全年供冷负荷需求量估算出全国空调耗电量及节电量，标准中应当用这样的参数体现其通用性。另一方面，*IPLV* 出现在节能标准中的最大意义也还是让设计人员重视部分负荷、重视动态负荷、重视运行优化。

IPLV 作为冷水机组“天生的”性能参数之一，是一个国际范围内公认的“游戏规则”，可以写入铭牌和样本，不需要解释，设计人员和用户便懂得它的含义。在招投标中，用两个指标(*COP* 和 *IPLV*)衡量一台冷水机组，比只用 *COP* 来评价要更客观更科学。而设计中所选冷机台数是一个仁者见仁、智者见智的问题，而且也是显示各企业营销人员或技术支持人员水平的事情。作为标准，不可能涉及到具体某个项目优化的配置。而且标准的 5.4.11 条已经充分反映了机组需要优化配置，应该设多机组。

在美国也曾对 *IPLV* 有争论，但在新的研究成果或新的评价方法得到广泛认同之前，*IPLV* 一直没有从 ARI 和 ASHRAE 的标准中去掉。欧盟正在制订欧洲冷水机组标准，并正在研究适合欧洲条件的 *IPLV*。在 ASHRAE90.1 标准的 2001 版本中，增加了不同水温、不同水量、不同工况下的 *IPLV* 的多个表格，其实已经充分考虑了多机运行和台数控制的因素。

专题七　冷水机组的变频技术节能分析

约克(无锡)空调冷冻科技有限公司　胡祥华

本文介绍了空调冷水机组的部分负载的固有特性，综合部分负载性能系数(*IPLV*)，离心式冷水机组部分负荷调节与变频器原理，并从建筑的空调和冷水机组的负载变化匹配的角度分析了用变频空调冷水机组的节能潜力。

随着中国目前经济的飞速发展，能源消耗与日俱增，2002 和 2003 年发电总量的增速分别达到 11.6%和 15.4%，但电力增长满足不了强劲的电力消费需求，2004 年夏季最大电力缺口约为 3000 万 kW，近两年在夏季电力高峰负荷期 20 多个省市出现拉闸限电，节约能源成为中国实现可持续发展的战略方针之一。目前中国已成为世界第二空调生产大国，今后也将呈高速发展的趋势。据中国制冷空调工业协会的统计显示，2003 年我国制冷空调工业生产总值已达 1900 亿元人民币。空调能耗已成为我国能源消耗大户。2003 年夏季经济发达地区电力高峰负荷中空调的负荷比例已超过 30%，空调的节能潜力巨大，如能将空调产品耗电节省 10%，每年将节省电力消耗 53.4 亿 kWh。

经济发展带动建筑业的高速发展，80 年代初，每年建成 7～8 亿 m^2；90 年代初，每年建成 10 亿 m^2；目前，每年建成 16～19 亿 m^2，其中城市住宅 4～6 亿 m^2，农村住宅 8～9 亿 m^2,此外，公共建筑、工业建筑 5～6 亿 m^2，根据世界银行测算，从 2000 年到 2015 年是中国民用建筑发展鼎盛期的中后期，并预测到 2015 年民用建筑保有量的一半是 2000 年以后新建的。建筑能耗系指消耗在建筑中的采暖、空调、降温、电气、照明、炊事、热水供应等所消耗的能源，而采暖、空调能耗占建筑能耗 55 %，随着经济发展、生活水平提高，建筑能耗还会逐年增加。建筑能耗的总量逐年上升，在我国能源总消费量中所占的比例已从 1978 年的 10%，上升到 2001 年的 27.45%。

空调制冷设备不同于其他工业制冷设备的显著区别在于空调设备必须随着空调负荷的变化而调节机组的负载，考核建筑的空调能耗状况就必须考核空调冷水机组的部分负载效率，变频技术可以显著改善机组部分负载的性能。

早在 1979 年约克就推出了第一台变频驱动的离心式冷水机组，2004 年，又推出世界上第一台变频驱动螺杆式风冷冷水机组，由于变频驱动的优越性能，受到客户的普遍认可，至今已有超过 6000 台已出厂的机组配置变频驱动装置(以下简称 VSD)，目前在可以配备 VSD 的功率范围内新出厂的机组有超过 70%的离心式冷水机组为变频驱动。为表彰约克通过应用 VSD 技术大幅节省能耗从而降低温室气体排放为保护环境作出的卓越贡献，美国环境保护署(EPA)将 2005 年的气候保护大奖授予约克国际公司。

一、综合部分负载能效值 *IPLV*-真实反映冷水机组部分负载性能的参数

综合部分负载能效值即 *IPLV*，是在标准规定工况下的冷水机组部分负载效率单一数值，既考虑了满负荷，也考虑了机组部分负荷的效率。该概念1986年起源于美国，1988年被ARI采用，并于1992和1998年进行了两次修订，1998年全美主要的冷水机组制造商全体一致通过ARI 550/590—1998的*IPLV*。ARI 550/590—2003沿用了98版标准的规定。现在，*IPLV*作为冷水机组的能耗考核标准在美国已被联邦、政府和私营组织或机构所广泛采用。ARI 550/590—2003中*IPLV*计算公式如下：

$$IPLV=0.01A+0.42B+0.45C+0.12D$$

$A=COP$@100%Load@85.0℉ *ECWT*(29.4℃冷却水进水温度)或95.0℉ *EDB*(35.0℃干球温度，针对风冷机组)

$B=COP$@75%Load@75.0℉ *ECWT*(23.9℃冷却水进水温度)或80.0℉ *EDB*(26.7℃干球温度，针对风冷机组)

$C=COP$@50%Load@65.0℉ *ECWT*(18.3℃冷却水进水温度)或65.0℉ *EDB*(18.3℃干球温度，针对风冷机组)

$D=COP$@25%Load@65.0℉ *ECWT*(18.3℃冷却水进水温度)或55.0℉ *EDB*(12.8℃干球温度，针对风冷机组)

我国《公共建筑节能设计标准》中也引入*IPLV*概念，其*IPLV*的计算公式如下：

$$IPLV=2.3\%\times A+41.5\%\times B+46.1\%\times C+10.1\%\times D$$

式中 A——100%负荷时的性能系数(W/W)，冷却水进水温度30℃；

B——75%负荷时的性能系数(W/W)，冷却水进水温度26℃；

C——50%负荷时的性能系数(W/W)，冷却水进水温度23℃；

D——25%负荷时的性能系数(W/W)，冷却水进水温度19℃。

上述综合部分负荷能效值(*IPLV*)公式的核心是同时考虑了负荷和冷却水温的变化对机组效率的影响。众所周知，建筑物的空调负荷与环境温度密切相关，同一地区的日平均气温随季节而变化，而同一日中气温又随时间而变化，最高温度一般出现在午后1～2h，且持续时间很短。在绝大多数情况下，空调机组的冷却水由冷却塔冷却，环境温度(干球温度和湿球温度)直接影响冷却水温度。空调冷水机组的能耗取决于机组的运行状态(满负荷及部分负荷)和冷却水温度(冷却水温度直接影响冷凝温度)，而冷却水温度对机组的能效影响尤为显著。

从以上综合部分负荷能效值(*IPLV*)公式中可以看出，提高*IPLV*除了要提高满负荷的效率，更重要的是要提高部分负载的效率。

二、变频驱动冷水机组

1. 离心式冷水机组部分负荷调节与变频器运用

离心式压缩机是一种固定压头、变流量的压缩机。单级离心式压缩机靠电机通过增速齿轮带动叶轮高速旋转，叶轮高速旋转产生的离心力提高制冷剂气体的速度，然后通过扩压室，并在其中完成由动能向压力能的转化。压缩机的最大压头(高压侧与低压侧的压差，以下简称压头)由压缩机叶轮的最大线速度决定。

离心式压缩机的部分负荷调节可以通过进口导流叶片或者改变压缩机的转速来实现。

(1) 导流叶片控制

固定转速的离心机通过导流叶片的作用可以使压缩机在最大压头下任意点运行。当压缩机在系统低负荷运行，导流叶片开始关闭，使机组稳定运行，平稳下载到较小的负载。

直到导流叶片完全关闭，机组发生喘震，这时的负荷就是机组允许的最小负荷。

导流叶片的另外一个优点是，在机组从100%～90%之间卸载时，由于导流叶片的预导流作用，可以提高机组的效率。

导流叶片控制时，压缩机的运行曲线见图1。

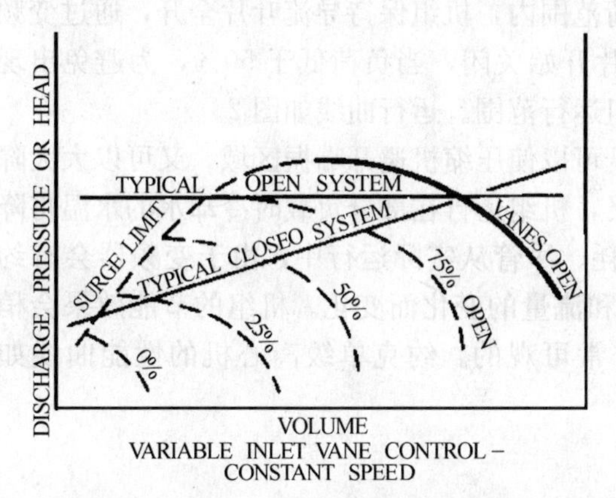

图1 导流叶片控制压缩机运行曲线

表1 转速与功耗的关系

压缩机转速(%)	压缩机功耗(%)	节能(%)
100	100	0
90	72.9	27.1
80	51.2	48.8
70	34.3	63.7

由上图可看出，没有设置导流叶片的压缩机75%负荷处会达到喘振点，增加了导流叶片控制后，机组的运行范围可从原来的只能下载到75%左右增加到可下载到约15%，大大扩展了运行范围。

(2) 速度控制

从*IPLV*的来源可以看出，建筑的空调负载曲线是基于建筑物内部的年平均负载，它与环境温度密切相关。当建筑物内部空调负载100%时，此时的环境温度往往处于全年最高气温时段，而此时段仅占全年时间的约2.3%，当建筑物内部空调处于部分负载时，此时的环境温度相对较低，环境温度越低，负载越小。当机组运行在部分负载工况时，由于室外环境温度的降低，机组的冷却水温也会相应降低，机组的冷凝压力降低，机组的压头会有很大下降。这时，可以采用另一种控制离心式压缩机部分负荷的方法——控制转速。通过变速控制，将压缩机的转速降低，叶轮的线速度减小，压缩机压头与系统相匹配，这样不仅能使机组稳定运行于部分负荷，而且能大大降低功耗。

在离心式压缩机中，压缩机的功耗如下：

$$BHP=FLOW\times HEAD/EFF$$

因为：$FLOW\propto(RPM)^1$

$HEAD\propto(RPM)^2$

所以，$BHP\propto(RPM)^3$

式中 *BHP*——压缩机功耗；

FLOW——流量；

HEAD——压缩机压头；

EFF——压缩机效率。

由此可见：从理论上讲，压缩机的功耗与转速的三次方成正比，当转速降低时，功耗将急剧下降。表1中显示了不同转速时压缩机功耗情况，从表中可以看出通过降低转速可带来很好的节能效果。

2. 变频驱动离心式冷水机组机组

如果将变速控制与导流叶片控制有机结合，共同来控制压缩机，就能充分利用这两种控制方式的优点，既能使机组有较大的运行范围，又可以达到很好的节能目的。这种结合控制的控制逻辑是：一般在70%到100%负荷范围内，机组保持导流叶片全开，通过变频来控制机组下载；当负荷低于70%，导流叶片开始关闭，当负荷低于50%，为避免出现喘振，适当增加压缩机转速，这样可加大机组运行范围。运行曲线如图2。

通过导流叶片与变频的结合优化控制，既可以使压缩机避开喘振区域，又可以大大降低部分负荷时功耗。根据部分负载工况的定义，机组运行在部分负载时冷却水的水温将降低，这样使得变频控制可更好的降低机组能耗。尽管从实际运行中，由于变频器会有约3%的功率损失；但机组的效率也会随着压头和流量的变化而变化。机组的节能效果会稍小于理论值，但其实际的节能效果依然是非常可观的。约克单级离心机的性能曲线如图3。

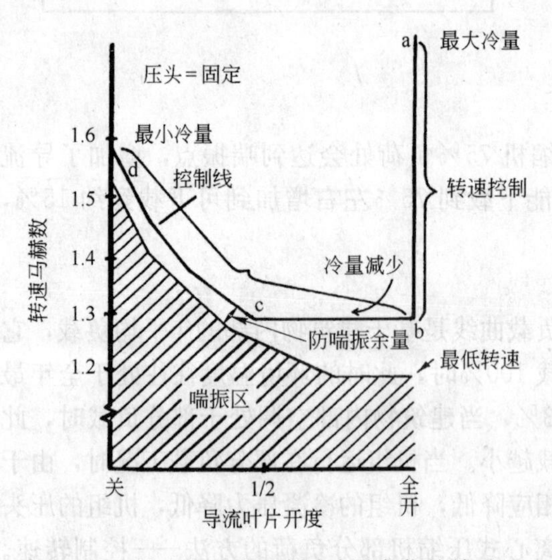

图2 转速与导叶开度随冷量变化的关系

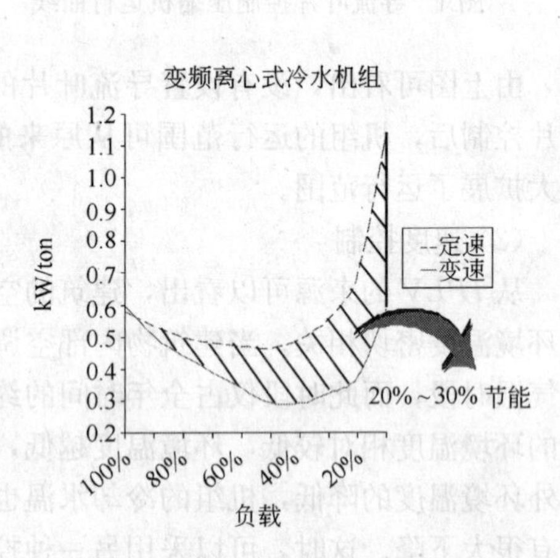

图3 变频控制的离心式冷水机组

由图3可知，变频机组大约可节能20%～30%。如果机组长期运行在低冷却水温工况下，则配有变频的机组可达到更好的节能效果，其最佳能效比可达到0.2kW/TR。

由此可看出，离心式冷水机组的变频驱动控制装置通过调节点电机的转速和优化压缩机进口导流叶片的位置，使机组在各种工况下，尤其是部分负荷情况下，始终保持最佳效率。

3. 变频调速用于离心式冷水机组的节能分析

从VSD应用于离心式冷水机组节能的原理可以知道VSD节能的关键是利用部分负载时冷却水温低于额定工况下的冷却水进水温度。从*IPLV*的部分负载权重比例可以看出，机组97.7%的时间是工作在部分负载工况，这就给变频技术在空调冷水机组上的运用提供了广阔的空间。

下面我们就一个应用例子来进行分析。

制冷量600TR的离心式冷水机组，型号为YKCFCFQ75CNF，其定速和变频机组的性能数据见表 2。

表 2　控制《公共建筑节能设计标准》工况运行的能效比对照

负　荷	制冷量 (kW)	冷却水进水 (℃)	定　速 *COP*(kW/kW)	变速 VSD *COP*(kW/kW)	节　省
100%	2110	30	5.84	5.6	−4.1%
75%	1582	26	6.46	7.26	12.4%
50%	1055	23	6.39	8.58	34.3%
25%	528	19	5.22	8.79	68.4%
IPLV			6.29	7.98	27.0%

应用情况 1：

以南方城市广州为例，假定建筑类型为办公建筑，设计冷负荷 600TR，平均负荷率 65%，选配 600TR 离心式冷水机组，运行季节 4～11 月，运行时间周一～周五 8：00～20：00，总运行时间为 1920h，定速机组的能耗为 1920×2110×0.65/6.29＝418650kWh，变频机组的能耗为 1920×2110×0.65/7.98＝328000kWh，使用变频机组将节省 90650kWh。

应用情况 2：

假定广州一宾馆建筑，设计冷负荷 600TR，平均负荷率 65%，选配 600TR 离心式冷水机组，运行季节为 4～11 月，周一至周日 24h 运行，总运行时间为 5376h，定速机组的能耗为 5376×2110×0.65/6.29＝1172200kWh，变频机组的能耗为 5376×2110×0.65/7.98＝923950kWh，使用变频机组将节省 248250kWh。

VSD 与离心式冷水机组配合使用后，就会增强离心式冷水机组的可靠性及经济性。它的适应性很广，不管在气候炎热的南方，或是干燥、昼夜温差大的北国，只要有昼夜温差和四季温差、冷却水温低于设计值、在非额定工况下长时间运行这些特点，都可配置 VSD 以达到节能运行的目的。如果当地的平均电价较高的话可以大大缩短 VSD 的成本回收时间。在离心式冷水机组上采用变频驱动控制装置，将给机组带来很大的好处，大致分为以下四个方面：

(1) 节约运行费用

从上面的分析可知，配置 VSD 的冷水机组在运行能耗方面会有很大的节省，从而为用户节约大量的运行费用。

(2) 实现软启动，减少对电网冲击

配置 VSD 的机组在电机启动时，从 1Hz 开始，逐渐增加，电机的启动扭矩很高，但启动电流最小，不超过机组的满负荷工作电流。使用传统的星-三角启动器有两个问题，第一是星三角切换过程中对电机有冲击，第二是机组的启动电流较大，大约为满载电流的 2～3 倍。使用 VSD 首先可以去除切换的过程；其次可以大大降低启动电流，使之小于满负荷电流，从而减小对电网的冲击。

(3) 使用 VSD 能使机组运行更安静、平稳，延长使用寿命

离心式冷水机组运行时产生的噪声大部分是由于制冷剂被压缩后以很高的速度进入冷凝器所造成的。在部分负荷(低压头)情况下，VSD 通过降低压缩机转速来降低压缩后排气的速率，从而减低机组的噪声。由于 VSD 的控制，使电机，压缩机等运动部件转动速

度降低且运行更加平稳，从而大大提高了整个机组的使用寿命。

(4) 修正功率因数

保证较高的功率因数是提高电力利用率的关键，所以电力部门要求用户提高用电设备的功率因数。配置 VSD 装置后，该装置能将功率因数修正至 0.95 甚至更高，而普通机组所使用的电机的功率因素一般小于 0.9。若增加谐波滤波器(符合 IEEE519-92 谐波失真量规定)，可使功率因数达到 0.98。

三、变频技术的局限性

上述变频技术运用的节能潜力分析主要是基于单级离心式压缩机，对于多级离心机，叶轮转速较低，存在级间吸气，变频技术的运用受到一定的局限。

1. 多级离心式冷水机组，在满负载设计工况条件下，此时的压头最大，为了提高满负载的效率，多数采用在中间吸气口增加经济器(节能器)，这样可以提高满负载设计条件下的效率；

2. 多级离心式冷水机组部分负载调节一般采用进口导流叶片，变频驱动无法达到与单级离心式冷水机组的综合部分负载系数 *IPLV*。

参考文献：

ARI550/590-1998：Standard for Water Chilling Packages Using Compression Cycle
中国建筑科学研究院郎四维. 建筑节能设计标准中空调设计的规定——空调节电研讨会，北京，2004

专题八　美国建筑节能标准简介

（中国建筑科学研究院　郎四维摘译）

美国建筑节能标准分为二个层次，从国家来说，制定“国家模式规范”，各州可以依据“国家模式规范”的原则，编制确定本州建筑节能规范，也可直接应用“国家模式规范”。

为了了解美国的国家模式节能标准，这里简要介绍 ASHRAE / IESNA Standard 90.1-2001 的主要内容，以便了解美国建筑节能标准包含的内容、编制标准的思路，进行节能设计的途径、方法，如何在建造过程中确保达到设计要求，以及如何确保围护结构保温隔热的热工性能要求，确保暖通空调设备效率、系统达到标准要求等。结合我国情况，该标准可以对照我国公共建筑和四层及以上住宅建筑，所以选择该标准作为全面了解美国建筑节能标准的范本。

该标准的内容包括：前言；1. 用途；2. 应用范围；3. 定义、术语与缩写词；4. 行政管理与强制规定；5. 建筑围护结构；6. 采暖、通风和空调；7. 生活热水；8. 动力；9. 照明；10. 其他设备；11. 能量成本预算法(参考建筑能量耗费计算法)；12. 参照标准；附录 A：围护结构的传热系数、导热系数、周边区热损失系数；附录 B：围护结构的热工性能限值；附录 C：建筑围护结构参数权衡选择法(5.4 节)；附录 D：气象资料；附录 E：资料参考材料。以下简要介绍与我国标准有关的章节的内容。

(一) 第 1～3 章

第 1、2 章描述标准的应用范围，规定了该标准适用于：(1)新建筑及其系统；(2)建筑扩建的部分及其系统；(3)在既有建筑中新系统及其设备。同时也规定了该标准不适用的情况，即独户住宅(single-family house)、地上三层或三层以下的多户住宅建筑、工厂建造的房屋(可移动的房屋)和装配式房屋，以及工业建筑。这可以理解该标准相当于适用我国多层住宅建筑和公共建筑。

(二) 第 4 章“行政管理与强制规定”

这一章列出了在行政管理上必须强制执行的条款，在我国节能设计标准中不包括这些内容。它的主要条款为：在“4.3 合格的文件”节中规定了必须递交审批的文件，包括图纸、说明书、工程计算书、图表、报告和计算书、计算表、模拟计算书、卖方的清单，或其他资料。这些文件是由授权的权威机构批准的许可证的一部分。合格的文件应该阐明所有与建筑、设备和系统相关的、足够详细的资料和特征，以便“建筑官员”(Building Official)决断合格与否。在“4.4 材料和设备标签”节中，对窗户、门、建筑围护结构保温、机械设备、整体式末端空调器、变压器等规定：材料和设备应当贴有性能标签，以便确定性能指标是否符合标准的有关条款。比如，对“窗户”规定：其传热系数、太阳得热系数、空气渗透性应被检验确认，并标识于永久性的厂家铭牌上。如果窗户产品没有这种铭牌，窗户的安装人员或者供货商应该提供有签字、有日期，列出对该窗户检测的传热系数、太阳得热系数、空气渗透率性能参数的检验证书。同样，对“建筑围护结构保温”规定：每一块建筑围护结构保温材料上应有制造商贴上的证明热阻值的标识。如果没有这种标识，安装人员应该提供有签字、有日期，列出该保温材料的类型、制造厂、热阻值参数的检验证书。对“机械设备”规定：机械设备应该具备由制造商贴上的永久标签，标明设备符合 ASHRAE 90.1 标准中相应的规定值。为了使建筑在建造过程中符合设计要求，在“4.6 监督检查”节中规定：按标准规定，所建的全部建筑要由“建筑官员”进行监督检查，对要检查的项目，在“建筑官员”按规定的检查步骤完成前，应保持可以方便接近和保持打开状况。监督检查内容至少应包括如下项目：(1)墙体保温：墙体保温及隔汽层到位后，但还未隐蔽前；(2)屋顶/顶棚板保温：屋顶/顶棚板保温到位后，但还未隐蔽前；(3)楼板/地基墙保温：楼板/地基墙保温到位后，但还未隐蔽前；(4)窗户：全部玻璃安装完后；(5)机械系统、设备和保温：安装之后但还未隐蔽前；(6)电气设备和系统：安装之后但还未隐蔽前。为了使业主在交付使用建筑时，正确运行设备和系统，在“4.11 手册”节规定：应该向建筑业主提供运行、维修手册，这些信息应该包括(但不限于)在 6.2.5.2 条(暖通空调设备系统)和 8.2.2.2 条(动力设备系统)所规定的信息。

（三）第 5 章“建筑围护结构”

这一章是节能标准的主要部分，它确定了建筑围护结构热工参数的规定值，建筑围护结构节能设计必须按照本章的规定进行。设计人员可以遵循二条途径进行设计，一为规定性方法，即如果所设计的建筑能满足窗墙比不超过 50%、天窗面积不超过整个屋顶面积 5%的规定，那么就可以由标准中查表获得建筑围护结构热工参数限值；如果不能符合上述规定值，那么就要采用性能性方法，即“建筑围护结构参数权衡选择法”，通过软件计算获得所设计建筑的围护结构热工参数限值。但是，不管采用哪种方法，首先必须满足这一章的强制性条文规定。

1. 强制性条文

标准中“5.2”节对保温材料，保温材料的安装，与安装表面牢固地结合，置于凹处隐蔽的设备的保温要求，屋顶保温的位置，保温材料的保护等内容列入强制性条文，并都有十分具体详细的规定。

标准也对窗户的性能检测列入强制性条文。比如，第“5.5.2.1 传热系数”节中规定：应按照美国国家门窗评级委员会 NFRC(National Fenestration Rating Council)100 检测传热系数，天窗检测时应保持与水平呈 20°角；第“5.5.2.2 太阳得热系数”节中规定：整个窗户的太阳得热系数(*SHGC*)检测，应按照 NFRC 200 进行；第“5.5.3.2 门和窗”节中规定：门窗的空气渗透率应按照 NFRC 400 检测。传热系数，太阳得热系数，空气渗透率必须在国家认可、委派的授权试验室进行，同时要有制造商在产品上贴上鉴定过的性能指标标签。

标准对空气渗透率也列入强制性条文。比如，第“5.5.3.1 建筑围护结构的密封”节中规定：下列的建筑围护结构部位必须密封、填塞，或应用密封条，使得空气渗透为最小：(1)窗户，门与框的周圈接缝处；(2)墙和基础间，建筑转角墙间，墙和结构楼板或屋面间，以及墙和屋面或墙板间的结合处；(3)公用事业管路通过屋面，墙和楼板的空口处；

(4)现场装置的窗户和门；(5)装配的风道；(6)穿过隔汽层的接缝处；(7)所有建筑围护结构的穿孔处。

2. 规定性方法

设计步骤：(1)标准附录 D 列出了 648 个美国城市、加拿大和世界上其他国家个别城市的采暖、空调度日数等资料。设计者根据附录 D 可以查找到所设计建筑所在城市的采暖度日数(*HDD*18)和空调度日数(*CDD*10)，比如，可以查到上海的 *HDD*18 为 1768，*CDD*10 为 2847。(2)根据查到的采暖、空调度日数，由附录 B 的图 B-1(见图 1)找到应查取附录 B 表号，即 B-11 表。附录 B 共有 26 张表可供美国 648 个城市及世界其他国家个别城市选取。(3)由 B-11 表查获建筑围护结构热工参数限值(见表 1)。

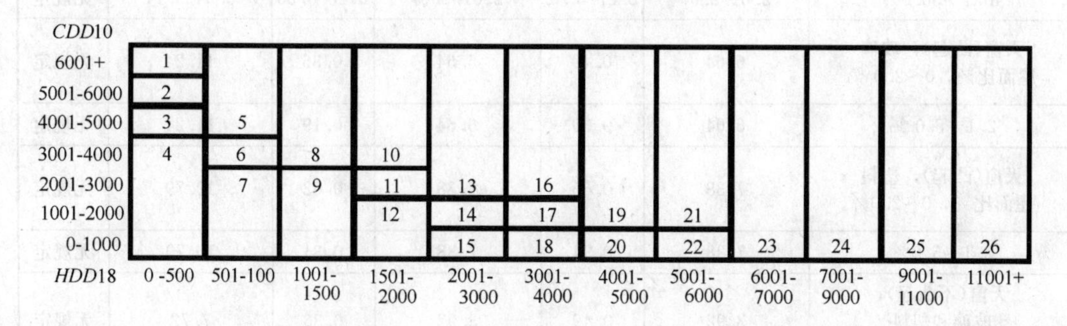

图 1　标准中图 B-1 根据气象条件查取建筑围护结构规定值

表 1　标准中表 B-11 建筑围护结构限值(*HDD*18：1501-2000，*CDD*10：2001-3000)(适用上海地区)

不透明部件	非居住建筑 传热系数 K[W/(m² · K)]	居住建筑(≥ 4 层) 传热系数 K[W/(m² · K)]	半采暖建筑 * * * 传热系数 K[W/(m² · K)]
屋面			
无阁楼	0.360	0.360	1.240
金属建筑	0.369	0.369	0.551
带阁楼	0.192	0.192	0.459
墙，地面以上			
重质墙	0.857	0.701	3.293
金属建筑	0.642	0.642	1.045
钢框架	0.705	0.479	1.988
木框架	0.504	0.504	0.504
墙，地面以下	6.473*	6.473*	6.473*
楼板			
重质楼板	0.606	0.496	1.825
工字钢	0.296	0.296	0.390
木框架	0.288	0.188	1.599
架空楼板			
不采暖	1.264**	1.264**	1.264**
采暖	1.766**	1.644**	1.766**
不透明门			
平开门	3.975	3.975	3.975
非平开门	8.233	8.233	8.233

续表

窗　户	传热系数 K [W/(m²·K)] 固定/开启	SHGC 其他方向/朝北	传热系数 K [W/(m²·K)] 固定/开启	SHGC 其他方向/朝北	传热系数 K [W/(m²·K)] 固定/开启	SHGC 其他方向/朝北
垂直窗墙比% 0～10.0%	3.24/3.80	0.39/0.49	3.24/3.80	0.39/0.49	6.93/7.21	无规定
10.1～20.0%	3.24/3.80	0.39/0.49	3.24/3.80	0.39/0.49	6.93/7.21	无规定
20.1～30.0%	3.24/3.80	0.39/0.49	3.24/3.80	0.39/0.49	6.93/7.21	无规定
30.1～40.0%	3.24/3.80	0.39/0.49	3.24/3.80	0.39/0.49	6.93/7.21	无规定
40.1～50.0%	2.61/2.67	0.27/0.32	2.61/2.67	0.26/0.36	5.54/5.77	无规定
天窗(凸起)，玻璃屋面比%，0～2.0%	6.64	0.49	6.64	0.36	11.24	无规定
2.1～5.0%	6.64	0.39	6.64	0.19	11.24	无规定
天窗(凸起)，塑料屋面比%，0～2.0%	7.38	0.65	7.38	0.62	10.79	无规定
2.1～5.0%	7.38	0.34	7.38	0.34	10.79	无规定
天窗(不凸起)，玻璃和塑料屋面比%，0～2.0%	3.92	0.49	3.92	0.36	7.72	无规定
2.1～5.0%	3.92	0.39	3.92	0.19	7.72	无规定

* 仅指墙，不包括土壤或空气层，单位：W/(m²·K)。

** 周边区热损失因子，单位：W/(m·K)。

*** 建筑中的封闭空间，由供热量等于、大于 10W/m² 采暖系统供热，但不属于采暖空调空间(即不是生活、工作区)。

3. 性能性方法

如果所设计的建筑不能满足窗墙比的规定值，那么应该采用“建筑围护结构参数权衡选择法”。该方法的基本思路如下，首先要假定一个“参照建筑”，参照建筑的外形与所设计的建筑相同，但窗墙比应符合规定性方法的规定；同时，规定了参照建筑与所设计建筑都采用同样的采暖空调系统。计算参照建筑全年采暖空调能耗值，并以此值为所设计建筑的全年采暖空调能耗限值。最后，通过改变(权衡)围护结构各部件热工参数，直至达到等于或小于参照建筑全年采暖空调能耗限值。

在标准附录 C 的 C3“参考建筑围护结构设计规定”节中规定：围护结构的地板(楼板)面积、总墙面积、不透明门面积、总屋面面积，以及采暖空调分区应与所设计建筑相同；围护结构不透明部分的 *K* 值由表 B-1 至 B-26 选取；每一个采暖空调区的垂直窗面积与所设计建筑相同，或按 40%或更小窗墙比。如果任何采暖空调区的垂直窗墙比大于 40%，必须减少到 40%；窗户的 *K* 值也应由表 B-1～B-26 选取，当 *HDD* 为 0～6000 时，太阳得热系数(*SHGC*)按 B-1 至 B-22 选取；当 *HDD* 大于 6000 时，北向取 0.64，其他方向取 0.46。在 C5“模型的假设”节中规定：对于住宅或非住宅建筑的采暖空调区域，所设计建筑及参考建筑均应模拟采暖及空调系统，其恒温器设定值：采暖 21℃、空调 24℃，夜间设定值采暖 12℃、空调 37℃；所设计建筑及参考建筑均应模拟同样的 *HVAC* 系统，系统规定采用整体式屋顶机组供每一区域。制冷采用直接膨胀空调(并规定能效比)，采暖采用燃气炉(并规定能效比)；非住宅建筑的采暖空调区域，照明电力强度 12W/m²；住宅建筑 10W/m²；半采暖区域 5W/m²。设备电力强度分别为 7.5，2.5，2.5W/m²。要说明的是，这里假设并非对所设计建筑运行的要求，只是以同样的系统及设置来计算所设计建筑与参照建筑的能耗。

(四) 第六章“采暖、通风和空调”

根据建筑面积、楼层数，和采暖空调系统简单和复杂的程度，用不同的途径进行采暖、通风和空调系统节能设计。

1. 暖通空调系统简化选择法

如果所设计建筑的总建筑面积不大于 2300m²、二层或低于二层、并遵循该条文包含的 15 款条文规定，可以认为满足暖通空调节能设计的规定。即：系统仅服务于单一暖通空调区域；所采用的暖通空调设备的能效比必须符合相关标准规定；必须配置控制器，规定了配置能量回收通风系统的条件；风管、水管保温规定；风量平衡规定等。

2. 规定性和性能性方法

如不符合暖通空调系统简化选择法，应该采用规定性或性能性方法。和围护结构一章的思路类似，首先应遵循这一章的强制性条文规定，然后根据能否符合规定性条文要求，决定采用哪种方法。

(1) 强制性条文

在“6.2.1 机械设备效率”节中，列出了空调机组和冷凝机组，热泵机组，冷水机组，整体式末端和房间空调器和热泵，采暖炉，采暖炉管道机，暖风机，锅炉，散热设备的最低效率规定值。对有些设备不仅列出额定状况下的能效比，还列出季节能效比 *SEER*，综合部分负荷能效值 *IPLV*。下面摘译几个相关的表(见表 2～表 3)。

表 2 标准中表 6.2.1B 电驱动单元空调(热泵)机组最低能效值

类　型	制冷量(kW)	加热器类型	最低能效 *COP*	试验依据
空气源 (制冷模式)	<19	所有型式	分体：$SCOP_C$：2.93 整体：$SCOP_C$：2.84	ARI 210/240
	≥19，<40	电加热器或不设	分体，整体：COP_C：2.96	
		所有型式	分体，整体：COP_C：2.90	
	≥40，<70	电加热器或不设	分体，整体：COP_C：2.72	ARI 340/360
		所有型式	分体，整体：COP_C：2.66	
	≥70	电加热器或不设	分体，整体：COP_C：2.78 *IPLV*：2.70	
		所有型式	分体，整体：COP_C：2.72 *IPLV*：2.64	
水源 (制冷模式)	<5	所有型式	30℃进水；COP_C：3.28	ISO-13256-1
	≥5，<40	所有型式	30℃进水；COP_C：5.52	ISO-13256-1
地下水源 (制冷模式)	<40	所有型式	15℃进水；COP_C：4.75	ISO-13256-1
地热源 (制冷模式)	<40	所有型式	25℃进水；COP_C：3.93	ISO-13256-1

续表

类　型	制冷量(kW)	加热器类型	最低能效 COP	试验依据
空气源（制热模式）	<19（制冷出力）	—	分体：$SCOP_H$：1.99	ARI 210/240
		—	整体：$SCOP_H$：1.93	
	≥19，<40（制冷出力）	—	干球 8.3℃/湿球 6.1℃：COP_H：3.2 干球−8.3℃/湿球−9.4℃：COP_H：2.2	
	≥40（制冷出力）	—	干球 8.3℃/湿球 6.1℃：COP_H：3.1 干球−8.3℃/湿球−9.4℃：COP_H：2.0	
水源（制热模式）	<40（制冷出力）	—	20℃进水：COP_H：4.2	ISO-13256-1
地下水源（制热模式）	<40（制冷出力）	—	10℃进水：COP_H：3.6	ISO-13256-1
地热源（制热模式）	<40（制冷出力）	—	0℃进水：COP_H：3.1	ISO-13256-1

注：*IPLV* 只适用于可调节出力的机组；$SCOP_C$/$SCOP_H$：季节性能系数-制冷/季节性能系数-制热。

表 3　标准中表 6.2.1C 冷水机组最低能效值

类　型	制冷量(kW)	最低能效 COP	试验依据
空气源，电驱动，带冷凝器	所有制冷量	*COP*：2.80；*IPLV*：3.05	ARI 550/590
空气源，电驱动，不带冷凝器	所有制冷量	*COP*：3.10；*IPLV*：3.45	
水源，电驱动，往复式	所有制冷量	*COP*：4.20；*IPLV*：5.05	ARI 550/590
水源，电驱动，螺杆、涡旋	<528	*COP*：4.45；*IPLV*：5.20	ARI 550/590
	≥528，<1055	*COP*：4.90；*IPLV*：5.60	
	≥1055	*COP*：5.50；*IPLV*：6.15	
水源，电驱动，离心	< 528	*COP*：5.00；*IPLV*：5.25	ARI 550/590
	≥528，<1055	*COP*：5.55；*IPLV*：5.90	
	≥1055	*COP*：6.10；*IPLV*：6.40	
空气源，吸收式，单效	所有制冷量	*COP*：0.60	ARI 560
水源，吸收式，单效	所有制冷量	*COP*：0.70	
吸收式，双效，非直燃	所有制冷量	*COP*：1.00；*IPLV*：1.05	
吸收式，双效，直燃	所有制冷量	*COP*：1.00；*IPLV*：1.00	

要说明的是，不能将美国标准中的能效值直接与我国相关标准作比较，因为 ASHRAE 标准对 *COP* 允许负偏差，按 ARI 550/590—98 计算，相当于允许下偏 5%，同时，我国 GB/T 18430.1—2001 冷却水侧污垢系数 0.086；ARI 冷却水侧污垢系数 0.044，相当于比美国计算值低 3.98 %。这样，需要将美国标准中的能效值下降约 10%才能与我国标准的能效指标作比较。

在“6.2.2 负荷计算”节规定：用于确定设备和系统尺寸的采暖空调负荷值，必须依据可接受的通用工程标准和可接受的权威性的手册(如 ASHRAE 手册：“基础篇”)计算。

在"6.2.3 控制器"节中规定了控制器的功能。在"6.2.4 暖通空调系统建造和保温"节中规定了风道保温，管路(水管)保温，风道漏风的规定。在"6.2.5 竣工规定"节中规定了竣工图的要求，即系统验收后 90d 内应向建筑业主，或者建筑业主的设计代表提交实际安装的竣工图、运行和维护手册。它至少应包括每台机组的位置与性能资料，风管、水管分配系统图，并标出尺寸以及末端的空气和水的流率；以及提交运行和维护手册，手册必须依据可接受的工程标准。在系统平衡方面，建设文件规定，暖通空调系统必须按照可接受的工程标准进行平衡。暖通空调系统服务空间超过 $4600m^2$ 时，应向建筑业主，或者建筑业主的设计代表提交书面平衡报告。在系统交工验收方面，规定暖通空调控制系统必须经过试验，以确保控制部件均被校正、调整并处于适当的工作状况。除去仓库和半采暖空间，凡空调面积大于 $4600m^2$ 的项目，设计者应该在图纸及说明书中提供详细的暖通空调系统交工验收细则。

(2) 规定性方法

在"6.3 规定性方法"节对暖通空调系统节能设计作了十分详细的规定。在"6.3.1 省能器(Economizer)"节中规定：每一个配备有风机的空调系统，只要其系统出力超过规定值，就应配备空气型或者水型省能器。在"6.3.2 同时采暖(加热)与空调(制冷)的限制"节中对区域控制，水力系统控制(三管系统、两管切换系统、水环热泵系统)，除湿，加湿，风系统设计和控制作了规定。在"6.3.3 风系统设计和控制"节中对风机功率限制，变风量(VAV)系统风机控制(包括串联风机动力箱)的部分负荷时风机功率限值，静压传感器的位置，设定点再设定作了规定。在"6.3.4 水系统的设计和控制"节中对变水量系统，水泵的隔离，冷冻水和热水温度的再设定，闭环水源热泵系统作了规定。在"6.3.5 散热(排热)设备"节中对用于舒适性空调系统中的风冷冷凝器，开式冷却塔，闭式冷却塔和蒸发冷凝器，和风机转速控制作了规定。在"6.3.6 能量回收"的排风能量回收节中规定：对于设计送风量等于和大于 $8495m^3/h$，以及最小室外空气送风量为设计送风量的70%或以上的独立风机系统，应该设置回收效率至少为50%的能量回收系统。在"6.3.7 排气罩"节对厨房排气罩，烟道排气罩作了规定。在"6.3.8 辐射采暖系统"节对开敞空间的采暖，封闭空间的采暖作了规定。此外，还规定了"6.3.9 热气旁通的限制"。

(3) 性能性方法——参考建筑能量耗费计算法

如果暖通空调设计满足 6.2 强制性条文，又满足 6.3 规定性方法，则该设计达到标准的要求。如果不能满足 6.3 规定性方法的要求，那么必须遵循第 11 章参考建筑能量耗费计算法来进行暖通空调节能设计。该方法实质上是假定一个参照建筑，计算全年建筑能源消耗费用，并以此作为所设计建筑全年建筑能源消耗费用的限值，来确定设计的暖通空调系统是否达标。

"参照建筑能量耗费"和"所设计建筑的能量耗费"的计算仅仅用于确定设计是否符合标准，这决不是估算实际能耗或建成所设计建筑后的能量成本。实际情况会不同于计算情况，因为计算时采用的变量与实际有差别。比如内部人员密度，建筑的运行和维护情况，气候，应用的能源有别于标准内所列出的，建筑设计时与运行时能源价格的不同，以及计算工具的精度。

在模拟计算用的软件方面，规定如下：在"2.1 模拟计算软件"节中阐明了可以应用

DOE-2 或 BLAST 等，并且至少具有模拟能力为：每年至少 1400h；分别定义的每天，每周，每个节假日的逐小时变量，这包括人员密度，照明功率，各种设备功率，恒温器设定点，以及暖通空调系统运行；机械采暖和空调设备的出力和效率修正曲线等等。在“11.3.1 所设计的模型”节中阐明了：“所设计建筑”的模拟计算模型应该与设计文件保持一致，这包括正确的窗户数量，墙的类型和面积；照明功率和控制器；暖通空调系统类型，出力和控制器；生活热水加热系统和控制器。此外，还列入了能源系统设计不完善的建筑，对采暖和空调的规定，即对于“所设计建筑”中的全部应调节的空间应该模拟计算采暖与空调，这不管是否装置了采暖或者空调系统。在“11.3.5 暖通空调系统”节中规定了：在“所设计建筑”中的暖通空调系统的类型和所有的有关性能参数，比如设备的出力和效率，应该按照下述条文来确定；①对于完整的暖通空调系统，该模型应反映出实际系统各部件的出力与效率；②暖通空调系统已设计，那么暖通空调模型应该与设计文件一致，机械设备的效率应该由实际设计工况调整到由 6.2.1 条规定的标准额定工况；③如果没有设计采暖系统，或者没有规定采暖系统的型式，那么采暖系统应该假定应用煤为燃料，该系统的特性应该与“参考建筑能量耗费”模型中一致；④如果没有设计空调系统，或者没有规定空调系统的形式，那么空调系统应该假定为风冷、单区域系统。

在“11.4 参照建筑能量耗费”节规定了参照建筑计算的原则。在“11.4.2 建筑围护结构”节中规定了“参照建筑设计”应该具有与“所设计建筑”完全相同的空调的地板面积，完全相同的外部尺寸和朝向，但必须符合：①不透明部分的屋面，地板，门和墙，它们在热容量上应该模拟得与“所设计建筑”完全一样，但传热系数限值必须按照 5.3 节确定；②屋面反射率：全部屋顶表面反射率均模拟为 0.3；③窗户：模拟时不考虑遮阳装置；窗户面应该假定与墙或屋面处于一个平面上。如果窗户面积超过 5.3.2.1 条中最大限值，模拟时的窗户面积必须按比例减小直至 5.3.2.1 条限值被满足。窗户的传热系数应该根据气候取规定最小值；太阳得热系数则取该气候与朝向允许的最大值。在“11.4.3 暖通空调系统”节中规定了对于“参照建筑设计”的暖通空调系统型式和相应性能参数应该按照表 11.4.3A 和其注释确定，并遵守共 11 条规则：比如，“参照建筑”中的全部暖通空调设备和生活热水加热设备的效率，应该按照 6.2 和 7.2 节规定，无论部分负荷或者满负荷，均取最低效率值进行模拟；当效率值，比如能效比(*EER*)及性能系数(*COP*)，包含风机能耗时，在描述时应该将它们分开描述，这样就能分别地模拟送风风机能耗；“参照建筑设计”和“所设计建筑”中的最小室外通风率应该完全一致。对于“参照建筑设计”中的热量回收装置应按照 6.3.6.1 条模拟；还规定“所设计建筑”中的每个暖通空调系统应该归结到采用“参照建筑设计”规定的 7 个暖通空调系统。

第四篇　相关法律、法规和政策

中华人民共和国建筑法

中华人民共和国主席令

（第91号）

《中华人民共和国建筑法》已由中华人民共和国第八届全国人民代表大会常务委员会第二十八次会议于1997年11月1日通过，现予公布，自1998年3月1日起施行。

中华人民共和国主席　江泽民

1997年11月1日

第一章　总　则

第一条　为了加强对建筑活动的监督管理，维护建筑市场秩序，保证建筑工程的质量和安全，促进建筑业健康发展，制定本法。

第二条　在中华人民共和国境内从事建筑活动，实施对建筑活动的监督管理，应当遵守本法。

本法所称建筑活动，是指各类房屋建筑及其附属设施的建造和与其配套的线路、管道、设备的安装活动。

第三条　建筑活动应当确保建筑工程质量和安全，符合国家的建筑工程安全标准。

第四条　国家扶持建筑业的发展，支持建筑科学技术研究，提高房屋建筑设计水平，鼓励节约能源和保护环境，提倡采用先进技术、先进设备、先进工艺、新型建筑材料和现代管理方式。

第五条　从事建筑活动应当遵守法律、法规，不得损害社会公共利益和他人的合法权益。

任何单位和个人都不得妨碍和阻挠依法进行的建筑活动。

第六条　国务院建设行政主管部门对全国的建筑活动实施统一监督管理。

第二章　建　筑　许　可

第一节　建筑工程施工许可

第七条　建筑工程开工前，建设单位应当按照国家有关规定向工程所在地县级以上人民政府建设行政主管部门申请领取施工许可证；但是，国务院建设行政主管部门确定的限额以下的小型工程除外。

按照国务院规定的权限和程序批准开工报告的建筑工程，不再领取施工许可证。

第八条 申请领取施工许可证，应当具备下列条件：

（一）已经办理该建筑工程用地批准手续；

（二）在城市规划区的建筑工程，已经取得规划许可证；

（三）需要拆迁的，其拆迁进度符合施工要求；

（四）已经确定建筑施工企业；

（五）有满足施工需要的施工图纸及技术资料；

（六）有保证工程质量和安全的具体措施；

（七）建设资金已经落实；

（八）法律、行政法规规定的其他条件。

建设行政主管部门应当自收到申请之日起十五日内，对符合条件的申请颁发施工许可证。

第九条 建设单位应当自领取施工许可证之日起三个月内开工。因故不能按期开工的，应当向发证机关申请延期；延期以两次为限，每次不超过三个月。既不开工又不申请延期或者超过延期时限的，施工许可证自行废止。

第十条 在建的建筑工程因故中止施工的，建设单位应当自中止施工之日起一个月内，向发证机关报告，并按照规定做好建筑工程的维护管理工作。

建筑工程恢复施工时，应当向发证机关报告；中止施工满一年的工程恢复施工前，建设单位应当报发证机关核验施工许可证。

第十一条 按照国务院有关规定批准开工报告的建筑工程，因故不能按期开工或者中止施工的，应当及时向批准机关报告情况。因故不能按期开工超过六个月的，应当重新办理开工报告的批准手续。

第二节 从 业 资 格

第十二条 从事建筑活动的建筑施工企业、勘察单位、设计单位和工程监理单位，应当具备下列条件：

（一）有符合国家规定的注册资本；

（二）有与其从事的建筑活动相适应的具有法定执业资格的专业技术人员；

（三）有从事相关建筑活动所应有的技术装备；

（四）法律、行政法规规定的其他条件。

第十三条 从事建筑活动的建筑施工企业、勘察单位、设计单位和工程监理单位，按照其拥有的注册资本、专业技术人员、技术装备和已完成的建筑工程业绩等资质条件，划分为不同的资质等级，经资质审查合格，取得相应等级的资质证书后，方可在其资质等级许可的范围内从事建筑活动。

第十四条 从事建筑活动的专业技术人员，应当依法取得相应的执业资格证书，并在执业资格证书许可的范围内从事建筑活动。

第三章　建筑工程发包与承包

第一节　一　般　规　定

第十五条　建筑工程的发包单位与承包单位应当依法订立书面合同，明确双方的权利和义务。

发包单位和承包单位应当全面履行合同约定的义务。不按照合同约定履行义务的，依法承担违约责任。

第十六条　建筑工程发包与承包的招标投标活动，应当遵循公开、公正、平等竞争的原则，择优选择承包单位。

建筑工程的招标投标，本法没有规定的，适用有关招标投标法律的规定。

第十七条　发包单位及其工作人员在建筑工程发包中不得收受贿赂、回扣或者索取其他好处。

承包单位及其工作人员不得利用向发包单位及其工作人员行贿、提供回扣或者给予其他好处等不正当手段承揽工程。

第十八条　建筑工程造价应当按照国家有关规定，由发包单位与承包单位在合同中约定。公开招标发包的，其造价的约定，须遵守招标投标法律的规定。

发包单位应当按照合同的约定，及时拨付工程款项。

第二节　发　　包

第十九条　建筑工程依法实行招标发包，对不适于招标发包的可以直接发包。

第二十条　建筑工程实行公开招标的，发包单位应当依照法定程序和方式，发布招标公告，提供载有招标工程的主要技术要求、主要的合同条款、评标的标准和方法以及开标、评标、定标的程序等内容的招标文件。

开标应当在招标文件规定的时间、地点公开进行。开标后应当按照招标文件规定的评标标准和程序对标书进行评价、比较，在具备相应资质条件的投标者中，择优选定中标者。

第二十一条　建筑工程招标的开标、评标、定标由建设单位依法组织实施，并接受有关行政主管部门的监督。

第二十二条　建筑工程实行招标发包的，发包单位应当将建筑工程发包给依法中标的承包单位。建筑工程实行直接发包的，发包单位应当将建筑工程发包给具有相应资质条件的承包单位。

第二十三条　政府及其所属部门不得滥用行政权力，限定发包单位将招标发包的建筑工程发包给指定的承包单位。

第二十四条　提倡对建筑工程实行总承包，禁止将建筑工程肢解发包。

建筑工程的发包单位可以将建筑工程的勘察、设计、施工、设备采购一并发包给一个工程总承包单位，也可以将建筑工程勘察、设计、施工、设备采购的一项或者多项发包给一个工程总承包单位；但是，不得将应当由一个承包单位完成的建筑工程肢解成若干部分发包给几个承包单位。

第二十五条 按照合同约定，建筑材料、建筑构配件和设备由工程承包单位采购的，发包单位不得指定承包单位购入用于工程的建筑材料、建筑构配件和设备或者指定生产厂、供应商。

第三节 承 包

第二十六条 承包建筑工程的单位应当持有依法取得的资质证书，并在其资质等级许可的业务范围内承揽工程。

禁止建筑施工企业超越本企业资质等级许可的业务范围或者以任何形式用其他建筑施工企业的名义承揽工程。禁止建筑施工企业以任何形式允许其他单位或者个人使用本企业的资质证书、营业执照，以本企业的名义承揽工程。

第二十七条 大型建筑工程或者结构复杂的建筑工程，可以由两个以上的承包单位联合共同承包。共同承包的各方对承包合同的履行承担连带责任。

两个以上不同资质等级的单位实行联合共同承包的，应当按照资质等级低的单位的业务许可范围承揽工程。

第二十八条 禁止承包单位将其承包的全部建筑工程转包给他人，禁止承包单位将其承包的全部建筑工程肢解以后以分包的名义分别转包给他人。

第二十九条 建筑工程总承包单位可以将承包工程中的部分工程发包给具有相应资质条件的分包单位；但是，除总承包合同中约定的分包外，必须经建设单位认可。施工总承包的，建筑工程主体结构的施工必须由总承包单位自行完成。

建筑工程总承包单位按照总承包合同的约定对建设单位负责；分包单位按照分包合同的约定对总承包单位负责。总承包单位和分包单位就分包工程对建设单位承担连带责任。

禁止总承包单位将工程分包给不具备相应资质条件的单位。禁止分包单位将其承包的工程再分包。

第四章 建筑工程监理

第三十条 国家推行建筑工程监理制度。

国务院可以规定实行强制监理的建筑工程的范围。

第三十一条 实行监理的建筑工程，由建设单位委托具有相应资质条件的工程监理单位监理。建设单位与其委托的工程监理单位应当订立书面委托监理合同。

第三十二条 建筑工程监理应当依照法律、行政法规及有关的技术标准、设计文件和建筑工程承包合同，对承包单位在施工质量、建设工期和建设资金使用等方面，代表建设单位实施监督。

工程监理人员认为工程施工不符合工程设计要求、施工技术标准和合同约定的，有权要求建筑施工企业改正。

工程监理人员发现工程设计不符合建筑工程质量标准或者合同约定的质量要求的，应当报告建设单位要求设计单位改正。

第三十三条 实施建筑工程监理前，建设单位应当将委托的工程监理单位、监理的内容及监理权限，书面通知被监理的建筑施工企业。

第三十四条 工程监理单位应当在其资质等级许可的监理范围内，承担工程监理业务。

工程监理单位应当根据建设单位的委托，客观、公正地执行监理任务。

工程监理单位与被监理工程的承包单位以及建筑材料、建筑构配件和设备供应单位不得有隶属关系或者其他利害关系。

工程监理单位不得转让工程监理业务。

第三十五条 工程监理单位不按照委托监理合同的约定履行监理义务，对应当监督检查的项目不检查或者不按照规定检查，给建设单位造成损失的，应当承担相应的赔偿责任。

工程监理单位与承包单位串通，为承包单位谋取非法利益，给建设单位造成损失的，应当与承包单位承担连带赔偿责任。

第五章 建筑安全生产管理

第三十六条 建筑工程安全生产管理必须坚持安全第一、预防为主的方针，建立健全安全生产的责任制度和群防群治制度。

第三十七条 建筑工程设计应当符合按照国家规定制定的建筑安全规程和技术规范，保证工程的安全性能。

第三十八条 建筑施工企业在编制施工组织设计时，应当根据建筑工程的特点制定相应的安全技术措施；对专业性较强的工程项目，应当编制专项安全施工组织设计，并采取安全技术措施。

第三十九条 建筑施工企业应当在施工现场采取维护安全、防范危险、预防火灾等措施；有条件的，应当对施工现场实行封闭管理。

施工现场对毗邻的建筑物、构筑物和特殊作业环境可能造成损害的，建筑施工企业应当采取安全防护措施。

第四十条 建设单位应当向建筑施工企业提供与施工现场相关的地下管线资料，建筑施工企业应当采取措施加以保护。

第四十一条 建筑施工企业应当遵守有关环境保护和安全生产的法律、法规的规定，采取控制和处理施工现场的各种粉尘、废气、废水、固体废物以及噪声、振动对环境的污染和危害的措施。

第四十二条 有下列情形之一的，建设单位应当按照国家有关规定办理申请批准手续：

（一）需要临时占用规划批准范围以外场地的；

（二）可能损坏道路、管线、电力、邮电通讯等公共设施的；

（三）需要临时停水、停电、中断道路交通的；

（四）需要进行爆破作业的；

（五）法律、法规规定需要办理报批手续的其他情形。

第四十三条 建设行政主管部门负责建筑安全生产的管理，并依法接受劳动行政主管部门对建筑安全生产的指导和监督。

第四十四条 建筑施工企业必须依法加强对建筑安全生产的管理，执行安全生产责任制度，采取有效措施，防止伤亡和其他安全生产事故的发生。

建筑施工企业的法定代表人对本企业的安全生产负责。

第四十五条 施工现场安全由建筑施工企业负责。实行施工总承包的，由总承包单位负责。分包单位向总承包单位负责，服从总承包单位对施工现场的安全生产管理。

第四十六条 建筑施工企业应当建立健全劳动安全生产教育培训制度，加强对职工安全生产的教育培训；未经安全生产教育培训的人员，不得上岗作业。

第四十七条 建筑施工企业和作业人员在施工过程中，应当遵守有关安全生产的法律、法规和建筑行业安全规章、规程，不得违章指挥或者违章作业。作业人员有权对影响人身健康的作业程序和作业条件提出改进意见，有权获得安全生产所需的防护用品。作业人员对危及生命安全和人身健康的行为有权提出批评、检举和控告。

第四十八条 建筑施工企业必须为从事危险作业的职工办理意外伤害保险，支付保险费。

第四十九条 涉及建筑主体和承重结构变动的装修工程，建设单位应当在施工前委托原设计单位或者具有相应资质条件的设计单位提出设计方案；没有设计方案的，不得施工。

第五十条 房屋拆除应当由具备保证安全条件的建筑施工单位承担，由建筑施工单位负责人对安全负责。

第五十一条 施工中发生事故时，建筑施工企业应当采取紧急措施减少人员伤亡和事故损失，并按照国家有关规定及时向有关部门报告。

第六章 建筑工程质量管理

第五十二条 建筑工程勘察、设计、施工的质量必须符合国家有关建筑工程安全标准的要求，具体管理办法由国务院规定。

有关建筑工程安全的国家标准不能适应确保建筑安全的要求时，应当及时修订。

第五十三条 国家对从事建筑活动的单位推行质量体系认证制度。从事建筑活动的单位根据自愿原则可以向国务院产品质量监督管理部门或者国务院产品质量监督管理部门授权的部门认可的认证机构申请质量体系认证。经认证合格的，由认证机构颁发质量体系认证证书。

第五十四条 建设单位不得以任何理由，要求建筑设计单位或者建筑施工企业在工程设计或者施工作业中，违反法律、行政法规和建筑工程质量、安全标准，降低工程质量。

建筑设计单位和建筑施工企业对建设单位违反前款规定提出的降低工程质量的要求，应当予以拒绝。

第五十五条 建筑工程实行总承包的，工程质量由工程总承包单位负责，总承包单位将建筑工程分包给其他单位的，应当对分包工程的质量与分包单位承担连带责任。分包单位应当接受总承包单位的质量管理。

第五十六条 建筑工程的勘察、设计单位必须对其勘察、设计的质量负责。勘察、设计文件应当符合有关法律、行政法规的规定和建筑工程质量、安全标准、建筑工程勘察、设计技术规范以及合同的约定。设计文件选用的建筑材料、建筑构配件和设备，应当注明其规格、型号、性能等技术指标，其质量要求必须符合国家规定的标准。

第五十七条 建筑设计单位对设计文件选用的建筑材料、建筑构配件和设备，不得指定生产厂、供应商。

第五十八条 建筑施工企业对工程的施工质量负责。

建筑施工企业必须按照工程设计图纸和施工技术标准施工，不得偷工减料。工程设计的修改由原设计单位负责，建筑施工企业不得擅自修改工程设计。

第五十九条 建筑施工企业必须按照工程设计要求、施工技术标准和合同的约定，对建筑材料、建筑构配件和设备进行检验，不合格的不得使用。

第六十条 建筑物在合理使用寿命内，必须确保地基基础工程和主体结构的质量。

建筑工程竣工时，屋顶、墙面不得留有渗漏、开裂等质量缺陷；对已发现的质量缺陷，建筑施工企业应当修复。

第六十一条 交付竣工验收的建筑工程，必须符合规定的建筑工程质量标准，有完整的工程技术经济资料和经签署的工程保修书，并具备国家规定的其他竣工条件。

建筑工程竣工经验收合格后，方可交付使用；未经验收或者验收不合格的，不得交付使用。

第六十二条 建筑工程实行质量保修制度。

建筑工程的保修范围应当包括地基基础工程、主体结构工程、屋面防水工程和其他土建工程，以及电气管线、上下水管线的安装工程，供热、供冷系统工程等项目；保修的期限应当按照保证建筑物合理寿命年限内正常使用，维护使用者合法权益的原则确定。具体的保修范围和最低保修期限由国务院规定。

第六十三条 任何单位和个人对建筑工程的质量事故、质量缺陷都有权向建设行政主管部门或者其他有关部门进行检举、控告、投诉。

第七章　法　律　责　任

第六十四条 违反本法规定，未取得施工许可证或者开工报告未经批准擅自施工的，责令改正，对不符合开工条件的责令停止施工，可以处以罚款。

第六十五条 发包单位将工程发包给不具有相应资质条件的承包单位的，或者违反本法规定将建筑工程肢解发包的，责令改正，处以罚款。

超越本单位资质等级承揽工程的，责令停止违法行为，处以罚款，可以责令停业整顿，降低资质等级；情节严重的，吊销资质证书；有违法所得的，予以没收。

未取得资质证书承揽工程的，予以取缔，并处罚款；有违法所得的，予以没收。

以欺骗手段取得资质证书的，吊销资质证书，处以罚款；构成犯罪的，依法追究刑事责任。

第六十六条 建筑施工企业转让、出借资质证书或者以其他方式允许他人以本企业的名义承揽工程的，责令改正，没收违法所得，并处罚款，可以责令停业整顿，降低资质等级；情节严重的，吊销资质证书。对因该项承揽工程不符合规定的质量标准造成的损失，建筑施工企业与使用本企业名义的单位或者个人承担连带赔偿责任。

第六十七条 承包单位将承包的工程转包的，或者违反本法规定进行分包的，责令改正，没收违法所得，并处罚款，可以责令停业整顿，降低资质等级；情节严重的，吊销资质证书。

承包单位有前款规定的违法行为的，对因转包工程或者违法分包的工程不符合规定的质量标准造成的损失，与接受转包或者分包的单位承担连带赔偿责任。

第六十八条 在工程发包与承包中索贿、受贿、行贿，构成犯罪的，依法追究刑事责任；不构成犯罪的，分别处以罚款，没收贿赂的财物，对直接负责的主管人员和其他直接责任人员给予处分。

对在工程承包中行贿的承包单位，除依照前款规定处罚外，可以责令停业整顿，降低资质等级或者吊销资质证书。

第六十九条 工程监理单位与建设单位或者建筑施工企业串通，弄虚作假、降低工程质量的，责令改正，处以罚款，降低资质等级或者吊销资质证书；有违法所得的，予以没收；造成损失的，承担连带赔偿责任；构成犯罪的，依法追究刑事责任。

工程监理单位转让监理业务的，责令改正，没收违法所得，可以责令停业整顿，降低资质等级；情节严重的，吊销资质证书。

第七十条 违反本法规定，涉及建筑主体或者承重结构变动的装修工程擅自施工的，责令改正，处以罚款；造成损失的，承担赔偿责任；构成犯罪的，依法追究刑事责任。

第七十一条 建筑施工企业违反本法规定，对建筑安全事故隐患不采取措施予以消除的，责令改正，可以处以罚款；情节严重的，责令停业整顿，降低资质等级或者吊销资质证书；构成犯罪的，依法追究刑事责任。

建筑施工企业的管理人员违章指挥、强令职工冒险作业，因而发生重大伤亡事故或者造成其他严重后果的，依法追究刑事责任。

第七十二条 建设单位违反本法规定，要求建筑设计单位或者建筑施工企业违反建筑工程质量、安全标准，降低工程质量的，责令改正，可以处以罚款；构成犯罪的，依法追究刑事责任。

第七十三条 建筑设计单位不按照建筑工程质量、安全标准进行设计的，责令改正，处以罚款；造成工程质量事故的，责令停业整顿，降低资质等级或者吊销资质证书，没收违法所得，并处罚款；造成损失的，承担赔偿责任；构成犯罪的，依法追究刑事责任。

第七十四条 建筑施工企业在施工中偷工减料的，使用不合格的建筑材料、建筑构配件和设备的，或者有其他不按照工程设计图纸或者施工技术标准施工的行为的，责令改正，处以罚款；情节严重的，责令停业整顿，降低资质等级或者吊销资质证书；造成建筑工程质量不符合规定的质量标准的，负责返工、修理，并赔偿因此造成的损失；构成犯罪的，依法追究刑事责任。

第七十五条 建筑施工企业违反本法规定，不履行保修义务或者拖延履行保修义务的，责令改正，可以处以罚款，并对在保修期内因屋顶、墙面渗漏、开裂等质量缺陷造成的损失，承担赔偿责任。

第七十六条 本法规定的责令停业整顿、降低资质等级和吊销资质证书的行政处罚，由颁发资质证书的机关决定；其他行政处罚，由建设行政主管部门或者有关部门依照法律和国务院规定的职权范围决定。

依照本法规定被吊销资质证书的，由工商行政管理部门吊销其营业执照。

第七十七条 违反本法规定，对不具备相应资质等级条件的单位颁发该等级资质证书的，由其上级机关责令收回所发的资质证书，对直接负责的主管人员和其他直接责任人员给予行政处分；构成犯罪的，依法追究刑事责任。

第七十八条 政府及其所属部门的工作人员违反本法规定，限定发包单位将招标发包的工程发包给指定的承包单位的，由上级机关责令改正；构成犯罪的，依法追究刑事责任。

第七十九条 负责颁发建筑工程施工许可证的部门及其工作人员对不符合施工条件的建筑工程颁发施工许可证的，负责工程质量监督检查或者竣工验收的部门及其工作人员对不合格的建筑工程出具质量合格文件或者按合格工程验收的，由上级机关责令改正，对责任人员给予行政处分；构成犯罪的，依法追究刑事责任；造成损失的，由该部门承担相应的赔偿责任。

第八十条 在建筑物的合理使用寿命内，因建筑工程质量不合格受到损害的，有权向责任者要求赔偿。

第八章 附 则

第八十一条 本法关于施工许可、建筑施工企业资质审查和建筑工程发包、承包、禁止转包，以及建筑工程监理、建筑工程安全和质量管理的规定，适用于其他专业建筑工程的建筑活动，具体办法由国务院规定。

第八十二条 建设行政主管部门和其他有关部门在对建筑活动实施监督管理中，除按照国务院有关规定收取费用外，不得收取其他费用。

第八十三条 省、自治区、直辖市人民政府确定的小型房屋建筑工程的建筑活动，参照本法执行。

依法核定作为文物保护的纪念建筑物和古建筑等的修缮，依照文物保护的有关法律规定执行。

抢险救灾及其他临时性房屋建筑和农民自建低层住宅的建筑活动，不适用本法。

第八十四条 军用房屋建筑工程建筑活动的具体管理办法，由国务院、中央军事委员会依据本法制定。

第八十五条 本法自1998年3月1日起施行。

中华人民共和国节约能源法

中华人民共和国主席令

（第90号）

《中华人民共和国节约能源法》已由中华人民共和国第八届全国人民代表大会常务委员会第二十八次会议于1997年11月1日通过，现予公布，自1998年1月1日起施行。

中华人民共和国主席　江泽民

1997年11月1日

第一章　总　　则

第一条　为了推进全社会节约能源，提高能源利用效率和经济效益，保护环境，保障国民经济和社会的发展，满足人民生活需要，制定本法。

第二条　本法所称能源，是指煤炭、原油、天然气、电力、焦炭、煤气、热力、成品油、液化石油气、生物质能和其他直接或者通过加工、转换而取得有用能的各种资源。

第三条　本法所称节能，是指加强用能管理，采取技术上可行、经济上合理以及环境和社会可以承受的措施，减少从能源生产到消费各个环节中的损失和浪费，更加有效、合理地利用能源。

第四条　节能是国家发展经济的一项长远战略方针。

国务院和省、自治区、直辖市人民政府应当加强节能工作，合理调整产业结构、企业结构、产品结构和能源消费结构，推进节能技术进步，降低单位产值能耗和单位产品能耗，改善能源的开发、加工转换、输送和供应，逐步提高能源利用效率，促进国民经济向节能型发展。

国家鼓励开发、利用新能源和可再生能源。

第五条　国家制定节能政策，编制节能计划，并纳入国民经济和社会发展计划，保障能源的合理利用，并与经济发展、环境保护相协调。

第六条　国家鼓励、支持节能科学技术的研究和推广，加强节能宣传和教育，普及节能科学知识，增强全民的节能意识。

第七条　任何单位和个人都应当履行节能义务，有权检举浪费能源的行为。

各级人民政府对在节能或者节能科学技术研究、推广中有显著成绩的单位和个人给予奖励。

第八条　国务院管理节能工作的部门主管全国的节能监督管理工作。国务院有关部门在各自的职责范围内负责节能监督管理工作。

县级以上地方人民政府管理节能工作的部门主管本行政区域内的节能监督管理工作。县级以上地方人民政府有关部门在各自的职责范围内负责节能监督管理工作。

第二章　节　能　管　理

第九条　国务院和地方各级人民政府应当加强对节能工作的领导，每年部署、协调、监督、检查、推动节能工作。

第十条　国务院和省、自治区、直辖市人民政府应当根据能源节约与能源开发并举，把能源节约放在首位的方针，在对能源节约与能源开发进行技术、经济和环境比较论证的基础上，择优选定能源节约、能源开发投资项目，制定能源投资计划。

第十一条　国务院和省、自治区、直辖市人民政府应当在基本建设、技术改造资金中安排节能资金，用于支持能源的合理利用以及新能源和可再生能源的开发。

市、县人民政府根据实际情况安排节能资金，用于支持能源的合理利用以及新能源和可再生能源的开发。

第十二条　固定资产投资工程项目的可行性研究报告，应当包括合理用能的专题论证。

固定资产投资工程项目的设计和建设，应当遵守合理用能标准和节能设计规范。

达不到合理用能标准和节能设计规范要求的项目，依法审批的机关不得批准建设；项目建成后，达不到合理用能标准和节能设计规范要求的，不予验收。

第十三条　禁止新建技术落后、耗能过高、严重浪费能源的工业项目。禁止新建的耗能过高的工业项目的名录和具体实施办法，由国务院管理节能工作的部门会同国务院有关部门制定。

第十四条　国务院标准化行政主管部门制定有关节能的国家标准。

对没有前款规定的国家标准的，国务院有关部门可以依法制定有关节能的行业标准，并报国务院标准化行政主管部门备案。

制定有关节能的标准应当做到技术上先进，经济上合理，并不断加以完善和改进。

第十五条　国务院管理节能工作的部门应当会同国务院有关部门对生产量大面广的用能产品的行业加强监督，督促其采取节能措施，努力提高产品的设计和制造技术，逐步降低本行业的单位产品能耗。

第十六条　省级以上人民政府管理节能工作的部门，应当会同同级有关部门，对生产过程中耗能较高的产品制定单位产品能耗限额。

制定单位产品能耗限额应当科学、合理。

第十七条　国家对落后的耗能过高的用能产品、设备实行淘汰制度。

淘汰的耗能过高的用能产品、设备的名录由国务院管理节能工作的部门会同国务院有关部门确定并公布。具体实施办法由国务院管理节能工作的部门会同国务院有关部门制定。

第十八条　企业可以根据自愿原则，按照国家有关产品质量认证的规定，向国务院产品质量监督管理部门或者国务院产品质量监督管理部门授权的部门认可的认证机构提出用能产品节能质量认证申请；经认证合格后，取得节能质量认证证书，在用能产品或者其包装上使用节能质量认证标志。

第十九条 县级以上各级人民政府统计机构应当会同同级有关部门，做好能源消费和利用状况的统计工作，并定期发布公报，公布主要耗能产品的单位产品能耗等状况。

第二十条 国家对重点用能单位要加强节能管理。

下列用能单位为重点用能单位：

（一）年综合能源消费总量1万吨标准煤以上的用能单位；

（二）国务院有关部门或者省、自治区、直辖市人民政府管理节能工作的部门指定的年综合能源消费总量5000吨以上不满1万吨标准煤的用能单位。

县级以上各级人民政府管理节能工作的部门应当组织有关部门对重点用能单位的能源利用状况进行监督检查，可以委托具有检验测试技术条件的单位依法进行节能的检验测试。

重点用能单位的节能要求、节能措施和管理办法，由国务院管理节能工作的部门会同国务院有关部门制定。

第三章 合理使用能源

第二十一条 用能单位应当按照合理用能的原则，加强节能管理，制定并组织实施本单位的节能技术措施，降低能耗。

用能单位应当开展节能教育，组织有关人员参加节能培训。

未经节能教育、培训的人员，不得在耗能设备操作岗位上工作。

第二十二条 用能单位应当加强能源计量管理，健全能源消费统计和能源利用状况分析制度。

第二十三条 用能单位应当建立节能工作责任制，对节能工作取得成绩的集体、个人给予奖励。

第二十四条 生产耗能较高的产品的单位，应当遵守依法制定的单位产品能耗限额。

超过单位产品能耗限额用能，情节严重的，限期治理。限期治理由县级以上人民政府管理节能工作的部门按照国务院规定的权限决定。

第二十五条 生产、销售用能产品和使用用能设备的单位和个人，必须在国务院管理节能工作的部门会同国务院有关部门规定的期限内，停止生产、销售国家明令淘汰的用能产品，停止使用国家明令淘汰的用能设备，并不得将淘汰的设备转让给他人使用。

第二十六条 生产用能产品的单位和个人，应当在产品说明书和产品标识上如实注明能耗指标。

第二十七条 生产用能产品的单位和个人，不得使用伪造的节能质量认证标志或者冒用节能质量认证标志。

第二十八条 重点用能单位应当按照国家有关规定定期报送能源利用状况报告。能源利用状况包括能源消费情况、用能效率和节能效益分析、节能措施等内容。

第二十九条 重点用能单位应当设立能源管理岗位，在具有节能专业知识、实际经验以及工程师以上技术职称的人员中聘任能源管理人员，并向县级以上人民政府管理节能工作的部门和有关部门备案。

能源管理人员负责对本单位的能源利用状况进行监督、检查。

第三十条 单位职工和其他城乡居民使用企业生产的电、煤气、天然气、煤等能源应当按照国家规定计量和交费，不得无偿使用或者实行包费制。

第三十一条 能源生产经营单位应当依照法律、法规的规定和合同的约定向用能单位提供能源。

第四章 节能技术进步

第三十二条 国家鼓励、支持开发先进节能技术，确定开发先进节能技术的重点和方向，建立和完善节能技术服务体系，培育和规范节能技术市场。

第三十三条 国家组织实施重大节能科研项目、节能示范工程，提出节能推广项目，引导企业事业单位和个人采用先进的节能工艺、技术、设备和材料。

国家制定优惠政策，对节能示范工程和节能推广项目给予支持。

第三十四条 国家鼓励引进境外先进的节能技术和设备，禁止引进境外落后的用能技术、设备和材料。

第三十五条 在国务院和省、自治区、直辖市人民政府安排的科学研究资金中应当安排节能资金，用于先进节能技术研究。

第三十六条 县级以上各级人民政府应当组织有关部门根据国家产业政策和节能技术政策，推动符合节能要求的科学、合理的专业化生产。

第三十七条 建筑物的设计和建造应当依照有关法律、行政法规的规定，采用节能型的建筑结构、材料、器具和产品，提高保温隔热性能，减少采暖、制冷、照明的能耗。

第三十八条 各级人民政府应当按照因地制宜、多能互补、综合利用、讲求效益的方针，加强农村能源建设，开发、利用沼气、太阳能、风能、水能、地热等可再生能源和新能源。

第三十九条 国家鼓励发展下列通用节能技术：

（一）推广热电联产、集中供热，提高热电机组的利用率，发展热能梯级利用技术，热、电、冷联产技术和热、电、煤气三联供技术，提高热能综合利用率；

（二）逐步实现电动机、风机、泵类设备和系统的经济运行，发展电机调速节电和电力电子节电技术，开发、生产、推广质优、价廉的节能器材，提高电能利用效率；

（三）发展和推广适合国内煤种的流化床燃烧、无烟燃烧和气化、液化等洁净煤技术，提高煤炭利用效率；

（四）发展和推广其他在节能工作中证明技术成熟、效益显著的通用节能技术。

第四十条 各行业应当制定行业节能技术政策，发展、推广节能新技术、新工艺、新设备和新材料，限制或者淘汰能耗高的老旧技术、工艺、设备和材料。

第四十一条 国务院管理节能工作的部门应当会同国务院有关部门规定通用的和分行业的具体的节能技术指标、要求和措施，并根据经济和节能技术的发展情况适时修订，提高能源利用效率，降低能源消耗，使我国能源利用状况逐步赶上国际先进水平。

第五章 法律责任

第四十二条 违反本法第十三条规定，新建国家明令禁止新建的高耗能工业项目的，由县级以上人民政府管理节能工作的部门提出意见，报请同级人民政府按照国务院规定的权限责令停止投入生产或者停止使用。

第四十三条 生产耗能较高的产品的单位，违反本法第二十四条规定，超过单位产品能耗限额用能，情节严重，经限期治理逾期不治理或者没有达到治理要求的，可以由县级以上人民政府管理节能工作的部门提出意见，报请同级人民政府按照国务院规定的权限责令停业整顿或者关闭。

第四十四条 违反本法第二十五条规定，生产、销售国家明令淘汰的用能产品的，由县级以上人民政府管理产品质量监督工作的部门责令停止生产、销售国家明令淘汰的用能产品，没收违法生产、销售的国家明令淘汰的用能产品和违法所得，并处违法所得一倍以上五倍以下的罚款；可以由县级以上人民政府工商行政管理部门吊销营业执照。

第四十五条 违反本法第二十五条规定，使用国家明令淘汰的用能设备的，由县级以上人民政府管理节能工作的部门责令停止使用，没收国家明令淘汰的用能设备；情节严重的，县级以上人民政府管理节能工作的部门可以提出意见，报请同级人民政府按照国务院规定的权限责令停业整顿或者关闭。

第四十六条 违反本法第二十五条规定，将淘汰的用能设备转让他人使用的，由县级以上人民政府管理产品质量监督工作的部门没收违法所得，并处违法所得一倍以上五倍以下的罚款。

第四十七条 违反本法第二十六条规定，未在产品说明书和产品标识上注明能耗指标的，由县级以上人民政府管理产品质量监督工作的部门责令限期改正，可以处5万元以下的罚款。

违反本法第二十六条规定，在产品说明书和产品标识上注明的能耗指标不符合产品的实际情况的，除依照前款规定处罚外，依照有关法律的规定承担民事责任。

第四十八条 违反本法第二十七条规定，使用伪造的节能质量认证标志或者冒用节能质量认证标志的，由县级以上人民政府管理产品质量监督工作的部门责令公开改正，没收违法所得，可以并处违法所得一倍以上五倍以下的罚款。

第四十九条 国家工作人员在节能工作中滥用职权、玩忽职守、徇私舞弊，构成犯罪的，依法追究刑事责任；尚不构成犯罪的，给予行政处分。

第六章 附 则

第五十条 本法自1998年1月1日起施行。

中华人民共和国可再生能源法

中华人民共和国主席令
第三十三号

《中华人民共和国可再生能源法》已由中华人民共和国第十届全国人民代表大会常务委员会第十四次会议于2005年2月28日通过，现予公布，自2006年1月1日起施行。

中华人民共和国主席 胡锦涛
2005年2月28日

第一章 总 则

第一条 为了促进可再生能源的开发利用，增加能源供应，改善能源结构，保障能源安全，保护环境，实现经济社会的可持续发展，制定本法。

第二条 本法所称可再生能源，是指风能、太阳能、水能、生物质能、地热能、海洋能等非化石能源。

水力发电对本法的适用，由国务院能源主管部门规定，报国务院批准。

通过低效率炉灶直接燃烧方式利用秸秆、薪柴、粪便等，不适用本法。

第三条 本法适用于中华人民共和国领域和管辖的其他海域。

第四条 国家将可再生能源的开发利用列为能源发展的优先领域，通过制定可再生能源开发利用总量目标和采取相应措施，推动可再生能源市场的建立和发展。

国家鼓励各种所有制经济主体参与可再生能源的开发利用，依法保护可再生能源开发利用者的合法权益。

第五条 国务院能源主管部门对全国可再生能源的开发利用实施统一管理。国务院有关部门在各自的职责范围内负责有关的可再生能源开发利用管理工作。

县级以上地方人民政府管理能源工作的部门负责本行政区域内可再生能源开发利用的管理工作。县级以上地方人民政府有关部门在各自的职责范围内负责有关的可再生能源开发利用管理工作。

第二章 资源调查与发展规划

第六条 国务院能源主管部门负责组织和协调全国可再生能源资源的调查，并会同国务院有关部门组织制定资源调查的技术规范。

国务院有关部门在各自的职责范围内负责相关可再生能源资源的调查，调查结果报国务院能源主管部门汇总。

可再生能源资源的调查结果应当公布；但是，国家规定需要保密的内容除外。

第七条 国务院能源主管部门根据全国能源需求与可再生能源资源实际状况，制定全国可再生能源开发利用中长期总量目标，报国务院批准后执行，并予公布。

国务院能源主管部门根据前款规定的总量目标和省、自治区、直辖市经济发展与可再生能源资源实际状况，会同省、自治区、直辖市人民政府确定各行政区域可再生能源开发利用中长期目标，并予公布。

第八条 国务院能源主管部门根据全国可再生能源开发利用中长期总量目标，会同国务院有关部门，编制全国可再生能源开发利用规划，报国务院批准后实施。

省、自治区、直辖市人民政府管理能源工作的部门根据本行政区域可再生能源开发利用中长期目标，会同本级人民政府有关部门编制本行政区域可再生能源开发利用规划，报本级人民政府批准后实施。

经批准的规划应当公布；但是，国家规定需要保密的内容除外。

经批准的规划需要修改的，须经原批准机关批准。

第九条 编制可再生能源开发利用规划，应当征求有关单位、专家和公众的意见，进行科学论证。

第三章 产业指导与技术支持

第十条 国务院能源主管部门根据全国可再生能源开发利用规划，制定、公布可再生能源产业发展指导目录。

第十一条 国务院标准化行政主管部门应当制定、公布国家可再生能源电力的并网技术标准和其他需要在全国范围内统一技术要求的有关可再生能源技术和产品的国家标准。

对前款规定的国家标准中未作规定的技术要求，国务院有关部门可以制定相关的行业标准，并报国务院标准化行政主管部门备案。

第十二条 国家将可再生能源开发利用的科学技术研究和产业化发展列为科技发展与高技术产业发展的优先领域，纳入国家科技发展规划和高技术产业发展规划，并安排资金支持可再生能源开发利用的科学技术研究、应用示范和产业化发展，促进可再生能源开发利用的技术进步，降低可再生能源产品的生产成本，提高产品质量。

国务院教育行政部门应当将可再生能源知识和技术纳入普通教育、职业教育课程。

第四章 推广与应用

第十三条 国家鼓励和支持可再生能源并网发电。

建设可再生能源并网发电项目，应当依照法律和国务院的规定取得行政许可或者报送备案。

建设应当取得行政许可的可再生能源并网发电项目，有多人申请同一项目许可的，应当依法通过招标确定被许可人。

第十四条 电网企业应当与依法取得行政许可或者报送备案的可再生能源发电企业签

订并网协议，全额收购其电网覆盖范围内可再生能源并网发电项目的上网电量，并为可再生能源发电提供上网服务。

第十五条 国家扶持在电网未覆盖的地区建设可再生能源独立电力系统，为当地生产和生活提供电力服务。

第十六条 国家鼓励清洁、高效地开发利用生物质燃料，鼓励发展能源作物。

利用生物质资源生产的燃气和热力，符合城市燃气管网、热力管网的入网技术标准的，经营燃气管网、热力管网的企业应当接收其入网。

国家鼓励生产和利用生物液体燃料。石油销售企业应当按照国务院能源主管部门或者省级人民政府的规定，将符合国家标准的生物液体燃料纳入其燃料销售体系。

第十七条 国家鼓励单位和个人安装和使用太阳能热水系统、太阳能供热采暖和制冷系统、太阳能光伏发电系统等太阳能利用系统。

国务院建设行政主管部门会同国务院有关部门制定太阳能利用系统与建筑结合的技术经济政策和技术规范。

房地产开发企业应当根据前款规定的技术规范，在建筑物的设计和施工中，为太阳能利用提供必备条件。

对已建成的建筑物，住户可以在不影响其质量与安全的前提下安装符合技术规范和产品标准的太阳能利用系统；但是，当事人另有约定的除外。

第十八条 国家鼓励和支持农村地区的可再生能源开发利用。

县级以上地方人民政府管理能源工作的部门会同有关部门，根据当地经济社会发展、生态保护和卫生综合治理需要等实际情况，制定农村地区可再生能源发展规划，因地制宜地推广应用沼气等生物质资源转化、户用太阳能、小型风能、小型水能等技术。

县级以上人民政府应当对农村地区的可再生能源利用项目提供财政支持。

第五章 价格管理与费用分摊

第十九条 可再生能源发电项目的上网电价，由国务院价格主管部门根据不同类型可再生能源发电的特点和不同地区的情况，按照有利于促进可再生能源开发利用和经济合理的原则确定，并根据可再生能源开发利用技术的发展适时调整。上网电价应当公布。

依照本法第十三条第三款规定实行招标的可再生能源发电项目的上网电价，按照中标确定的价格执行；但是，不得高于依照前款规定确定的同类可再生能源发电项目的上网电价水平。

第二十条 电网企业依照本法第十九条规定确定的上网电价收购可再生能源电量所发生的费用，高于按照常规能源发电平均上网电价计算所发生费用之间的差额，附加在销售电价中分摊。具体办法由国务院价格主管部门制定。

第二十一条 电网企业为收购可再生能源电量而支付的合理的接网费用以及其他合理的相关费用，可以计入电网企业输电成本，并从销售电价中回收。

第二十二条 国家投资或者补贴建设的公共可再生能源独立电力系统的销售电价，执行同一地区分类销售电价，其合理的运行和管理费用超出销售电价的部分，依照本法第二十条规定的办法分摊。

第二十三条 进入城市管网的可再生能源热力和燃气的价格，按照有利于促进可再生能源开发利用和经济合理的原则，根据价格管理权限确定。

第六章 经济激励与监督措施

第二十四条 国家财政设立可再生能源发展专项资金，用于支持以下活动：

（一）可再生能源开发利用的科学技术研究、标准制定和示范工程；

（二）农村、牧区生活用能的可再生能源利用项目；

（三）偏远地区和海岛可再生能源独立电力系统建设；

（四）可再生能源的资源勘查、评价和相关信息系统建设；

（五）促进可再生能源开发利用设备的本地化生产。

第二十五条 对列入国家可再生能源产业发展指导目录、符合信贷条件的可再生能源开发利用项目，金融机构可以提供有财政贴息的优惠贷款。

第二十六条 国家对列入可再生能源产业发展指导目录的项目给予税收优惠。具体办法由国务院规定。

第二十七条 电力企业应当真实、完整地记载和保存可再生能源发电的有关资料，并接受电力监管机构的检查和监督。

电力监管机构进行检查时，应当依照规定的程序进行，并为被检查单位保守商业秘密和其他秘密。

第七章 法律责任

第二十八条 国务院能源主管部门和县级以上地方人民政府管理能源工作的部门和其他有关部门在可再生能源开发利用监督管理工作中，违反本法规定，有下列行为之一的，由本级人民政府或者上级人民政府有关部门责令改正，对负有责任的主管人员和其他直接责任人员依法给予行政处分；构成犯罪的，依法追究刑事责任：

（一）不依法作出行政许可决定的；

（二）发现违法行为不予查处的；

（三）有不依法履行监督管理职责的其他行为的。

第二十九条 违反本法第十四条规定，电网企业未全额收购可再生能源电量，造成可再生能源发电企业经济损失的，应当承担赔偿责任，并由国家电力监管机构责令限期改正；拒不改正的，处以可再生能源发电企业经济损失额一倍以下的罚款。

第三十条 违反本法第十六条第二款规定，经营燃气管网、热力管网的企业不准许符合入网技术标准的燃气、热力入网，造成燃气、热力生产企业经济损失的，应当承担赔偿责任，并由省级人民政府管理能源工作的部门责令限期改正；拒不改正的，处以燃气、热力生产企业经济损失额一倍以下的罚款。

第三十一条 违反本法第十六条第三款规定，石油销售企业未按照规定将符合国家标准的生物液体燃料纳入其燃料销售体系，造成生物液体燃料生产企业经济损失的，应当承担赔偿责任，并由国务院能源主管部门或者省级人民政府管理能源工作的部门责令限期改正；拒不改正的，处以生物液体燃料生产企业经济损失额一倍以下的罚款。

第八章　附　则

第三十二条　本法中下列用语的含义：

（一）生物质能，是指利用自然界的植物、粪便以及城乡有机废物转化成的能源。

（二）可再生能源独立电力系统，是指不与电网连接的单独运行的可再生能源电力系统。

（三）能源作物，是指经专门种植，用以提供能源原料的草本和木本植物。

（四）生物液体燃料，是指利用生物质资源生产的甲醇、乙醇和生物柴油等液体燃料。

第三十三条　本法自 2006 年 1 月 1 日起施行。

建设工程质量管理条例

中华人民共和国国务院令

第279号

《建设工程质量管理条例》已经2000年1月10日国务院第25次常务会议通过，现予发布，自发布之日起施行。

总理　朱镕基

二〇〇〇年一月十日

第一章　总　　则

第一条　为了加强对建设工程质量的管理，保证建设工程质量，保护人民生命和财产安全，根据《中华人民共和国建筑法》，制定本条例。

第二条　凡在中华人民共和国境内从事建设工程的新建、扩建、改建等有关活动及实施对建设工程质量监督管理的，必须遵守本条例。

本条例所称建设工程，是指土木工程、建筑工程、线路管道和设备安装工程及装修工程。

第三条　建设单位、勘察单位、设计单位、施工单位、工程监理单位依法对建设工程质量负责。

第四条　县级以上人民政府建设行政主管部门和其他有关部门应当加强对建设工程质量的监督管理。

第五条　从事建设工程活动，必须严格执行基本建设程序，坚持先勘察、后设计、再施工的原则。

县级以上人民政府及其有关部门不得超越权限审批建设项目或者擅自简化基本建设程序。

第六条　国家鼓励采用先进的科学技术和管理方法，提高建设工程质量。

第二章　建设单位的质量责任和义务

第七条　建设单位应当将工程发包给具有相应资质等级的单位。

建设单位不得将建设工程肢解发包。

第八条　建设单位应当依法对工程建设项目的勘察、设计、施工、监理以及与工程建设有关的重要设备、材料等的采购进行招标。

第九条 建设单位必须向有关的勘察、设计、施工、工程监理等单位提供与建设工程有关的原始资料。

原始资料必须真实、准确、齐全。

第十条 建设工程发包单位不得迫使承包方以低于成本的价格竞标，不得任意压缩合理工期。

建设单位不得明示或者暗示设计单位或者施工单位违反工程建设强制性标准，降低建设工程质量。

第十一条 建设单位应当将施工图设计文件报县级以上人民政府建设行政主管部门或者其他有关部门审查。施工图设计文件审查的具体办法，由国务院建设行政主管部门会同国务院其他有关部门制定。

施工图设计文件未经审查批准的，不得使用。

第十二条 实行监理的建设工程，建设单位应当委托具有相应资质等级的工程监理单位进行监理，也可以委托具有工程监理相应资质等级并与被监理工程的施工承包单位没有隶属关系或者其他利害关系的该工程的设计单位进行监理。

下列建设工程必须实行监理：

（一）国家重点建设工程；

（二）大中型公用事业工程；

（三）成片开发建设的住宅小区工程；

（四）利用外国政府或者国际组织贷款、援助资金的工程；

（五）国家规定必须实行监理的其他工程。

第十三条 建设单位在领取施工许可证或者开工报告前，应当按照国家有关规定办理工程质量监督手续。

第十四条 按照合同约定，由建设单位采购建筑材料、建筑构配件和设备的，建设单位应当保证建筑材料、建筑构配件和设备符合设计文件和合同要求。

建设单位不得明示或者暗示施工单位使用不合格的建筑材料、建筑构配件和设备。

第十五条 涉及建筑主体和承重结构变动的装修工程，建设单位应当在施工前委托原设计单位或者具有相应资质等级的设计单位提出设计方案；没有设计方案的，不得施工。

房屋建筑使用者在装修过程中，不得擅自变动房屋建筑主体和承重结构。

第十六条 建设单位收到建设工程竣工报告后，应当组织设计、施工、工程监理等有关单位进行竣工验收。

建设工程竣工验收应当具备下列条件：

（一）完成建设工程设计和合同约定的各项内容；

（二）有完整的技术档案和施工管理资料；

（三）有工程使用的主要建筑材料、建筑构配件和设备的进场试验报告；

（四）有勘察、设计、施工、工程监理等单位分别签署的质量合格文件；

（五）有施工单位签署的工程保修书。

建设工程经验收合格的，方可交付使用。

第十七条 建设单位应当严格按照国家有关档案管理的规定，及时收集、整理建设项目各环节的文件资料，建立、健全建设项目档案，并在建设工程竣工验收后，及时向建设行政主管部门或者其他有关部门移交建设项目档案。

第三章 勘察、设计单位的质量责任和义务

第十八条 从事建设工程勘察、设计的单位应当依法取得相应等级的资质证书，并在其资质等级许可的范围内承揽工程。

禁止勘察、设计单位超越其资质等级许可的范围或者以其他勘察、设计单位的名义承揽工程。禁止勘察、设计单位允许其他单位或者个人以本单位的名义承揽工程。

勘察、设计单位不得转包或者违法分包所承揽的工程。

第十九条 勘察、设计单位必须按照工程建设强制性标准进行勘察、设计，并对其勘察、设计的质量负责。

注册建筑师、注册结构工程师等注册执业人员应当在设计文件上签字，对设计文件负责。

第二十条 勘察单位提供的地质、测量、水文等勘察成果必须真实、准确。

第二十一条 设计单位应当根据勘察成果文件进行建设工程设计。

设计文件应当符合国家规定的设计深度要求，注明工程合理使用年限。

第二十二条 设计单位在设计文件中选用的建筑材料、建筑构配件和设备，应当注明规格、型号、性能等技术指标，其质量要求必须符合国家规定的标准。

除有特殊要求的建筑材料、专用设备、工艺生产线等外，设计单位不得指定生产厂、供应商。

第二十三条 设计单位应当就审查合格的施工图设计文件向施工单位作出详细说明。

第二十四条 设计单位应当参与建设工程质量事故分析，并对因设计造成的质量事故，提出相应的技术处理方案

第四章 施工单位的质量责任和义务

第二十五条 施工单位应当依法取得相应等级的资质证书，并在其资质等级许可的范围内承揽工程。

禁止施工单位超越本单位资质等级许可的业务范围或者以其他施工单位的名义承揽工程。禁止施工单位允许其他单位或者个人以本单位的名义承揽工程。

施工单位不得转包或者违法分包工程。

第二十六条 施工单位对建设工程的施工质量负责。

施工单位应当建立质量责任制，确定工程项目的项目经理、技术负责人和施工管理负责人。

建设工程实行总承包的，总承包单位应当对全部建设工程质量负责；建设工程勘察、设计、施工、设备采购的一项或者多项实行总承包的，总承包单位应当对其承包的建设工程或者采购的设备的质量负责。

第二十七条 总承包单位依法将建设工程分包给其他单位的，分包单位应当按照分包

合同的约定对其分包工程的质量向总承包单位负责，总承包单位与分包单位对分包工程的质量承担连带责任。

第二十八条 施工单位必须按照工程设计图纸和施工技术标准施工，不得擅自修改工程设计，不得偷工减料。

施工单位在施工过程中发现设计文件和图纸有差错的，应当及时提出意见和建议。

第二十九条 施工单位必须按照工程设计要求、施工技术标准和合同约定，对建筑材料、建筑构配件、设备和商品混凝土进行检验，检验应当有书面记录和专人签字；未经检验或者检验不合格的，不得使用。

第三十条 施工单位必须建立、健全施工质量的检验制度，严格工序管理，作好隐蔽工程的质量检查和记录。隐蔽工程在隐蔽前，施工单位应当通知建设单位和建设工程质量监督机构。

第三十一条 施工人员对涉及结构安全的试块、试件以及有关材料，应当在建设单位或者工程监理单位监督下现场取样，并送具有相应资质等级的质量检测单位进行检测。

第三十二条 施工单位对施工中出现质量问题的建设工程或者竣工验收不合格的建设工程，应当负责返修。

第三十三条 施工单位应当建立、健全教育培训制度，加强对职工的教育培训；未经教育培训或者考核不合格的人员，不得上岗作业

第五章 工程监理单位的质量责任和义务

第三十四条 工程监理单位应当依法取得相应等级的资质证书，并在其资质等级许可的范围内承担工程监理业务。

禁止工程监理单位超越本单位资质等级许可的范围或者以其他工程监理单位的名义承担工程监理业务。禁止工程监理单位允许其他单位或者个人以本单位的名义承担工程监理业务。

工程监理单位不得转让工程监理业务。

第三十五条 工程监理单位与被监理工程的施工承包单位以及建筑材料、建筑构配件和设备供应单位不得有隶属关系或者其他利害关系的，不得承担该项建设工程的监理业务。

第三十六条 工程监理单位应当依照法律、法规以及有关技术标准、设计文件和建设工程承包合同，代表建设单位对施工质量实施监理，并对施工质量承担监理责任。

第三十七条 工程监理单位应当选派具备相应资格的总监理工程师和监理工程师进驻施工现场。

未经监理工程师签字，建筑材料、建筑构配件和设备不得在工程上使用或者安装，施工单位不得进行下一道工序的施工。未经总监理工程师签字，建设单位不拨付工程款，不进行竣工验收。

第三十八条 监理工程师应当按照工程监理规范的要求，采取旁站、巡视和平行检验等形式，对建设工程实施监理。

第六章　建设工程质量保修

第三十九条　建设工程实行质量保修制度。

建设工程承包单位在向建设单位提交工程竣工验收报告时，应当向建设单位出具质量保修书。质量保修书中应当明确建设工程的保修范围、保修期限和保修责任等。

第四十条　在正常使用条件下，建设工程的最低保修期限为：

（一）基础设施工程、房屋建筑的地基基础工程和主体结构工程，为设计文件规定的该工程的合理使用年限；

（二）屋面防水工程、有防水要求的卫生间、房间和外墙面的防渗漏，为5年；

（三）供热与供冷系统，为2个采暖期、供冷期；

（四）电气管线、给排水管道、设备安装和装修工程，为2年。

其他项目的保修期限由发包方与承包方约定。

建设工程的保修期，自竣工验收合格之日起计算。

第四十一条　建设工程在保修范围和保修期限内发生质量问题的，施工单位应当履行保修义务，并对造成的损失承担赔偿责任。

第四十二条　建设工程在超过合理使用年限后需要继续使用的，产权所有人应当委托具有相应资质等级的勘察、设计单位鉴定，并根据鉴定结果采取加固、维修等措施，重新界定使用期。

第七章　监　督　管　理

第四十三条　国家实行建设工程质量监督管理制度。

国务院建设行政主管部门对全国的建设工程质量实施统一监督管理。国务院铁路、交通、水利等有关部门按照国务院规定的职责分工，负责对全国的有关专业建设工程质量的监督管理。

县级以上地方人民政府建设行政主管部门对本行政区域内的建设工程质量实施监督管理。县级以上地方人民政府交通、水利等有关部门在各自的职责范围内，负责对本行政区域内的专业建设工程质量的监督管理。

第四十四条　国务院建设行政主管部门和国务院铁路、交通、水利等有关部门应当加强对有关建设工程质量的法律、法规和强制性标准执行情况的监督检查。

第四十五条　国务院发展计划部门按照国务院规定的职责，组织稽察特派员，对国家出资的重大建设项目实施监督检查。

国务院经济贸易主管部门按照国务院规定的职责，对国家重大技术改造项目实施监督检查。

第四十六条　建设工程质量监督管理，可以由建设行政主管部门或者其他有关部门委托的建设工程质量监督机构具体实施。

从事房屋建筑工程和市政基础设施工程质量监督的机构，必须按照国家有关规定经国务院建设行政主管部门或者省、自治区、直辖市人民政府建设行政主管部门考核；从事专业建设工程质量监督的机构，必须按照国家有关规定经国务院有关部门或者省、自治区、直辖市人民政府有关部门考核。经考核合格后，方可实施质量监督。

第四十七条 县级以上地方人民政府建设行政主管部门和其他有关部门应当加强对有关建设工程质量的法律、法规和强制性标准执行情况的监督检查。

第四十八条 县级以上人民政府建设行政主管部门和其他有关部门履行监督检查职责时，有权采取下列措施：

（一）要求被检查的单位提供有关工程质量的文件和资料；

（二）进入被检查单位的施工现场进行检查；

（三）发现有影响工程质量的问题时，责令改正。

第四十九条 建设单位应当自建设工程竣工验收合格之日起15日内，将建设工程竣工验收报告和规划、公安消防、环保等部门出具的认可文件或者准许使用文件报建设行政主管部门或者其他有关部门备案。

建设行政主管部门或者其他有关部门发现建设单位在竣工验收过程中有违反国家有关建设工程质量管理规定行为的，责令停止使用，重新组织竣工验收。

第五十条 有关单位和个人对县级以上人民政府建设行政主管部门和其他有关部门进行的监督检查应当支持与配合，不得拒绝或者阻碍建设工程质量监督检查人员依法执行职务。

第五十一条 供水、供电、供气、公安消防等部门或者单位不得明示或者暗示建设单位、施工单位购买其指定的生产供应单位的建筑材料、建筑构配件和设备。

第五十二条 建设工程发生质量事故，有关单位应当在24小时内向当地建设行政主管部门和其他有关部门报告。对重大质量事故，事故发生地的建设行政主管部门和其他有关部门应当按照事故类别和等级向当地人民政府和上级建设行政主管部门和其他有关部门报告。

特别重大质量事故的调查程序按照国务院有关规定办理。

第五十三条 任何单位和个人对建设工程的质量事故、质量缺陷都有权检举、控告、投诉。

第八章 罚 则

第五十四条 违反本条例规定，建设单位将建设工程发包给不具有相应资质等级的勘察、设计、施工单位或者委托给不具有相应资质等级的工程监理单位的，责令改正，处50万元以上100万元以下的罚款。

第五十五条 违反本条例规定，建设单位将建设工程肢解发包的，责令改正，处工程合同价款0.5%以上1%以下的罚款；对全部或者部分使用国有资金的项目，并可以暂停项目执行或者暂停资金拨付。

第五十六条 违反本条例规定，建设单位有下列行为之一的，责令改正，处20万元以上50万元以下的罚款：

（一）迫使承包方以低于成本的价格竞标的；

（二）任意压缩合理工期的；

（三）明示或者暗示设计单位或者施工单位违反工程建设强制性标准，降低工程质量的；

（四）施工图设计文件未经审查或者审查不合格，擅自施工的；

（五）建设项目必须实行工程监理而未实行工程监理的；

（六）未按照国家规定办理工程质量监督手续的；

（七）明示或者暗示施工单位使用不合格的建筑材料、建筑构配件和设备的；

（八）未按照国家规定将竣工验收报告、有关认可文件或者准许使用文件报送备案的。

第五十七条 违反本条例规定，建设单位未取得施工许可证或者开工报告未经批准，擅自施工的，责令停止施工，限期改正，处工程合同价款1%以上2%以下的罚款。

第五十八条 违反本条例规定，建设单位有下列行为之一的，责令改正，处工程合同价款2%以上4%以下的罚款；造成损失的，依法承担赔偿责任：

（一）未组织竣工验收，擅自交付使用的；

（二）验收不合格，擅自交付使用的；

（三）对不合格的建设工程按照合格工程验收的。

第五十九条 违反本条例规定，建设工程竣工验收后，建设单位未向建设行政主管部门或者其他有关部门移交建设项目档案的，责令改正，处1万元以上10万元以下的罚款。

第六十条 违反本条例规定，勘察、设计、施工、工程监理单位超越本单位资质等级承揽工程的，责令停止违法行为，对勘察、设计单位或者工程监理单位处合同约定的勘察费、设计费或者监理酬金1倍以上2倍以下的罚款；对施工单位处工程合同价款2%以上4%以下的罚款，可以责令停业整顿，降低资质等级；情节严重的，吊销资质证书；有违法所得的，予以没收。

未取得资质证书承揽工程的，予以取缔，依照前款规定处以罚款；有违法所得的，予以没收。

以欺骗手段取得资质证书承揽工程的，吊销资质证书，依照本条第一款规定处以罚款；有违法所得的，予以没收。

第六十一条 违反本条例规定，勘察、设计、施工、工程监理单位允许其他单位或者个人以本单位名义承揽工程的，责令改正，没收违法所得，对勘察、设计单位和工程监理单位处合同约定的勘察费、设计费和监理酬金1倍以上2倍以下的罚款；对施工单位处工程合同价款2%以上4%以下的罚款；可以责令停业整顿，降低资质等级；情节严重的，吊销资质证书。

第六十二条 违反本条例规定，承包单位将承包的工程转包或者违法分包的，责令改正，没收违法所得，对勘察、设计单位处合同约定的勘察费、设计费25%以上50%以下的罚款；对施工单位处工程合同价款0.5%以上1%以下的罚款；可以责令停业整顿，降低资质等级；情节严重的，吊销资质证书。

工程监理单位转让工程监理业务的，责令改正，没收违法所得，处合同约定的监理酬金25%以上50%以下的罚款；可以责令停业整顿，降低资质等级；情节严重的，吊销资质证书。

第六十三条 违反本条例规定，有下列行为之一的，责令改正，处10万元以上30万元以下的罚款：

（一）勘察单位未按照工程建设强制性标准进行勘察的；

（二）设计单位未根据勘察成果文件进行工程设计的；

（三）设计单位指定建筑材料、建筑构配件的生产厂、供应商的；

（四）设计单位未按照工程建设强制性标准进行设计的。

有前款所列行为，造成重大工程质量事故的，责令停业整顿，降低资质等级；情节严重的，吊销资质证书；造成损失的，依法承担赔偿责任。

第六十四条 违反本条例规定，施工单位在施工中偷工减料的，使用不合格的建筑材料、建筑构配件和设备的，或者有不按照工程设计图纸或者施工技术标准施工的其他行为的，责令改正，处工程合同价款2%以上4%以下的罚款；造成建设工程质量不符合规定的质量标准的，负责返工、修理，并赔偿因此造成的损失；情节严重的，责令停业整顿，降低资质等级或者吊销资质证书。

第六十五条 违反本条例规定，施工单位未对建筑材料、建筑构配件、设备和商品混凝土进行检验，或者未对涉及结构安全的试块、试件以及有关材料取样检测的，责令改正，处10万元以上20万元以下的罚款；情节严重的，责令停业整顿，降低资质等级或者吊销资质证书；造成损失的，依法承担赔偿责任。

第六十六条 违反本条例规定，施工单位不履行保修义务或者拖延履行保修义务的，责令改正，处10万元以上20万元以下的罚款，并对在保修期内因质量缺陷造成的损失承担赔偿责任。

第六十七条 工程监理单位有下列行为之一的，责令改正，处50万元以上100万元以下的罚款，降低资质等级或者吊销资质证书；有违法所得的，予以没收；造成损失的，承担连带赔偿责任：

（一）与建设单位或者施工单位串通，弄虚作假、降低工程质量的；

（二）将不合格的建设工程、建筑材料、建筑构配件和设备按照合格签字的。

第六十八条 违反本条例规定，工程监理单位与被监理工程的施工承包单位以及建筑材料、建筑构配件和设备供应单位有隶属关系或者其他利害关系承担该项建设工程的监理业务的，责令改正，处5万元以上10万元以下的罚款，降低资质等级或者吊销资质证书；有违法所得的，予以没收。

第六十九条 违反本条例规定，涉及建筑主体或者承重结构变动的装修工程，没有设计方案擅自施工的，责令改正，处50万元以上100万元以下的罚款；房屋建筑使用者在装修过程中擅自变动房屋建筑主体和承重结构的，责令改正，处5万元以上10万元以下的罚款。

有前款所列行为，造成损失的，依法承担赔偿责任。

第七十条 发生重大工程质量事故隐瞒不报、谎报或者拖延报告期限的，对直接负责的主管人员和其他责任人员依法给予行政处分。

第七十一条 违反本条例规定，供水、供电、供气、公安消防等部门或者单位明示或者暗示建设单位或者施工单位购买其指定的生产供应单位的建筑材料、建筑构配件和设备的，责令改正。

第七十二条 违反本条例规定，注册建筑师、注册结构工程师、监理工程师等注册执业人员因过错造成质量事故的，责令停止执业1年；造成重大质量事故的，吊销执业资格证书，5年以内不予注册；情节特别恶劣的，终身不予注册。

第七十三条 依照本条例规定，给予单位罚款处罚的，对单位直接负责的主管人员和其他直接责任人员处单位罚款数额5%以上10%以下的罚款。

第七十四条 建设单位、设计单位、施工单位、工程监理单位违反国家规定，降低工程质量标准，造成重大安全事故，构成犯罪的，对直接责任人员依法追究刑事责任。

第七十五条 本条例规定的责令停业整顿，降低资质等级和吊销资质证书的行政处罚，由颁发资质证书的机关决定；其他行政处罚，由建设行政主管部门或者其他有关部门依照法定职权决定。

依照本条例规定被吊销资质证书的，由工商行政管理部门吊销其营业执照。

第七十六条 国家机关工作人员在建设工程质量监督管理工作中玩忽职守、滥用职权、徇私舞弊，构成犯罪的，依法追究刑事责任；尚不构成犯罪的，依法给予行政处分。

第七十七条 建设、勘察、设计、施工、工程监理单位的工作人员因调动工作、退休等原因离开该单位后，被发现在该单位工作期间违反国家有关建设工程质量管理规定，造成重大工程质量事故的，仍应当依法追究法律责任。

第九章　附　则

第七十八条 本条例所称肢解发包，是指建设单位将应当由一个承包单位完成的建设工程分解成若干部分发包给不同的承包单位的行为。

本条例所称违法分包，是指下列行为：

（一）总承包单位将建设工程分包给不具备相应资质条件的单位的；

（二）建设工程总承包合同中未有约定，又未经建设单位认可，承包单位将其承包的部分建设工程交由其他单位完成的；

（三）施工总承包单位将建设工程主体结构的施工分包给其他单位的；

（四）分包单位将其承包的建设工程再分包的。

本条例所称转包，是指承包单位承包建设工程，不履行合同约定的责任和义务，将其承包的全部建设工程转给他人或者将其承包的全部建设工程肢解以后以分包的名义分别转给其他单位承包的行为。

第七十九条 本条例规定的罚款和没收的违法所得，必须全部上缴国库。

第八十条 抢险救灾及其他临时性房屋建筑和农民自建低层住宅的建设活动，不适用本条例。

第八十一条 军事建设工程的管理，按照中央军事委员会的有关规定执行。

第八十二条 本条例自2000年1月30日起施行。

附 刑法有关条款

第一百三十七条 建设单位、设计单位、施工单位、工程监理单位违反国家规定，降低工程质量标准，造成重大安全事故的，对直接责任人员处五年以下有期徒刑或者拘役，并处罚金；后果特别严重的，处五年以上十年以下有期徒刑，并处罚金。

建设工程勘察设计管理条例

中华人民共和国国务院令

（第293号）

《建设工程勘察设计管理条例》已经2000年9月20日国务院第31次常务会议通过，现予公布施行。

总理　朱镕基

二〇〇〇年九月二十五日

第一章　总　　则

第一条　为了加强对建设工程勘察、设计活动的管理，保证建设工程勘察、设计质量，保护人民生命和财产安全，制定本条例。

第二条　从事建设工程勘察、设计活动，必须遵守本条例。本条例所称建设工程勘察，是指根据建设工程的要求，查明、分析、评价建设场地的地质地理环境特征和岩土工程条件，编制建设工程勘察文件的活动。本条例所称建设工程设计，是指根据建设工程的要求，对建设工程所需的技术、经济、资源、环境等条件进行综合分析、论证，编制建设工程设计文件的活动。

第三条　建设工程勘察、设计应当与社会、经济发展水平相适应，做到经济效益、社会效益和环境效益相统一。

第四条　从事建设工程勘察、设计活动，应当坚持先勘察、后设计、再施工的原则。

第五条　县级以上人民政府建设行政主管部门和交通、水利等有关部门应当依照本条例的规定，加强对建设工程勘察、设计活动的监督管理。建设工程勘察、设计单位必须依法进行建设工程勘察、设计，严格执行工程建设强制性标准，并对建设工程勘察、设计的质量负责。

第六条　国家鼓励在建设工程勘察、设计活动中采用先进技术、先进工艺、先进设备、新型材料和现代管理方法。

第二章　资质资格管理

第七条　国家对从事建设工程勘察、设计活动的单位，实行资质管理制度。具体办法由国务院建设行政主管部门商国务院有关部门制定。

第八条　建设工程勘察、设计单位应当在其资质等级许可的范围内承揽建设工程勘察、设计业务。禁止建设工程勘察、设计单位超越其资质等级许可的范围或者以其他建设工程勘察、设计单位的名义承揽建设工程勘察、设计业务。禁止建设工程勘察、设计单位允许其他单位或者个人以本单位的名义承揽建设工程勘察、设计业务。

第九条 国家对从事建设工程勘察、设计活动的专业技术人员，实行执业资格注册管理制度。未经注册的建设工程勘察、设计人员，不得以注册执业人员的名义从事建设工程勘察、设计活动。

第十条 建设工程勘察、设计注册执业人员和其他专业技术人员只能受聘于一个建设工程勘察、设计单位；未受聘于建设工程勘察、设计单位的，不得从事建设工程的勘察、设计活动。

第十一条 建设工程勘察、设计单位资质证书和执业人员注册证书，由国务院建设行政主管部门统一制作。

第三章 建设工程勘察设计发包与承包

第十二条 建设工程勘察、设计发包依法实行招标发包或者直接发包。

第十三条 建设工程勘察、设计应当依照《中华人民共和国招标投标法》的规定，实行招标发包。

第十四条 建设工程勘察、设计方案评标，应当以投标人的业绩、信誉和勘察、设计人员的能力以及勘察、设计方案的优劣为依据，进行综合评定。

第十五条 建设工程勘察、设计的招标人应当在评标委员会推荐的候选方案中确定中标方案。但是，建设工程勘察、设计的招标人认为评标委员会推荐的候选方案不能最大限度满足招标文件规定的要求的，应当依法重新招标。

第十六条 下列建设工程的勘察、设计，经有关主管部门批准，可以直接发包：

（一）采用特定的专利或者专有技术的；

（二）建筑艺术造型有特殊要求的；

（三）国务院规定的其他建设工程的勘察、设计。

第十七条 发包方不得将建设工程勘察、设计业务发包给不具有相应勘察、设计资质等级的建设工程勘察、设计单位。

第十八条 发包方可以将整个建设工程的勘察、设计发包给一个勘察、设计单位；也可以将建设工程的勘察、设计分别发包给几个勘察、设计单位。

第十九条 除建设工程主体部分的勘察、设计外，经发包方书面同意，承包方可以将建设工程其他部分的勘察、设计再分包给其他具有相应资质等级的建设工程勘察、设计单位。

第二十条 建设工程勘察、设计单位不得将所承揽的建设工程勘察、设计转包。

第二十一条 承包方必须在建设工程勘察、设计资质证书规定的资质等级和业务范围内承揽建设工程的勘察、设计业务。

第二十二条 建设工程勘察、设计的发包方与承包方，应当执行国家规定的建设工程勘察、设计程序。

第二十三条 建设工程勘察、设计的发包方与承包方应当签订建设工程勘察、设计合同。

第二十四条 建设工程勘察、设计发包方与承包方应当执行国家有关建设工程勘察费、设计费的管理规定。

第四章 建设工程勘察设计文件的编制与实施

第二十五条 编制建设工程勘察、设计文件，应当以下列规定为依据：

（一）项目批准文件；

（二）城市规划；

（三）工程建设强制性标准；

（四）国家规定的建设工程勘察、设计深度要求。

铁路、交通、水利等专业建设工程，还应当以专业规划的要求为依据。

第二十六条 编制建设工程勘察文件，应当真实、准确，满足建设工程规划、选址、设计、岩土治理和施工的需要。编制方案设计文件，应当满足编制初步设计文件和控制概算的需要。编制初步设计文件，应当满足编制施工招标文件、主要设备材料订货和编制施工图设计文件的需要。编制施工图设计文件，应当满足设备材料采购、非标准设备制作和施工的需要，并注明建设工程合理使用年限。

第二十七条 设计文件中选用的材料、构配件、设备，应当注明其规格、型号、性能等技术指标，其质量要求必须符合国家规定的标准。除有特殊要求的建筑材料、专用设备和工艺生产线等外，设计单位不得指定生产厂、供应商。

第二十八条 建设单位、施工单位、监理单位不得修改建设工程勘察、设计文件；确需修改建设工程勘察、设计文件的，应当由原建设工程勘察、设计单位修改。经原建设工程勘察、设计单位书面同意，建设单位也可以委托其他具有相应资质的建设工程勘察、设计单位修改。修改单位对修改的勘察、设计文件承担相应责任。施工单位、监理单位发现建设工程勘察、设计文件不符合工程建设强制性标准、合同约定的质量要求的，应当报告建设单位，建设单位有权要求建设工程勘察、设计单位对建设工程勘察、设计文件进行补充、修改。建设工程勘察、设计文件内容需要作重大修改的，建设单位应当报经原审批机关批准后，方可修改。

第二十九条 建设工程勘察、设计文件中规定采用的新技术、新材料，可能影响建设工程质量和安全，又没有国家技术标准的，应当由国家认可的检测机构进行试验、论证，出具检测报告，并经国务院有关部门或者省、自治区、直辖市人民政府有关部门组织的建设工程技术专家委员会审定后，方可使用。

第三十条 建设工程勘察、设计单位应当在建设工程施工前，向施工单位和监理单位说明建设工程勘察、设计意图，解释建设工程勘察、设计文件。建设工程勘察、设计单位应当及时解决施工中出现的勘察、设计问题。

第五章 监 督 管 理

第三十一条 国务院建设行政主管部门对全国的建设工程勘察、设计活动实施统一监督管理。国务院铁路、交通、水利等有关部门按照国务院规定的职责分工，负责对全国的有关专业建设工程勘察、设计活动的监督管理。县级以上地方人民政府建设行政主管部门对本行政区域内的建设工程勘察、设计活动实施监督管理。县级以上地方人民政府交通、水利等有关部门在各自的职责范围内，负责对本行政区域内的有关专业建设工程勘察、设计活动的监督管理。

第三十二条 建设工程勘察、设计单位在建设工程勘察、设计资质证书规定的业务范围内跨部门、跨地区承揽勘察、设计业务的，有关地方人民政府及其所属部门不得设置障碍，不得违反国家规定收取任何费用。

第三十三条 县级以上人民政府建设行政主管部门或者交通、水利等有关部门应当对施工图设计文件中涉及公共利益、公众安全、工程建设强制性标准的内容进行审查。施工图设计文件未经审查批准的，不得使用。

第三十四条 任何单位和个人对建设工程勘察、设计活动中的违法行为都有权检举、控告、投诉。

第六章 罚 则

第三十五条 违反本条例第八条规定的，责令停止违法行为，处合同约定的勘察费、设计费1倍以上2倍以下的罚款，有违法所得的，予以没收；可以责令停业整顿，降低资质等级；情节严重的，吊销资质证书。未取得资质证书承揽工程的，予以取缔，依照前款规定处以罚款；有违法所得的，予以没收。以欺骗手段取得资质证书承揽工程的，吊销资质证书，依照本条第一款规定处以罚款；有违法所得的，予以没收。

第三十六条 违反本条例规定，未经注册，擅自以注册建设工程勘察、设计人员的名义从事建设工程勘察、设计活动的，责令停止违法行为，没收违法所得，处违法所得2倍以上5倍以下罚款；给他人造成损失的，依法承担赔偿责任。

第三十七条 违反本条例规定，建设工程勘察、设计注册执业人员和其他专业技术人员未受聘于一个建设工程勘察、设计单位或者同时受聘于两个以上建设工程勘察、设计单位，从事建设工程勘察、设计活动的，责令停止违法行为，没收违法所得，处违法所得2倍以上5倍以下的罚款；情节严重的，可以责令停止执行业务或者吊销资格证书；给他人造成损失的，依法承担赔偿责任。

第三十八条 违反本条例规定，发包方将建设工程勘察、设计业务发包给不具有相应资质等级的建设工程勘察、设计单位的，责令改正，处50万元以上100万元以下的罚款。

第三十九条 违反本条例规定，建设工程勘察、设计单位将所承揽的建设工程勘察、设计转包的，责令改正，没收违法所得，处合同约定的勘察费、设计费25%以上50%以下的罚款，可以责令停业整顿，降低资质等级；情节严重的，吊销资质证书。

第四十条 违反本条例规定，有下列行为之一的，依照《建设工程质量管理条例》第六十三条的规定给予处罚：

（一）勘察单位未按照工程建设强制性标准进行勘察的；

（二）设计单位未根据勘察成果文件进行工程设计的；

（三）设计单位指定建筑材料、建筑构配件的生产厂、供应商的；

（四）设计单位未按照工程建设强制性标准进行设计的。

第四十一条 本条例规定的责令停业整顿、降低资质等级和吊销资质证书、资格证书的行政处罚，由颁发资质证书、资格证书的机关决定；其他行政处罚，由建设行政主管部门或者其他有关部门依据法定职权范围决定。依照本条例规定被吊销资质证书的，由工商行政管理部门吊销其营业执照。

第四十二条 国家机关工作人员在建设工程勘察、设计活动的监督管理工作中玩忽职守、滥用职权、徇私舞弊，构成犯罪的，依法追究刑事责任；尚不构成犯罪的，依法 给予行政处分。

第七章　附　　则

第四十三条 抢险救灾及其他临时性建筑和农民自建两层以下住宅的勘察、设计活动，不适用本条例。

第四十四条 军事建设工程勘察、设计的管理，按照中央军事委员会的有关规定执行。

第四十五条 本条例自公布之日(2000 年 9 月 25 日)起施行。

民用建筑节能管理规定

中华人民共和国建设部部长令

第76号

《民用建筑节能管理规定》已于一九九九年十月二十八日经第十七次部常务会议通过，现予发布，自二〇〇〇年十月一日起施行。

部长　俞正声

2000年2月18日

第一条　为了加强民用建筑节能管理，提高能源利用效率，改善室内热环境，根据《中华人民共和国节约能源法》、《中华人民共和国建筑法》、《建设工程质量管理条例》和有关行政法规，制定本规定。

第二条　本规定适用于下列建设项目的审批、设计、施工、工程质量监督、竣工验收和物业管理：

（一）《建筑气候区域标准》划定的严寒和寒冷地区设置集中采暖的新建、扩建的居住建筑及其附属设施；

（二）新建、改建和扩建的旅游旅馆及其附属设施。

第三条　国务院建设行政主管部门负责全国民用建筑节能的监督管理工作。

县级以上地方人民政府建设行政主管部门负责本行政区域内民用建筑节能的监督管理工作。建筑节能的日常工作可以由建设行政主管部门委托的建筑节能机构负责。

第四条　国家鼓励建筑节能技术进步，鼓励引进国外先进的建筑节能技术，禁止引进国外落后的建筑用能技术、材料和设备。

国家鼓励发展下列建筑节能技术（产品）：

（一）新型节能墙体和屋面的保温、隔热技术与材料；

（二）节能门窗的保温隔热和密闭技术；

（三）集中供热和热、电、冷联产联供技术；

（四）供热采暖系统温度调控和分户热量计量技术与装置；

（五）太阳能、地热等可再生能源应用技术及设备；

（六）建筑照明节能技术与产品；

（七）空调制冷节能技术与产品；

（八）其他技术成熟、效果显著的节能技术和节能管理技术。

第五条　新建居住建筑的集中采暖系统应当使用双管系统，推行温度调节和户用热量计量装置，实行供热计量收费。

第六条 新建民用建筑工程项目的可行性研究报告或者设计任务书，应当包括合理用能的专题论证。依法审批的机关要依照国家的有关规定，对工程项目可行性研究报告或者设计任务书组织节能论证和评估。对不符合节能标准的项目，不得批准建设。

第七条 建设单位应当按照节能要求和建筑节能强制性标准委托工程项目的设计。

建设单位不得擅自修改节能设计文件。

第八条 设计单位应当依据建设单位的委托以及节能的标准和规范进行设计（以下简称节能设计），保证建筑节能设计质量。

（一）严寒和寒冷地区设置集中采暖的新建、扩建的居住建筑设计，应当执行中华人民共和国《民用建筑节能设计标准（采暖居住建筑部分）》。

（二）新建、扩建和改建的旅游旅馆的热工与空气调节设计，应当执行中华人民共和国《旅游旅馆建筑热工与空气调节节能设计标准》。

第九条 建设行政主管部门或者其委托的设计审查单位，在进行施工图设计审查时，应当审查节能设计的内容，并签署意见。

从事建筑节能设计审查工作的设计人员，应当接受节能标准与节能技术知识的培训。

第十条 国家和省、自治区、直辖市人民政府建设行政主管部门负责组织编制符合建筑节能标准要求的建筑通用设计或者标准图集。

第十一条 施工单位应当按照节能设计进行施工，保证工程施工质量。

第十二条 建设工程质量监督机构，对达不到节能设计标准要求的项目，在质量监督文件中应当予以注明。

第十三条 供热单位、房屋产权单位或者其委托的物业管理单位应当做好建筑物供热系统的节能管理工作，建立健全节能考核制度。认真记录和上报能源消耗资料，接受对锅炉运行的检测。对超过能源消耗指标或者达不到供暖温度标准的，由县级以上地方人民政府建设行政主管部门责令其限期达标。

第十四条 国家实行建筑节能产品认证和淘汰制度。

第十五条 县级以上地方人民政府建设行政主管部门应当加强对基本建设、技术改造和其他专项资金中节能资金的监督管理，专款专用。

第十六条 建设单位未按照建筑节能强制性标准委托设计或者擅自修改节能设计文件的，责令改正，处20万元以上50万元以下的罚款。

第十七条 设计单位未按照节能标准和规范进行设计的，应当修改设计。未进行修改的，给予警告，处以10万元以上30万元以下的罚款；造成损失的，依法承担赔偿责任；两年内，累计三项工程未按照节能标准和规范设计的，责令停业整顿，降低资质等级或者吊销资质证书，对注册执业人员，可以责令停止执业一年。

第十八条 对未按照节能设计进行施工的，责令改正；整改所发生的工程费用，由施工单位负责；可以给予警告，情节严重的，处工程合同价款2%以上4%以下的罚款；两年内，累计三项工程未按照符合节能设计标准要求的设计进行施工的，责令停业整顿，降低资质等级或者吊销资质证书。

第十九条 建设行政主管部门在建设工程竣工验收过程中，发现达不到节能标准的，责令建设单位改正，重新组织竣工验收。

第二十条 本规定的责令停业整顿、降低资质等级和吊销资质证书的行政处罚，由颁发资质证书的机关决定；其他行政处罚，由建设行政主管部门依照法定职权决定。

第二十一条 省、自治区、直辖市人民政府建设行政主管部门可以依据本规定制定实施细则。

第二十二条 严寒和寒冷地区未设置集中采暖的新建、扩建的居住建筑也应当参照本规定执行。

第二十三条 本规定由国务院建设行政主管部门负责解释。

第二十四条 本规定自 2000 年 10 月 1 日起施行。

实施工程建设强制性标准监督规定

中华人民共和国建设部令

第 81 号

《实施工程建设强制性标准监督规定》已于 2000 年 8 月 21 日经第 27 次部常务会议通过，现予以发布，自发布之日起施行。

部长　俞正声

二〇〇〇年八月二十五日

第一条　为加强工程建设强制性标准实施的监督工作，保证建设工程质量，保障人民的生命、财产安全，维护社会公共利益，根据《中华人民共和国标准化法》、《中华人民共和国标准化法实施条例》和《建设工程质量管理条例》，制定本规定。

第二条　在中华人民共和国境内从事新建、扩建、改建等工程建设活动，必须执行工程建设强制性标准。

第三条　本规定所称工程建设强制性标准是指直接涉及工程质量、安全、卫生及环境保护等方面的工程建设标准强制性条文。

国家工程建设标准强制性条文由国务院建设行政主管部门会同国务院有关行政主管部门确定。

第四条　国务院建设行政主管部门负责全国实施工程建设强制性标准的监督管理工作。

国务院有关行政主管部门按照国务院的职能分工负责实施工程建设强制性标准的监督管理工作。

县级以上地方人民政府建设行政主管部门负责本行政区域内实施工程建设强制性标准的监督管理工作。

第五条　工程建设中拟采用的新技术、新工艺、新材料，不符合现行强制性标准规定的，应当由拟采用单位提请建设单位组织专题技术论证，报批准标准的建设行政主管部门或者国务院有关主管部门审定。

工程建设中采用国际标准或者国外标准，现行强制性标准未作规定的，建设单位应当向国务院建设行政主管部门或者国务院有关行政主管部门备案。

第六条　建设项目规划审查机构应当对工程建设规划阶段执行强制性标准的情况实施监督。

施工图设计文件审查单位应当对工程建设勘察、设计阶段执行强制性标准的情况实施监督。

建筑安全监督管理机构应当对工程建设施工阶段执行施工安全强制性标准的情况实施

监督。

工程质量监督机构应当对工程建设施工、监理、验收等阶段执行强制性标准的情况实施监督。

第七条 建设项目规划审查机关、施工图设计文件审查单位、建筑安全监督管理机构、工程质量监督机构的技术人员必须熟悉、掌握工程建设强制性标准。

第八条 工程建设标准批准部门应当定期对建设项目规划审查机关、施工图设计文件审查单位、建筑安全监督管理机构、工程质量监督机构实施强制性标准的监督进行检查，对监督不力的单位和个人，给予通报批评，建议有关部门处理。

第九条 工程建设标准批准部门应当对工程项目执行强制性标准情况进行监督检查。监督检查可以采取重点检查、抽查和专项检查的方式。

第十条 强制性标准监督检查的内容包括：

（一）有关工程技术人员是否熟悉、掌握强制性标准；

（二）工程项目的规划、勘察、设计、施工、验收等是否符合强制性标准的规定；

（三）工程项目采用的材料、设备是否符合强制性标准的规定；

（四）工程项目的安全、质量是否符合强制性标准的规定；

（五）工程中采用的导则、指南、手册、计算机软件的内容是否符合强制性标准的规定。

第十一条 工程建设标准批准部门应当将强制性标准监督检查结果在一定范围内公告。

第十二条 工程建设强制性标准的解释由工程建设标准批准部门负责。

有关标准具体技术内容的解释，工程建设标准批准部门可以委托该标准的编制管理单位负责。

第十三条 工程技术人员应当参加有关工程建设强制性标准的培训，并可以计入继续教育学时。

第十四条 建设行政主管部门或者有关行政主管部门在处理重大工程事故时，应当有工程建设标准方面的专家参加；工程事故报告应当包括是否符合工程建设强制性标准的意见。

第十五条 任何单位和个人对违反工程建设强制性标准的行为有权向建设行政主管部门或者有关部门检举、控告、投诉。

第十六条 建设单位有下列行为之一的，责令改正，并处以20万元以上50万元以下的罚款：

（一）明示或者暗示施工单位使用不合格的建筑材料、建筑构配件和设备的；

（二）明示或者暗示设计单位或者施工单位违反工程建设强制性标准，降低工程质量的。

第十七条 勘察、设计单位违反工程建设强制性标准进行勘察、设计的，责令改正，并处以10万元以上30万元以下的罚款。

有前款行为，造成工程质量事故的，责令停业整顿，降低资质等级；情节严重的，吊销资质证书；造成损失的，依法承担赔偿责任。

第十八条 施工单位违反工程建设强制性标准的，责令改正，处工程合同价款2%以上4%以下的罚款；造成建设工程质量不符合规定的质量标准的，负责返工、修理，并赔偿因此造成的损失；情节严重的，责令停业整顿，降低资质等级或者吊销资质证书。

第十九条 工程监理单位违反强制性标准规定，将不合格的建设工程以及建筑材料、建筑构配件和设备按照合格签字的，责令改正，处50万元以上100万元以下的罚款，降低资质等级或者吊销资质证书；有违法所得的，予以没收；造成损失的，承担连带赔偿责任。

第二十条 违反工程建设强制性标准造成工程质量、安全隐患或者工程事故的，按照《建设工程质量管理条例》有关规定，对事故责任单位和责任人进行处罚。

第二十一条 有关责令停业整顿、降低资质等级和吊销资质证书的行政处罚，由颁发资质证书的机关决定；其他行政处罚，由建设行政主管部门或者有关部门依照法定职权决定。

第二十二条 建设行政主管部门和有关行政主管部门工作人员，玩忽职守、滥用职权、徇私舞弊的，给予行政处分；构成犯罪的，依法追究刑事责任。

第二十三条 本规定由国务院建设行政主管部门负责解释。

第二十四条 本规定自发布之日起施行。

关于印发《建设部建筑节能试点示范工程（小区）管理办法》的通知

建科［2004］25号

各省、自治区建设厅，直辖市建委及有关部门，计划单列市建委（建设局），新疆生产建设兵团建设局：

为加强建筑节能试点示范工程的管理，规范其申报、检查、验收等工作，充分发挥节能建筑示范效应，推动全国建筑节能工作，我部制定了《建设部建筑节能试点示范工程（小区）管理办法》，现印发给你们，请遵照执行。

附件：建设部建筑节能试点示范工程（小区）管理办法

中华人民共和国建设部

二〇〇四年二月十一日

附件：

建设部建筑节能试点示范工程（小区）管理办法

第一条 为贯彻建设部《民用建筑节能管理规定》，执行国家有关建筑节能设计标准，通过实施建筑节能试点示范工程（小区）（以下简称示范工程）推动各地建筑节能工作，制定本办法。

第二条 本办法适用于各气候区民用建筑新建或改造项目实施节能的工程。

第三条 建设部负责示范工程的立项审查与批准实施、监督检查、建筑节能专项竣工验收、建筑节能示范工程称号的授予等组织管理工作。

第四条 县级以上地方建设行政主管部门负责示范工程的组织实施，同时要结合示范工程制定本地区的建筑节能技术经济政策和管理办法。

第五条 在示范工程的实施中，通过规划、设计、施工、材料应用、运行管理、工程实践和经验总结等，推广先进适用成套节能技术与产品，实现节能的经济和社会效益，促进建筑节能产业进步，推动建筑节能工作的发展。

第六条 示范工程应重点抓好下列成套节能技术和产品的应用：

1. 新型节能墙体、保温隔热屋面、节能门窗、遮阳和楼梯间节能等技术与产品；

2. 供热采暖系统调控与热计量和空调制冷节能技术与产品；

3. 太阳能、地下能源、风能和沼气等可再生能源；

4. 建筑照明的节能技术与产品；

5. 其他技术成熟、效果显著的节能技术和节能管理技术。

第七条 申报示范工程的项目必须具备的条件：

1. 设计方案应优于现行建筑节能设计标准，并且符合《民用建筑节能管理规定》；或设计方案满足现行建筑节能设计标准，但采用的节能技术具有国内领先水平；

2. 有建设项目的正式立项手续；

3. 有可靠的资金来源，开发企业有相应的房地产开发资质；

4. 选用的节能技术与产品通过有关部门的认证和推广，并符合国家(或行业)标准；没有国家(或行业)标准的技术与产品，应由具有相应资质的检测机构出具检测报告，并经国务院或省、自治区、直辖市有关部门组织的专家审定。

第八条 申报示范工程的单位应提交以下文件、资料：

1. 建设部科技示范工程(建筑节能专项)申报书；

2. 工程可行性研究报告(含节能篇)；

3. 规划和建筑设计方案和节能专项设计方案；

4. 工程立项批件、开发企业资质等证照复印件。

第九条 申报与审查：

1. 申请示范工程的单位将申报书与其他相关文件、资料报省、自治区、直辖市、计划单列市的建设厅(建委、建设局)；

2. 省、自治区、直辖市、计划单列市建设厅(建委、建设局)组织对申报书及其他相关文件、资料的初审。通过初审的签署意见，报建设部；

3. 建设部组织专家对申报项目进行审查，通过审查的项目列入建设部科学技术项目计划(建筑节能示范工程专项)。

建设部每年组织一次示范工程立项审查。

第十条 项目列入建设部科学技术项目计划后，承担单位应严格按照批准的设计方案实施，每半年向省、自治区、直辖市、计划单列市建设厅(建委、建设局)汇报项目实施情况，并由省、自治区、直辖市、计划单列市建设厅(建委、建设局)签署意见后报建设部。

第十一条 承担单位在实施节能分项工程过程中，应向省、自治区、直辖市、计划单列市建设厅(建委、建设局)和建设部提交阶段实施报告。

第十二条 阶段性监督检查工作由建设部或由部委托省、自治区、直辖市、计划单列市建设厅(建委、建设局)组织。

第十三条 示范工程完成工程竣工验收并投入使用不少于一个采暖(制冷)期、且其节能性能经国家认可的检测机构检验合格后，由承担单位提出节能专项验收申请，由建设部或由部委托省、自治区、直辖市、计划单列市建设厅(建委、建设局)组织专家进行验收。

第十四条 申请节能专项验收时，承担单位应提交以下文件：

1. 工程竣工验收文件；

2. 示范工程实施综合报告(包括节能设计、节能新技术应用、施工建设、运行管理、节能效果、经济效益分析等内容)；

3. 工程质量检测机构出具的包括建筑物与采暖(制冷)系统的节能性能检测报告。

第十五条 通过验收的项目，由建设部统一颁发建设部建筑节能示范工程证书和标牌，并予以公示。

第十六条 具有下列情形之一的项目，取消其示范工程资格，并予以公告：

1. 实施后达不到建筑节能设计标准的项目；
2. 工程竣工后两年内未申请节能专项验收的项目；
3. 列入计划后一年内未组织实施的项目；
4. 未获得建设部批准延期实施的项目。

第十七条 本办法由建设部科学技术司负责解释。

第十八条 本办法自颁布之日起施行。

关于实施《夏热冬冷地区居住建筑节能设计标准》的通知

建科［2001］239号

各省、自治区、直辖市、计划单列市建设厅(建委)、计委、经贸委(经委)、财政厅(局)，国务院各部、委、直属机构(总公司)建设(基建)司局，中国人民解放军总后勤部营房部，各有关地方建筑节能(墙改)办公室：

为进一步推进长江流域及其周围夏热冬冷地区建筑节能工作，提高和改善该地区人民的居住环境质量，全面实现建筑节能50%的第二步战略目标，建设部组织制定了中华人民共和国行业标准《夏热冬冷地区居住建筑节能设计标准》(JGJ 134—2001)(以下简称《节能标准》)已于2001年7月颁布，自2001年10月1日起施行。

夏热冬冷地区是指长江流域及其周围地区，涉及16个省、自治区、直辖市。该地区面积约180万平方公里，人口约5.5亿，国民生产总值约占全国的48%，是一个人口密集、经济比较发达的地区。该地区夏季炎热，冬季潮湿寒冷。过去由于经济和社会的原因，该地区的一般居住建筑没有采暖空调设施，居住建筑的设计对保温隔热问题不够重视，围护结构的热工性能普遍很差，冬夏季建筑室内热环境与居住条件十分恶劣。随着这一地区的经济发展和人民生活水平快速提高，居民普遍自行安装采暖空调设备。由于没有科学的设计和采取相应的技术措施，致使该地区冬季建筑采暖、夏季建筑空调能耗急剧上升，能源浪费严重，居民用于能源的支出大幅度增加，居住条件也未得到根本改善。《节能标准》的颁布，标志着我国的建筑节能工作已经进入向中部地区推进的阶段。为了做好《节能标准》的贯彻和实施，现将有关事项通知如下：

一、《节能标准》对夏热冬冷地区居住建筑从建筑、热工和暖通空调设计方面提出节能措施，对采暖和空调能耗规定了控制指标，达到了指导设计的深度。各地应当从今年10月1日起施行；同时可结合实际编制《节能标准》的实施细则。

二、《节能标准》的实施过程中，要严格按照国家及有关部门关于建筑节能的政策与管理规定要求执行。实施《节能标准》，要与推广新型墙体材料和淘汰实心粘土砖紧密结合，节能建筑应积极采用新型墙体材料。各地自实施新标准之日起，新建民用建筑工程项目的可行性研究报告或者设计任务书，应当包括合理用能的专题论证。依法审批的机关要依照国家计委、国家经贸委、建设部《关于固定资产投资工程项目可行性研究报告"节能篇(章)"编制及评估的规定》(计交能［1997］2542号)的有关规定，对工程项目可行性研究报告或者设计任务书组织节能论证和评估。对不符合节能标准的项目，不得批准建设；建设单位应当按照节能要求和《节能标准》委托工程项目的设计，不得擅自修改节能设计文件；设计单位应当依据建设单位的委托以及《节能标准》进行设计，保证建筑节能设计质量；各地建设行政主管部门或者其委托的设计单位，在进行施工图设计审查时，应当审查节能设计的内容；施工单位应当按照节能设计进行施工，保证工程施工质量；建设工程质量监督机构，对不按节能设计标准要求施工和验收的项目，应责令改正，并应在质量监督文件中予以注明。对于达不到《节能标准》第 3.0.3，4.0.3，4.0.4，4.0.7，4.0.8，5.0.5，6.0.2 等强制性条文规定要求的，应按照建设部《实施工程建设强制性标准监督规定》(建设部令第 81 号)或参照《民用建筑节能管理规定》(建设部令第 76 号)等有关条款进行处罚。

三、国家鼓励建设节能建筑。采用新型墙体材料且达到《节能标准》要求的，应按照财政部关于新型墙体材料专项基金管理的有关规定免征新型墙体材料专项基金。在推广节能建筑中，不应大幅度提高建筑成本，要通过采取新材料、新产品、新技术降低工程造价。

四、各地在贯彻执行《节能标准》过程中，可在本地区逐步扩大建设试点示范建筑，并注意总结设计、施工、管理方面的经验，制订相应的政策，宣传节能建筑的优越性，推广成功经验。

五、夏热冬冷地区各省、自治区、直辖市、计划单列市建设厅(建委)应按照《节能标准》的要求，结合本地区实际，组织筛选出若干种符合《节能标准》的结构体系及其配套的墙体、屋面等保温构造做法，以及节能型采暖空调设备和产品。尽快组织有关单位编制符合《节能标准》要求的当地节能住宅通用设计图集，以利于《节能标准》的实施。

六、夏热冬冷地区新建、改建、扩建居住建筑的建筑和建筑热工与暖通空调均应执行《节能标准》；单身宿舍、学校、幼儿园、办公楼、医院建筑的建筑和建筑热工与暖通空调设计可参照《节能标准》执行。

建筑节能是一项综合性很强的工作，需有关部门及行业密切配合。夏热冬冷地区居住建筑节能工作直接涉及到这一广大地区人民群众的居住环境条件的改善和切身利益，充分体现了新时期国家对该地区人民群众根本利益的关怀。各有关省、自治区、直辖市建设行政主管部门，都要结合本地区实际，从《节能标准》的宣传、培训、试点示范、相关政策的研究与制定、建筑节能的管理及组织实施等方面，制订相应的实施计划，加强节能建筑的日常运行管理和维护，确保节能效益的实现。实施过程中有何具体问题请与建设部联系。

中华人民共和国建设部
中华人民共和国国家发展计划委员会
中华人民共和国国家经济贸易委员会
中华人民共和国财政部
二〇〇一年十一月二十日

关于加强民用建筑工程项目建筑节能审查工作的通知

建科［2004］174号

建筑节能是贯彻我国可持续发展战略的重要举措。全面推进建筑节能，有利于节约能源、保护环境、改善建筑功能、提高人民群众生活和工作水平，对全面建设小康社会、促进建筑业技术进步和节能事业发展具有十分重要的作用。为认真贯彻国务院领导同志关于政府机构节能和建筑节能的批示及《国务院办公厅关于开展资源节约活动的通知》(国办发［2004］30号)的精神，监督民用建筑工程项目执行建筑节能标准，确保节能建筑的设计施工质量，促进建筑节能工作全面深入健康发展，根据《中华人民共和国节约能源法》和《建设工程质量管理条例》以及《关于固定资产投资工程项目可行性研究报告“节能篇(章)”编制及评估的规定》(计交能［1997］2542号)，现就加强民用建筑工程项目建筑节能审查工作通知如下：

一、民用建筑工程项目建筑节能审查是提高新建建筑节能标准执行率的重要保障。各级建设行政主管部门要将建筑节能审查切实作为建筑工程施工图设计文件审查的重要内容，保证节能标准的强制性条文真正落到实处。

二、施工图审查机构要审查受审项目的施工图设计和热工计算书是否满足与本地区气候区域对应的《民用建筑节能设计标准(采暖居住建筑部分)》(JGJ 26—95)、《夏热冬冷地区居住建筑节能设计标准》(JGJ 134—2001)、《夏热冬暖地区居住建筑节能设计标准》(JGJ 75—2003)中的强制性条文和当地的强制性标准的规定。审查合格的工程项目，需在项目受管辖的建筑节能办公室进行告知性备案，并由其发给统一格式的《民用建筑节能设计审查备案登记表》(附后)。

三、省、自治区、直辖市人民政府建设行政主管部门负责监督本行政区域内民用建筑工程项目建筑节能审查工作。各级建设行政主管部门要严格依照建设部《实施工程建设强制性标准监督规定》(建设部令第81号)，做好民用建筑工程项目施工设计中执行建筑节能标准的管理工作。

四、各级建设行政主管部门要加强对建筑节能重要部位专项检查工作，重点对建筑物的围护结构(含墙体、屋面、门窗等)和供热采暖或制冷系统在主体完工、竣工验收两个阶段及时进行单项检查，以判定工程项目的新型墙体材料使用情况、屋面保温情况、门窗热工性能、供热采暖、制冷系统的热效率和管道保温情况等。

五、对施工图审查合格并在项目受管辖的建筑节能办公室进行备案的工程项目，根据“关于实施《夏热冬冷地区居住建筑节能设计标准》的通知(建科［2001］239号)”和“关于实施《夏热冬暖地区居住建筑节能设计标准》的通知(建科［2003］237号)”文件规定，建筑节能办公室对其减免新型墙体材料专项基金。各级建设行政主管部门在建筑节能重要部位的专项检查过程中，对不符合墙改与建筑节能要求的工程项目要提出相应的改进意见。对达不到整改要求的工程项目要依照建设部《实施工程建设强制性标准监督规定》(建设部令第 81 号)的规定予以相应的处罚。

六、为确保节能建筑工程的质量，各类轻质墙板、节能门窗、屋面保温材料等新产品、新技术应由主管部门会同建筑节能办公室组织有关专家进行技术评估或科技成果鉴定。

建设部

二OO四年十月十二日

附件：

民用建筑节能设计审查备案登记表

200　年　月　日

<table>
<tr><td>建设单位名称</td><td colspan="6"></td></tr>
<tr><td>建设项目名称</td><td colspan="6"></td></tr>
<tr><td>设计建筑面积</td><td colspan="2">(m²)</td><td colspan="2">实际竣工面积</td><td colspan="2">(m²)</td></tr>
<tr><td rowspan="6">施工图设计执行民用建筑节能设计标准及当地实施细则情况</td><td colspan="3">建筑物体形系数</td><td colspan="3"></td></tr>
<tr><td colspan="2" rowspan="3">外围护结构传热系数 K 值
(W/m²・℃)</td><td>墙体</td><td colspan="3"></td></tr>
<tr><td>门窗</td><td colspan="3"></td></tr>
<tr><td>屋面</td><td colspan="3"></td></tr>
<tr><td colspan="3">供热采暖(制冷)系统节能方式</td><td colspan="3"></td></tr>
<tr><td colspan="3">建筑物耗热量指标</td><td colspan="3">W/m²</td></tr>
<tr><td>节能设计审查意见</td><td colspan="6"></td></tr>
<tr><td rowspan="5">设计选用新型墙体材料及建筑节能产品情况</td><td>墙材种类</td><td></td><td>比例</td><td></td><td rowspan="2">产品出厂合格证及质量检测报告，投产鉴定合格证书号</td><td rowspan="2"></td></tr>
<tr><td>屋面(墙体)保温材料及构造做法</td><td colspan="3"></td></tr>
<tr><td>节能门窗种类</td><td colspan="3"></td><td rowspan="2">是否安装热计量表或预留热表安装位置</td><td rowspan="2"></td></tr>
<tr><td>供热采暖系统选用设备及产品</td><td colspan="3"></td></tr>
<tr><td colspan="6"></td></tr>
<tr><td>检查施工过程及竣工后使用新型墙体材料及建筑节能产品情况</td><td colspan="6"></td></tr>
<tr><td>建筑节能办公室备案意见</td><td colspan="6"></td></tr>
</table>

关于新建居住建筑严格执行节能设计标准的通知

建科［2005］55号

各省、自治区建设厅，直辖市建委及有关部门，计划单列市建委，新疆生产建设兵团建设局：

建筑节能设计标准是建设节能建筑的基本技术依据，是实现建筑节能目标的基本要求，其中强制性条文规定了主要节能措施、热工性能指标、能耗指标限值，考虑了经济和社会效益等方面的要求，必须严格执行。1996年7月以来，建设部相继颁布实施了各气候区的居住建筑节能设计标准。一些地区还依据部的要求，在建筑节能政策法规制定、技术标准图集编制、配套技术体系建立、科技试点示范、建筑节能材料产品开发应用与管理、宣传培训等方面开展了大量工作，取得了成效。但是，也有一些地方和单位，包括建设、设计、施工等单位不执行或擅自降低节能设计标准，新建建筑执行建筑节能设计标准的比例不高，不同程度存在浪费建筑能源的问题。为了贯彻落实科学发展观和今年政府工作报告提出的“鼓励发展节能省地型住宅和公共建筑”的要求，切实抓好新建居住建筑严格执行建筑节能设计标准的工作，降低居住建筑能耗，现通知如下：

一、提高认识，明确目标和任务

（一）我国人均资源能源相对贫乏，在建筑的建造和使用过程中资源、能源浪费问题突出，建筑的节能节地节水节材潜力很大。随着城镇化和人民生活水平的提高，新建建筑将继续保持一定增长势头。在发展过程中，必须考虑能源资源的承载能力，注重城镇发展建设的质量和效益。各级建设行政主管部门要牢固树立科学发展观，要从转变经济增长方式、调整经济结构、建设节约型社会的高度，充分认识建筑节能工作的重要性，把推进建筑节能工作作为城乡建设实现可持续发展方式的一项重要任务，抓紧、抓实、抓出成效。

（二）城市新建建筑均应严格执行建筑节能设计标准的有关强制性规定；有条件的大城市和严寒、寒冷地区可率先按照节能率65％的地方标准执行；凡属财政补贴或拨款的建筑应全部率先执行建筑节能设计标准。

（三）开展建筑节能工作，需要兼顾近期重点和远期目标、城镇和农村、新建和既有建筑、居住和公共建筑。当前及今后一个时期，应首先抓好城市新建居住建筑严格执行建筑节能设计标准工作，同时，积极进行城市既有建筑节能改造试点工作，研究相关政策措施和技术方案，为全面推进既有建筑节能改造积累经验。

二、明确各方责任，严格执行标准

（四）建设单位要遵守国家节约能源和保护环境的有关法律法规，按照相应的建筑节能设计标准和技术要求委托工程项目的规划设计、开工建设、组织竣工验收，并应将节能工程竣工验收报告报建筑节能管理机构备案。

房地产开发企业要将所售商品住房的结构形式及其节能措施、围护结构保温隔热性能指标等基本信息载入《住宅使用说明书》。

（五）设计单位要遵循建筑节能法规、节能设计标准和有关节能要求，严格按照节能设计标准和节能要求进行节能设计，设计文件必须完备，保证设计质量。

（六）施工图设计文件审查机构要严格按照建筑节能设计标准进行审查，在审查报告中单列是否符合节能标准的章节；审查人员应有签字并加盖审查机构印章。不符合建筑节能强制性标准的，施工图设计文件审查结论应为不合格。

（七）施工单位要按照审查合格的设计文件和节能施工技术标准的要求进行施工，确保工程施工符合节能标准和设计质量要求。

（八）监理单位要依照法律、法规以及节能技术标准、节能设计文件、建设工程承包合同及监理合同，对节能工程建设实施监理。监理单位应对施工质量承担监理责任。

三、加强组织领导，严格监督管理

（九）推进建筑节能涉及城市规划、建设、管理等各方面的工作，各地要完善建筑节能工作领导小组的工作制度，通过联席会议和专题会议等有效形式，形成协调配合、运行顺畅的工作机制。

（十）各地建设行政主管部门要加大建筑节能宣传力度，增强公众的节能意识，逐步建立社会监督机制。要结合实例向公众宣传建筑节能的重要性，提高公众建筑节能的自觉性和主动性。同时，要建立监督举报制度，受理公众举报。

（十一）各地和有关单位要加强对设计、施工、监理等专业技术人员和管理人员的建筑节能知识与技术的培训，把建筑节能有关法律法规、标准规范和经核准的新技术、新材料、新工艺等作为注册建筑师、勘察设计注册工程师、监理工程师、建造师等各类执业注册人员继续教育的必修内容。

（十二）各地建设行政主管部门要采取有效措施加强建筑节能工作中设计、施工、监理和竣工验收、房屋销售核准等的监督管理。在查验施工图设计文件审查机构出具的审查报告时，应查验对节能的审查情况，审查不合格的不得颁发施工许可证。发现违反国家有关节能工程质量管理规定的，应责令建设单位改正；改正后要责令其重新组织竣工验收，并且不得减免新型墙体材料专项基金。

房地产管理部门要审查房地产开发单位是否将建筑能耗说明载入《住宅使用说明书》。

（十三）设区城市以上建设行政主管部门要组织推进节能建筑性能测评工作。各级建筑节能工作机构要切实履行职责，认真开展对节能建筑及部品的检测。要建立健全建筑节能统计报告制度，掌握分析建筑节能进展情况。

（十四）各地建设行政主管部门要加强经常性的建筑节能设计标准实施情况的监督检查，发现问题，及时纠正和处理。各省（自治区、直辖市）建设行政主管部门每年要把建筑节能作为建筑工程质量检查的专项内容进行检查，对问题突出的地区或单位依法予以处理，并将监督检查和处理情况于今年9月30日前报建设部。建设部每年在各地监督检查的基础上，对各地建筑节能标准执行情况进行抽查，对建筑节能工作开展不力的地方和单位进行重点检查。2005年底以前，建设部重点抽查大城市和特大城市；2006年6月以前，对其他城市进行抽查，并将抽查的情况予以通报。

凡建筑节能工作开展不力的地区，所涉及的城市不得参加“人居环境奖”、“园林城市”的评奖，已获奖的应限期整改，经整改仍达不到标准和要求的将撤消获奖称号。不符合建筑节能要求的项目不得参加“鲁班奖”、“绿色建筑创新奖”等奖项的评奖。

（十五）各地建设行政主管部门对不执行或擅自降低建筑节能设计标准的单位，要依据《中华人民共和国建筑法》、《中华人民共和国节约能源法》、《建设工程质量管理条例》（国务院令第279号）、《建设工程勘察设计管理条例》（国务院令第293号）、《民用建筑节能管理规定》（建设部令第76号）、《实施工程建设强制性标准监督规定》（建设部令第81号）等法律法规和规章的规定进行处罚：

1. 建设单位明示或暗示设计单位、施工单位违反节能设计强制性标准，降低工程建设质量；或明示或者暗示施工单位使用不合格的建筑材料、建筑构配件和设备；或施工图设计文件未经审查或者审查不合格，擅自施工的；或未按照国家规定将竣工验收报告、有关认可文件或者准许使用文件报送备案的；处20万元以上50万元以下的罚款。

建设单位未取得施工许可证或者开工报告未经批准，擅自施工的，责令停止施工，限期改正，处工程合同价款1%以上2%以下的罚款。

建设单位未组织竣工验收，擅自交付使用的；或验收不合格，擅自交付使用的；或对不合格的建设工程按照合格工程验收的；处工程合同价款2%以上4%以下的罚款；造成损失的，依法承担赔偿责任。建设工程竣工验收后，建设单位未向建设行政主管部门或者其他有关部门移交建设项目档案的，责令改正，处1万元以上10万元以下的罚款。

2. 设计单位指定建筑材料、建筑构配件的生产厂、供应商的；或未按照工程建设强制性标准进行设计的；责令改正，处10万元以上30万元以下的罚款；有上述行为造成重大工程质量事故的，责令停业整顿，降低资质等级；情节严重的，吊销资质证书；造成损失的，依法承担赔偿责任。

3. 施工图设计文件审查单位如不按照要求对施工图设计文件进行审查，一经查实将由建设行政主管部门对当事人和其所在单位进行批评和处罚，直至取消审查资格。

4. 施工单位在施工中偷工减料的，使用不合格的建筑材料、建筑构配件和设备的，或者有不按照工程设计图纸或者施工技术标准施工的其他行为的，责令改正，并处工程合同价款2%以上4%以下的罚款；造成建设工程质量不符合规定的质量标准的，负责返工、修理，并赔偿因此造成的损失；情节严重的，责令停业整顿，降低资质等级或者吊销资质证书。

施工单位不履行保修义务或者拖延履行保修义务的，责令改正，处10万元以上20万元以下的罚款，并对在保修期内因质量缺陷造成的损失承担赔偿责任。

5. 工程监理单位与建设单位或者施工单位串通，弄虚作假、降低工程质量的；或将不合格的建设工程、建筑材料、建筑构配件和设备按照合格签字的；责令改正，处50万元以上100万元以下的罚款，降低资质等级或者吊销资质证书；有违法所得的，予以没收；造成损失的，承担连带赔偿责任。

6. 注册建筑师、注册结构工程师、监理工程师等注册执业人员因过错造成质量事故的，责令停止执业1年；造成重大质量事故的，吊销执业资格证书，5年以内不予注册；情节特别恶劣的，终身不予注册。

中华人民共和国建设部

二〇〇五年四月十五日

关于认真做好《公共建筑节能设计标准》宣贯、实施及监督工作的通知

建标函［2005］121号

各省、自治区建设厅，直辖市建委，新疆生产建设兵团建设局，各有关单位：

为了贯彻落实中央经济工作会议和《政府工作报告》提出的节能要求，促进建设领域节能工作的全面开展，2005年4月4日，我部与国家质量监督检验检疫总局联合发布了国家标准《公共建筑节能设计标准》GB 50189—2005(以下简称《标准》)，自2005年7月1日起实施。为认真做好《标准》的宣贯、实施及监督工作，确保该标准的贯彻执行，现将有关事项通知如下：

一、全面提高对贯彻执行《标准》重要性的认识

当前，我国能源资源供应与经济社会发展的矛盾十分突出，建筑能耗已占全国能源消耗近30%。建筑节能对于促进能源资源节约和合理利用，缓解我国能源资源供应与经济社会发展的矛盾，加快发展循环经济，实现经济社会的可持续发展，有着举足轻重的作用，也是保障国家能源安全、保护环境、提高人民群众生活质量、贯彻落实科学发展观的一项重要举措。建筑节能标准作为建筑节能的技术依据和准则，是实现建筑节能的技术基础和全面推行建筑节能的有效途径。《中华人民共和国节约能源法》明确规定，固定资产投资工程项目的设计和建设，应当遵守合理用能标准和节能设计规范；达不到合理用能标准和节能设计规范要求的项目，依法审批机关不得批准建设，项目建成后不予验收。因此，执行建筑节能标准就是贯彻落实党和国家有关方针政策以及法律法规的具体体现。

公共建筑量大面广，占建筑耗能比例高，公共建筑节能推行的力度和深度，在很大程度上决定着建筑节能整体目标的实现。推行公共建筑节能，关键是要加强公共建筑节能标准的宣贯、实施和监督，确保公共建筑节能标准中的各项要求落到实处。各级建设行政主管部门要切实把《标准》的宣贯、实施及监督工作作为贯彻落实党和国家方针政策和法律法规、落实科学发展观、加强依法行政的一项重要工作，抓紧抓好并抓出成效。

二、大力开展《标准》的宣传、培训工作

(一)要结合本地的特点，利用各类新闻媒体或采取其他方式，广泛宣传《标准》的地位、作用及其重要意义，扩大《标准》的影响，提高社会各有关方面的节能意识以及贯彻执行《标准》的自觉性。

(二)要切实加强《标准》培训工作，确保《标准》中的有关规定得到准确理解和掌握。自2005年5月15日起，我部将委托中国建筑科学研究院，集中组织2～3期师资培训，为各地开展《标准》培训活动提供师资力量。各省、自治区、直辖市建设行政主管部门应当统一选派专业技术人员参加，并不少于10人。各地也应结合实际制定培训计划，并于2005年5月20日前报我部人事教育司和标准定额司，确保年内使本地区从事公共建

筑设计、监理、施工图设计文件审查、工程质量监督以及管理等单位的主要管理人员和技术人员普遍轮训一遍。

三、切实加强《标准》的实施与监督

公共建筑节能标准不仅政策性、技术性、经济性强，而且涉及面广、推行难度较大。各级建设行政主管部门要加强领导，落实责任，强化监督，依法行政，从国家战略的高度出发，确保《标准》的有关规定落到实处。

（一）自《标准》实施之日起，凡新建的公共建筑项目，必须符合《标准》强制性条文的规定。

（二）在《标准》实施过程中，各级建设行政主管部门要严格按照《中华人民共和国节约能源法》、《建设工程质量管理条例》（国务院令第279号）、《民用建筑节能管理规定》（建设部令第76号）、《实施工程建设强制性标准监督规定》（建设部令第81号）等有关法律、法规和部门规章，从勘察、设计、施工、监理、竣工验收等各环节，加强对《标准》实施的监督管理。

（三）各级建设行政主管部门要按照《关于加强民用建筑工程项目建筑节能审查工作的通知》（建科［2004］74）的要求，加强公共建筑节能设计审查的备案管理，对不符合《标准》强制性条文规定的公共建筑项目，不得予以备案。

（四）各省、自治区、直辖市建设行政主管部门应当根据本地区的具体情况，适时组织开展《标准》实施情况的专项检查或重点抽查，检查结果应及时上报我部。上报时间及内容要求另行通知。

中华人民共和国建设部

二〇〇五年四月二十一日

附录 相关产品技术介绍

一、标准中对建筑幕墙部分的要求

（深圳市方大装饰工程有限公司方大装饰工程设计院　曾晓武）

（一）建筑幕墙部分的总则

为满足《公共建筑节能设计标准》的要求，建筑幕墙需满足以下几点。

1. 严寒地区、寒冷地区的建筑幕墙应采用隐框幕墙，明框幕墙应采用隔热铝合金型材或采取其他有效的隔热措施；其他地区的建筑幕墙宜采用隐框幕墙，明框幕墙宜采用隔热铝合金型材或采取其他有效的隔热措施。

2. 严寒地区的透明幕墙应采用气体层厚度不小于12mm的中空低辐射玻璃或其他类型的相同保温性能的节能玻璃。

3. 寒冷地区、夏热冬冷地区的透明幕墙应采用气体层厚度不小于9mm的中空玻璃或其他类型的相同保温性能的节能玻璃。

（二）非透明幕墙部分

在本标准中，非透明幕墙主要是指铝板幕墙、石材幕墙等，此类幕墙的保温做法通常采用面板材料(如铝板、石材等)内加装50mm厚度的玻璃棉，玻璃棉密度一般不小于16kg/m^3，幕墙传热系数一般在0.7～0.9W/(m^2·K)之间。根据本标准对非透明幕墙部分的要求，严寒地区A区中，非透明幕墙传热系数限值不大于0.40W/(m^2·K)；夏热冬暖地区中，传热系数不大于1.5W/(m^2·K)，与前所述通常做法的非透明幕墙的传热系数有一定差距。

现阶段，可通过加装不同厚度的玻璃棉(玻璃棉厚度一般为50mm，75mm，100mm)或其他有效措施满足标准要求，如加装75mm厚玻璃棉的非透明幕墙的传热系数一般为0.5～0.7W/(m^2·K)，加装100mm厚玻璃棉的非透明幕墙的传热系数一般能小于0.4W/(m^2·K)。

所以，为满足本标准要求，严寒地区，非透明幕墙应加装100mm厚玻璃棉；寒冷地区应视体形系数的不同加装不小于75mm厚玻璃棉；夏热冬冷地区和夏热冬暖地区应加装50mm厚玻璃棉。

（三）透明幕墙部分

在本标准中，透明幕墙主要是指玻璃幕墙，此类幕墙的节能主要由玻璃的热工性能决定。目前，玻璃幕墙主要采用单层玻璃、透明中空玻璃、镀膜中空玻璃和中空低辐射玻璃。一般来说，玻璃的热工性能参数见表1，通过该表，能大概了解玻璃幕墙的热工性能。

表 1　常用玻璃的热工性能参数

玻 璃 类 型	普通单层玻璃	9mm 厚空气层的普通中空玻璃	12mm 厚空气层的普通中空玻璃	12mm 厚空气层的中空低辐射玻璃
传热系数 W/(m^2 · K)	5.8～6.4	3.2～3.5	2.8～3.2	1.6～1.8
遮 阳 系 数	0.3～0.9	0.2～0.8	0.2～0.8	0.25～0.6

另外，关于玻璃幕墙有以下几点需要说明：

1. 表 1 中的玻璃传热系数仅为玻璃本身的计算值，不能作为玻璃幕墙的传热系数。

2. 玻璃幕墙的传热系数应综合考虑玻璃幕墙类型(如明框、隐框)，明框的连接方式等等，如为明框幕墙，对玻璃幕墙整体的传热系数会有较大的影响。

3. 当采用隐框玻璃幕墙时，可近似参照玻璃的传热系数来确定玻璃幕墙的热工性能。如采用 12mm 厚空气层的中空低辐射玻璃的隐框幕墙，其传热系数一般在 2.0 W/(m^2 · K)。

4. 当采用中空低辐射玻璃还不能满足标准要求时，可采用在中空低辐射玻璃的空气层中充惰性气体。充惰性气体的中空低辐射玻璃的传热系数可降低 0.2 左右。

5. 对热工性能要求较高的玻璃幕墙，可采用通风式双层幕墙。如北京某工程，经国家建筑工程质量监督检验中心检测，该类幕墙的传热系数达到 1.0W/(m^2.K)。

6. 同种类型的玻璃中，选用不同遮阳系数的玻璃对材料成本的影响很小。

(四) 窗部分

根据本标准要求，严寒地区，窗的传热系数最高限值为不大于 2.2 W/(m^2 · K)；夏热冬暖地区，窗的传热系数最低限值为不大于 6.5 W/(m^2 · K)。目前，市场上常用的建筑窗按玻璃类型可分为单层玻璃窗和中空玻璃窗。常用建筑窗的保温性能见表 2。

表 2　常用建筑窗的保温性能

窗 类 型	传热系数 W/(m^2 · K)	备 注
铝 合 金 窗	6.0～6.7	单 层 玻 璃
塑 料 窗	4.3～5.7	单 层 玻 璃
铝 合 金 窗	3.8～4.5	普通中空玻璃
塑 料 窗	2.5～3.2	普通中空玻璃
铝合金隔热窗	3.0～3.4	普通中空玻璃；隔热型材
塑 料 窗	1.7～2.0	中空低辐射玻璃
铝合金隔热窗	2.1～2.6	中空低辐射玻璃；隔热型材

另外，关于建筑窗有以下几点需要说明：

1. 表 2 中所列的窗仅为目前市场上常用窗，其他窗类型如铝木复合窗、玻璃钢窗等没有一一列出。

2. 一般来说，同种玻璃配置的塑钢窗的保温性能优于铝合金隔热窗，但是，铝合金隔热窗经优化设计后，保温性能有较大的提高。

3. 由于玻璃配置、隔热条高度、结构工艺、生产厂商等的不同，同种类型窗的传热系数会有较大差异。

二、“空气调节与采暖系统的冷热源；监测与控制”等有关条文达标技术的讨论

（特灵空调器有限公司　余中海）

（一）第 5.3.18 条 5、6 款

● 一次泵变流量

适用于空调冷负荷变化大，且有利于部分负荷期长的项目，即使很小的系统改造也行。

空调水系统设计方案演变：一次泵定流量、二次泵变流量、一次泵变流量（VFP）等，使变频水泵的流量随空调负荷的减少而相应减少，从而节约水泵能耗，见下表。

在部分负荷下运行时间越长，则 VFP 系统节能越多。右图的实际案例表明全年节约运行费 6.4%左右。

空调水系统方案	冷源侧	负荷侧
一次泵定流量负荷变时	不节能流量不变	不节能流量不变
二次泵变流量负荷变时	不节能流量不变	节能流量变
一次泵变流量负荷变时	节能流量变	节能流量变

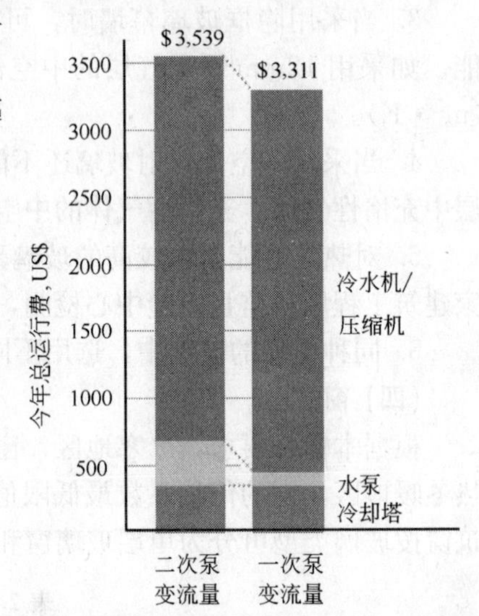

VFP 系统也可节约系统初投资，比如将二次泵变流量系统中的二套泵合并为一套变频泵，减少相应的水管、水阀和水泵数量，又可节省冷冻机房面积。根据美国空调制冷技术研究院（ARTI）2004 年三月份的研究报告❶：VFP 比较传统冷水系统全年总能耗节省 3%～8%，且初投资可节省 4%～8%，系统全生命周期成本则节省 3%～5%。

减少因冷冻水流量的变化而引起的出水温度波动，是对冷冻机的许可流量变化范围和变化率的考验，也是对冷冻机控制和空调水系统控制的考验。换言之，冷水机组不能采用太落后的自控。另外，较大的系统、主机数量较多的机房，有必要采用机组群控。（见标准第 5.5.5 条）

旁通管设计为最大单台冷冻机的最小允许流量。当负荷侧的所需流量少于冷冻机的最小允许流量，则多余的流量进入旁通管。

变频泵的转速可采用定压差方式控制，可取主供回水管道压差或具代表性的管道压差。

---

❶ ARTI. “Variable Primary Flow Chilled Water Systems: Potential Benefits and Application Issues”. AIR-CONDITIONING AND REFRIGERATION TECHNOLOGY INSTITUTE (ARTI), Arlington, VA 22203. *Final Report Vol*. 1 *ARTI*-21 *CR*/611-20070-01, March 2004.

（二）第 5.3.18 条 7 款

● 小流量大温差

适用于常规项目，尤其是空调冷负荷增加的系统改造项目。

在空调水系统中采用“小流量大温差”方案，有助减小水管直径和水阀、水泵尺寸，既可节约初投资又可节省系统运行费用。例：冷冻水进出水温差从 5℃温差（12～7℃）提升到 8℃温差（13.6～5.6℃），则冷冻水流量可减少 37.5%，水泵功率减小约 75.5%。下图表明：随着冷冻水/冷却水的水流量逐渐减小，虽然冷水机组的能耗略增，但整个系统的总能耗也相应减小。所以正如《标准》条文说明的第 5.5.5 条，应该将冷水机组、水泵、冷却塔等相关设备综合考虑。

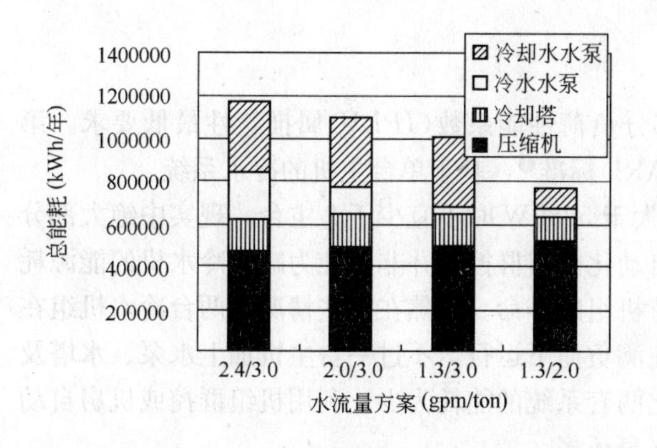

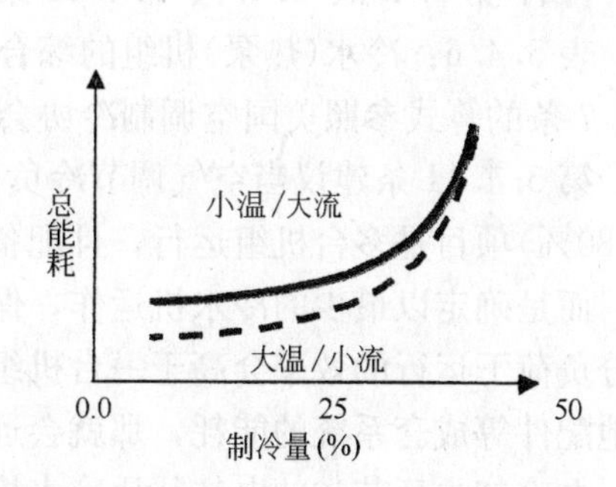

此系统在部分负荷下的节能趋势与全负荷相似，节能效果更为显著，见图。

小流量大温差的方案降低了冷冻水出水温度，宜选用合适的盘管和水管保温材料，以确保换热效率和防止结露；该方案提高了冷却水出水温度，有利于冷却塔散热，可采用较小的冷却塔[1]。由于温差加大，对冷水机组的运行效率和可靠性提出更高要求[2]。

（三）第 5.4.5 条

强制性条文：电机驱动压缩机的蒸汽压缩循环冷水（热泵）机组，在额定制冷工况和规定条件下，性能系数（*COP*）不应低于表 5.4.5 的规定。

表 5.4.5 中制冷性能系数（*COP*）值是最低要求，根据国标《冷水机组能效限定值及能源效率等级》中第四级能效等级制定。2005 年 3 月 29 日召开的国家首批单元式空调机和冷水机组节能认证产品发布会，在获得国家首批空调节能产品认证资格的 12 家空调制造商中，特灵空调共计有 395 个空调产品规格型号，包括离心式冷水机组 9 个单元（353 个型号）、螺杆式冷水机组 6 个单元（18 个型号），全部达到了国标的第二级能效等级，部分产品更达到第一级能效等级，并已获得国家首批空调节能产品认证资格。详情参阅 http://www.cecp.org.cn 中标认证中心公告（总第二十二期）。

---

[1] CoolTools Chilled Water Plant Design Guide. *http://www.hvacexchange.com/cooltools/*

[2] Kelly, D. W. and Chan, T. “Optimizing Chilled Water plants”, *HPAC Engineering*, January 1999, pp. 145-7.

● CVHE/G：离心机高效率的技术特点

1. 采用高效低压冷媒 R123；

2. 结合三级压缩与二级中间节能器；

3. 密闭式电机与压缩机直接传动，仅有一个运转部件，无增速齿轮传动。

● RTHD：螺杆机高效率的技术特点

1. 双螺杆半封闭式压缩机转子间隙精密，电机与转子直接驱动，无齿轮箱；

2. 螺杆机滑阀无级调节机组负荷；

3. 电子膨胀阀精确调节冷媒流量；

4. 独创的降膜式蒸发器换热效率高。

由于夏季空调系统满负荷运行时恰逢用电高峰，故机组满负荷的效率提高，可缓解用电压力。

(四) 第 5.4.6、5.4.7、5.4.11 条

表 5.4.6：冷水(热泵)机组的综合部分负荷性能系数(*IPLV*)属推荐性最低要求。第 5.4.7 条的算式参照美国空调制冷协会(ARI)标准[1]，基于单台主机的冷水系统。

第 5.4.11 条建议当空气调节冷负荷大于 528kW 时不宜少于 2 主台。现实中绝大部分(>80%)项目是多台机组运行，且配备自动化机组群控，并非单纯为减少冷水机的能源耗量，而是确定以最少的冷水机运作，保持机组的寿命。当然在某些情况下两台冷水机组在部分负荷下运行的效率会高于一台机组在满负荷下运行，不过一台主机加上水泵、水塔及其他配件等成套系统的能耗，那就会远比两套系统的能耗为少。利用机组群控或机房自动化，在冷却水环节省的电往往比冷水机本身还多。

机组群控的典型例子

系统冷负荷	100%	90%	80%	70%	60%	50%	40%	30%	20%	10%
主机 A-30%	100%	100%	88.8%	100%	100%	83.3%	—	100%	—	—
主机 B-30%	100%	100%	88.8%	—	100%	83.3%	—	—	—	—
主机 C-30%	100%	100%	88.8%	100%	—	—	100%	—	66.6%	—
主机 D-10%	100%	—	—	100%	—	—	100%	—	—	100%

上表是机组群控的典型例子，三台相同的冷水机组加一台较小的机组以满足长时间在低负荷运行的需要。明显地，表内没有机组在 50%或以下部分负荷运行，因此有一种观点认为这种情况下 *IPLV* 不能体现多主机系统的部分负荷性能，因为它在 50%或以下的负荷比重很大。正因如此，ARI 建议用能源模拟软件(例：DOE-2，TRACE700)来预测及比较部分负荷性能。

Trace™700——空调系统经济性分析软件，模拟建筑物的实际状况，计算空调负荷，并模拟空调系统实际运行过程。在建筑设计初期，Trace™700 可以给设计师和业主提供大量的定量分析数据，比较各种方案的初投资和运行费，以便确定最佳的方案。Trace™

---

[1] ARI. ARI Standard 550/590—98：Water Chilling Packages using the Vapor Compression Cycle. Air—conditioning and Refrigerating Institute，Arlington，VA，USA.

700 还可以对系统改造项目进行经济性分析。

Trace^{TM}700 软件包含五个部分：负荷计算、系统设计、系统方案选择、设备选择和经济性分析。如了解详细情况，可以浏览：http：//www. trane. com/commercial/software/

(五) 第 5.4.13 条

在北方地区，秋冬季节需供冷的商用建筑可采用一种新的节能措施：直接由冷却水通过与冷水机组并联设置的换热器向使用侧供应空调用冷水。

能否节省该高效板式换热器，直接把冷水机组用作高效热交换器？这就是“免费”制冷(Free Cooling)的由来，令人难以置信的“不开冷冻机就可制冷”。

● “免费”制冷

在我国北方地区，在冷却水温度低于冷冻水的出水温度(如 10～12.8℃)的秋冬季节期间，三级压缩离心式冷水机组可提供高达 45％的名义制冷量而无需启动压缩机，既节约电费，又可免去相应的换热器投资。如果室外湿球温度超过 10℃时，则返回到常规制冷模式。

自由冷却的运行原理是制冷剂流向温度最低的地方。若流过冷却塔的冷却水水温低于冷冻水水温，则制冷剂在蒸发器中的压强高于其在冷凝器中的压强。此压差导致已蒸发的制冷剂从蒸发器流向冷凝器中。被冷却的液态制冷剂靠重力从冷凝器流向蒸发器，从而完成自由冷却循环。

蒸发器与冷凝器的温差决定制冷剂流量，温差越大，则制冷剂流量越多。自由冷却一般需有 2.2～6.7℃温差，并相应提供 10％～45％的名义制冷量，但其冷冻水水温无法控制，基本上由冷却水温度和空调系统冷负荷决定。具有自由冷却功能的三级压缩离心机新增部件/功能如下：

1. 新增储液罐及增加制冷剂充注量；

2. 新增气态/液态制冷剂旁通管及电动阀门；

3. 新增控制功能。

(六) 第 5.3.14、5.3.15 条

提出空气侧采用热回收的要求，现补充介绍水侧采用热回收的技术。

● 热回收

适用于同时需要冷量和热量的项目。

具有热回收功能的冷水机组，不仅提供正常温度的冷冻水，还可同时提供高温热水(冷却水)。因此既环保(减少冷却塔向环境散热和冷却塔运行噪声)又节能(提供热水预热)。1000 冷吨冷水机组的热回收量相当于 7kg/h 蒸汽的锅炉的产热量，虽然热量的品质不同。

1. 最大热回收量

热回收量在理论上是制冷量和压缩机做功量之和，满负荷时可达总冷量的 115％～120％。在部分负荷时其热回收量随冷水机组的制冷量的减少而减少。因此通过热回收方式辅助供热不能完全代替热源。

2. 热水温度/热量控制

由于热水(冷却水)温度提高扩大了冷凝压力与蒸发压力的压差，导致冷水机组制冷效率降低和离心机易发喘振，故热水温度不宜过高，可利用电加热等其他热源进一步提高热水温度。

控制热水回水温度的好处是：冷水机组制冷量减小时，热水(冷却水)的出水温度降低，冷凝压力与蒸发压力的压差减少，冷水机组制冷效率高，离心机不易喘振。

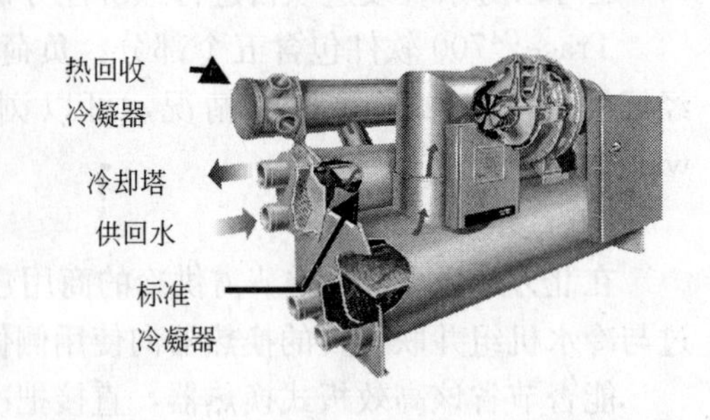

三级压缩离心机可100%热回收，其使用二个独立的冷凝器，通过控制标准冷凝器的冷却水温度或水流量，调节热回收量的大小。标准冷凝器可接开式冷却塔，对冷却水水质无特别要求。

(七) 第5.4.2条4款

提出夜间利用低谷价蓄热，现补充夜间利用低谷价蓄冷的技术。

● 冰蓄冷

适用于峰谷电价差别大的地区。

冰蓄冷通过“夜间制冰，白天融冰”方式，把不能储存的电能转化为冷量储存起来，满足空调制冷需求。同时实现电力需求削峰填谷的目的。

三级压缩离心机可以“夜间制冰，白天供冷”，在二个典型工况下转换运行。与螺杆机相比，它具有单机制冷量大，效率高的优点。不仅节省工程的初投资，而且节约设备运行费用，因此其投资回收年限比螺杆机短，为用户提供可观的投资回报。见下表比较：

运行工况	比较内容	三级压缩离心机	螺杆机
空调工况	制冷量(冷吨)	500～1100	137～532
	制冷效率(kW/冷吨)	0.651 0.739	0.653 0.743
制冰工况	制冷量(冷吨)	340～782	89～345
	制冷效率(kW/冷吨)	0.772 0.846	0.905 1.035
制冰衰减	制冷量	23%～32%	28%～35%
	制冷效率	15%～18.5%	38%～39%

空调工况：冷冻水7～12℃，冷却水32～37℃

制冰工况：冷冻水出水－5.5℃，冷却水30～33℃

三级压缩离心机可提供多种电脑选型，如－6.5℃出水，且0.8kW/冷吨的高效率，其空调工况效率高达0.612kW/冷吨，使螺杆机相形见拙，见下表：

双工况	650冷吨离心机		750冷吨离心机	
供水温度℃	冷吨	kW/冷吨	冷吨	kW/冷吨
7	650	0.612	750	0.617
－5.5	354	0.779	445	0.762
－6.0	335	0.796	419	0.771
－6.5	310	0.818	405	0.788

空调工况：冷冻水7～12℃，冷却水32～37℃

制冰工况：冷冻水出水－6.5℃，冷却水 30～33℃

由于冷冻水的出水温度越低，则冷水机组的制冷量和制冷效率会衰减。故一般参照 22F（－5.56℃）出水的国际设计标准。

双工况的三级压缩离心机在空调工况下的最大冷量及制冷效率均与常规的三级压缩离心机相当，且其在制冰工况下制冷效率高达 0.750kW/冷吨，充分显示其冷量大和制冷效率高的优势，见下表。

双工况	1300 冷吨离心机		双工况	1300 冷吨离心机	
供回水温度℃	冷吨	kW/冷吨	供回水温度℃	冷吨	kW/冷吨
7～12	1300	0.614	－5.5～－2.81	709	0.750

空调工况：冷却水 32～37℃

制冰工况：冷却水 30～32.8℃

（八）第 5.5 节

自控系统的功能满足《标准》的监视与控制要求，达到节能效果，具体实践如下：

1. 冷、热源系统的控制(标准第 5.5.4 条)

（1）对系统冷、热量的瞬时值和累计值进行监测，系统通过采集的数据，以冷量为判断标准，计算出冷水机组需要运行的台数。

（2）在系统程序中设置启动顺序和连锁控制。保障设备正常运行。例如：在整个水环路系统启动时，先启动冷却塔风机，再启动冷却水阀、冷却泵、冷冻泵，最后启动主机。

（3）通过水温传感器和压差传感器对供、回水温度和压差进行测量，与设定值进行比较，作为机组加载、卸载的依据。

（4）通过设备层 DDC 对设备的运行和故障进行监测和控制，并把数据上传到 BCU（系统控制器）和控制中心。

（5）对冷水机组出水温度进行优化设定。如：当室内负荷下降时，相应提高温度设定点，以达到节能的目的。

2. 总装机容量较大、数量较多的大型工程冷、热源机房的控制(标准第 5.5.5 条)

总装机容量较大、数量较多的大型工程冷、热源机房的控制，特灵通过 ICS（集成舒适系统）来实现，由 BCU 采集所需要的各种数据，依照编写的控制程序，对各种工况、变化作出相应的控制、调整。实现系统启停；制冷机组台数控制；冷冻水压差控制；冷却水温度控制；设备轮序等功能。具有节能、可靠、整体性和保护性好等优点。

3. 空气调节冷却水系统(标准第 5.5.6 条)

（1）冷却水温度过低，将造成机组启动困难或运行异常甚至发生故障。因此必须对冷却水温度进行控制，防止冷却水温度过低。在 ICS 中通过旁通控制、停冷却塔风机或对冷却塔风机进行变频控制等方法来实现此目的。

（2）同时，控制冷却塔风机的运行台数和风机速度能够达到节能的目的。

（3）当冷却水温度低于冷冻水供水温度，系统可以通过切换阀门，使冷却水直接作为空气调节用的冷水。同时，系统根据测量冷却水出水温度，对冷却水塔风扇电机以及阀门进行控制，达到控制出水温度的目的。

（4）ICS 系统还可以测量冷却塔内水的电导率进行排污的控制。当水的电导率超过设定值时，系统控制器逐渐加大排水阀的开度，同时，相应打开补水阀门，补充冷却塔的水量，从而达到排污的目的。

4. 空气调节风系统的控制(标准第 5.5.7 条)

(1) 全新风系统时，监测和控制出风温、湿度；混风系统，监测和控制回风温、湿度。这样能够提高控制品质，达到节能的目的。

(2) 当采用定风量全空气调节系统时，测量室外干球温度或焓值，当室外干球温度或焓值低于预设值时，系统调节室外新风阀和回风阀的开度，采用变新风比的控制方式。例如：当室外干球温度或焓值低于回风干球温度或焓值时，开大新风阀的开度，同时减小回风阀的开度，尽量使用外界冷源来达到制冷的目的，同时降低能耗。此外，当外界干球温度低于出风温度设定值时，系统会自动调节新风阀和回风阀的比例，混合两部分的空气，防止出现过冷风的现象。

(3) 当使用变风量的调节系统时，系统控制 VAV 末端设备，采用压力无关型控制，根据室内温度变化，计算出所需的风量，把系统中静压最高的阀门尽量开大，同时降低风机的转速，达到节能和降低噪声等目的。

(4) 整个系统通过各级的 DDC 和控制器以及一系列的传感器实现设备运行状态的监测和故障报警，并上传到控制中心。

(5) 在盘管处增加一个防冻开关，当新风温度过低时保护盘管，防止盘管冻裂。

(6) 可以在过滤网两侧放置压差传感器，测量两侧的压差，当压差超过设定值时，向系统输出一个开关量信号，告知过滤网已经脏堵。

5. ICS 系统可以采用二次泵自动变速控制方法，也可以实现一次泵自动变速控制方法(标准第 5.5.8 条)。

6. 对末端变水量系统中的风机盘管，采用电动温控阀和三速风速结合的控制方式(标准第 5.5.9 条)。

三、低辐射镀膜玻璃

(秦皇岛耀华玻璃股份有限公司　鲁大学)

由于玻璃或透明幕墙具有通透明亮的光影效果，使建筑具有现代、豪华、美观大方、自重轻、采光效果好等优点，体现出现代建筑的时代感，因此，窗墙面积比大的外窗和透明幕墙在公共建筑上的应用极为普遍。目前，在建筑围护结构的门窗、墙体、屋面、地面等围护结构中，门窗的绝热性能最差，成为影响建筑节能的主要因素之一。就我国目前典型的围护部件而言，门窗的能耗约占建筑围护部件总能耗的40％～50％。因此增强门窗的保温隔热性能，减少门窗能耗，是改善室内热环境质量和提高建筑节能水平的重要环节。随着建筑窗墙比日益增大的趋势，玻璃在外窗或透明幕墙中的节能作用越来越突出。同时也大大促进了玻璃行业新产品新技术的不断涌现，继彩色吸热玻璃、阳光控制镀膜玻璃、中空玻璃等具有节能性能的玻璃产品之后，秦皇岛耀华玻璃股份有限公司等国内几家企业生产的Low-E玻璃以其高效的节能性能而得到了日益广泛的应用。

低辐射镀膜玻璃(Low-E玻璃)是在普通玻璃的表面镀上了具有低辐射特性的膜层，使之成为拥有保温隔热特性的功能玻璃。图1所示为高可见光透过型耀华Low-E玻璃的光谱特性曲线，与普通玻璃相比，这层不到头发丝百分之一厚度的膜层对远红外波段的热辐射反射率很高，吸收率很低，可以将80％以上的远红外热辐射反射回去，从而降低了玻璃的传热系数。对比Low-E玻璃和普通玻璃的性能数据，可以得知，不管是单片还是中空使用时Low-E玻璃的传热系数K值相比于相同组合的普通浮法玻璃的K值，都可以降低三分之一以上。

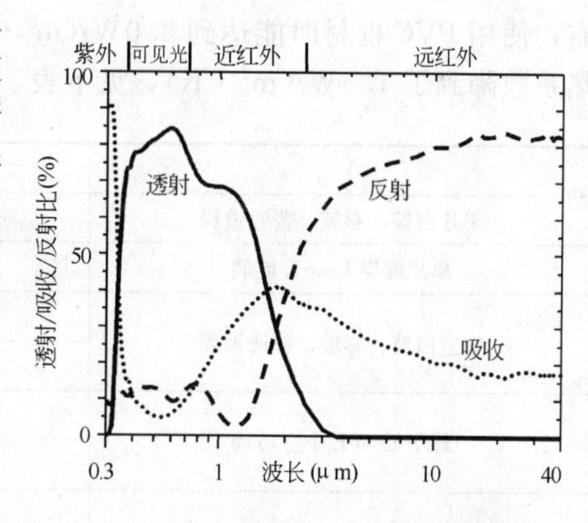

图1　耀华Low-E玻璃光谱曲线

Low-E玻璃按生产工艺可分为离线生产方式和在线生产方式。离线生产使用的是真空磁控溅射工艺，把要镀膜的玻璃经切割、清洗等预加工后，送入溅射室，在玻璃表面镀上单层或双层纯银的功能膜。由于银易氧化，两侧需加上多层介质膜。膜层属于“软镀膜”，不具有耐酸碱和耐磨性，镀完后必须立即加工成中空玻璃才能储存和使用。在线Low-E玻璃是在浮法玻璃成型过程中，直接将原料气体喷射到高温的玻璃表面上，沉积产生低辐射膜层。随着玻璃的冷却，膜层成为了玻璃表面的一部分。因此，膜层坚硬耐用，可以单片使用，并且可以钢化和热弯，像普通玻璃一样长期储存。耐磨耐酸碱的特性使得在线Low-E玻璃能够在各种环境下长期保持稳定的光谱特性，从而也能够使得建筑物的节能效果保持永久稳定性。

Low-E玻璃按功能主要分为两种。一种是高可见光透过的Low-E玻璃，无色透明，非常适合与白玻、彩玻、热反射、自洁净玻璃自由组合，制成具有多种颜色、多种功能的中空玻璃。另一种是具有遮阳效果的 Low-E 玻璃，带有不同深度的颜色，主要应用在要求遮阳系数低的幕墙上。两类产品除可见光透过率和遮阳系数不同外，对于热量的反射效果是相近的。当在建筑上使用 Low-E 玻璃时，既可以达到在冬季阻止室内的热辐射通过玻璃向室外泄漏的保温效果；又可以达到在夏季阻挡室外的热辐射影响室内温度的隔热效果。从而实现降低建筑总的采暖制冷能耗的目的。

在线 Low-E 玻璃可以单片使用，其传热系数 K 值为 3.7W/(m² · K)左右，而其他玻璃(白玻、彩玻、普通热反射镀膜玻璃)单片使用时的 K 值为 5.7W/(m² · K)左右。所以当所设计的幕墙传热系数处在 3.5W/(m² · K)以上范围时，可以选择单片 Low-E 或制成夹层玻璃使用，完全能够满足标准中对中部以南地区小窗墙比的限制要求，特别是在大堂幕墙和观景平台等不适合用中空玻璃的部位将发挥良好的作用。

普通中空玻璃在 12mm 间隔的组合时其 K 值约为 2.8W/(m² · K)左右，Low-E 玻璃与普通玻璃组成中空时，根据气体层的厚度和种类不同，传热系数在 1.5～2.1W/(m² · K)范围内，完全可以满足标准中对绝大部分建筑窗墙比的 K 值限制要求。当使用中空玻璃组成窗户时，整窗的传热系数将受窗框的性能所影响。5＋12＋5 的 Low-E 中空玻璃使用断热铝合金框材时传热系数一般在 2.5～3.0W/(m² · K)左右，使用 PVC 框材时能达到 2.0W/(m² · K)以下，耀华使用玻璃钢框材将整窗的传热系数降到了 1.5W/(m² · K)，见下表。

	典型厚度组合	传热系数
单片白玻、彩玻、普通镀膜	5	5.7W/(m² · K)
单片耀华 Low-E 玻璃	5	3.7W/(m² · K)
中空白玻、彩玻、普通镀膜	5+9+5	3.0W/(m² · K)
	5+12+5	2.8W/(m² · K)
耀华 Low-E 中空玻璃	5+9+5	2.1W/(m² · K)
	5+12+5	1.9W/(m² · K)
耀华 Low-E 中空玻璃氩气填充	5+9+5	1.7W/(m² · K)
	5+12+5	1.6W/(m² · K)
双 Low-E 双中空玻璃氩气填充	5+9+5+9+5	1.0W/(m² · K)

在标准中，对严寒地区的外窗和寒冷地区的小窗墙比以及北向外窗未提出最高遮阳系数的限制，主要是由于在采暖期长的气候条件下，应更多地利用窗户透进室内的热量来节约采暖费用，所以应使用遮阳系数大的玻璃产品。高可见光透过型的 Low-E 玻璃与白玻组合时的遮阳系数约为 0.7～0.8，能够很好地满足这些地区对外窗传热系数小、遮阳系数大的性能要求。

对于标准中有最高遮阳系数限制的外窗，在确定遮阳系数的同时，要考虑可见光透过率。因为当玻璃本身的遮阳系数降低时，可见光透过率也将会随之降低，目前市场上无法选择到 SC 值很低可见光透过率很高的玻璃组合，因此必须同时考虑两者数据都达到标准要求。可以主要采用三种途径来选择不同遮阳系数的玻璃。一是使用膜层具有遮阳功能的

Low-E 玻璃，目前市场上遮阳型 Low-E 的遮阳系数上下范围比较广，但可供选择的颜色系列并不是很丰富。二是使用颜色玻璃、镀膜玻璃与无色的 Low-E 玻璃组成中空或夹层使用，在降低遮阳系数的同时，可以调配成多种多样的颜色品种。以耀华 Low-E 玻璃为例，与其他玻璃组合时 SC 可以在 0.2～0.8 之间选择。三是设置外遮阳装置降低总的遮阳系数，此时可以选择可见光透过率和遮阳系数高一些的玻璃，优点是既能遮挡太阳辐射热量又能提高室内的采光效果。

四、满足建筑节能65％的外墙保温技术体系

（北京振利高新技术公司　黄振利）

随着我国建筑节能的要求进一步提高，北京、天津已经率先执行65％的节能设计标准。北京振利高新技术公司作为外保温行业中的领军企业，率先研制出能够满足65％节能标准的两种体系，一是聚氨酯复合胶粉聚苯颗粒外墙保温体系，二是胶粉聚苯颗粒贴砌聚苯板外墙保温体系（俗称三明治体系），分别于2004年通过北京市建委和建设部的鉴定。

（一）聚氨酯复合胶粉聚苯颗粒外墙保温体系

1. 体系基本构造

本技术由聚氨酯防潮底漆层、聚氨酯硬泡喷涂保温层、聚氨酯界面层、胶粉聚苯颗粒浆料找平层、玻纤网格布抗裂砂浆保护层及涂料饰面层组成，其构造设计具体如图1所示。

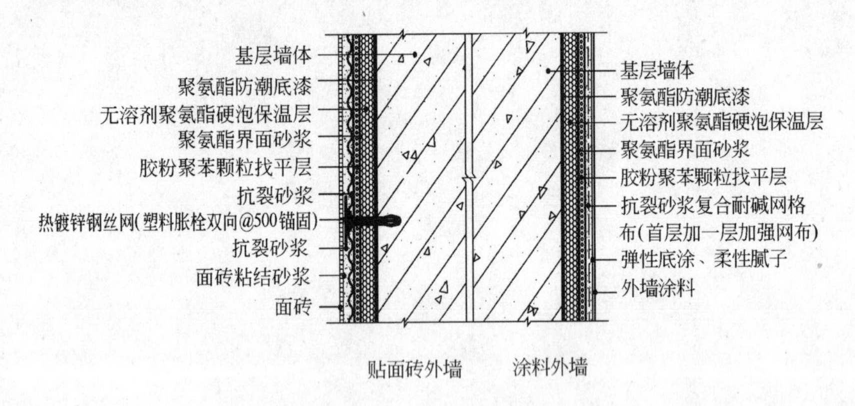

图1　聚氨酯硬泡喷涂外墙外保温构造图

2. 施工工艺流程

基层墙体清理→吊大墙垂直线→垂直偏差大于1.0cm时用1∶3水泥砂浆找平→拉水平线（墙面宽度≥2m时、水平线间距1～1.5m）→涂刷聚氨酯防潮底漆→窗、门、脚手架等非涂物遮挡、保护→粘贴预制的阳角、阴角模→墙面喷涂聚氨酯保温材料0.5～1.0cm厚→按50cm间距、梅花状分布插定厚度标杆→喷涂聚氨酯保温材料至刚好覆盖厚度标杆→20min后开始清理、修整遮挡、保护部位以及超过规定厚度1cm突出部分→1h后涂ZL聚氨酯界面砂浆→吊垂直、套方、弹控制线→抹ZL胶粉聚苯颗粒保温浆料→抹水泥抗裂砂浆随即抹压涂塑耐碱玻纤网格布→抗裂防护层验收→刮抗裂柔性耐水腻子→涂料施工。

3. 工程应用

截止到目前，ZL无溶剂硬泡聚氨酯外保温技术已在北京、新疆等地应用了100多万m^2，其代表工程有：北京山水汇豪商品楼、新疆华源示范园（国家建筑节能示范小区）、北京北辰长岛·澜桥（国家建筑节能示范小区）、北京奇然家园等。

4. 技术优势

该技术具有保温性能好，稳定性强，较好的防火性能，抗温湿性能优良，耐撞击性能优良，对主体变形适应性能好，抗裂性好，耐久性满足25年要求，具有良好的施工性，易于维修，环保性能好。

（二）胶粉聚苯颗粒贴砌聚苯板外墙外保温体系

1. 体系基本构造

根据饰面层做法的不同，“三明治”做法可分为涂料饰面体系及面砖饰面体系两种。基本构造为：保温粘结层由15mm厚粘结保温浆料抹于墙体表面，再贴砌开好梯形槽并涂刷界面剂的聚苯板，预留的10mm板缝砌筑碰头灰挤出刮平，表面再用10mm厚粘结保温浆料找平，形成粘结保温浆料＋聚苯板＋粘结保温浆料无空腔复合保温层；抗裂防护层采用抗裂砂浆复合涂塑耐碱玻纤网格布（涂料饰面）或抗裂砂浆复合热镀锌钢丝网尼龙胀栓锚固（面砖饰面）构成抗裂防护层，表面刮涂抗裂柔性耐水腻子、涂刷饰面涂料或面砖粘结砂浆粘贴面砖构成饰面层，其体系构造如图2所示。其中，粘结保温浆料为不同于普通保温浆料的特别研制专门用于粘贴聚苯板的粘结灰浆，以粘结为主，补充保温其次。

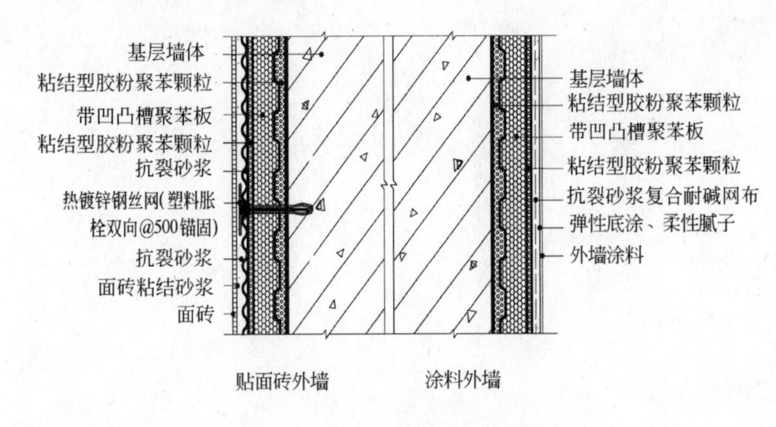

图2 三明治外墙外保温构造图

2. 施工工艺流程

基层墙体清理→界面处理→吊垂直、套方弹控制线→贴砌聚苯板→涂刷聚苯板界面砂浆→做饼、冲筋、作口→抹面层10mm厚粘结保温浆料→划分格线、门、窗口滴水槽（按设计要求）→抗裂防护层及饰面层施工→

①若涂料饰面，则抹抗裂砂浆，铺压耐碱网格布→抗裂层施工完后2h后涂刷高分子乳液弹性底层涂料→待抗裂层干燥后，刮柔性耐水腻子，涂刷饰面涂料；

②若面砖饰面，则抗裂防护层施工→贴面砖→面砖勾缝。

3. 技术优势

(1) 体系粘结力是聚苯板薄抹灰体系的3倍左右；

(2) 无空腔做法使抗风压性能大大优于聚苯板薄抹灰体系；

(3) 施工适应性好、性价比高；

(4) 浆料砌筑板缝设计提高体系的水蒸气渗透性和抗裂性；

(5) EPS板面层找平浆料优势突出；

(6) 逐层材料柔性渐变的体系构造彻底释放应力，进一步控制裂缝产生；

(7) 导热系数逐层渐变提高抗裂性能；

(8) 保温性能按 65%节能标准设计；

(9) 利废再生，生态建材。

4. 工程应用

该技术自2003年在新疆、内蒙古、北京等地得到了推广使用，使用面积达到5万 m^2。主要工程有新疆石河子东苑群岛花园、新疆昌吉世纪花园二期、北京百子湾小区、北京观唐小区、北京永泰花园小区等。

五、开利推进公共建筑节能设计标准实施

（开利空调销售服务上海有限公司　杨利明）

能源负担和环境破坏，已成为制约我国可持续发展的突出问题，为了达到环境与节能双赢的目标，开利在制冷剂、压缩机技术、热回收技术、智能控制技术等多方面提出了节能解决方案。

（一）开利离心/螺杆机组

为保护人类赖以生存的大气臭氧层，开利的螺杆机组和离心机组负责任地选用HFC134a冷媒。HFC134a冷媒因为不含氯原子，所以对臭氧层完全没有破坏作用。在此基础上，运用一系列业界新技术和开利专利技术，完全保证了机组的高效率。

30HXC螺杆机组在保持机组满负荷高效的同时，独特的双回路多压缩机设计更保证了优越的部分负荷性能，高效型机组达到节能产品2级的要求。关键的压缩机充分考虑HFC134a特性来设计，换热采用满液式结构，同时应用独特的高效翅片传热管，板式结构经济器进一步提高机组效率，电子膨胀阀精密的调节保证机组始终处于最优运行状态，Pro-dialog图形化控制系统实现精确控制，保证机组的高效率。

19XR离心机组同样应用HFC134a冷媒，其高效率处于领先地位。针对不同的应用，可以满足节能产品2级的要求。机组综合了新型压缩技术、高效传热技术和直接数字控制技术，设计工艺先进。完全针对HFC134a设计的新型高效叶轮，充分考虑新冷媒的特点；简洁的单级压缩设计大大减小系统损失；封闭型电机提高了系统稳定性；采用新型航空发动机技术的锥管状扩压器进一步提升峰值效率，特别是专利的可旋转扩压器更是提高机组的部分负荷性能；专利的AccuMeter线性浮阀节流机构，消除不必要的热气旁通，彻底解决了固定孔板节流制冷量损耗的缺陷。同时30HXC螺杆机组和19XR离心机组，数字化控制系统都配置标准的通讯接口，非常方便和开利的CCN网络实现集成控制，提高冷水机组系统的效率；同时也方便兼容其他楼宇控制系统实现集成控制。

（二）开利风冷冷水机组节能技术

开利“杰作”系列30RB/RQ涡旋式风冷冷水（热泵）机组汇聚16项专利于一身，为商用中央空调领域最新科技成就的集中体现：高效无氯的HFC-410A制冷剂，高性能的涡旋压缩机，高精度的电子膨胀阀，开利专利第四代“飞鸟TM”低噪声轴流风扇，自适应的Pro-dialog Plus微电脑控制，100%/部分热回收，开利专利的直接膨胀式免费取冷等。

“杰作”系列全球首次创造性将HFC-410A运用于商用大型中央空调领域。HFC-410A为高效无氯的近共沸混合制冷剂，制冷性能优越且对大气臭氧层无任何破坏作用。与HCFC-22相比，HFC-410A具有更佳的传热性能，更好的单位容积制冷能力，更小的系统阻力损失。研究表明：相同工况下，使用HFC-410A的涡旋式冷水机组平均制冷效率比使用HCFC-22的机组约高6%。

“杰作”系列采用多制冷回路、多压缩机设计。压缩机逐台启动，启动电流低，对电网冲击小，同时也具有备机功能，运转安全可靠。在约占总运行时间99%的部分负荷情

况下仅有必不可少的压缩机投入高效运转，部分负荷性能卓越，平均每消耗 1kW 电能即可制取高达 4.35kW 的冷量。机组选用高精度的电子膨胀阀，调节等级高达 3770 级，精确控制冷凝压力，动态调节蒸发器出口制冷剂过热度，机组运行效率大大提升。机组采用了开利专利第四代“飞鸟 TM”低噪声轴流风扇，在实现机组宁静运转的同时也大大降低了风扇功耗(与传统风扇相比节能约 30%)。

此外，“杰作”系列还提供直接膨胀式免费取冷(开利专利)、100%及部分热回收等节能选项：免费取冷选项可在室外环境温度－25～＋5℃的宽广范围内高效制取冷水，进风温度 0℃，出水温度 10℃时 *COP* 高达 13。100%及部分热回收选项则可在制取冷水的同时免费提供生活热水，机组的系统节能效果大大提升。

(三) 开利溴化锂机组节能技术

16DEH/DNH 系列溴化锂冷(温)水机组是开利公司最新研制的为大型中央空调系统和工业生产的冷却过程提供冷源和热源的高新技术产品。

机组采用了最新技术以满足节能的各项指标要求：

1. 板式热交换器——高温热交换器和低温热交换器采用国际品牌进口板式热交换器代替传统的壳管式热交换器，换热效率可大幅提高，保证了浓溶液和稀溶液的换热完全。

2. 冷剂凝水热回收技术——由于高发中产生的冷剂蒸汽经低发换热后成为冷剂凝水，但还具有较高的温度，引一路从吸收器中来的稀溶液在冷剂凝水换热器中与之进行换热回收，进一步降低冷剂凝水的温度，使冷凝更加彻底，同时回收了这部分热量，提高了机组的 *COP* 值。

3. 烟气余热热回收技术——传统烟管换热型机组排烟温度往往高达 230℃左右，目前很多厂家通过更改烟管形式，增加绕流器等措施使烟气温度降低到了 170℃左右，开利公司最新的 16DNH 机组在这基础上又增加了烟气热回收装置，经过低温热交换器的稀溶液先进入烟气热回收装置，充分吸收烟气余热后再进入高温热交换器，充分回收了这部分本来要排放到大气的热量，保护了环境的同时也节约了能源。

4. 先进的传热管技术——采用开利特殊研制的传热管齿型结构，最大限度地增大换热面积，提高换热系数以满足节能的需求。

5. 溶液泵变频控制——采用三菱先进的变频控制技术，使部分负荷状态下溶液的循环量更加趋于合理，部分负荷状态下的 *COP* 更高。

6. 先进的控制系统——与机组配套的 ICVC 全球制冷机显示控制器是美国开利公司开发的全球制冷机专用控制器。可显示多种语言，信息储存量大，能显示 200 多条相关信息。具有多种功能：显示功能、自动冷量调节和控制功能、自动诊断和监测功能、自动重启功能、自动定时启停功能、各种预警和安全保护功能、群控功能以及远程监控和通讯功能，大大方便用户对机组的操作和管理。

(四) 开利控制网络系统节能技术

开利控制网络系统(Carrier Comfort Network)，简称 CCN，来源于开利对舒适和控制的深入透彻的理解，运用先进技术，使开利的 HVAC 设备、非开利设备和其他相关建筑系统部分“智能”协调工作。同时，CCN 将可靠的 DDC 控制技术和高质量的 HVAC 设备集成在一起，以达到最高的运行效率和精确的控制水平。

针对各种类型的系统，从单一设备，到完整的系统，CCN 都立足于高效节能的基础，充分考虑了舒适性、操作方便、空气品质、节省能耗与环保，真正贴切满足用户要求，实现空调系统的智能工作：

1. 提高操作的效率
2. 舒适度和空气质量控制
3. 优化系统控制
4. 强化了的系统诊断能力
5. 系统的协同工作

根据不同要求，各类标准系统方案不但考虑提高单机效率，而且综合考虑整个系统的运作，优化整个空调系统的系统效能。系统方案分类：冷水机组群控系统、空调末端群控系统、界面监控系统、远程监控系统、数据转换系统。

六、欧文斯科宁保温隔热材料在公共建筑围护结构中的应用

（欧文斯科宁中国投资有限公司　孙克光）

（一）前言

建筑节能一般通过增强建筑围护结构保温隔热性能和提高采暖、空调设备的能效比来实现。新颁布的《公共建筑节能设计标准》GB 50189—2005（以下简称《标准》）分别在第4章和第5章中规定了这两种节能措施应达到的指标。欧文斯科宁可以满足这些指标的要求。

（二）欧文斯科宁外墙外保温系统

欧文斯科宁（中国）投资有限公司建立了适合中国建筑体系的外墙保温系统 FEWEIS (Foamular Exterior Wall External Insulation System)（以下简称“惠围”）。“惠围”系统由6种材料组成：外墙专用挤塑聚苯乙烯泡沫板（FWB）、界面剂、特用粘结剂、耐碱网格布、聚合物砂浆和专利固定件。“惠围”系统构造如图1所示。

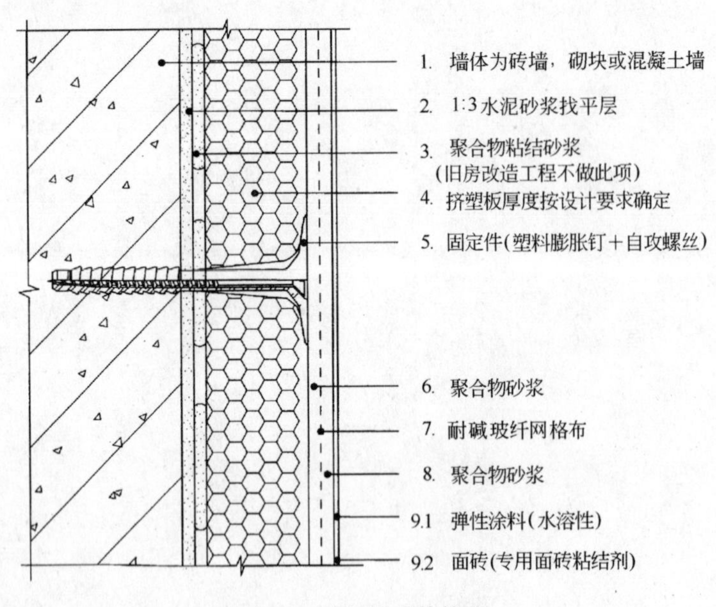

图1　“惠围”系统构造

由图1可以看出，“惠围”系统犹如给建筑外墙穿了一套“棉衣”，这套“棉衣”可以有效地减少外围护结构对热量的传递，节约能源。根据《标准》第4章表4.2.2-1～表4.2.2-6的传热系数限值要求，外墙传热系数的变化范围是0.40W/(m^2·K)（严寒地区A区）～1.5 W/(m^2·K)（夏热冬暖地区），“惠围”系统FWB板的导热系数只有0.0289W/(m·K)，具有良好的保温隔热性能，因此只要使用25～80mm的FWB板，“惠围”系统就可以满足该要求。

（三）欧文斯科宁倒置式屋面保温隔热系统

欧文斯科宁倒置式屋面保温层采用的是欧文斯科宁 HYDROVAC™专利技术生产的

闭孔 Foamular 板，其体积吸水率低于 1%，强度高且保温性能持久，即使使用 50 年，其保温绝热性能仍能保持 80%以上。根据《标准》第 4 章表 4.2.2-1～表 4.2.2-6 对各地区屋面传热系数的要求，欧文斯科宁可以提供厚度在 40～100mm 的挤塑聚苯板倒置式屋面系统来满足标准的要求。

（四）欧文斯科宁暖通空调水管保温材料

欧文斯科宁用于水管保温的产品主要有玻璃棉管壳、管扎、棉毡等。常用的玻璃棉管壳是预制成型的套管式保温制品，沿长度方向预先切口，使用时可以方便地打开并套于水管管道上。欧文斯科宁玻璃棉管壳的密度通常在 50kg/m^3 以上，20℃时的导热系数为 0.032W/(m·K)，常用密度下的玻璃棉保温产品均具有导热系数与温度的相互关系的详尽图表。

（五）欧文斯科宁暖通空调风管保温材料

欧文斯科宁用于常规铁皮风管外保温的产品主要有玻璃棉毡、玻璃棉板等。欧文斯科宁所有玻璃棉保温制品的性能均达到并优于国家标准的要求。按照《标准》5.3.29 的要求，空调风管绝热材料选用厚度应达到的最小绝热热阻值应符合表 5.3.29 规定的标准，欧文斯科宁的玻璃棉在厚度分别为 25mm 和 30mm 的情况下可以达到《标准》的要求。

（六）欧文斯科宁得宝™直接风管™系统

欧文斯科宁得宝™直接风管™系统是高密度硬质玻璃棉板直接制成的空调风管系统，它的特点是风管制作和保温一次成型，可替代常规的铁皮风管外保温形式应用于舒适性空调系统中。得宝™直接风管™系统目前有 25mm 和 38mm 两种厚度可供选择，对应的热阻值分别是 0.76m^2·K /W 和 1.15m^2·K /W，均可以满足《标准》5.3.29 条的要求。

（七）欧文斯科宁空调用玻璃棉保温产品的隔汽层和保护层

《标准》5.3.30 条对绝热材料的隔汽层和保护层作了相应的要求。欧文斯科宁空调用玻璃棉保温产品均有各种外贴面可供选择，外贴面即作为离心玻璃棉的隔汽层和保护层。考察外贴面隔汽能力和保护能力的指标是贴面的水蒸气渗透率和耐破强度、耐击穿性。水蒸气渗透率的概念类似于传热中的导热系数的概念，水蒸气渗透系数越低，材料的隔汽能力越好。

（八）保温隔热材料在公共建筑中的其他应用

除了提供上述保温、隔热系统和暖通空调系统，欧文斯科宁还可以提供符合《标准》第 4 章中各地区对底部接触室外空气的架空或外挑楼板、非采暖房间与采暖房间的隔墙或楼板的传热系数限值的要求和不同气候地区地面和地下室外墙传热阻限值的要求的保温隔热材料。欧文斯科宁可以根据不同的节能要求，提供相应的系统解决方案和全方位的技术服务，正在并希望继续为节约能源、保护环境以及造福子孙后代做出贡献。

七、玻璃幕墙和门窗的节能构造

（北京金易格幕墙装饰工程有限责任公司　班广生）

建筑围护结构中透明采光部分主要包括：建筑外门窗、玻璃幕墙、采光顶，这几个部分由于自然光的原因，通过热交换、光线调节、通风换气对室内环境具有直接的影响，有资料表明，“建筑物中大约50%的能耗用于通过采暖、供冷、通风和照明来创造一个人工的室内气候。一栋典型建筑的能耗费差不多占了该建筑物总运营费用的25%。”

1. 玻璃幕墙和门窗的节能构造

要达到《公共建筑节能设计标准》中围护结构透明部分传热系数和遮阳系数的各项指标，从目前国内企业的技术和设备以及材料来看是可以满足的。

首先，选择合理的透明部分与墙面积比。《公共建筑节能设计标准》中规定了窗墙比从小于等于20%到小于等于70% 不同的传热系数和遮阳系数，70%作为上限，是考虑即使采用全玻璃幕墙，扣除掉各层楼板以及楼板下面梁的面积（楼板和梁与幕墙之间的间隙必须设置保温隔热材料），窗墙比一般不会再超过0.7，见图1。

窗墙比与窗 K 值的变化

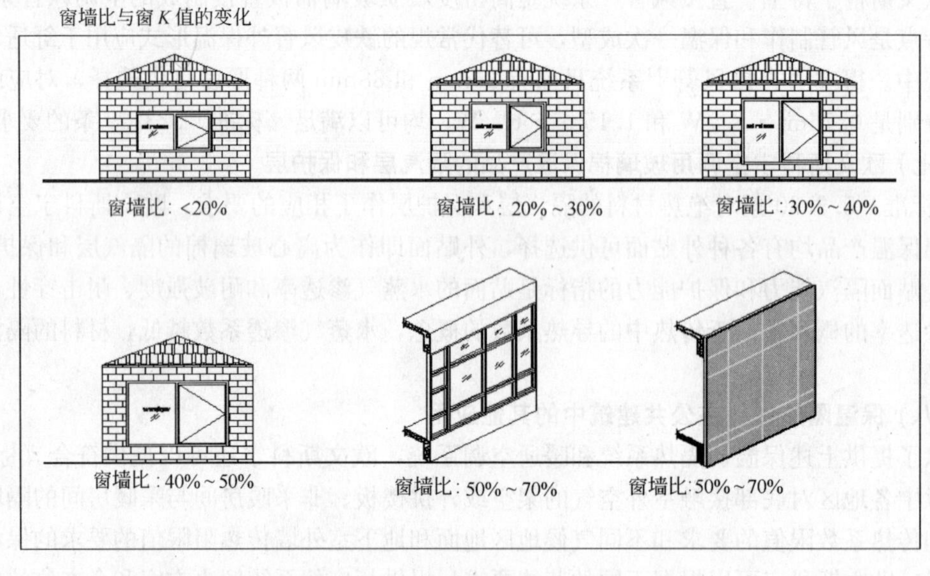

图1

其次，在实际玻璃幕墙和门窗的节能设计中，需坚持以下原则：

(1) 降低组成玻璃幕墙和建筑外窗的各项材料的传热系数，特别是支撑杆件型材和面层玻璃材料。铝合金通过与低导热材料复合技术提高热阻，如断热型材、铝木复合、木铝复合、铝塑复合等等。玻璃则通过与玻璃以及其他透明材料的合成技术、玻璃表面的膜技术处理技术来降低材料的传热系数。

(2) 对各项材料进行结构优化设计和组合。如框扇断面、框扇组角、框扇与玻璃、框与结构洞口的结构关系要细致分析和设计，在认真分析热传递机理的基础上把握各种热传递的路径。

同时，在玻璃幕墙和建筑外门窗的节能设计中，还要充分考虑采光、通风等方面的节能问题。

(1) 采光节能

采用天然采光可节省照明能耗的50%～80%；而且，由灯产生的废热所引起的冷负荷增加占总能耗的3%～5%。

天然采光通过窗口将日光引入建筑内部，并经过窗口和建筑构造的各种方式形成光线在建筑物内部的分配，从而达到光线强度、光线分布以及视觉的舒适程度。光是辐射线的一种，其中光辐射和热辐射的波长不同，所以从节能的角度改善窗户的采光性的思路在于：保证充分的光辐射，根据需要调控热辐射量，达到室内适度的照明度和照明度均匀分布状态的舒适性目标。

建筑外窗的设置满足充分利用天然光资源的需要，根据不同光气候区的要求确定室内采光系数及窗地面积比，合理选用建筑外窗玻璃，利用遮光板或反射板对入射太阳光进行调节。

(2) 通风节能

建筑外窗和幕墙的开启部分要达到上述目标和要求，一要保证由窗户进入室内的空气必须满足室内空气质量指标，二要利用建筑围护结构内外的风压和热压提高通风效果。

为了有利于新风进入室内，同时又考虑降低能耗，在建筑设计初期就应考虑外窗设计，以便更科学合理地获取平面和外立面的分配和结构。

2. 关于玻璃节能

玻璃是建筑围护结构中透明部分难以替代的最重要的材料，虽然玻璃技术的发展提供了许多选择，但是将采光为主的玻璃应用到建筑物的多种功能要求中，问题并不简单。玻璃对节能的贡献不容忽视，玻璃的节能归根到底离不开玻璃本身所具有的反射、透射、散射以及聚光特性。利用特殊的光线反射、散射、折射和聚光系统，对室内光线的均匀分布、避免阳光眩光、防止热辐射将起重大作用。表1所示为各种玻璃的传热性能。

提供昼间照明的可见光被容许进入窗户，而其他波长的光如红外线(0.8～3μm)和紫外线(<0.38μm)被反射，因此在减少多余热量和有害紫外线的同时仍保留了自然光的益处。如夹层玻璃和吸热玻璃对紫外线有良好的阻挡功能，减少了紫外线对室内家具和衣物的损害作用。

表1 各种玻璃的传热性能

玻璃种类	夏季传入室内的热量(W/m^2)	冬季传出室内热量(W/m^2)
LOW-E玻璃	215	41
热反射中空玻璃	242	64
单片热反射玻璃	368	69
普通透明中空	594	137
6mm单片透明	710	154

热反射镀膜和吸热玻璃可以吸收或反射太阳光谱中特定波长的光。吸热玻璃是在透明玻璃中添加着色剂的本体着色玻璃，虽然吸热玻璃的热阻性优于镀膜玻璃和普通透明玻

璃，但由于其二次辐射过程中向室内放出的热量较多，因此当单片使用时综合隔热效果不理想。

热反射玻璃的光学特性就是反射热辐射。一旦确定了反射率和透射率后，其单向性特点尤为突出，即只能满足建筑环境变化的部分要求，如随季节变化的阻热和吸热要求。

而且，热反射镀膜和吸热玻璃的阻热性能是以牺牲透光性为代价的，多数情况下不利于自然采光。

Low-E 玻璃的出现使玻璃阻热技术前进了一大步，Low-E 玻璃表面辐射率低，$E \leqslant 0.15$，红外线反射率高，即吸热少、升温低、二次辐射热量低，合成中空玻璃后有更加明显的优势特点。另外透光率可在 33%～72%，遮阳系数在 0.25～0.68 之间选择。但是，Low-E 玻璃的热辐射反射性仍然有方向性问题，有资料表明：无论 Low-E 膜面处于中空玻璃的第 2 面或第 3 面上，传热系数的测试结果冬季是相等的，夏季时仅相差 2%。结论是阻挡热辐射透过的作用与季节无关。如果理解为同一型号的 Low-E 与普通玻璃合成的中空玻璃既能够在夏季阻挡来自室外的热量，也能在冬季阻挡来自室内的热量，说明这种玻璃的双向热阻性高，实际上是一种阻热结构。这说明 Low-E 中空玻璃已经比前述的热反射玻璃和吸热玻璃具有无可替代的优点。但是，Low-E 中空玻璃对建筑在冬季被动吸热的作用十分有限。将 Low-E 中空玻璃的特点与双层窗结构结合，通过外层吸热玻璃升温空气间层的空气温度，根据室内温度环境要求引入或排出，将在更宽的范围内适应环境变化的要求，起到综合性的良好效果。

玻璃对建筑围护结构透明部分玻璃的节能作用是不可替代的，其节能水平的提高是伴随玻璃技术的发展而发展的。一些新型玻璃技术的出现将进一步提高建筑透明部分节能水平。

- 凝胶玻璃：在中空玻璃之间填充一种硅酸盐玻璃，即称为“气凝胶”的材料，颗粒层厚度仅为 16mm，透光率为 45%，传热系数 K 值 1.0。与中空玻璃相差无几的透明视野，且使进入室内的光线均匀分布。光线透射好、隔热程度高是凝胶玻璃的主要特点。其内侧的低温辐射远远低于普通的中空玻璃，因此可保证冬天室内温度较高。同时它给光的折射提供了极大空间，光线的最大透射只在很小程度上取决于太阳的入射角，因此，白昼自然光可以均匀地分布在室内空间。
- 格栅玻璃：在双层玻璃中嵌入一种隔栅，隔栅是由喷塑形成的塑料结构，表面镀铝层有极高的反射率(近 90%)，厚度仅 16mm，嵌入双层玻璃后光线能通过大量的小孔间接进入室内，同时将直射阳光屏蔽在外。这种隔栅的总投射率约为 42%。
- 蜂窝玻璃：在双层玻璃之间嵌入聚碳酸酯制成的蜂窝状结构或用聚甲基丙烯酸甲酯制成的微细管结构，结构均与玻璃垂直排列，管径 1～4mm，透光率可达 70%，厚度 10cm 时，传热系数 K 值 0.5。

3. 遮阳措施

多数的遮阳同时损失的是良好的视野、充足的自然光和一定时间内阳光的热量。从室外设置的固定遮阳构件到可调整角度的遮阳装置(遮阳板、遮阳百叶等)，从遮阳部分的光线被全部遮蔽到选择性的遮蔽红外线或紫外线都说明了遮阳技术的发展。

4. 单元式幕墙

金易格幕墙公司的“易格”技术系统所开发的单元式幕墙在加工车间内制作完成，施工现场吊挂安装。主要由饰面材料、密封材料、铝合金型材及钢支撑体系等组成。饰面材料以玻璃、金属板、石材等为主产品分类、特点及适用范围见表2。主要技术性能如下：

抗风压性能：3.0～4.0kPa

空气渗透性能：1.5～0.5m^3/m·h

雨水渗透性能：350～500Pa

平面内变形性能：Ⅳ级耐撞击性能：Ⅲ级

隔声性能：$R_W \geqslant 35$dB

隔热性能：综合K值≤3.0W/(m^2·K)

表2 产品分类、特点及适用范围

分类	特点	适用范围
单元式玻璃幕墙	易于安装，建筑采光性佳、视野开阔，可与其他类型幕墙组合。建筑外观通透，富于变化，能够完美地体现现代建筑设计风格	适用于大型及高层建筑物有采光需求的外墙装饰
单元式金属板幕墙、单元式石板幕墙	建筑外观端庄、华丽，易于构造，面板质轻，建筑承载负荷小，构造形式及色彩表现丰富，可与其他类型幕墙组合建造	适用于大型及高层建筑物无采光需求的外墙装饰

该单元式幕墙根据不同地区的特点，通过计算确定幕墙在风荷载、地震、重力等作用下，幕墙型材、面板、受力杆件等的规格。根据不同的热工分区，合理地选用饰面材料、密封胶的类型，以及进行幕墙工程的设计计算及构造处理。单元间采用对插式组合构件时，纵横缝相交处采取防渗漏封口构造，在使用过程中保持幕墙排水系统的通畅。与玻璃幕墙相邻的楼面外缘无实体墙时，要设置防撞设施。与玻璃幕墙配套的开启窗，最大开启角度小于等于30°。单元式幕墙由于能自下而上、左右拼接与顺序安装，因此安装工效高。

5. 双层结构幕墙

金易格公司开发的双层幕墙由内外两层玻璃结构组成，内设200～1200mm通道，通道内有可自动控制的进风口、排风口、遮阳板和百叶窗，可控制空气在其间流动状态。双层幕墙能够最大限度地满足建筑内部对采光、节能及改善室内的空气质量的需求，以人居舒适性为目标，减少建筑的能源消耗，是一种新型的“绿色”幕墙，其分类及简介见表3。

表3 产品分类及简介

分类	工程设计、产品选用及使用要点
开敞式外循环幕墙	根据建筑所处环境，确定建筑所受风荷载、地震等破坏性外力的影响级别，进行幕墙结构设计。外层幕墙可采用构件式、单元式幕墙构造。夏季开启外层幕墙上下通风口，进行自然排风降温；冬季关闭外层幕墙上下通风口，利用太阳辐射热，经内层幕墙开启的门或窗进入室内，可利用热能并减少室内热能的扩散，达到舒适效果
封闭式内循环幕墙	根据建筑所处环境，确定建筑所受风荷载、地震等破坏性外力的影响级别，进行幕墙结构设计。外层幕墙可采用构造式、单元式幕墙构造。利用机械通风，空气从风口进入通道，经上部排风口进入顶棚流动；对机械设备、光电控制百叶卷帘或遮阳系统有较高的技术要求

6. “乐意”(LOW-E)牌系列节能铝合金窗，是具有发明专利的技术产品。“乐意”窗系统技术是以隔热型材等腔和多腔构造、双组角结构、三道以上密封等技术构成，是可适应不同气候地区的系统性、系列性产品技术，各系列产品经过 50～80 道工序制造而成，不仅使窗体结构更加稳定，而且产品的抗风压、水密、气密、保温、隔声等性能大幅提高，确保了高精度、高强度的窗体组装质量和优异的保温、隔声效果。该系列节能窗与各类型的节能玻璃组合，能够满足不同热工地区建筑节能降噪的性能要求。铝合金型材多样的处理方式和丰富的色彩，为建筑设计拓展创意空间，产品介绍见表 4。

表 4　产品类型及使用要点

窗　　型	工程设计、产品选用及使用要点
节能铝合金内平开窗 节能铝合金下悬窗 节能铝合金内平开下悬窗 节能铝合金外平开窗 节能铝合金上悬窗 节能铝合金外平推窗	1. 隔热型材采用 50～80 系列； 2. 50、60 系列的隔热型材适用于分格较小的窗型，窗尺寸在 1200mm(宽)×1500mm(高)内最为适宜； 3. 70、80 系列的隔热型材适用于分格较大的窗型，窗尺寸在 1800mm(宽)×2100mm(高)内最为适宜
节能铝合金推拉窗	1. 隔热型材采用 70 系列； 2. 窗体尺寸分格灵活，窗高≤2200mm； 3. 加工、安装简单